Lecture Notes in Mathematics

Edited by A. Dold, Heidelberg and B. Eckmann, Zürich

Series: Institut de Mathématique, Université de Strasbourg
Adviser: P. A. Meyer

381

Séminaire de Probabilités VIII
Université de Strasbourg

Springer-Verlag
Berlin · Heidelberg · New York 1974

AMS Subject Classifications (1970): Primary: 60-xx
Secondary: 60Jxx, 60Gxx, 31-xx

ISBN 3-540-06783-3 Springer-Verlag Berlin · Heidelberg · New York
ISBN 0-387-06783-3 Springer-Verlag New York · Heidelberg · Berlin

Offsetdruck: Julius Beltz, Hemsbach/Bergstr.

SEMINAIRE DE PROBABILITES VIII

Ce volume contient les exposés du séminaire de Probabilités de Strasbourg pour l'année universitaire 72-73, et en outre les textes légèrement modifiés de deux thèses de troisième cycle soutenues à Strasbourg pendant cette période.

Nous tenons à remercier ici, d'une part la Société Mathématique de France qui a soutenu notre activité en subventionnant les "grands" séminaires sous la forme de Journées Probabilistes , et d'autre part nos collègues de Heidelberg et de Francfort qui nous ont soutenus par leur présence, leurs exposés, et leurs publications dans les volumes des Lecture Notes. A ce propos, d'ailleurs, la parution du volume VIII signifie que nous en sommes à notre huitième année de collaboration avec la maison Springer-Verlag, et c'est une occasion de dire combien cette collaboration a été agréable et efficace.

Un trait particulier de ce volume illustre bien l'intérêt de rencontres scientifiques régulières : nous avons fait depuis deux ans un certain nombre d'exposés sur le " problème de Skorokhod" , sujet auquel nous avons été initiés par Dinges et Rost . Le volume de cette année contient quatre articles sur ce sujet, chacun d'entre eux envisageant le problème sous un aspect différent.

C.Dellacherie
P.A.Meyer
M.Weil

Table des Matières

Les résumés ci-dessous sont destinés aux revues spécialisées. Leur reproduction est autorisée.

Une nouvelle représentation du type de Skorohod

Etant donné un processus de Markov transient, et deux mesures μ et λ telles que $\mu(f) \leq \lambda(f)$ pour toute fonction excessive f, on sait qu'il existe un temps d'arrêt T tel que $\mu = \lambda P_T$. On montre ici qu'il existe en fait un temps terminal "gauche" possédant cette propriété, et qu'il est unique.

Une remarque sur le problème de Skorohod

Note on last exit decomposition

This will show how to derive the last exit decomposition in the boundary theory for Markov chains as set forth in the "Lectures on Boundary Theory..." (Princeton University Press, 197o).

Un ensemble progressivement mesurable

On donne un exemple élémentaire d'ensemble progressivement mesurable, ne contenant aucun graphe de temps d'arrêt, et dont les coupes sont non-dénombrables.

Intégrales stochastiques par rapport aux processus de Wiener et de Poisson

Dans le cas du processus de Wiener, par exemple, on sait que toute martingale continue (X_t), dont le processus croissant associé est t, est un mouvement brownien, et d'autre part que toute variable aléatoire de la tribu engendrée par (X_t) peut être représentée comme intégrale stochastique de (X_t). On montre que le premier de ces deux résultats entraîne le second, et que la même situation a lieu pour le processus de Poisson.

If $X_0, X_1, \ldots$ is a Markoff process with initial distribution $L(X_0) = \mu$, and τ is a stopping time, then we call

$$(\mu \; ; \; \mu_0, \mu_1, \ldots) \text{ with } \mu_n = L(X_n \; ; \; \tau > n)$$

the associated stopping sequence. An abstract stopping sequence is a sequence of measures $(\mu \; ; \; \mu_0, \mu_1, \ldots)$ with $\mu_0 \leq \mu$, $\mu_{k+1} \leq \mu_k P$, where P is the transition kernel. Devices like the wellknown filling procedures and (apparently new) analogous methods to construct stopping sequences are investigated to get information about the Poisson equation and certain extremal stopping times with given final distribution. (Author's review)

Let $X(t)$, $X(0) = 0$, be a Brownian motion with continuous path functions. If t is such that $\limsup \pm (X(t+h)-X(t))(d(h))^{-1} \neq 1$, where $d(h) = (2\log\log\frac{1}{h})^{1/2}$, then t is called "exceptional". The main concrete result of the paper is the following

Theorem. $P\{\exists t < 1 : X(t) = 0 \text{ and } \limsup_{h \to 0+} |X(t+h)|/d(h) < k\} = 1$ for $k > 1/\sqrt{2}$.

This partially answers a question of A. Dvoretzky (1963). Some other types of exceptionality are also mentioned. However, it is felt that the chief interest is methodological. Since $P\{T$ is exceptional $\}=0$ for every stopping time T, it is necessary to supplement the usual stopping time arguments by a more delicate method, relying chiefly on a recent result of B. Mandelbrot. Some features of this method may be more generally applicable. (Author's review)

Skorokhod stopping via Potential Theory

The method of Skorokhod for stopping Brownian motion to obtain a random variable with a given distribution is interpreted from the point of view of potential theory. This interpretation allows the method to be generalized to obtain a similar construction in $\mathbb{R}^N$.

Théorèmes de dérivation du type de Lebesgue et continuité presque sûre de certains processus gaussiens

Ensembles aléatoires markoviens homogènes (5 exposés)

Introduction et bibliographie
Description d'ensembles aléatoires
La théorie de GETOOR-SHARPE
Processus d'incursions
Système de Lévy du processus d'incursions
Application aux chaines. Extension des décompositions

Le premier exposé comprend des résultats d'ordre technique: la méthode de description d'un ensemble aléatoire, et le choix de bonnes versions d'un ensemble aléatoire d'un processus de Markov. Le second exposé reprend les résultats de "last exit decompositions" de GETOOR-SHARPE, avec une généralité un peu plus grande, et les utilise au dernier paragraphe pour donner de nouvelles formules de projection. Le troisième exposé est consacré aux processus d'incursion introduits par le premier auteur. Une technique pénible est utilisée pour montrer que ces processus sont, non seulement fortement markoviens, mais des processus de Markov droits. On peut alors utiliser la théorie des systèmes de Lévy de Benveniste et Jacod (1973) pour établir d'un seul coup tous les résultats de projection (4e exposé). Enfin, le dernier exposé donne une présentation ultragénérale de la théorie des frontières des chaines de Markov, qui (si elle est correcte) lui enlève tout son charme, et conclut sur une extension de la formule de "last exit decomposition" aux semigroupes subordonnés généraux, question qui vient aussi d'être résolue par une méthode entièrement différente, dans un article à paraître de GETOOR-SHARPE.

W. von Waldenfels 344

Taylor expansion of a Poisson measure

Denote by $\mathcal{P}(\rho)$ the Poisson measure associated to a positive Radon measure ρ on a locally compact space countable at infinity. If ρ is bounded, $\mathcal{P}(\rho)$ can be expressed as a power series in ρ . If ρ becomes non-bounded this expansion keeps its sense at least for some $\mathcal{P}(\rho)$ integrable functions (theorem). These functions can be explicitly characterized (additional remark).

Université de Strasbourg
Séminaire de Probabilités 1973/74

UNE NOUVELLE REPRESENTATION DU TYPE DE SKOROKHOD

par J.AZEMA et P.A.MEYER

Nous considérons un semi-groupe de Markov droit transient sur un espace d'états E, et deux mesures positives[1] bornées λ et μ. Nous cherchons des représentations de la forme

(1) $$\mu = \lambda P_T$$

où T est un temps d'arrêt d'une réalisation $(\Omega, \underline{\underline{F}}, \underline{\underline{F}}_t, X_t \ldots)$ du semi-groupe donné, éventuellement plus riche que la réalisation continue à droite canonique. En particulier, toute représentation de la forme

(2) $$\mu(f) = E^{\lambda}[\ -\int_{[0,\infty[} f\circ X_s dM_s\ ]$$

où (M_t) est un processus décroissant à valeurs dans $[0,1]$, continu à droite, adapté à la famille $(\underline{\underline{F}}_t)$, peut s'interpréter comme une représentation du type (1) sur un espace d'états élargi $\Omega\times\mathbb{R}$.

Une condition évidemment nécessaire pour l'existence d'une représentation du type (1) est que

(3) $\mu \dashv \lambda$: $\mu(f) \leqq \lambda(f)$ pour toute fonction excessive f

ROST a montré, dans un travail très remarquable [3] que cette condition entraîne - au moins dans le cas transient - l'existence d'une représentation du type (2) sur la réalisation canonique, donc du type (1) sur une réalisation élargie. Une conséquence : (3) entraîne la condition plus forte

(3') $\mu(f) \leqq \lambda(f)$ pour toute f fortement surmédiane

[Cette dernière condition étant d'ailleurs strictement plus forte que (3) si le semi-groupe n'est pas transient]. ROST a posé le problème suivant : peut on choisir pour T, dans la formule (1) un temps terminal, ou pour M, dans la formule (2), une fonctionnelle multiplicative ? Existe t'il alors une représentation unique ? Ou du moins une représentation canonique[2] ?

Cet exposé contient des réponses partielles aux questions de ROST. Nous ne savons pas encore beaucoup de choses sur ce genre de représentations, mais nous préférons publier tout de suite le peu que nous savons dans ce volume, car celui-ci contient tous les outils qui nous sont nécessaires : la représentation de mesures au moyen de fonctionnel-

---

1. Ne chargeant pas ∂.
2. canonique : "qui correspond à une règle" (Petit Robert).

les additives gauches ou droites (cf " les travaux d'Azéma sur le retournement du temps") ; le passage de l'additif au multiplicatif en théorie des martingales (cf " une représentation de surmartingales"). Nous espérons revenir sur ces représentations dans un travail ultérieur (s'il s'avère qu'elles possèdent des propriétés intéressantes).

REPRESENTATION GAUCHE

Supposons donc $\mu \dashv \lambda$. Soit A un ensemble λ-négligeable et λ-polaire[1]. Si D_A est le début de A, H_A1 la réduite (non régularisée) $P^{\cdot}\{D_A<\infty\}$, nous avons $<\lambda,H_A1>=0$. Comme λ ne charge pas A, nous savons d'après le théorème du balayage de HUNT qu'il existe une suite décroissante (f_n) de fonctions excessives (que l'on peut supposer $\leqq 1$) décroissant vers H_A1 λ-p.p. - <u>en vertu de la transience du semi-groupe</u>. Donc $<\lambda,f_n>\to 0$. Comme $\mu \dashv \lambda$, nous avons le même résultat pour $<\mu,f_n>$, et comme les f_n majorent $H_A1 \geqq I_A$, nous voyons que A est μ-négligeable. Ainsi

μ <u>ne charge pas les ensembles λ-négligeables et λ-polaires</u> .

Nous savons alors, d'après l'exposé sur le retournement du temps, qu'<u>il existe une fonctionnelle additive gauche</u> (A_t) <u>unique, telle que</u>

(4) $$\mu(f) = E^{\lambda}[\int_{[0,\infty[} f\circ X_s dA_s] \text{ pour toute } f\geqq 0 \text{ sur } E .$$

Considérons le processus continu à droite $(A_{t+})_{t\geq 0}$, et formons sa P^{λ} <u>projection coprévisible</u> : c'est un processus à la fois optionnel et coprévisible, donc de la forme $(u\circ X_t)_{t\geq 0}$ - où u peut être choisie borélienne si le semi-groupe est borélien, et dans le cas général, mesurable pour la tribu des excessives. Ce processus est projection coprévisible d'un processus c.à d. avec l.à g., il est donc indistinguable (pour P^{λ}) d'un processus c.à.d.avec l.à g. La fonction u, définie λ-q.p., est donc finement continue λ-q.p..

LEMME 1. <u>On a</u> $u\leqq 1$ λ-<u>q.p.</u>

DEMONSTRATION. Soit L un temps a.$\hat{p}$. précisé fini, et soit Z le processus coprévisible $I_{[0,L]}$. La projection optionnelle de Z est le processus $(c\circ X_t)_{t\geq 0}$, où c est la fonction fortement surmédiane régulière $P^{\cdot}\{L\geqq 0\}$. Nous avons alors

$$E^{\lambda}[u\circ X_L I_{\{L\geqq 0\}}] = E^{\lambda}[A_{L+} I_{\{L\geqq 0\}}] = E^{\lambda}[\int_{[0,\infty[} Z_s dA_s]=E^{\lambda}[\int_{[0,\infty[} c\circ X_s dA_s]$$

1.Dans cet exposé, l'expression λ-quasi-partout (λ-q.p.) se rapportera à de tels ensembles λ-négligeables et λ-polaires.

$= < \mu,c > \leqq < \lambda,c > = P^{\lambda}\{L\geqq 0\}$

Admettons pour un instant, dans cette chaîne d'inégalités, le pas $<\mu,c> \leqq <\lambda,c>$ qui demande justification , c n'étant pas excessive. Alors le lemme est établi : en effet l'ensemble coprévisible $\{u\circ X_{\cdot}(.)>1\}$ n'a pas de sections par des a.$\hat{p}$.p., il est donc P^{λ}-évanescent.

La justification de l'inégalité manquante se trouve dans l'équivalence entre (3) et (3'), établie par ROST et d'autres auteurs. Mais il est aussi intéressant de rendre notre exposé entièrement indépendant du travail de ROST, en modifiant légèrement la démonstration de la manière suivante. Le semi-groupe étant transient, nous pouvons nous borner à établir la propriété précédente <u>lorsque</u> L <u>est majoré strictement par un temps de retour fini</u> M . Retournons le temps à M. Le temps d'arrêt T qui vaut M-L sur $\{L\geqq 0\}$, $+\infty$ sur $\{L=0_-\}$ est alors prévisible, il peut être approché P^{λ}-p.s. par des t.d'a. strictement plus petits T_n . Retournant le temps à M, nous trouvons des temps a.ô. L_n tels que L_n décroisse, $L_n \downarrow L$ P^{λ}-p.s. et $L_n>L$ P^{λ}-p.s. sur $\{L\geqq 0\}$, tandis que sur $\{L=0_-\}$ on a $L_n=0$ pour n assez grand. Alors la fonction c est égale λ-p.p. à la limite des fonctions excessives $c_n=P^{\cdot}\{L_n>0\}$, et l'inégalité cherchée en résulte.

Nous allons en déduire quelques conséquences. Le processus $(A_{0+}\circ\Theta_t)$ est optionnel (A_{0+} étant mesurable par rapport à la tribu $\underline{\underline{F}}^{\circ\circ}_{0+}$, où $\underline{\underline{F}}^{\circ\circ}_t$ est engendrée par les v.a. $f\circ X_s$, $s\leq t$, f 1-excessive). Soit h la fonction $E^{\cdot}[A_{0+}]$; h est mesurable pour la tribu $\underline{\underline{B}}_e$ engendrée par les fonctions 1-excessives, et le processus $(h\circ X_t)$ est donc optionnel. Pour tout temps d'arrêt T nous avons p.s. $h\circ\Theta_T=A_{0+}\circ\Theta_T$, donc les deux processus sont indistinguables. Comme nous avons identiquement $\Delta A_t=A_{0+}\circ\Theta_t$, nous voyons que A s'écrit

(5) $$A_t = A^c_t + \sum_{0\leqq s<t} h\circ X_s \quad (A^c \text{ continue })$$

de sorte que h est nulle hors d'un ensemble semi-polaire. Le processus (A_t) lui aussi est optionnel, de sorte que sa projection coprévisible est un processus de la forme $(v\circ X_t)$. Le processus (A_{t+}) valant $(A_t+h\circ X_t)$, nous obtenons en projetant

(6) $$u = h+v \qquad \lambda\text{-quasi-partout}$$

Il résulte alors du lemme 1 que $h\leq u\leq 1$ λ-q.p.. Nous supposerons que ces fonctions ont été modifiées de manière que les inégalités $h\leqq u\leqq 1$ aient lieu partout, et nous poserons v=u-h (partout). Dans ces conditions nous pouvons énoncer et établir notre première représentation.

THEOREME 1. <u>Avec les notations précédentes, l'expression</u>

(7) $$M_t = \exp\left(-\int_0^t \frac{dA^c_s}{1-v\circ X_s}\right) \prod_{0\leq s<t} \left(1 - \frac{h}{1-v}\circ X_s\right) \qquad [M_0=1]$$

<u>est une fonctionnelle multiplicative gauche, et l'on a pour toute</u> f <u>positive</u>

(8) $$\mu(f) = E^\lambda\left[-\int_{[0,\infty[} f\circ X_s dM_s\right]$$

DEMONSTRATION. Nous allons prouver que pour tout temps a.ô. L

(9) $$E[A_L I_{\{L>0\}}] = E[(1-M_L)I_{\{L>0\}}]$$

Cela suffira à montrer que les deux processus croissants gauches (A_t) et $(1-M_t)$ ont même projection duale coprévisible (car les intervalles stochastiques $[0,L[$ engendrent la tribu coprévisible) ; le processus $(f\circ X_t)$ étant coprévisible, (8) résulte alors de (4).

Nous procédons par retournement du temps à L. Nous introduisons le processus croissant continu à <u>droite</u>

$$\hat{B}_t = A_L - A_{L-t} \text{ si } 0\leq t<L \quad , \; A_L \text{ si } t\geq L$$

adapté à la famille de tribus retournée à L, $(\hat{\underline{F}}_t)$. Si $(\hat{X}_t)$ est le processus continu à <u>gauche</u>

$$\hat{X}_t = X_{L-t} \quad \text{pour } 0<t\leq L \quad , \; \partial \text{ si } t>L$$

adapté à la famille retournée, le saut de $\hat{B}_\cdot$ en t vaut $h\circ\hat{X}_t$ (t>0), donc $(\hat{B}_t)$ est <u>prévisible</u> pour la famille retournée[1]. Recherchons le potentiel engendré : nous savons que pour tout temps d'arrêt prévisible T de la famille retournée, strictement positif

(10) $$E[(\hat{B}_\infty - \hat{B}_{T-})I_{\{T<\infty\}}] = E[(\hat{B}_\infty - \hat{B}_{T-})I_{\{T<L\}}] = E[A_{K+}I_{\{K>0_-\}}]$$
$$= E[u\circ X_K I_{\{K>0-\}}] = E[u\circ\hat{X}_T I_{\{T<\infty\}}]$$

où K est le temps a.p̂.p. valant L-T si T≤L, 0_- si T>L. Nous en déduisons que si T est un temps d'arrêt quelconque de la famille retournée

$$\xi_T = E[B_\infty - B_T | \hat{\underline{F}}_T] = (u\circ\hat{X})_{T+}$$

Si T est un temps d'arrêt prévisible, un calcul tout analogue à (10) nous donne la projection prévisible $(\dot{\xi}_t)$ de (ξ_t) :

(11) $$\dot{\xi}_T = E[(\hat{B}_\infty - \hat{B}_T)|\hat{F}_{T-}] = v\circ\hat{X}_T$$

Les hypothèses de la proposition 1 de l'exposé sur les représentations de surmartingales sont satisfaites, et nous avons que

---

1. Au lieu de ce raisonnement direct, on peut invoquer la prop.11 de l'exposé sur le retournement.

$$E[\hat{B}_\infty] = E[1-\hat{D}_\infty] = E[1-\exp(-\int_0^\infty \frac{d\hat{B}^c_s}{1-\xi_s})]\prod_s(1-\frac{\Delta\hat{B}_s}{1-\xi_s})$$

et cela signifie exactement que $E[A_L I_{\{L>0\}}] = E[(1-M_L)I_{\{L>0\}}]$.

REMARQUE. Si l'on compare avec l'exposé sur les représentations de surmartingales, on voit que la méthode de démonstration consiste à considérer d'abord la mesure $(1-\varepsilon)\mu$ correspondant à la f.a. gauche $(1-\varepsilon)A_t$, pour laquelle u est bornée par $1-\varepsilon$ ($\varepsilon>0$), et il n'y a aucune difficulté d'intégrabilité ou de convergence, puis à faire tendre ε vers 0. La limite d'une suite décroissante de fonctions décroissantes continues à gauche (s.c.s.) étant encore continue à gauche, il ne se pose aucun problème quant à la continuité à gauche de (M_t).

REPRESENTATION AU MOYEN D'UNE F.M.DROITE

Il est clair qu'une telle représentation n'est pas toujours possible. Par exemple, prenons le mouvement brownien dans $\mathbb{R}^3$, un point x, la mesure $\lambda=\varepsilon_x$, $\mu=\frac{1}{2}\varepsilon_x$. La fonctionnelle gauche (M_t) est donnée par $M_0(\omega)=1$, $M_t(\omega)=1$ pour tout t si $X_0(\omega)\neq x$, $M_t(\omega)=1/2$ pour tout $t>0$ si $X_0(\omega)=x$ [cette fonctionnelle est parfaite, mais il faut la modifier un peu si l'on veut que la relation multiplicative soit une identité : peu importe]. En revanche, le saut en 0 d'une fonctionnelle droite ne peut être que 1 ou 0 P^x-p.s., et cela ne peut nous donner μ .

Nous avons apparemment une voie toute tracée : au lieu de supposer que μ ne charge pas les ensembles λ-négligeables-et-λ-polaires, faisons l'hypothèse plus forte que μ ne charge pas les ensembles λ-polaires. Alors nous avons une représentation

(12) $$\mu(f) = E^\lambda[\int f\circ X_s dA'_s]$$

où la fonctionnelle droite A' a même partie continue que A, et des sauts de la forme

(13) $$\Delta A'_s = h'\circ X_s$$ (s>0, h' positive nulle hors d'un ensemble semi-polaire)

Dans ces conditions , nous essayons de construire une fonctionnelle multiplicative droite par une formule exponentielle convenable... Malheureusement, cela ne semble pas marcher, car nous aurions besoin de savoir que la projection cooptionnelle du processus (A'_t) est majorée par 1 , et nous ne savons pas l'établir. La méthode s'applique cependant dans un cas particulier intéressant, auquel nous allons nous ramener .

Nous commençons par mettre en 0 toute la masse possible : autrement dit, nous posons à la manière de ROST

(14) $\lambda^\bullet=(\lambda-\mu)^+$, $\mu^\bullet=(\mu-\lambda)^+$, $\varphi=\frac{\lambda\wedge\mu}{\lambda}\leq 1$

et nous nous occupons de trouver une représentation de SKOROKHOD $\mu^\bullet=\lambda^\bullet P_S$ pour les mesures étrangères $\lambda^\bullet,\mu^\bullet$. Après quoi nous construirons le temps d'arrêt T en choisissant à l'instant 0

T=0 avec probabilité $\varphi(X_0)$

T=S avec probabilité $1-\varphi(X_0)$

Sur une représentation du type de la formule (2), si $M^\bullet$ représente $\mu^\bullet$ au moyen de $\lambda^\bullet$, μ sera représentée au moyen de λ par la mesure

$$dM_s=\varphi(X_0)\varepsilon_0(ds)+(1-\varphi(X_0))dM^\bullet_s$$

Nous sommes donc amenés à nous poser le problème de SKOROKHOD pour deux mesures <u>étrangères</u> . Mais alors, reprenons la représentation (8) : μ et λ étant étrangères, la mesure dM_s ne charge pas 0, et nous avons

THEOREME 1'. <u>Avec les notations du théorème 1, supposons</u> μ <u>étrangère à</u> λ <u>et posons</u>

(15) $$M^*_0=1\ ,\ M^*_t=\exp\Big(-\int_0^t\frac{dA^c_s}{1-v\circ X_s}\Big)\prod_{0<s\leq t}\Big(1-\frac{h}{1-v}\circ X_s\Big)$$

<u>Ce processus est continu à droite, à l'exception peut être d'un seul point t où</u> $M^*_t(\omega)>0$, $M^*_{t+}(\omega)=0$, <u>et le processus</u> $(M^*_{t+})=(M'_t)$ <u>est une fonctionnelle multiplicative</u> (ordinaire, i.e. droite). <u>On a</u>

(16) $$\mu(f)=E^\lambda[-\int_{[0,\infty[}f\circ X_s\,dM'_s\,]$$

<u>et</u> λ<u>-presque tout</u> x <u>est permanent pour</u> M', <u>de sorte que</u> $[0,\infty[$ <u>peut être remplacé par</u> $]0,\infty[$ <u>dans</u> (17).

DEMONSTRATION. Tout est très facile.

Nous savons que λ et μ sont étrangères. Donc dM (représentation (8)) n'a pas de masse en 0, et $M_{0+}=1$ P^λ-p.s. Soit ω tel que $M_{0+}(\omega)=1$, et soit r>0 le premier instant où $M_{r+}(\omega)=0$.

Comme $M_{0+}(\omega)=1$, nous avons d'abord $h\circ X_0(\omega)=0$, et nous pouvons enlever le terme correspondant de l'expression de M_t . Ensuite, sur l'intervalle $[0,r[$, l'intégrale et le produit infini définissant M_t sont convergents, et nous en déduisons aisément que $M_{t+}=M^*_t$. Pour t>r, nous avons $M^*_t\leq M_{r+}=0$. Il y a donc un seul point où $M^*_t(\omega)$ peut différer de $M_{t+}(\omega)$, c'est au point r lui même, si $M^*_r(\omega)>0$ (intégrale et produit convergents sur [0,r]) tandis que $M_{r+}(\omega)=0$ (divergence sur $[0,r+\varepsilon]$ pour tout $\varepsilon>0$. On a de toute façon $M^*_{t+}=M_{t+}=M'_t$, d'où la formule (16).

La vérification de la propriété multiplicative de (M'_t) est triviale aux points $t\neq r$, où $M'_t=M^*_t$. Nous laisserons au lecteur la vérification pour $t=r$, qui est facile.

REMARQUE. Nous nous étions demandé si l'opération (14) conduisait à quelque chose d'"optimal" . ROST nous a indiqué qu'il n'existe, dans le cas transient, aucun temps d'arrêt T tel que $\mu=\lambda P_T$, qui soit " meilleur" que les autres. En effet, pour toute fonction positive f, l'espérance $E^\lambda[\int_0^T f\circ X_s\, ds\,]$ est indépendante du temps d'arrêt T représentant μ, puisqu'elle vaut $<\lambda U-\mu U,f>$. Si l'on diminue T d'un côté (par exemple en rendant $\{T=0\}$ aussi grand que possible) on l'augmente de l'autre.

Par ailleurs, ROST nous a indiqué la forme de la représentation (7) dans le cas discret, qui était connue de lui avant notre travail.

CONSIDERATIONS SUR L'UNICITE

Nous continuons à employer les notations (A_t),(M_t), u,v,h , et nous considérons une seconde fonctionnelle multiplicative gauche (N_t) telle que

$$(17)\qquad \mu(f) = E^\lambda[\int_{[0,\infty[} -f\circ X_s dN_s\,]$$

Nous nous demandons si M et N sont P^λ-indistinguables. Nous choisirons une version de N adaptée - sans complétion - aux tribus $\underline{\underline{T}}(X_s,s\leq t)$, E étant muni de la tribu presque-borélienne. La possibilité d'un tel choix tient au fait que les fonctions fortement surmédianes sont presque boréliennes, mais nous n'insisterons pas sur ce point. Il est évident en tout cas qu'il existe une telle version de A, donc de M .

Nous n'avons pas envie de décomposer la démonstration en lemmes pourvus d'énoncés formels. Nous la décomposerons en étapes successives, ce qui aura l'avantage de nous permettre des considérations heuristiques.

A) Nous commençons par remarque que, μ ne chargeant pas ∂, les fonctionnelles M,N ne chargent pas $[\zeta,\infty[$. Soient L un temps a.$\hat{p}$. précisé fini, et Z le processus coprévisible $I_{[0,L]}$, dont la projection optionnelle est de la forme $(c\circ X_t)$. Le processus (N_t) étant adapté, la mesure dN commute avec la projection optionnelle . Donc

$$E^\lambda[(1-N_{L+})I_{\{L\geq 0\}}]= E^\lambda[\int_{[0,\infty[} -Z_s dN_s\,] = E^\lambda[\int_{[0,\infty[} -c\circ X_s dN_s\,] = \mu(c).$$

En comparant à la démonstration du lemme 1, on voit que le processus $(1-N_{t+})$ a pour projection coprévisible $(u\circ X_t)$, et de même que le processus $(1-N_t)$ a pour projection coprévisible $(v\circ X_t)$.

B) Montrons alors avec quelle facilité on établit l'unicité d'une fonctionnelle multiplicative qui ne s'annule pas sur $[0,\zeta[$. L'ensemble $[0,\zeta[$ étant coprévisible, la projection coprévisible $(1-v\circ X_t)$ ne s'annule pas non plus sur cet intervalle, et il en résulte que le processus $N_t/1-v\circ X_t$ a une projection coprévisible égale à 1 sur cet intervalle. Considérons alors la fonctionnelle additive gauche

$$(18) \qquad B_t = \int_{[0,t[} -(1-v\circ X_t)\frac{dN_t}{N_t} \quad \text{pour } t<\zeta\ , \quad B_t=B_{\zeta-} \text{ pour } t\geq\zeta$$

Nous avons pour tout processus coprévisible (Z_t)

$$E^\lambda[\int_{[0,\infty[} -Z_s dN_s\ ] = E^\lambda[\int_{[0,\zeta[} -Z_s dN_s\ ] = E^\lambda[\int_{[0,\zeta[} \frac{Z_s N_s}{1-v\circ X_s} dB_s\ ]$$

Comme dB commute à la projection coprévisible, nous remplaçons le processus sous la dernière intégrale par sa projection coprévisible $ZI_{[0,\zeta[}$, et la chaîne d'égalités continue

$$= E^\lambda[\int_{[0,\zeta[} Z_s dB_s\ ] = E^\lambda[\int_{[0,\infty[} Z_s dA_s\ ]$$

Donc la fonctionnelle additive gauche B représente μ (prendre $Z_s = f\circ X_s$), et elle est donc indistinguable de A. Mais alors, les relations

$$N_0=1 \quad , \quad \frac{dN_t}{N_t} = \frac{dA_t}{1-v\circ X_t}$$

entraînent que N est donnée par (7), donc indistinguable de M.

C) Il est facile de généraliser un peu cette démonstration. Supposons que tout point soit permanent pour N ($P^x\{N_{0+}>0\}=1$ pour tout x) et que $1-v\circ X_t$ ne s'annule pas sur $[0,\zeta[$. Soit τ le temps terminal $\inf\{t : N_t=0\}$; la formule (18) ne nous définit qu'une fonctionnelle additive gauche jusqu'au temps terminal τ , mais d'après un théorème récent de GETOOR-SHARPE [2], il est possible de construire une mesure aléatoire commutant avec les projections optionnelle et coprévisible (mais non nécessairement bornée) coincidant sur $[0,\tau[$ avec dB. On fait alors le calcul avec cette mesure aléatoire là. Comme $1-v\circ X_t$ ne s'annule pas, la projection coprévisible de $N_s/1-v\circ X_s$ reste bien égale à 1, et le raisonnement peut se poursuivre jusqu'au bout.

Encore une autre généralisation : il suffit en fait de supposer que l'ensemble des points x tels que $P^x\{N_{0+}=0\}=1$, ou que $v(x)=1$, est

λ-négligeable et λ-polaire. Pour voir cela, tuer les processus à la rencontre de cet ensemble, et appliquer le raisonnement précédent.

D) Considérons le temps terminal

$$\sigma = \inf \{ t : u\circ X_t = 1 \}$$

et l'ensemble (finement ouvert) $U = \{u<1\}$. Nous allons montrer d'abord que $N_{0+}\circ\Theta_t$ ne s'annule pas sur $[0,\sigma[$, et en particulier que tout $x \in U$ est permanent pour N .

Projetons en effet sur la tribu coprévisible l'identité

$$N_t - N_{t+} = N_t(1-N_{0+}\circ\Theta_t)$$

Il vient $u\circ X_t - v\circ X_t = (1-v\circ X_t)(1-N_{0+}\circ\Theta_t)$

Sur $[0,\sigma[$, nous avons $u\circ X_t<1$, donc à fortiori $v\circ X_t<1$, donc $N_{0+}\circ\Theta_t = 1-\frac{h}{1-v}\circ X_t = \frac{1-u}{1-v}\circ X_t \neq 0$.

E) Montrons ensuite que N_{t+} est identiquement nulle sur $[\sigma,\infty[$. Le processus N_{t+} (décroissant continu à droite) a une projection coprévisible nulle sur l'ensemble coprévisible fermé à droite $\{u\circ X_t=1\}$. Il s'agit de prouver qu'il est nul à partir du début σ de cet ensemble. Retournons le temps : il s'agit de voir qu'un processus croissant continu à gauche $C_t \leqq 1$, dont la projection prévisible est nulle sur un ensemble prévisible fermé à gauche A, est nul sur l'intervalle $]0,L]$, où L est la fin de A . Nous suivons un raisonnement de [1] : soit W_t le processus croissant, projection duale prévisible du processus croissant $I_{[L,\infty[}$; soit (C'_t) la projection prévisible de (C_t), qui est continue à gauche. Nous avons

$$E[\int C_t dW_t] = E[\int C'_t dW_t] = E[C'_L] = 0 \quad \text{puisque } C'=0 \text{ sur A}$$

C étant continu à gauche et W-négligeable est nul en tout point de croissance à gauche de W. Comme il est croissant, il est nul jusqu'à la fin de l'ensemble des points de croissance à gauche de W. D'après [1] cette fin est égale à L, et le résultat cherché est obtenu.

Cela nous permet d'affaiblir un peu l'hypothèse de C) : si l'on a seulement que tout point est permanent pour N, on peut en déduire que tout point est permanent pour le temps terminal σ, donc 1-u ne s'annule pas, et l'hypothèse quant à l'annulation de 1-v est inutile.

F) Plaçons nous sur U, notons λ' la mesure λI_U, μ' la mesure μI_U , (X'_t) le processus tué à σ . Nous avons, si f est nulle sur U^c

$$\mu'(f) = \mu(f) = E^\lambda[\int_{[0,\sigma]} -f\circ X_s \, dN_s] \quad \text{d'après E)}$$

Regardons ce qui se passe à l'instant σ , sachant que $N_{\sigma+}=0$: si $N_\sigma=0$, il n'y a pas de saut, et nous pouvons remplacer $[0,\sigma]$ par $[0,\sigma[$. Si $N_\sigma>0$, c'est que $N_{0+}\circ\theta_\sigma=0$, donc que $X_\sigma\in U^c$, et comme f est nulle sur U^c nous pouvons aussi remplacer $[0,\sigma]$ par $[0,\sigma[$.

D'autre part, nous pouvons remplacer λ par λ' : en effet, $\lambda-\lambda'$ est portée par U^c , donc par les points tels que $\sigma=0$ p.s., et l'intégrale correspondante est nulle. Ainsi

$$\mu'(f) = E^{\lambda'}[\int_{[0,\infty[} -f\circ X'_t \, dN'_t]$$

où $N'_t = N_t$ si $t<\sigma$, N_σ si $t\geq\sigma$ est une fonctionnelle multiplicative du processus (X'_t) sur U, telle que tous les points de U soient permanents pour N'. On construit de même M', et la partie C) entraîne que M' et N' sont indistinguables jusqu'à σ . Comme M et N sont égales à M' et N' avant σ , et nulles toutes deux après σ , l'unicité est établie dans le cas général.

BIBLIOGRAPHIE

J.AZEMA. Quelques applications de la théorie générale des processus I. Invent. Math. 18 (1972), p.293-336.

R.GETOOR et M.J. SHARPE . Balayage and multiplicative functionals. Z. für W-theorie, 1974.

H.ROST. The stopping distributions of a Markov process . Invent. Math. 14 (1971) p. 1-16.

UNE REMARQUE SUR LE PROBLEME DE SKOROKHOD

exposé de J.Bretagnolle

I. LE PROBLEME DE SKOROKHOD.

Etant donnée une mesure de probabilité μ sur $\mathbb{R}$ telle que $\int x d\mu=0$ et que $\mathrm{Var}(\mu) = \int x^2 d\mu < +\infty$, résoudre le problème de Skorokhod, c'est trouver un temps d'arrêt T du mouvement brownien (B_t) issu de 0 tel que la répartition de B_T soit μ, et ceci de manière " minimale", i.e. on exige que $E(T)=\mathrm{Var}(\mu)$.

Il y a plusieurs constructions de tels temps d'arrêt. Celle de Dubins a été exposée à ce séminaire par P.A.Meyer (Séminaire de Strasbourg, vol.5, p.170-176 , Lecture Notes n°191) . Je renverrai à cet exposé par le signe (*) .

J'avais émis la conjecture suivante : le temps de Dubins est le meilleur au point de vue des moments exponentiels, au sens suivant : soit S un temps d'arrêt du mouvement brownien, soient μ la loi de B_S , et T le temps d'arrêt de Dubins associé à la mesure μ (ainsi B_S et B_T ont tous deux la même loi μ). Alors si S possède un moment exponentiel, i.e. s'il existe $a>0$ tel que $E[e^{aS}]<+\infty$, alors il existe aussi un $b>0$ tel que $E[e^{bT}]<+\infty$.

Une discussion avec le Professeur Dinges m'a fortement fait douter de la validité de cette conjecture. Effectivement, j'ai ensuite trouvé un contre-exemple que je donne au dernier paragraphe.

II. LA CONSTRUCTION DE DUBINS

Dans ce paragraphe, je rappelle les résultats de (*) dont j'aurai besoin.

A). Un cas simple. Donnons nous deux nombres u,v , $u\leqq 0\leqq v$, et supposons que le support de la loi μ soit $\{u,v\}$. Alors $\mu=p\varepsilon_u+q\varepsilon_v$, avec $p+q=1$, $pu+qv=0$, ce qui détermine p et q. Soit alors S_{uv} le temps de sortie de l'intervalle $]u,v[$ pour le mouvement brownien : S_{uv} est fini p.s., toutes ses puissances sont intégrables, donc $E[B_{S_{uv}}]=0$. Si l'on pose $p'=P\{B_{S_{uv}}=u\}$, $q'=P\{B_{S_{uv}}=v\}$, cela entraîne $p'+q'=1$ et $p'u+q'v=0$ (continuité des trajectoires), donc $p'=p$ et $q'=q$. On vérifie immédiatement que $E[S_{uv}]=\mathrm{Var}(\mu)$. Autrement dit, S_{uv} résout le problème de Skorokhod dans ce cas simple.

On peut calculer explicitement la transformée de Laplace $E[e^{tS_{uv}}]$, et vérifier qu'elle est finie si et seulement si $t(|u|+|v|)^2 < \pi^2/2$.

B). <u>Le temps de Skorokhod</u>. Pour ne pas alourdir l'exposé, construisons le seulement dans le cas simple où la loi μ est <u>symétrique</u>. Soient Ω' un espace sur lequel on a construit un brownien, Ω'' sur lequel est donnée une v.a. X de loi μ. Soit $\Omega=\Omega'\times\Omega''$ muni de la mesure produit et de la famille de tribus $\underline{\underline{F}}_t=\underline{\underline{T}}(X,B_s,s\leq t)$. Posons $S(\omega',\omega'')=S_{-|X(\omega'')|,|X(\omega'')|}(\omega')$. S est un temps d'arrêt de $(\underline{\underline{F}}_t)$, et l'on a

- $|B_S|=|X|$ p.s. (continuité des trajectoires). Comme la loi de B_S est symétrique, elle est donc égale à μ.
- $E[S]= \int_{\Omega''} E_{\Omega'}[S_{-|X(\omega'')|,|X(\omega'')|}] = \int_{\Omega''} X^2(\omega'')= \mathrm{Var}(\mu)$.

<u>Mais</u>

1°) S n'est pas un temps d'arrêt de la famille <u>naturelle</u> du brownien ;

2°) Le calcul de $E[e^{tS}]$ montre que <u>si</u> μ <u>n'est pas à support compact</u>, $E[e^{tS}]=+\infty$ <u>pour tout $t>0$</u> d'après A).

C). <u>Le temps de Dubins</u> . On va tout d'abord travailler sur $(\mathbb{R},\underline{\underline{B}},\mu)$ en appelant X la v.a. $x\longmapsto x$. Construisons par récurrence une famille croissante de tribus finies $\underline{\underline{H}}_n$, dont les atomes seront des intervalles $]a_i^n,a_{i+1}^n]$: $\underline{\underline{H}}_0=\{\emptyset,\mathbb{R}\}$, $\underline{\underline{H}}_1$ a pour atomes $]-\infty,0]$ et $]0,+\infty]$; $\underline{\underline{H}}_{n+1}$ s'obtient en découpant chaque atome $]a_i^n,a_{i+1}^n]$ en deux atomes $]a_i^n,b_i^n]$, $]b_i^n,a_{i+1}^n]$, où b_i^n est défini par

$$b_i^n = \frac{1}{\mu(]a_i^n,a_{i+1}^n])} \int_{]a_i^n,a_{i+1}^n]} x\,d\mu$$

après quoi on renumérote les atomes. Si maintenant $X_n=E[X|\underline{\underline{H}}_n]$, les X_n forment une martingale uniformément intégrable et on montre (voir (*)) que X_n tend vers X dans L^1, donc en loi , ou encore que les mesures $\mu_n = \sum \mu(]a_i^n,a_{i+1}^n]).\varepsilon_{b_i^n}$ convergent vers μ .

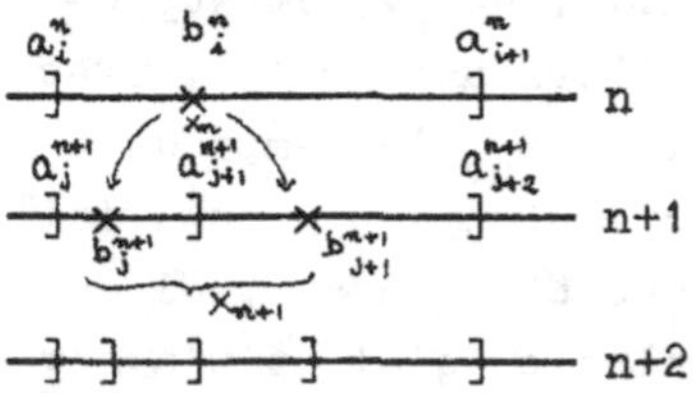

Posons $x_{n+1} = X_{n+1}-X_n$ $(x_0=0)$. Sur l'atome $]a_i^n,a_{i+1}^n]$ de $\underline{\underline{H}}_n$, x_{n+1} ne prend que deux valeurs , l'une négative $u_i^n = b_j^{n+1}-b_i^n$ (voir figure) l'autre positive $v_i^n = b_{j+1}^{n+1}-b_i^n$. Nous noterons u_n,v_n les fonctions $\underline{\underline{H}}_n$-mesurables valant respectivement u_i^n, v_i^n sur chaque atome $]a_i^n,a_{i+1}^n]$ de $\underline{\underline{H}}_n$.

Nous notons aussi K_n le support de μ_n (l'ensemble des b_i^n).

Soit maintenant un brownien (B_t) muni de ses tribus naturelles $\underline{\underline{F}}_t$. Posons $R_0=0$, $R_{n+1}=\inf\{t \mid t>R_n, B_t \in K_{n+1}\}$. Les R_n sont évidemment des temps d'arrêt, montrons que B_{R_n} <u>a pour répartition</u> μ_n : les considérations précédentes montrent que si l'on pose $r_{n+1}=R_{n+1}-R_n$ on a

$$r_{n+1} = S_{B_{R_n}+u_n(B_{R_n}),B_{R_n}+v_n(B_{R_n})} \circ \theta_{R_n}$$

Le fait que $E[x_{n+1}|\underline{\underline{H}}_n]=0$ et les propriétés des temps de sortie $S_{u,v}$ montrent que, conditionnellement à $B_{R_n}=b_i^n$, $B_{R_{n+1}}-B_{R_n}$ a même loi que x_{n+1} conditionnellement à $x_n=b_i^n$, et cela suffit.

On voit facilement (cf.(*)) que $\sup_n R_n < +\infty$, et donc que si l'on pose $T_D = \lim_n R_n$, la loi de B_{T_D} est μ. De $E[R_n]=E[X_n^2]\leq E[X^2]<+\infty$ on tire enfin $E[T_D]=\mathrm{Var}(\mu)$.

Dans la suite on gardera la notation x_{n+1} pour $B_{R_{n+1}}-B_{R_n}$ et $\underline{\underline{H}}_n$ pour la tribu engendrée par B_{R_n} (ce qui revient à transporter les considérations précédentes sur l'espace du mouvement brownien).

III. MOMENTS EXPONENTIELS

Rappelons les inégalités de Burkholder.

Soit $X=(X_n,\underline{\underline{H}}_n)$,$n\in\mathbb{N}\cup\{\infty\}$ une martingale de carré intégrable telle que $X_0=0$. On pose $x_{n+1}=X_{n+1}-X_n$ et $Q(X)= (\sum_n x_n^2)^{1/2}$. Alors

(1) Il existe $C<\infty$ telle que $\|Q(X)\|_p \leq C(1-\frac{1}{p})^{-1}p^{1/2}\|X_\infty\|_p$, $1<p<\infty$

Prenant $p=2m$ et utilisant l'inégalité $k^k \leq A^k k!$ $(A<\infty)$ on obtient

(2) Il existe $K<\infty$ telle que $E[Q(X)^{2m}] \leq K^m m!E[X_\infty^{2m}]$

Sa version brownienne sera

(3) Si T est un temps d'arrêt, $E[T^m] \leq K^m m!E[B_T^{2m}]$.

<u>Remarque</u> . (3) peut servir à montrer que S_{uv} a un moment exponentiel sans calcul explicite.

Les notations sont à nouveau celles de II : le lemme suivant signifie que, du point de vue des moments exponentiels, la variation quadratique du brownien stoppé à R_n (c'est à dire R_n) est comparable à celle de la martingale <u>discrète</u> $B_{R_1},B_{R_2},\ldots,B_{R_n}$.

LEMME 1. Il existe $s_1>0$ tel que la relation $s.\sup_{k\leq n}\|x_k\|_\infty \leq s_1$ entraîne $E[e^{sR_n}] \leq E[\exp(80Ks\sum_{k\leq n} x_k^2)]$.

DEMONSTRATION. On a $\exp(sR_n) = \prod_{k\leq n}\exp(sr_k) =$

$$\frac{\prod_{k\leq n}\exp(sr_k)}{\prod_{k\leq n}E[\exp(Fsx_k^2)|\underline{\underline{H}}_{k-1}]}\cdot\frac{\prod_{k\leq n}E[\exp(Fsx_k^2)|\underline{\underline{H}}_{k-1}]}{\exp(Gs\sum_{k\leq n}x_k^2)}\cdot\exp(Gs\sum_{k\leq n}x_k^2) = A_nB_nC_n$$

où les constantes F,G seront choisies plus loin. Donc

$$E[e^{sR_n}] \leq (E[A_n^2])^{1/2}(E[B_n^4])^{1/4}(E[C_n^4])^{1/4}$$

On va montrer que pour un bon choix de F et G, (A_i^2) et (B_i^4) sont des surmartingales positives (avec $A_0=B_0=1$) pour $0\leq i\leq n$. Comme $C_n\geq 1$, nous aurons $E[C_n^4]^{1/4} \leq E[C_n^4]$ ce qui nous donnera

$$E[e^{sR_n}] \leq E[\exp(4Gs\sum_{k\leq n}x_k^2)]$$

Choisissons d $(0<d<1)$ tel que $0\leq x\leq d$ implique simultanément $1/(1-x)\leq e^{2x}$, $e^x\leq 1+2x$, $(1+2x)^4 \leq 1+10x$, et $e^{-2x} \leq 1-x$.

a) Pour que (A_n^2) soit une surmartingale, il suffit que

$$E[\exp(2sr_k)|\underline{\underline{H}}_{k-1}] \leq E[\exp(Fsx_k^2)|\underline{\underline{H}}_{k-1}]^2.$$

Comme $E[Z|\underline{\underline{H}}]\leq E[Z|\underline{\underline{H}}]^2$ pour $Z\geq 1$, il suffit que le côté gauche soit majoré par $E[\exp(Fsx_k^2)|\underline{\underline{H}}_{k-1}]$. Or d'après (3), sommant sur m la majoration de $E[T^m/m!]$, on a si $2sK\|x_k^2\|_\infty < 1$

$$E[\exp(2sr_k)|\underline{\underline{H}}_{k-1}] = E[\sum_m\frac{(2sr_k)^m}{m!}|\underline{\underline{H}}_{k-1}]$$

$$\leq E[\sum_m K^m(2sx_k)^{2m}|\underline{\underline{H}}_{k-1}] = E[1/(1-2sKx_k^2)|\underline{\underline{H}}_{k-1}]$$

$$\leq E[\exp(4Ksx_k^2)|\underline{\underline{H}}_{k-1}]$$

Le processus (A_i) est donc une surmartingale pour $0\leq i\leq n$ si F=4K, et si $2sK.\sup_{k\leq n}\|x_k^2\|_\infty < d$.

b) De même, pour que (B_i^4) soit une surmartingale pour $0\leq i\leq n$ il suffit d'avoir $E[\exp(Fsx_k^2)|\underline{\underline{H}}_{k-1}]^4.E[\exp(-4Gsx_k^2)|\underline{\underline{H}}_{k-1}] \leq 1$. Or si l'on a $Fs.\sup_{k\leq n}\|x_k^2\|_\infty \leq d$ et $4Gs.\sup_{k\leq n}\|x_k^2\|_\infty \leq d$, le coté gauche peut se majorer par $(1+10FsE[x_k^2|\underline{\underline{H}}_{k-1}])(1-2GsE[x_k^2|\underline{\underline{H}}_{k-1}])$, qui est ≤ 1 si 2G=10F. Comme F =4K, on prend G=20K, et le nombre s_1 de l'énoncé vaut d/80K .

PROPOSITION 1. <u>Posons</u> $[\![X]\!] = \sup_n \|x_n\|_\infty$ ($[\![X]\!]$ <u>ne dépend que de</u> μ).
<u>Alors</u>

- <u>il existe</u> s_2 <u>tel que</u> $E[e^{sT_D}]<+\infty$ <u>si</u> $s[\![X]\!]^2 < s_2$,
- si $[\![X]\!]=+\infty$, <u>on a</u> $E[e^{sT_D}]=+\infty$ <u>pour tout</u> $s>0$.

DEMONSTRATION. Pour la première partie il suffit, compte tenu du lemme 1, de montrer que si $[\![X]\!]<+\infty$ on a $E[\exp(s\sum_k x_k^2)]<\infty$ pour s assez petit.

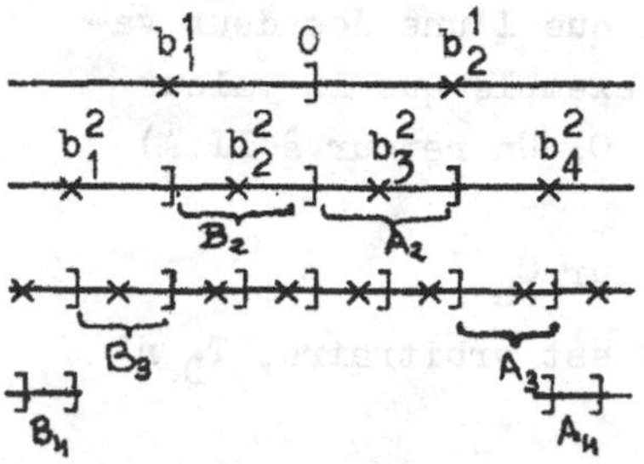

Soit A_n l'événement $\{x_1>0, x_2>0, \ldots, x_{n-1}>0, x_n\leq 0\}$, de même $B_n=\{x_1<0, \ldots, x_{n-1}<0, x_n\geq 0\}$. Si l'on réalise sur $\mathbb{R}$ la martingale (X_n) (voir la figure ci-contre) on s'aperçoit que A_n et B_n sont des atomes de $\underline{\underline{H}}_n$, et que l'espace entier est réunion des A_n et des B_n à un ensemble négligeable près.

Je dis que

$$(4) \qquad \int_{A_n} \exp(s\sum x_k^2)d\mu \leq \frac{e^{2s[\![X]\!]^2}}{1-Ks[\![X]\!]^2} \int_{A_n} \exp(s[\![X]\!].X)d\mu \quad \text{si } sK[\![X]\!]^2<1 .$$

En effet, le côté gauche est égal à

$$\int_{A_n} \exp(s\sum_{k\leq n} x_k^2)E[\exp(s\sum_{k>n} x_k^2)|\underline{\underline{H}}_n]d\mu$$

Or sur A_n, $\sum_{k>n} x_k^2$ est la variation quadratique $Q^2(Y)$ de la martingale $(Y_k)=(X_{n+k}-X_n)$. Mais tous les atomes ultérieurs auxquels donne naissance A_n sont contenus dans A_n, donc sur A_n on a $X_{n-2}\leq X_{n+k}\leq X_{n-1}$, et $X_{n-1}-X_{n-2} \leq [\![X]\!]$, de sorte que Y est majorée par $[\![X]\!]$ en valeur absolue. L'inégalité de Burkholder (2) donne alors par sommation

$$E[\exp(s\sum_{k>n} x_k^2)|\underline{\underline{H}}_n] \leq \frac{1}{1-Ks[\![X]\!]^2} \quad \text{sur } A_n \text{, si } Ks[\![X]\!]^2<1$$

Par ailleurs, on a sur A_n, tous les $x_k, k<n$ étant positifs

$$\sum_{k\leq n} x_k^2 \leq x_n^2 + \sup_{k<n} x_k.\sum_{k<n} x_k \leq x_n^2+[\![X]\!]X + [\![X]\!]|X_{n-1}-X|$$
$$\leq 2[\![X]\!]^2+[\![X]\!].X$$

D'où (4). On a une inégalité similaire sur B_n, et par sommation

$$(5) \qquad E[\exp(s\sum x_k^2)] \leq \frac{e^{2s[\![X]\!]^2}}{1-Ks[\![X]\!]^2} E[e^{s[\![X]\!]|X|}] \text{ si } sK[\![X]\!]^2 < 1 .$$

La première partie sera donc établie si nous montrons que la condition

$[\![X]\!]<\infty$ entraîne

(6) il existe $s_3>0$ tel que $E[e^{t|X|}] < +\infty$ dès que $t[\![X]\!]\leqq s_3$

Cela résultera de la proposition 2 ci-dessous.

Passons à la seconde partie. Pour tout n, la v.a. x_n ne prend qu'un nombre fini de valeurs : elle est donc bornée. Si $[\![X]\!]=+\infty$, la borne supérieure de $|x_n|$ peut prendre des valeurs arbitrairement grandes pour n grand. M étant arbitrairement choisi, on peut trouver un n, un atome C_n (de probabilité >0) de $\underline{\underline{H}}_n$, tel que l'une des deux valeurs de $|x_n|$ sur C_n dépasse M : supposons par exemple que la valeur positive v dépasse M, l'autre valeur u étant <0. Un retour à II.A) montre alors que

$$\text{si } sM^2\geqq \pi^2/2 \text{ , on a } E[e^{sr_{n+1}}|\underline{\underline{H}}_n] = +\infty \text{ sur } C_n$$

et a fortiori $E[e^{sT_D}] \geqq \int_{C_n} e^{sT_D} = +\infty$. Comme M est arbitraire, T_D n'admet pas de moment exponentiel.

PROPOSITION 2. <u>Associons à</u> μ <u>les fonctions</u> $H^+(x)=\mu(]x,\infty[)$ <u>et</u> $H^-(x)=\mu(]-\infty,-x[)$ $(x>0)$. <u>Alors</u> $[\![X]\!]$ <u>est fini si et seulement s'il existe un nombre</u> $M<+\infty$ <u>tel que</u>

$$\underline{\text{pour tout}}\ x>0 \text{ , } H^+(x+M)\leqq \tfrac{1}{3}H^+(x) \text{ , } H^-(x+M)\leqq \tfrac{1}{3}H^-(x) \text{ .}$$

DEMONSTRATION. Posons $s_0^+=0$,

$$s_1^+= \frac{1}{\mu(]0,\infty[)}\int_{]0,\infty[} xd\mu \quad , \quad s_{n+1}^+ = \frac{1}{\mu]s_n^+,\infty[}\int_{]s_n^+,\infty[} xd\mu$$

(s_n^+ est l'extrémité gauche de l'atome de $\underline{\underline{H}}_{n+1}$ situé le plus à droite).

Posons $s^+= \sup_n (s_{n+1}^+-s_n^+)$, et définissons de même les s_n^- , s^-. Alors $[\![X]\!]= \sup(s^+,s^-)$.

a). Si la condition de la proposition est satisfaite, on a $\int_{x>a} xd\mu =$.

$$aH^+(a)+\int_{x>a} H^+(x)dx \leqq aH^+(a)+ \tfrac{3}{2}\int_a^{a+M} H^+(x)dx \leqq(a+\tfrac{3}{2}M)H^+(a). \quad \text{D'où}$$

$$\frac{1}{\mu(]a,\infty[)}\int_{x>a} xd\mu - a \leqq \tfrac{3}{2} M \text{ , } s^+\leqq \tfrac{3}{2}M \text{ et } [\![X]\!]\leqq \tfrac{3}{2}M \text{ .}$$

b). Réciproquement, supposons que la condition ne soit pas vérifiée, par exemple du côté positif. M étant choisi, on peut trouver a avec $H^+(a+M)> \frac{1}{3}H(a)$. Soit alors s_n^+ le premier des s_i^+ qui dépasse a (son existence provient de la convergence de μ_n vers μ, qui charge $]a+M,\infty[$). Alors

- ou bien $s_n^+\geqq a+M/2$, et alors $s_n^+-s_{n-1}^+\geqq M/2$,
- ou bien $s_n^+< a+M/2$, et alors $\int_{]s_n^+,\infty[} xd\mu \geqq s_nH^+(s_n)+ \int_{s_n}^{a+M} H^+(x)d\mu$

$\geqq s_nH^+(s_n)+ \frac{M}{2}H^+(a+M) > s_nH^+(s_n)+ \frac{M}{6} H^+(s_n)$, d'où $s_{n+1}^+-s_n^+ \geqq M/6$.

Dans les deux cas, on voit que $[\![X]\!]\geqq M/6$, donc (M étant arbitraire) $[\![X]\!]=+\infty$.

L'ensemble des deux raisonnements montre aussi que si $[\![X]\!]<\infty$, et si M est le plus petit nombre satisfaisant à la condition, on a $M/6 \leqq [\![X]\!] \leqq M/2$. Les conditions de la forme $s[\![X]\!]^2 \leqq A$ peuvent donc être remplacées par des conditions de la forme $sM^2 \leqq A'$.

DEMONSTRATION DE (6). On a $E[e^{sX^+}]=-\int_0^\infty e^{sx}dH^+(x)=1+\sum\int_{kM}^{(k+1)M} se^{sx}H^+(x)dx \leqq 1+e^{sM}\sum 3^{-k}e^{skM}$, de même pour X^-. On a vu que M et $[\![X]\!]$ sont du même ordre.

Résumons :

THEOREME. <u>Soit</u> T_D <u>le temps de Dubins associé à la loi centrée</u> μ. <u>Pour que</u> T_D <u>admette des moments exponentiels il faut et il suffit que</u> μ <u>satisfasse la condition de la proposition</u> 2. <u>On a alors</u> $E[e^{sT_D}]<+\infty$ <u>dès que</u> $sM^2<s_o$, <u>où</u> s_o <u>est un nombre</u> >0 <u>indépendant de</u> μ.

Une condition suffisante :

COROLLAIRE. <u>Soit</u> S <u>un temps d'arrêt</u> borné, <u>et soit</u> μ <u>la loi de</u> B_S. <u>Alors le temps de Dubins associé à</u> μ <u>admet des moments exponentiels</u>.

DEMONSTRATION. Supposons par exemple $S\leqq 1$. Notons $B^*_{s,t}$ la quantité $\sup_{s\leqq u\leqq t} |B_u-B_s|$ et τ_a le temps d'atteinte de a : $\tau_a=\inf\{t>0 ; B_t=a\}$.

On a $\{\tau_{a+1}<S\}\cap\{B^*_{\tau_{a+1},\tau_{a+1}+1}<1\}\subset\{B_S>a\}$ (remarquer que la condition $S\leqq 1$ entraîne que $S<\tau_{a+1}+1$ quel que soit a). On en déduit

$$P\{\tau_{a+1}<S\}.P\{B^*_{0,1}<1\} \leqq P\{B_S>a\}$$

car $B^*_{\tau_{a+1},\tau_{a+1}+1}$ et $B^*_{0,1}$ ont même loi. On a également $\{B_S>a+1\} \subset \{\tau_{a+1}<S\}$. Il vient donc

$$\int_{\{B_S>a\}} B_S \leqq (a+1)P\{B_S>a\}+\int_{\{B_S>a+1\}}(B_S-a-1)$$

$$\leqq (a+1)P\{B_S>a\}+P\{\tau_{a+1}<S\}E[B^*_{0,1}]$$

puisque $|B_S-a-1| =|B_S-B_{\tau_{a+1}}|$ sur $\{\tau_{a+1}<S\}$, et que cette v.a. est majorée par $B^*_{\tau_{a+1},\tau_{a+1}+1}$ de même loi que $B^*_{0,1}$.

Les deux remarques combinées donnent

$$\frac{1}{P\{B_S>a\}}\int_{\{B_S>a\}} B_S \leqq a+1 + E[B^*_{0,1}]/P\{B^*_{0,1}<1\}$$

et par conséquent, avec les notations utilisées plus haut

$$[\![X]\!] \leqq 1+ E[B^*_{0,1}]/P\{B^*_{0,1}<1\} .$$

IV. CONSTRUCTION D'UN TEMPS D'ARRET

On construit un temps d'arrêt T du mouvement brownien (B_t) tel que $E[e^{sT}]<\infty$ pour tout s, et tel que si μ est la loi de B_T, T_D le temps de Dubins associé à μ, $E[e^{sT_D}]=\infty$ pour tout $s>0$.

Soit $S_{A,a} = \inf\{t \mid t>0,\ B_t=A+a \text{ ou } B_t=A-a\}$, et $S_{A,a,M}=S_{A,a}\wedge M$.

Remarquons que

(7) Pour tout s, $E[\exp(sS_{A,a,M})]$ est fini (puisqu'il s'agit d'un temps borné).

(8) $\lim_M P_A\{B_{S_{A,a,M}}=A+a\}=\frac{1}{2}=P_A\{B_{S_{A,a,M}}>A\}$ (P_x ,E_x représentent probabilité et espérance avec loi initiale ε_x).

Choisissons une suite a_n de nombres $\geqq 0$ telle que si $A_n=\sum_{k\leqq n} a_k$ on ait

(9) $$A_n > \frac{3}{2}A_{n-1} \qquad \text{(donc } a_n \text{ tend vers } +\infty\text{)}$$

Puis d'après (8) une suite M_n telle que M_n tende vers l'infini et

(10) $$\lim_n P_{A_n}\{ B_{S_{A_n,a_n,M_n}} = A_n+a_n \} = 1/2$$

Puis une suite s_n tendant vers l'infini, et une suite b_n de nombres >0 , telle que $b_n<1$, $\lim_n b_n=0$ et que

$$\sum_n \Big(\prod_{k<n} b_k\Big)\Big(\prod_{k\leqq n} E_{A_n}[\exp(s_n S_{A_n,a_n,M_n})]\Big) < \infty$$

Les transformées de Laplace en question étant des fonctions finies et croissantes de s , cela garantit que

(11) $$\text{pour tout } s>0 \text{ ,} \quad \sum_n \Big(\prod_{k<n} b_k\Big)\Big(\prod_{k\leqq n} E_{A_n}[\exp(sS_{A_n,a_n,M_n})]\Big) < \infty$$

Adjoignons maintenant à notre brownien une suite de v.a. Z_n, indépendantes entre elles et indépendantes de (B_t), de répartition $P\{Z_n=1\}=b_n=1-P\{Z_n=0\}$. Définissons la suite des temps d'arrêt T_n par $T_0=0$ et

$$T_n = T_{n-1} + S_{B_{T_{n-1}},a_n,M_n} \circ \theta_{T_{n-1}}$$

C_n sera l'événement $\{B_{T_n}-B_{T_{n-1}} = a_n\}$, $D_n=\{Z_n=1\}$, $\Gamma_n=\bigcap_{k\leqq n} C_k$,

$\Delta_n = \bigcap_{k\leqq n} D_k$. $\Delta_n \downarrow \emptyset$ puisque b_n tend vers 0 . Définissons alors T par

$$T = \sum_n 1_{\Gamma_{n-1}\cap\Delta_{n-1}\setminus\Gamma_n\cap\Delta_n}\cdot T_n$$

Soit $\underline{\underline{F}}_t=\underline{\underline{T}}(\ B_s, s\leqq t,\ Z_n, n\in N\ )$. Comme $\Gamma_n\cap\Delta_n\in\underline{\underline{F}}_{T_n}$, T est un temps d'arrêt de la famille $(\underline{\underline{F}}_t)$.

LEMME 2. $E[e^{sT}]<+\infty$ <u>pour tout</u> s, <u>et la loi</u> μ <u>de</u> B_T <u>ne satisfait pas à la condition de la proposition</u> 2.

DEMONSTRATION. $E[e^{sT}] \leq \sum_n E[1_{\Delta_{n-1}} e^{sT_n}] \leq \sum_n (\prod_{k<n} b_k)(\prod_{k\leq n} E[\exp sS_{0,a_n,M_n}])$

Comme S_{0,a_n,M_n} a même loi pour P_0 que S_{A_n,a_n,M_n} pour P_{A_n}, cette quantité est finie d'après (11).

Etudions maintenant B_T. On a $\{T\geq T_n\}=\Gamma_{n-1}\cap\Delta_{n-1}$, donc $\{T\geq T_n, Z_n=0\}\subset \{T=T_n\}$. Par ailleurs

$$\{T\geq T_n\}\cap C_n\cap\{Z_n=0\} \subset C_1\cap C_2\cap\ldots\cap C_n\cap\{T=T_n\}\subset\{B_{T_1}=A_1,\ldots,B_{T_n}=A_n, T=T_n\}$$
$$\subset\{B_T=A_n\}$$

soit

(12) $P\{B_T=A_n\} \geq P\{T\geq T_n\}P(C_n)P\{Z_n=0\}$

car $\{T\geq T_n\}=\Gamma_{n-1}\cap\Delta_{n-1}$ ne dépend que de $(B_s, s\leq T_{n-1}, Z_k, k\leq n-1)$, et est donc indépendant de C_n et de Z_n. Ensuite, on a $\{T\leq T_{n-1}\}\subset \{B_T\leq A_{n-1}\}$ et donc

(13) $$\{B_T>A_{n-1}\}\subset\{T\geq T_n\}$$

soit, puisque $A_n > 3/2\ A_{n-1}$ d'après (9)

$$\frac{P\{B_T>3/2\ A_{n-1}\}}{P\{B_T>A_{n-1}\}} \geq \frac{P\{B_T=A_n\}}{P\{B_T>A_{n-1}\}} \geq \frac{P\{T\geq T_n\}P(C_n)P\{Z_n=0\}}{P\{T\geq T_n\}}$$

qui tend vers 1/2, car $b_n \to 0$, et $P(C_n)\to 1/2$ d'après (10).

Maintenant, comme A_n tend vers $+\infty$, nous avons pour tout M fixé

$$\limsup_{a\to\infty} \frac{P\{B_T>a+M\}}{P\{B_T>a\}} \geq \lim_n \frac{P\{B_T>3/2\ A_{n-1}\}}{P\{B_T>A_{n-1}\}} = 1/2$$

et la condition de la proposition 2 n'est pas satisfaite.

REMARQUE FINALE. Bien que le temps de Dubins T_D associé à μ ne satisfasse pas la conjecture du début, on gagne par rapport au temps de Skorokhod T_S. Pour que T_S ait des moments exponentiels il est nécessaire, on l'a vu, que le support de μ soit compact, alors que pour T_D il suffit que μ soit la loi de B_S pour un temps d'arrêt <u>borné</u> S (ce qui inclut la loi de B_1, dont le support est $\mathbb{R}$). Cette condition n'est d'ailleurs pas nécessaire : par exemple, la loi symétrique μ telle que $\mu\{|x|>a\}=e^{-a}$ satisfait à la condition de la proposition 2, donc T_D admet des moments exponentiels. Mais $\int e^{sx^2}d\mu(x)=+\infty$, donc μ ne peut être représentée au moyen d'un temps d'arrêt borné.

NOTE ON LAST EXIT DECOMPOSITION

K.L.Chung

This will show how to derive the last exit decomposition in the boundary theory for Markov chains as set forth in [1] and [2]. The lectures given in Strasbourg were cut short toward the end as indicated by the last sentence on p.87 of [2].

One must now begin there by going to pp.161-2 of [1]. Here are the two formulas for the chain starting at a boundary atom a_0 :

$$\text{(I)}\quad P\{X(t)=j\ :\ t<\beta_{n+1}\,\Big|\,\begin{matrix} Z_0,\dots,Z_{n-1},Z_n=a \\ \beta_0,\dots,\beta_{n-1},\beta_n=s\end{matrix}\} = \rho_j^a(t-s)\ ,\ 0\leqq s\leqq t\ ;$$

$$\text{(II)}\quad P\{X(t)=j\} = \sum_{n=0}^{\infty}\sum_{a_1\dots a_n}\int_0^t \rho_j^{a_n}(t-s)\,d[F^{a_0a_1}*\dots*F^{a_{n-1}a_n}](s)\ .$$

The β_n's are the successive boundary switching time and may be assumed to be strictly increasing when all atoms are sticky, Z_n is the new atom switched to at β_n , ρ^a is the entrance law from a and before another switching, F^{ab} is the distribution of the switching time from a to b (namely that of the switching time when the chain starts at a, provided that the next switch is to b, see p.53 of [2]). Formulas (I) and (II) are easy consequences of the moderate Markov property applied at boundary hitting times.

Given any t, let n be determined by $\beta_n\leqq t<\beta_{n+1}$. Let H_n^b be defined as follows :

$$H_n^b(ds) = P\{\beta_n\in ds\ ;\ X(\beta_n+)=b\ \}$$

(this depends also on the starting point a_0 of the chain, since P itself depends on it). Then (II) may be rewritten as

$$P\{X(t)=j\} = \sum_n \int_0^t H_n^b(ds)\rho_j^b(t-s)\ .$$

Now use (1) on p.62 of [2] :

$$\text{(III)}\qquad \rho_j^b(t) = \int_0^t \eta_j^b(t-s)E^b(ds)$$

to get the preceding probability to be

$$\sum_n\sum_b\int_0^t (H_n^b*E^b)(ds)\eta_j^b(t-s)\ .$$

This is it. What we did above is simply this : suppose the n-th switch is to b, then consider the last exit time from b before the next switch. The total time up to then has the distribution $\sum_n (H_n^b * E^b)$. But the post-last-exit-from b process has the entrance law η^b regardless of what has happened before, as indicated on pp. 75-6 of [1]. One can also see this in two steps : first up to the switching time to b, then between this and the last exit time from b, using (III) above.

This is the analogue of the strong Markov property for a last exit time, proved in a general setting by Pittenger-Shih . It is not even necessary for the analytic derivation in the above. Symbolically, all we do is to lump together the first three factors in the complete decomposition formula (p.72 of [2])

$$\ell_i(\lambda)[I-F(\lambda)]^{-1}E(\lambda)\eta_j(\lambda)$$

to get the last exit decomposition, just as we get the first entrance decomposition by lumping together the last three factors. The Laplace transforms are used merely for convenience and do not smear over anything, because there are explicit formulas like (I) and (II). The latter can be used to avoid the inversion of the matrix $I-F(\lambda)$ above, as shown by Lamb (Zeitschr. fur Wahrsch. vol.19 (213-224), 1971).

[1] Boundary theory for Markov chains II. Acta Math. vol.115, pp. 111-163 (1966).

[2] Lectures on Boundary Theory for Markov chains. Annals of Math. Studies 65, Princeton University Press, 1970.

Séminaire de Probabilités
Institut de Recherche Mathématique Avancée
Université de Strasbourg I Année 1972/73

UN ENSEMBLE PROGRESSIVEMENT MESURABLE ...

C. Dellacherie

Le titre exact de l'exposé devrait être :" Un exemple d'ensemble progressivement mesurable ne contenant pas de graphe de temps d'arrêt, ou , ce qui est équivalent, ayant une projection bien-mesurable nulle ".

Un premier exemple, dû à Meyer et maintenant classique, est le suivant : soit (B_t) un mouvement brownien linéaire issu de 0, et, pour tout réel a, désignons par H_a l'ensemble des extrémités gauches des intervalles contigus au fermé aléatoire $\{(t,\omega) : B_t(\omega) = a\}$; les ensembles H_a sont alors progressifs, non évanescents, et ne contiennent pas de graphes de temps d'arrêt. On sait maintenant, depuis les travaux de Getoor-Sharpe, l'importance de ces ensembles progressifs non bien-mesurables, contenus dans l'ensemble des extrémités gauches des intervalles contigus â un fermé aléatoire bien-mesurable. Mais, tous ces ensembles ont leurs coupes dénombrables, et notre propos est de donner un exemple d'ensemble dont les coupes seront non-dénombrables : ce sera tout simplement l'ensemble $H = \bigcup_{a \in \mathbb{R}} H_a$, où H_a est défini ci-dessus.

On désigne par Ω l'ensemble des applications continues ω de $\mathbb{R}_+$ dans $\mathbb{R}$ telles que $\liminf_{t \to +\infty} \omega(t) = -\infty$ et $\limsup_{t \to +\infty} \omega(t) = +\infty$, par (B_t) les applications coordonnées et par $\underline{\underline{F}}^o$, $\underline{\underline{F}}_t^o$ les tribus habituelles. On sait qu'il existe une loi P sur $(\Omega, \underline{\underline{F}}^o)$ telle que (B_t) soit un mouvement brownien issu de 0, et on désigne par $\underline{\underline{F}}$ la tribu complétée de $\underline{\underline{F}}^o$, par $\underline{\underline{F}}_t$ la tribu engendrée par $\underline{\underline{F}}_t^o$ et les ensembles négligeables de $\underline{\underline{F}}$. Pour tout réel a, l'ensemble $F_a = \{(t,\omega) : B_t(\omega) = a\}$ est un fermé aléatoire bien-mesurable; nous appellerons H_a l'ensemble des extrémités gauches des intervalles contigus à F_a, et nous poserons $H = \bigcup_{a \in \mathbb{R}} H_a$. Comme les trajectoires oscillent entre les deux infinis, toutes les coupes de H sont non-dénombrables.

PROPOSITION 1.- <u>L'ensemble</u> H <u>est progressivement mesurable</u>

DEMONSTRATION.- Les tribus $\underline{\underline{F}}_t$ contenant les ensembles négligeables de $\underline{\underline{F}}$, il suffit de montrer que, pour t fixé, $H \cap ([0,t[\times \Omega)$ appartient à la tribu $\underline{\underline{B}}([0,t[) \times \underline{\underline{F}}_t$. Pour $u \in [0,t[$ et $r \in [0,t[\cap Q$ (Q désigne les rationnels), l'application $(u,r,\omega) \longrightarrow B_u(\omega) - B_r(\omega)$ est $\underline{\underline{B}}([0,t[) \times \underline{\underline{B}}(Q) \times \underline{\underline{F}}_t$ -mesurable. Posons, pour m,n,p entiers, et u et r comme ci-dessus,

$$A_{m,n,p} = \left\{(u,r,\omega) : r \notin [u+\tfrac{1}{m}, u+\tfrac{1}{n}] \text{ ou } |B_u(\omega) - B_r(\omega)| \geq \tfrac{1}{p}\right\}$$

L'ensemble $A_{m,n,p}$ appartient à $\underline{\underline{B}}([0,t[) \times \underline{\underline{B}}(Q) \times \underline{\underline{F}}_t$, et on a l'équivalence logique

$$\big((u,\omega) \in H \text{ et } u < t\big) \Leftrightarrow \big(\exists n \ \forall m > n \ \exists p \ \forall r < t \quad (u,r,\omega) \in A_{m,n,p}\big)$$

Les rationnels étant dénombrables, on en déduit aisément le résultat voulu.

PROPOSITION 2.- <u>L'ensemble</u> H <u>ne contient pas de graphe de temps d'arrêt</u>.

DEMONSTRATION.- Au lieu d'employer une technique markovienne, nous utiliserons un raisonnement adapatable à toute autre martingale continue que (B_t). Nous raisonnerons par l'absurde et supposons qu'il existe un t.d'a. S non p.s. infini dont le graphe est contenu dans H. Soit T le t.d'a. défini par $T(\omega) = \inf\{t > S(\omega) : B_t(\omega) = B_{S(\omega)}(\omega)\}$. On a $T > S$ sur $\{S < +\infty\}$. Soient d'autre part S_1 et S_2 les t.d'a. définis par

$$S_1(\omega) = \inf\ \{t > S(\omega) : B_t(\omega) > B_{S(\omega)}(\omega)\}$$

$$S_2(\omega) = \inf\ \{t > S(\omega) : B_t(\omega) < B_{S(\omega)}(\omega)\}$$

Comme $T > S$ sur $\{S < +\infty\}$ et que les trajectoires sont continues, les graphes de S_1 et S_2 sont disjoints et leur réunion est égale au graphe de S ;

de plus, on a $B_t(\omega) > B_{S(\omega)}(\omega)$ pour $S_1(\omega) < t < T(\omega)$ et $B_t(\omega) < B_{S(\omega)}(\omega)$ pour $S_2(\omega) < t < T(\omega)$. Si S n'est pas p.s. infini, S_1 ou S_2 ne l'est pas non plus : nous supposerons pour fixer les idées que S_1 n'est pas p.s. infini. Choisissons alors un entier n suffisamment grand tel que $P\{S_1 < T \leq n\} > 0$, et désignons par U le t.d'a. égal à S_1 sur $\{S_1 < T \leq n\}$ et à $T \wedge n$ sur le complémentaire. La martingale arrêtée $(M_t) = (B_{T \wedge n \wedge t})$ est uniformément intégrable et l'on a, pour tout entier p, $M_{U+(1/p)} > M_U$ sur $\{S_1 + \frac{1}{p} < T \leq n\}$ et $M_{U+(1/p)} = M_T$ sur le complémentaire. Comme on a aussi $M_U = M_T$ et $E[M_U] = E[M_{U+(1/p)}]$, on obtient une contradiction pour p suffisamment grand.

Université de Strasbourg
Institut de Recherche Mathématique Avancée
Séminaire de Probabilités Année 1972/73

INTEGRALES STOCHASTIQUES PAR RAPPORT AUX PROCESSUS DE WIENER OU DE POISSON

C. Dellacherie

On travaille sur un espace probabilisé complet $(\Omega,\underline{\underline{F}},P)$ muni d'une famille $(\underline{\underline{F}}_t)$ vérifiant les conditions habituelles. Le but de cet exposé est de donner des démonstrations "simples" des deux théorèmes classiques suivants

THEOREME 1.- Soit (B_t) un mouvement brownien (issu de 0) par rapport à $(\underline{\underline{F}}_t)$ et soit $(\underline{\underline{B}}_t)$ sa famille de tribus naturelle dûment complétée. Alors toute v.a. Z de $L^2(\underline{\underline{B}}_\infty)$ est de la forme

$$Z = E[Z] + \int_0^\infty f_t(\omega)\, dB_t(\omega)$$

où (f_t) est un processus prévisible par rapport à $(\underline{\underline{B}}_t)$ tel que $E[\int_0^\infty f_t^2(\omega)\, dt] < +\infty$.

THEOREME 2.- Soit (N_t) un processus de Poisson par rapport à $(\underline{\underline{F}}_t)$ et soit $(\underline{\underline{N}}_t)$ sa famille de tribus naturelle dûment complétée. Alors toute v.a. Z de $L^2(\underline{\underline{N}}_\infty)$ est de la forme

$$Z = E[Z] + \int_0^\infty f_t(\omega)\, d(N_t - t)(\omega)$$

où (f_t) est un processus prévisible par rapport à $(\underline{\underline{N}}_t)$ tel que $E[\int_0^\infty f_t^2(\omega)\, dt] < +\infty$.

Les démonstrations ne vont pas faire intervenir le caractère markovien de ces processus; elles feront appel uniquement à la théorie générale des intégrales stochastiques par l'intermédiaire des deux résultats suivants

1) D'après la théorie de l'orthogonalité de Kunita-Watanabé, il suffit dans les deux cas de montrer qu'une martingale de carré intégrable par rapport à la famille de tribus naturelle, nulle en 0, et orthogonale à (B_t) dans le premier cas, à $(N_t - t)$ dans le second, est nulle. Comme de plus les martingales bornées sont denses dans l'espace des martingales de carré intégrable, on pourra supposer la martingale bornée.

2) D'après la formule de changement de variable, on sait qu'une martingale continue (B_t'), nulle à l'origine, telle que $(B_t'^2 - t)$ soit une martingale, est

un mouvement brownien, et qu'une martingale compensée de sauts (M'_t), nulle à l'origine et de sauts égaux à 1, telle que $(M'^2_t - t)$ soit une martingale, est un processus de Poisson compensé, i.e. est de la forme $(N'_t - t)$ où (N'_t) est un processus de Poisson.

DEMONSTRATION DU THEOREME 1.- Soit (X_t) une martingale bornée par rapport à $(\underline{\underline{B}}_t)$, nulle à l'origine et orthogonale à (B_t). Soit M une constante > 0 telle que $|X_t| < 2M$ pour tout t et posons $Q = (1 + \frac{X}{M}\infty).P$. La mesure Q est une loi de probabilité sur Ω, équivalente à P. D'autre part, (X_t) est orthogonale à toute intégrale stochastique par rapport à (B_t) et $(\underline{\underline{B}}_t)$, et en particulier à $(B_t^2 - t)$: les processus $(X_t.B_t)$ et $(X_t.(B_t^2 - t))$ sont des martingales par rapport à $(\underline{\underline{B}}_t)$. On en déduit que (B_t) et $(B_t^2 - t)$ sont encore des martingales par rapport à $(\underline{\underline{B}}_t)$ <u>lorsque</u> $(\Omega, \underline{\underline{F}})$ <u>est muni de la loi</u> Q. Le processus (B_t) est donc encore un mouvement brownien par rapport à $(\underline{\underline{B}}_t)$ lorsque $(\Omega, \underline{\underline{F}})$ est muni de la loi Q. Comme la loi d'un brownien (B_t) est uniquement déterminée sur la tribu engendrée par les B_t, on en conclut que Q = P sur $\underline{\underline{B}}_\infty$ et que $X_\infty = 0$. Le théorème est démontré. Il implique que toute martingale par rapport à $(\underline{\underline{B}}_t)$ est continue; on en déduit aisément des propriétés bien connues de $(\underline{\underline{B}}_t)$: $(\underline{\underline{B}}_t)$ n'a pas de temps de discontinuité et tout temps d'arrêt de $(\underline{\underline{B}}_t)$ est prévisible.

La démonstration du théorème 2 est en tout point analogue à celle du théorème 1.

STOPPING SEQUENCES

H. Dinges, Frankfurt a. M.

(Vortrag anläßlich der "Journées S.M.F. de Probabilités" in Straßburg am 25. Mai 1973.)

I. Introduction:

The following result of Skorochod is well-known:

Let μ and ν be probability distributions on R^1 such that ν has finite variance.

If $\int k d\mu \leq \int k d\nu$ for all convex functions k, then there exists a stopping-time τ in the process of Brownian motion (B_t) starting with initial measure μ, such that

1) The distribution of B_τ is ν
2) $\mathcal{E}\tau = \text{var}\,\nu - \text{var}\,\mu$.

This result follows from the usual "lemma of Skorochod" by means of the theorem of Hardy-Littlewood-Polya-..., which establish a decomposability-property for the ordered cone of all finite measures with finite variance ($\mu < \nu$ iff $\int k d\mu \leq \int k d\nu$ for all convex k)

An algebraic version of this assertion is:

If $\mu_1+\mu_2 < \nu$, then there exist measures ν_1,ν_2 such that $\mu_1 < \nu_1$, $\mu_2 < \nu_2$ and $\nu_1+\nu_2 = \nu$.

In this paper we are not interested in Brownian motion, but rather in discrete-time Markoff-processes. P is a fixed positive contraction of the L^1 on a σ-finite measure-space $(E,\mathcal{B},\rho)$. We study stopping-times for processes with transition probabilities P and initial measure μ, such that $\mathcal{L}(X_\tau)$ is a given measure ν.

There is a theorem due to H. Rost [5] asserting:
Let μ and ν be finite measures on $(E,\mathcal{B})$ absolutely continuous with respect to ρ. There exists a ("randomized") stopping-time τ with $\mathcal{L}(X_\tau) = \nu$ while $\mathcal{L}(X_o) = \mu$ iff

$$\int f d\mu \geq \int f d\nu \quad \text{for all P-excessive functions } f.$$

Clearly this theorem is very satisfactory for transient P. Skorochod's lemma refers to Brownian motion, which is recurrent. The interesting question in the recurrent case is, whether there exist "short" stopping-times τ.

Skorochod asks for τ's with finite expectation.

H. Rost [6] has discribed shortness in the general case by conditions of uniform integrability of certain submartingales $(f(X_{t\wedge\tau}))_t$, where the f are P-defective functions.

Here we take into consideration the measure

$$\eta = \mathcal{L}(X_o;\tau>o) + \mathcal{L}(X_1;\tau>1) + \dots$$

called the total effect of τ.

(Notice $\|\eta\| = Pr(\tau>o) + Pr(\tau>1) + \dots = \mathcal{E}\tau$)

II. Stopping-Sequences.

Definition 1: Let $X_o, X_1, \ldots$ be a Markoff-process with initial distribution $\mathcal{L}(X_o) = \mu$ and let τ be a stopping-time. We call

$$\mathfrak{m} = (\mu; \mu_o, \mu_1, \ldots)$$

the stopping-sequence associated with τ, if $\mu_k = \mathcal{L}(X_k; \tau > k)$.

Definition 2: A sequence $\mathfrak{m} = (\mu; \mu_o, \mu_1, \ldots)$ of measures on $(E, \mathcal{B})$ is called a stopping sequence if

$$\mu \geq \mu_o \quad \text{and} \quad \mu_{k-1}P \geq \mu_k \quad \text{for } k = 1,2,\ldots$$

Remark: The stopping-sequence associated with a stopping-time τ satisfies the conditions of definition 2. In fact:

$$\begin{aligned} \mu_{k-1}P - \mu_k &= \mathcal{L}(X_k; \tau \geq k) - \mathcal{L}(X_k; \tau > k) = \\ &= \mathcal{L}(X_k; \tau = k). \\ \mu - \mu_o &= \mathcal{L}(X_o; \tau = o). \end{aligned}$$

Notation: Let $\mathfrak{m} = (\mu; \mu_o, \mu_1, \ldots)$ be a stopping-sequence

a) μ is called the initial distribution: $M(\mathfrak{m})$

b) $\lambda_k = \mu_o + \ldots + \mu_{k-1}$ is called the effect till time k: $\Lambda_k(\mathfrak{m})$

$\eta = \mu_o + \mu_1 + \ldots$ is called the total effect: $H(\mathfrak{m})$

c) $\Gamma_o = \mu - \mu_o$ is called the residue at time 0: $\Gamma_o(\mathfrak{m})$

$\Gamma_k = \mu_{k-1}P - \mu_k$ is called the residue at time k: $\Gamma_k(\mathfrak{m})$ for k=1,2,.

d) $\rho = \Gamma_o + \ldots + \Gamma_k$ is called the residue till time k: $P_k(\mathfrak{m})$

$\nu = \Gamma_o + \Gamma_1 + \ldots$ is called the final distribution: $N(\mathfrak{m})$

Lemma: If $\mathfrak{m}$ is a stopping-sequence, then

$$\begin{aligned} \lambda_{k+1} + \rho_k &= \lambda_k P + \mu \\ \eta + \nu &= \eta P + \mu \end{aligned}$$

The second equation says in the usual terminology, that η is a solution of the Poisson-equation.

Notation: Let μ,ν be finite measures, η an arbitrary measure. We say, that μ,ν,η are in the relation

$\mu \underset{\eta}{\longmapsto} \nu$ iff there exists a stopping-sequence

with $M(\mathfrak{m}) = \mu$, $N(\mathfrak{m}) = \nu$ and $H(\mathfrak{m}) = \eta$.

Theorem 1:

a) $\mu' \underset{\eta'}{\longmapsto} \nu'$, $\mu'' \underset{\eta''}{\longmapsto} \nu'' \implies \mu'+\mu'' \underset{\eta'+\eta''}{\longmapsto} \nu'+\nu''$

b) $\mu'+\mu'' \underset{\eta}{\longmapsto} \nu \implies$ there exist decompositions $\nu = \nu'+\nu''$, $\mu = \mu'+\mu''$ such that $\mu' \underset{\eta'}{\longmapsto} \nu'$ and $\mu'' \underset{\eta''}{\longmapsto} \nu''$

c) $\mu \underset{\eta'}{\longmapsto} \nu^*$, $\nu^* \underset{\eta''}{\longmapsto} \nu \implies \mu \underset{\eta'+\eta''}{\longmapsto} \nu$.

The proof is easy, if one constructs "randomized stopping-times without memory" generating a stopping-sequence $\mathfrak{m}$ as follows: Let $X_o, X_1, \ldots$ be a Markoff-process with initial distribution μ. Let be $d_o, d_1, \ldots$ functions on $(E,\mathfrak{B})$ with values in $[o,1]$ such that

$$\mu_o = \mu \cdot d_o \qquad \mu_k = (\mu_{k-1}P) \cdot d_k$$

Construct τ such, that the conditional probability for a particle arriving in x at time k to be stopped, is $1-d_k(x)$.

Remark: The following assertion about the relation $\mu \underset{\eta}{\longmapsto} \nu$ has not yet been proven in full generality:

$$\mu \underset{\eta}{\longmapsto} \nu,\ \eta' \leq \eta,\ \mu \underset{\eta'}{\longmapsto} \nu' \implies \nu' \underset{\eta-\eta'}{\longmapsto} \nu$$

III. Filling and Flooding.

We describe three devices to construct interesting stopping-sequences:

A. The filling-scheme for (μ,ν).

$$\mu_o = (\mu-\nu)^+ \qquad \nu_o = (\mu-\nu)^-$$

$$\mu_{k+1} = (\mu_k P-\nu_k)^+ \qquad \nu_{k+1} = (\mu_k P-\nu_k)^-$$

$\mathfrak{m} = (\mu;\mu_o,\mu_1,\ldots)$ is called the filling-scheme for (μ,ν).

Remarks:

a) For the filling-scheme we have

$\Gamma_o+\Gamma_1+\ldots+\Gamma_k = \nu-\nu_k \geq o$, $N(\mathfrak{m}) \leq \nu$.

b) We say, that (μ,ν) is exact for filling if $\nu_k \downarrow o$

c) An alternative way to determine the filling-scheme uses a recursive definition of the λ_k:

$$\lambda_{k+1} = \lambda_k \vee (\lambda_k P+\mu-\nu)$$

d) If $\mathfrak{m}$ is a filling-scheme with $M(\mathfrak{m}) = \mu$, $N(\mathfrak{m}) = \nu$

then $\lambda_{k+1} \wedge (\nu-\rho_k) = o$ for $k = o,1,2,\ldots$

B. The flooding-scheme for (μ,η).

$$\mu_o = \mu\wedge\eta \qquad \eta_o = \eta-\mu_o$$

$$\mu_{k+1} = \mu_k P\wedge\eta_k \qquad \eta_{k+1} = \eta_k-\mu_{k+1} = \eta-\mu_o-\ldots-\mu_{k+1}:$$

$\mathfrak{m} = (\mu;\mu_o,\mu_1,\ldots)$ is called the flooding-scheme for (μ,η).

Remarks:

a) For the flooding-scheme we have

$H(\mathfrak{m}) \leq \eta$

b) We say that (μ,η) is exact for flooding, if

$H(\mathfrak{m}) = \eta$

c) An alternative way to determine the flooding-scheme uses a recursive definition of the λ_k

$$\lambda_{k+1} = (\lambda_k P+\mu)\wedge\eta.$$

d) If $\mathfrak{m}$ is a flooding-scheme with $M(\mathfrak{m}) = \mu$, $H(\mathfrak{m}) = \eta$ then $\rho_k \wedge(\eta-\lambda_{k+1}) = o$ for $k = o,1,2,\ldots$

C. Restricted flooding for $(\mathfrak{m},\eta')$.

Let $\mathfrak{m}$ be a stopping-sequence, η' a measure.

Let $d_o,d_1,\ldots$ be the densities

$$\mu_o = \mu\cdot d_o,\ \mu_k = \mu_{k-1}P\cdot d_k$$

$$\mu_o' = \mu_o\wedge\eta'$$

$$\mu_{k+1}' = (\mu_k'P)\cdot d_k\wedge(\eta'-\mu_o'-\ldots-\mu_k')$$

$\mathfrak{m}' = (\mu;\mu_o',\mu_1',\ldots)$ is called the scheme of restricted flooding for $(\mathfrak{m},\eta')$.

Grafting and cutting of branches.

Definition 3: Let $\mathfrak{m} = (\mu;\mu_o,\mu_1,\ldots)$ and $\mathfrak{m}^* = (\mu^*;\mu_o^*,\mu_1^*,\ldots)$ be stopping-sequences with $\mu_o^* \leq \Gamma_k(\mathfrak{m})$ for a certain k.

$\mathfrak{m}' = (\mu;\mu_o,\ldots,\mu_{k-1},\mu_k+\mu_o^*,\mu_{k+1}+\mu_1^*,\ldots)$ is then a stopping-sequence. We write

$$\mathfrak{m}' = \mathfrak{m} \underset{k}{\oplus} \mathfrak{m}^*$$

$$\mathfrak{m} = \mathfrak{m}' \underset{k}{\ominus} \mathfrak{m}^*$$

(Clearly $\mathfrak{m}$ is uniquely determined by $\mathfrak{m}'$ and $\mathfrak{m}^*$).

<u>Definition 4:</u> Let $\mathfrak{m}', \mathfrak{m}''$ be stopping-sequences.

a) We write $\mathfrak{m}' \underset{d}{\gg} \mathfrak{m}''$ if there exist numbers k,l with $k \leq l$ and stopping-sequences $\mathfrak{m}, \mathfrak{m}^*$ such that

$$\mathfrak{m}' = \mathfrak{m} \underset{k}{\oplus} \mathfrak{m}^* , \qquad \mathfrak{m}'' = \mathfrak{m} \underset{l}{\oplus} \mathfrak{m}^*$$

b) If there exist stopping-sequences $\mathfrak{m}^1, \mathfrak{m}^2, \ldots, \mathfrak{m}^n$ such that

$\mathfrak{m}' \underset{d}{\gg} \mathfrak{m}^1 \underset{d}{\gg} \ldots \underset{d}{\gg} \mathfrak{m}^n \underset{d}{\gg} \mathfrak{m}''$, we write

$\mathfrak{m}' \gg \mathfrak{m}''$

Notice, that $\gg$ is an ordering and

$\mathfrak{m}' \gg \mathfrak{m}''$ implies

$$M(\mathfrak{m}') = M(\mathfrak{m}''), \; N(\mathfrak{m}') = N(\mathfrak{m}''), \; H(\mathfrak{m}') = H(\mathfrak{m}'')$$

$$\Lambda_k(\mathfrak{m}') \geq \Lambda_k(\mathfrak{m}'') \quad \text{for all } k.$$

<u>Theorem 2:</u> For every stopping-sequence $\mathfrak{m}$ for $\mu \underset{\eta}{\longmapsto} \nu$, there exist $\mathfrak{m}^0, \mathfrak{m}^1, \ldots$ such that

$$\mathfrak{m} = \mathfrak{m}^0 \ll \mathfrak{m}^1 \ll \ldots \quad \text{and}$$

$$\Lambda_k(\mathfrak{m}^n) \nearrow \lambda_k \quad \text{for all } k$$

where λ_k are the effects of the flooding-scheme for (μ,η).

<u>Remark:</u> In the case where η is not σ-finite, it may happen that the final distribution of the flooding-scheme is strictly smaller than ν.

<u>Corollary:</u> If $\mu \underset{\eta}{\longmapsto} \nu$ with η σ-finite, then (μ,η) is exact for flooding. For every stopping-sequence $\mathfrak{m}$ for $\mu \underset{\eta}{\longmapsto} \nu$ we have

$$\Lambda_k(\mathfrak{m}) \leq \lambda_k \; , \qquad k = 1,2,\ldots$$

where λ_k is the effect of the flooding-scheme. In particular if τ is a stopping-sequence generating $\mathfrak{m}$, τ^* a stopping-sequence generating the flooding-scheme, then

$$\mathcal{E}\tau = \|\eta\| = \mathcal{E}\tau^*$$

$$\begin{aligned}\tfrac{1}{2}\mathcal{E}(\tau(\tau-1)) &= Pr(\tau>1)+2\cdot Pr(\tau>2)+\dots = \\ &= Pr(\tau>1)+Pr(\tau>2)+Pr(\tau>3)+\dots \\ &+ \qquad +Pr(\tau>2)+Pr(\tau>3)+\dots \\ &\qquad\qquad +Pr(\tau>3)+\dots \\ &\qquad\qquad \dots \\ &= \|\eta-\Lambda_1(m)\|+\|\eta-\Lambda_2(m)\|+\dots \\ &\quad \|\eta-\lambda_1\|+\|\eta-\lambda_2\|+\dots = \tfrac{1}{2}\mathcal{E}(\tau^*(\tau^*-1)).\end{aligned}$$

Remark: This corollary supports the conjecture in [1], that Root's stopping-devices for Brownian motion yields a stopping-time with minimal variance.
(Compare remark d) concerning the flooding scheme).
Moreover, it shows, that a stopping-time with minimal expectation and minimal variance makes also $\mathcal{E}(\varphi(\tau))$ minimal for every convex φ.

Announcement: An extremality property with respect to <<, a kind of converse to that one of the flooding-scheme can be proven for the filling-scheme.
A way to get a "good" stopping-time for (μ,ν) (if it exists), is the following:
Construct the filling scheme for (μ,ν). Let its total effect by η.
Construct then the flooding-scheme for (μ,η) and associate a stopping-time.

Cutting short a stopping sequence.

<u>Definition 5:</u> We call the stopping-sequence $\mathfrak{m}'$ shorter than the stopping-sequence $\mathfrak{m}$ and write $\mathfrak{m}' \sqsubset \mathfrak{m}$ if the densities $d_k(\mu_o = \mu \cdot d_o, \mu_k = \mu_{k-1}P \cdot d_k)$ satisfy

$$\mu_o' \leq \mu \cdot d_o, \quad \mu_k' \leq \mu_{k-1}' P \cdot d_k$$

<u>Lemma:</u> If $\mathfrak{m}' \sqsubset \mathfrak{m}$, then there exist stopping-sequences $\mathfrak{m}^o, \mathfrak{m}^1, \ldots$ such that

$$\mathfrak{m} = (\mathfrak{m}' \underset{o}{\oplus} \mathfrak{m}^o) \underset{1}{\oplus} \mathfrak{m}^1 \underset{2}{\oplus} \ldots$$

<u>Remark:</u> Restricted flooding for $(\mathfrak{m}, \eta')$ yields a stopping-sequence $\mathfrak{m}'$ with $\mathfrak{m}' \sqsubset \mathfrak{m}$.

<u>Theorem 3:</u> Let $\mathfrak{m}$ be a stopping-sequence for $\mu \underset{\eta}{\longmapsto} \nu$ and let η' be a measure with $\eta' \leq \eta$ and

$$\eta' + \nu = \eta' P + \mu$$

then there exists a stopping-sequence $\mathfrak{m}'$ for $\mu \underset{\eta'}{\longmapsto} \nu$ with

$$\mathfrak{m}' \sqsubset \mathfrak{m}$$

In order to prove this theorem one shows, that the residues ρ_k' for the restricted flooding-scheme stay below ν. This can be done by induction. The assertion $\rho_k' \leq \nu$ is equivalent with

$$\lambda_{k+1}' \leq \lambda_k' P + (\mu - \nu).$$

Announcement: By iterated use of theorem 3 one can get a decomposition of "memoryless" stopping-times, which generalizes Neveu's investigation [4], which concerns bijective measure preserving transformations rather than just positive contractions P of a measure-space.

Literature:

[1] Kiefer, J.: Skorochod Embedding of Multivariate RV's and the Sample DF. Z. Wahrscheinlichkeitstheorie, Bd. 24, 1972.

[2] Meyer, P.A.: Travaux de H. Rost en théorie du potentiel. Séminaire de Probabilitées V. Lecture Notes in Mathematics, Vol. 191, Springer 1971.

[3] Meyer, P.A.: Solutions de l'équation de Poisson dans le cas récurrent. Séminaire de Probabilitées V.. Lecture Notes in Mathematics, Vol. 191, Springer 1971.

[4] Neveu, J.: Temps d'arrêt d'un système dynamique. Z. Wahrscheinlichkeitstheorie, Bd. 13, 81-94 (1969).

[5] Rost, H.: Markoff-Ketten bei sich füllenden Löchern im Zustandsraum. Ann. Just. Fourier 21 (1971).

[6] Rost, H.: Skorochod's Theorem for General Markoff Processes. Proc. of the Sixth Prague Conf. on Information Theory. Prag 1973.

[7] Stork, H.G.: Einschwingprozesse und Lösungen der Poisson-Gleichung. Diplomarbeit Frankfurt 1970 (unpublished).

UNIVERSITE LOUIS-PASTEUR

SEMINAIRE DE PROBABILITES

MESURE DE HAUSDORFF DE LA TRAJECTOIRE DE CERTAINS PROCESSUS A ACCROISSEMENTS INDEPENDANTS ET STATIONNAIRES

par Claire DUPUIS

Le but du présent travail est de montrer que pour un très grand nombre de processus symétriques à accroissements indépendants et stationnaires qui ne sont pas de sauts purs, il existe de bonnes fonctions φ telles que la φ-mesure de Hausdorff de la trajectoire du processus jusqu'à l'instant s est presque sûrement égale à c.s., où c est une constante strictement positive.

Ce problème fut abordé pour la première fois par Paul Lévy en 1953 et a été résolu dans plusieurs cas particuliers. Ainsi, pour le mouvement brownien dans $\mathbb{R}^d$, où d est au moins égal à 3, Z. Ciesielskiet S.J. Taylor [3] ont montré que la bonne fonction est

$$\varphi(t) = t^2 \log\log(\frac{1}{t}) .$$

De même, dans le cas du mouvement brownien plan, D. Ray [9] et S.J. Taylor [12] ont obtenu ce même résultat pour

$$\varphi(t) = t^2 \log(\frac{1}{t}) \log\log\log(\frac{1}{t}) ;$$

dans le cas des processus stables transients d'index α, S.J. Taylor [13] a pû conclure avec $\varphi(t) = t^\alpha \log\log(\frac{1}{t})$ pour les processus de type A et $\varphi(t) = t^\alpha(\log\log(\frac{1}{t}))^{1-\alpha}$ pour les processus de type B ; puis, dans le cas des processus à composantes stables, le problème a été résolu par W.E. Pruitt et S.J. Taylor [8] pour une fonction semblable.

Dans tout ce travail, nous avons considéré un processus symétrique à accroissements indépendants et stationnaires qui n'est pas de sauts purs et sans partie brownienne. Nous nous sommes inspirés des méthodes utilisées par S.J. Taylor dans l'article : "Sample Path Properties of a Transient Stable Process". [13]

En fait, la stabilité y est une hypothèse artificielle qui ne sert qu'à établir plus rapidement le lemme clé(Lemmes 5 et 6 de [13])analogue à notre théorème 2.1. Les démonstrations de S.J. Taylor sont essentiellement basées sur le fait que, pour un processus stable d'index α , $\frac{X_t}{t^{1/\alpha}}$ est constant en distribution.

Dans ce travail nous mettrons en évidence l'existence d'une sorte de temps naturel du processus adapté à une taille a c'est-à-dire une fonction $t(a)$ telle que $\frac{Y_{t(a)}}{a}$ soit approximativement constant en loi.

Dans le cas stable, $t(a)$ sera égal à a^{α} . D'ailleurs la structure des démonstrations des théorèmes 3.1 et 4.1 est calquée sur celle des théorèmes correspondants de S.J. Taylor [13] et celle du théorème 5.2 sur la démonstration d'une majoration exponentielle par W.E. Pruitt et S.J. Taylor [8].

Après quelques rappels sur les processus à accroissements indépendants et stationnaires et sur la mesure de Hausdorff, nous définissons, dans le chapitre 1, nos notations et surtout notre temps naturel $t(a)$ comme l'inverse d'une fonction $\Gamma(a)$. Le chapitre 2 est consacré à la démonstration de l'encadrement exponentiel de la probabilité de l'événement : le processus est resté, en valeur absolue, inférieur à a jusqu'à l'instant $\lambda t(a)$. Cet encadrement ne dépend pas de a . Une conséquence immédiate en est que $t(a)$ est comparable à l'espérance de P_a , instant de première sortie de l'intervalle $[-a,+a]$. Dans le chapitre 3, nous étudions le comportement à l'origine de

$$\frac{P_a}{\varphi_1(a)} = \frac{P_a}{t(a)\log\log(1/_{t(a)})}$$

et montrons notamment que la limite supérieure de cette expression, quand a tend vers 0 , est presque sûrement constante. Au chapitre 4, nous montrons que la φ_1- mesure de Hausdorff de la trajectoire du processus (Y_t) jusqu'à l'instant s est, presque sûrement, inférieure à $C_{40}.s.$ où C_{40} est une constante strictement positive. Dans le chapitre 5, nous considérons comme temps naturel $v^s(a)$, espérance du temps de séjour jusqu'à l'instant s dans $[-a,+a]$; et, par un cheminement analogue à celui des chapitres 3 et 4, nous montrons qu'il existe une constante universelle C_{50} strictement positive et une fonction $\varphi_2(a)=v^1(a)\log\log(1/_{v^1(a)})$ telles que la φ_2- mesure de Hausdorff de la trajectoire dü processus jusqu'à l'instant s est presque sûrement supérieure à $C_{50}.s$, pour s inférieur à 1 .

Les fonctions φ_1 et φ_2 sont toujours comparables ; nous verrons en effet, au chapitre 6, qu'il existe une constante C telle que $\varphi_2(a)\geq C.\varphi_1(a)$ au moins pour a assez petit. Mais cette inégalité ne nous donne pas d'encadrement pour la φ_1 ou φ_2 mesure de Hausdorff de la trajectoire. Nous donnerons une condition nécessaire $\mathcal{H}_\theta$ pour que ces deux fonctions soient équivalentes, ce qui permet alors de conclure. ($\mathcal{H}_\theta$ est automatiquement vérifiée pour les processus symétriques stables d'index $\alpha<1$ étudiés par S.J. Taylor).

Cette condition, qui implique notamment que le processus est à variation bornée, est en fait suffisante, comme l'a démontré J. BRETAGNOLLE dans un article à paraître. Nous pouvons alors conclure que pour tout processus symétrique à accroissements indépendants et stationnaires qui n'est pas de sauts purs et qui vérifie la condition $\mathcal{H}_\theta$, la φ_1 et la φ_2 mesure de Hausdorff de la trajectoire sont presque sûrement égales à des fonctions linéaires de s .

PROCESSUS A ACCROISSEMENTS INDEPENDANTS ET STATIONNAIRES

1. DEFINITION.- Soient $(\Omega, \mathcal{F}, P)$ un espace probabilisé et $(X_t)_{t \in \mathbb{R}^+}$ une famille de variables aléatoires réelles. Pour tout t appartenant à $\mathbb{R}^+$ on définit la tribu $\mathcal{F}_t$ comme la tribu engendrée par les variables aléatoires X_s, pour s inférieur ou égal à t, et complétée par tous les ensembles négligeables de $\mathcal{F}$.

On dira que la famille (X_t) est un processus à accroissements indépendants et stationnaires (PAI) si

a) $X_0 = 0$ presque sûrement

b) $X_{t+s} - X_t$ est indépendant de $\mathcal{F}_t$ et de même loi que X_s, pour s et t positifs

c) X_t est continu à droite et pourvu de limites à gauche.

2. DECOMPOSITION DE PAUL LEVY

NOTATION.- Soient a et b des nombres réels. On notera $a \wedge b = \inf(a,b)$ et $a \vee b = \sup(a,b)$

On notera de la même façon les bornes inférieures ou supérieures d'ensembles de nombres réels.

DEFINITION.- Un processus de Poisson est un PAI qui ne croît que par des sauts d'amplitude +1 .

THEOREME DE DECOMPOSITION.- Soit X_t un PAI, alors

$$X_t = \sigma B_t + at + \int_{|x| \geq 1} x\, N_t(dx) + \int_{|x| < 1} x[N_t(dx) - t\, \mathcal{L}(dx)]$$

où

B_t est le mouvement brownien à trajectoires continues presque sûrement.

at est la translation de vitesse uniforme a.

Les deux intégrales stochastiques existent, la première dans $\mathbb{L}^0$, la seconde dans $\mathbb{L}^2$.

$N_t(dx)$ représente une famille de processus de Poisson indépendants de B_t. Pour chaque ω, $N_t(dx)(\omega)$ définit une mesure σ-finie sur $\mathbb{R}-\{0\}$ et donc $\mathcal{L}(dx) = E(N_1(dx))$ est également une mesure positive, σ-finie sur $\mathbb{R}-\{0\}$, appelée <u>mesure de Lévy</u> ; elle vérifie $\int (x^2 \wedge 1)\mathcal{L}(dx) < +\infty$, condition nécessaire et suffisante pour que les intégrales stochastiques existent. On notera $L(y) = \int_{|x| \geq y} \mathcal{L}(dx)$

Soit A un borélien de $\mathbb{R}$ ne contenant pas 0 dans son adhérence. $N_t(A)$ qui s'interprête comme le nombre des discontinuités d'amplitude appartenant à A entre 0 et t est de paramètre t $\mathcal{L}(A)$ et indépendant de $N_t(B)$ si B est un borélien de $\mathbb{R}$ tel que $A \cap B = \emptyset$.

<u>FORMULE EN LOI</u>

La seconde caractéristique $\psi(u)$ du processus (X_t) est définie par $E(e^{iuX_t}) = e^{-t\psi(u)}$, et le théorème de décomposition de X_t en intégrales stochastiques a pour conséquence la décomposition suivante de $\psi(u)$:

$$\psi(u) = \frac{\sigma^2 u^2}{2} - i a u + \int_{|x| \geq 1} (1 - e^{iux})\mathcal{L}(dx) + \int_{|x|<1} (1 - e^{iux} + iux)\mathcal{L}(dx)$$

3. <u>CAS PARTICULIERS IMPORTANTS</u>.

a) si $\sigma = 0$ et si $\int_{\mathbb{R}} \mathcal{L}(dx) < +\infty$, posons $b = a - \int_{|x|<1} x\mathcal{L}(dx)$. Si, de surcroît, $b = 0$, on a affaire à un <u>processus de Poisson généralisé</u> : $X_t = \int x N_t(dx)$, appelé aussi <u>processus de sauts purs</u>.

b) si $\sigma = 0$, $a = 0$ mais $\int_{\mathbb{R}} \mathcal{L}(dx) = +\infty$ le processus X_t n'est <u>pas de sauts purs</u>. Si en outre, $\int_{\mathbb{R}} 1 \wedge |x| \mathcal{L}(dx) < +\infty$, X_t est alors un <u>PAI à variation bornée</u>.

φ - <u>MESURE DE HAUSDORFF</u>

On notera Λ^φ la φ-mesure de Hausdorff. Pour sa définition et ses propriétés, le lecteur pourra se reporter au livre de C.A. Rogers [10] (ou éventuellement celui de M.E. MUNROE [7]).

CHAPITRE 1

NOTATIONS ET PROPRIETES ELEMENTAIRES

Dans tout ce qui suit, (Y_t) sera un processus à accroissements indépendants et stationnaires, symétrique, qui n'est pas de sauts purs et sans partie brownienne. $\mathcal{L}(dx)$ sera la mesure de Lévy associée à Y_t et $L(x)$ la fonction définie par $L(x) = 2\int_x^{+\infty} \mathcal{L}(dt)$ pour tout x positif.

Le processus Y_t peut être considéré comme la somme du processus de ses grands sauts et de celui de ses petits sauts. Cette décomposition correspond à un partage de la mesure de Lévy $\mathcal{L}(dx)$ en deux mesures à supports disjoints ; ainsi, à $\mathcal{L}(dx)1_{|x|\leq a}$, on associe le processus $\underline{Y_t^a}$ qui comprend tous les sauts du processus dont l'amplitude appartient à $[-a,+a]$; d'autre part $\overline{Y_t^a}$ sera le processus associé à $\mathcal{L}(dx)1_{|x|>a}$ et comprendra les sauts du processus Y_t dont l'amplitude dépasse a en valeur absolue. $\overline{Y_t^a}$ est un processus de sauts purs et reste nul un temps strictement positif presque sûrement. Pour tout a strictement positif on pourra donc écrire :

$$Y_t = \underline{Y_t^a} + \overline{Y_t^a} \quad .$$

PROPRIETES.

(1.1) Les processus $\underline{Y_t^a}$ et $\overline{Y_t^a}$ sont des PAI symétriques.

(1.2) $\underline{Y_t^a}$ et $\overline{Y_t^a}$ sont indépendants.

(1.3) Le nombre de sauts d'amplitude absolue supérieure à a dans l'intervalle de temps $[0,t]$ étant la variable de Poisson $N_t(]-\infty,-a[\cup]a,+\infty[)$ de paramètre $t\,L(a)$,

$$P\{\overline{Y_t^a} = 0\} \geq P\{N_t(]-\infty,-a[\cup]a,+\infty[) = 0\}$$
$$= e^{-t\,L(a)} \quad .$$

PROCESSUS ANNEXES

Nous aurons en outre besoin de plusieurs processus définis à partir de Y_t .

I. LE PROCESSUS DU SUP

DEFINITION.- $Y^*_{s,t} = \sup_{s \leq u < t} |Y_u - Y_s|$.

(Dans le cas où $s = 0$, on notera Y^*_t la quantité $Y^*_{0,t}$.)

II. LE TEMPS D'ENTREE DANS UN ENSEMBLE A .

DEFINITION.- $\mathfrak{J}(A) = \inf\{t > 0 | Y_t \in A\}$.

$\mathfrak{J}(A)$ est un temps d'arrêt.

III. LE TEMPS DE PREMIERE SORTIE D'UN ENSEMBLE A .

DEFINITION.- $P_A = \inf\{t > 0 | Y_t \notin A\}$.

C'est un cas particulier de temps d'entrée et un temps d'arrêt, puisqu'il s'agit du temps d'entrée dans le complémentaire de A . Pour simplifier les notations dans le cas où A est l'intervalle $[-a,+a]$ avec a strictement positif, on notera P_a la quantité $P_{[-a,+a]}$. Il est évident que P_a et Y^*_t sont liés par :

(1.4) $$\{P_a \geq t\} = \{Y^*_t \leq a\} .$$

On s'intéressera aussi au temps de première sortie d'un ensemble A après un temps d'arrêt S .

DEFINITION.- $P_A(S) = \inf\{t > 0 | Y_{S+t} \notin A\}$.

Il est évident que cette définition n'est intéressante que si Y_S est dans A .

IV . LE TEMPS DE SEJOUR, JUSQU'A L'INSTANT t , DANS UN ENSEMBLE A .

DEFINITION.-

$$T_A^t = \int_0^t 1_A(Y_s)ds$$

et on notera son espérance $E(T_A^t) = V^t(A)$.

Dans le cas où A est l'intervalle $[-a,+a], (a>0)$ on notera T_a^t la quantité $T^t_{[-a,+a]}$ et $v^t(a)$ l'espérance $E(T_a^t)$.

T_a^t et P_a sont liés par $T_a^t \geq P_a \wedge t$.

On s'intéressera aussi au temps de séjour dans un ensemble A après un temps d'arrêt S , noté $T_A^t(S)$.

DEFINITION.-

$$T_A^t(S) = \int_0^t 1_A(Y_{S+s})ds = \int_S^{S+t} 1_A(Y_s)ds \quad .$$

DEFINITION DE LA FONCTION Γ

La fonction Γ dont l'inverse nous servira de mesure de temps, est définie pour tout a positif, par

$$\Gamma(a) = \int_{-\infty}^{+\infty} \left(1 \wedge \frac{x^2}{a^2}\right) \mathcal{L}(dx)$$

$$= 2\int_0^{+\infty} \left(1 \wedge \frac{x^2}{a^2}\right) \mathcal{L}(dx).$$

On pose $t(a) = \frac{1}{\Gamma(a)}$.

PROPRIETES DE LA FONCTION Γ .

$$\Gamma(a) = 2 \int_0^a \frac{x^2}{a^2} \mathcal{L}(dx) + L(a) = \frac{1}{a^2} \operatorname{Var}(\underline{Y_1^a}) + L(a)$$

(1.5) $\Gamma(a) \geq L(a)$

(1.6) $\Gamma(a) \geq \frac{\operatorname{Var}(\underline{Y_1^a})}{a^2}$

En intégrant par parties $\int_0^a \frac{x^2}{a^2} \mathcal{L}(dx)$ on obtient $\Gamma(a) = \frac{2}{a^2} \int_0^a x\, L(x)dx$. Il en résulte que

(1.7) $a^2\Gamma(a)$ est une fonction croissante de a .

D'autre part :

$$\Gamma'(a) = -\frac{2}{a^3} \left[\int_0^a x\, L(x)dx - \frac{a^2}{2} L(a)\right] \leq 0$$

(1.8) $\Gamma(a)$ est une fonction décroissante.

(1.9) $\lim_{a \to 0^+} \Gamma(a) = \int_{-\infty}^{+\infty} \mathcal{L}(dx) = +\infty$ puisque (Y_t) n'est pas de sauts purs.

Les propriétés (1.5) à (1.9) impliquent, pour $t(a) = \frac{1}{\Gamma(a)}$.

(1.10) $t(a)L(a) \leq 1$

(1.11) $\frac{t(a)}{a^2} \int_0^a x^2 \mathcal{L}(dx) \leq 1$

(1.12) $t(a)$ est une fonction croissante de a et $\frac{a^2}{t(a)}$ aussi.

On peut notamment en déduire une relation qui sera souvent utilisée.

(1.13) $t(a) \leq t(2a) \leq 4t(a)$ pour tout $a > 0$.

(1.14) $\lim_{a \to 0^+} t(a) = 0$.

COMPARAISON DES FONCTIONS $\Gamma(a)$ et $v^1(a)$.

1.15 LEMME.- Il existe un nombre réel a_0 strictement positif tel que, pour tout a inférieur à a_0

$$P\{Y^*_{t(a)} \leq a\} \leq \frac{v^1(a)}{t(a)}$$

(d'après la formule (1.4).)

COMPARAISON DES FONCTIONS Γ et Ψ .

Soit $\Psi(u)$ la seconde caractéristique du processus (Y_t). Comme (Y_t) est un PAI symétrique, $\Psi(u)$ peut s'écrire

$$\Psi(u) = 2 \int_0^{+\infty} [1-\cos(ux)] \ \mathcal{L}(dx)$$

1.16 LEMME.-

$$\Psi(u) \leq 2\Gamma(\tfrac{1}{u}) \quad \text{pour tout } u \text{ positif}$$

(car $(1-\cos(ux)) \leq 2(1 \wedge u^2x^2)$).

1.17 LEMME.- Il existe une constante C_{11} strictement positive telle que l'on ait :

$$\int_0^{1/a} \Psi(u)du \geq C_{11} \frac{\Gamma(a)}{a} \geq C_{11} \int_0^{1/a} \Gamma(\tfrac{1}{u})\, du$$

(La constante C_{11} est telle que $1 - \frac{\sin y}{y} \geq C_{11}.1 \wedge y^2$ pour y positif.)

CHAPITRE 2

MAJORATION ET MINORATION EXPONENTIELLES DE LA PROBABILITE DE L'EVENEMENT $\{Y^*_{\lambda t(a)} \leq a\}$.

On se propose même d'établir le théorème suivant :

2.1. THEOREME.- Il existe des nombres réels strictement positifs α, A, β, B universels, tels que

$$\alpha e^{-A\lambda} \leq P\{Y^*_{\lambda t(a)} \leq a\} = P\{P_a \geq \lambda t(a)\} \leq \beta e^{-B\lambda}$$

où λ et a sont des nombres réels strictement positifs.

COROLLAIRE.- Pour tout a strictement positif

$$\frac{\alpha}{A} t(a) \leq E(P_a) \leq \frac{\beta}{B} t(a)$$

où α, A, β, B sont les constantes définies au théorème 2.1.

Démonstration du corollaire :

$$E\left(\frac{P_a}{t(a)}\right) = \int_0^{+\infty} P\{P_a \geq x t(a)\} dx$$

La démonstration du théorème 2.1. se subdivise en plusieurs lemmes. Pour obtenir la minoration on se servira des lemmes suivants :

2.2. LEMME (Inégalité de Paul Lévy).-

$$P\{Y^*_t > L\} \leq 2\, P\{|Y_t| > L\} \qquad \text{pour tout nombre réel } L$$

strictement positif.

2.3. LEMME.- On peut trouver des constantes ϵ, M et C_{21} strictement positives et universelles telles que

$$P\{Y^*_{n\epsilon t(a)} \leq 2\ Ma\} \geq [\tfrac{1}{2}\ P\ \{Y^*_{\epsilon t(a)} \leq Ma\}]^n \geq \left(\frac{C_{21}}{2}\right)^n > 0$$

pour a strictement positif et n dans $\mathbb{N}$.

Pour la majoration on démontrera que

2.4.LEMME. - Quelles que soient les constantes ϵ et M strictement positives, il existe une constante C_{22} ne dépendant que d'ϵ et de M et telle que :

$$P\{Y^*_{n\epsilon t(a)} \leq \frac{Ma}{2}\} \leq [P\{|Y_{\epsilon t(a)}| \leq Ma\}]^n \leq (1 - C_{22})^n$$

On pourra alors montrer que

2.5. LEMME. - Il existe des constantes C_{23} et C_{24} dans $]0,1[$ telles que

$$C_{23}^m \leq P\{Y^*_{mt(a)} \leq a\} \leq C_{24}^m$$

pour m dans $\mathbb{N}$

2.6. DEMONSTRATIONS.

Le théorème 2.1. se déduit facilement du lemme 2.5. en prenant :

$$\alpha = C_{23} \qquad \beta = C_{24}^{-1} \qquad e^{-A} = C_{23} \qquad e^{-B} = C_{24}$$

On pourra trouver les inégalités de Paul Lévy dans M. LOEVE, Probability theory (page 247) [6].

Démonstration du lemme 2.3.

. Montrons tout d'abord qu'il existe ϵ, M et C_{21} tels que

$$P\{Y^*_{\epsilon t(a)} \leq Ma\} \geq C_{21}$$

En effet l'Inégalité de Paul Lévy implique

$$P\{Y^*_{\varepsilon t(a)} \le Ma\} \ge 1 - 2\,P\{|Y_{\varepsilon t(a)}| > Ma\}$$

et l'événement $\{|Y_{\varepsilon t(a)}| \le Ma\}$ est impliqué par

$$\{\overline{Y^a_{\varepsilon t(a)}} = 0 \;,\; |\underline{Y^a_{\varepsilon t(a)}}| \le Ma\}$$

En utilisant les propriétés 1.2 , 1.3 , 1.10 et 1.11 , on montre que :

$$P\{Y^*_{\varepsilon t(a)} \le Ma\} \ge 2\,e^{-\varepsilon}[1-\frac{\varepsilon}{M^2}]-1$$

et en prenant, par exemple, $\varepsilon = \frac{1}{4}$ on pourra toujours trouver un M ne dépendant que d'ε tel que

$$C_{21} = 2e^{-\frac{1}{4}}[1-\frac{1}{4M^2}] - 1 > 0$$

Ceci termine le premier point de la démonstration du lemme 2.3.

•• Soit $I = [-b , +b]$ un intervalle $(b > o)$

On note $I^+ = [o,b]$, $I^- = [-b,o]$. Alors

$$\{Y^*_{n\varepsilon t(a)} \le 2b\} \supset \bigcap_{k=0}^{n-1} A_k$$

pour $A_k = \{Y^*_{k\varepsilon t(a),(k+1)\varepsilon t(a)} \le b \;,\; Y_{(k+1)\varepsilon t(a)} - Y_{k\varepsilon t(a)} \in I^{-\operatorname{sgn} Y_{k\varepsilon t(a)}}\}$

où $-\operatorname{sgn} Y_{k\varepsilon t(a)} = +$ si $Y_{k\varepsilon t(a)} < 0$

$-$ si $Y_{k\varepsilon t(a)} \ge 0$

Les évènements A_k sont indépendants et $P(A_k) \ge \frac{1}{2}\,P\{Y^*_{\varepsilon t(a)} \le b\}$.

Le lemme 2.3 est ainsi démontré pour $b = Ma$ et C_{21} défini au premier point.

<u>**Démonstration du lemme 2.4.**</u>

• Montrons, par l'absurde, que quels que soient ε et M on peut trouver C_{22} tel que :

$$P\{|Y_{\varepsilon t(a)}| \le Ma\} \le 1 - C_{22} < 1$$

Supposons qu'il existe une suite de processus symétriques $Y^{(n)}$ de mesures de Lévy $\mathcal{L}^{(n)}$ et une suite de réels a_n tels que

$$P\{|Y^{(n)}_{\varepsilon t^{(n)}(a_n)}| \leq M a_n\} \xrightarrow[n\to+\infty]{} 1$$

et posons

$$Z_n = \frac{Y^{(n)}_{\varepsilon t^{(n)}(a_n)}}{a_n} .$$

(Z_n) est une famille relativement compacte en loi. Donc il existe une sous suite de (Z_n) qui tend, en loi, vers une variable aléatoire Z_∞ telle que

$$P\{|Z_\infty| \leq M\} = 1$$

D'autre part Z_∞ est indéfiniment divisible car elle est la limite en loi de variables aléatoires indéfiniment divisibles.

Donc Z_∞ est constante car les seules variables aléatoires à support compact indéfiniment divisibles sont les constantes ([4] , page 174).

Z_∞ étant constante et symétrique, il en résulte que $Z_\infty = 0$ et que la seconde caractéristique Ψ_n de Z_n tend vers 0 uniformément sur $[0,1]$. Or

$$\int_0^1 \Psi_n(u)du = 2\varepsilon t^{(n)}(a_n) \int_{\mathbb{R}^+} 1 - \frac{\sin(x/a_n)}{x/a_n} \mathcal{L}^{(n)}(dx)$$

$$\int_0^1 \Psi_n(u)\, du \geq 2\, C_{11}.\varepsilon.t^{(n)}(a_n) . \int_{\mathbb{R}_+} 1 \wedge \frac{x^2}{a_n^2} \mathcal{L}^{(n)}(dx) = C_{11}\, \varepsilon > 0$$

Ceci achève la démonstration par l'absurde du premier point.

.. L'événement $\{Y^*_{n\varepsilon t(a)} \leq \frac{b}{2}\}$ implique tous les événements

$$B_k = \{|Y_{(k+1)\varepsilon t(a)} - Y_{k\varepsilon t(a)}| \leq b\}$$

pour $0 \leq k \leq n-1$.

Les événements B_k sont indépendants et ont la même probabilité que $\{|Y_{\varepsilon t(a)}| \le b\}$.

Il en résulte que

$$P\{Y^*_{n\varepsilon t(a)} \le \frac{b}{2}\} \le (P\{|Y_{\varepsilon t(a)}| \le b\})^n$$

et le lemme 2.4 est démontré (poser $b = Ma$).

<u>Démonstration du lemme 2.5.</u>

Remarquons que $\frac{t(2a)}{4} \le t(a) \le 4t(a/2)$. On utilisera les inégalités des lemmes 2.3 (pour $M=1$, $\varepsilon=\frac{1}{4}$, $b=2a$, $m=\frac{n\varepsilon}{4}$) et 2.4 ($M=1$, $\varepsilon=\frac{1}{4}$, $b=\frac{a}{2}$, $m=4n\varepsilon$) et on définira les constantes C_{23} et C_{24} par

$$C_{23} = \left(\frac{C_{21}}{2}\right)^{\frac{4}{\varepsilon}} \text{ et } C_{24} = (1 - C_{22})^{\frac{1}{4\varepsilon}}.$$

CHAPITRE 3

COMPORTEMENT A L'ORIGINE DE $\dfrac{P_a}{t(a)\log\log(1/t(a))}$

log désigne le logarithme népérien et l'on notera désormais

$\log_2(y) = \log\log(y)$.

Le but de ce chapitre est de démontrer les deux théorèmes suivants.

3.1. - THEOREME. Il existe des constantes strictement positives ξ et γ_0 telles que, dès que γ est dans $]0,\gamma_0[$ et que δ vérifie $4[t(\delta)]^4 \geq t(\gamma)$, on a :

$$P\{\bigvee_{\gamma \leq a \leq \delta} \frac{P_a}{t(a)\log_2(1/t(a))} < \xi\} \leq \epsilon(\gamma)$$

où $\epsilon(\gamma) = e^{-[\frac{1}{4}\log(1/t(\frac{\gamma}{2}))]^{1/8}}$

3.2. - THEOREME. Il existe une constante strictement positive C_{30} telle que

$$\limsup_{a\to 0^+} \frac{P_a}{t(a)\log_2(1/t(a))} = C_{30} \text{ p.s.}$$

COROLLAIRE.- Il existe une constante C_{31} strictement positive telle que :

$$\liminf_{a\to 0^+} \frac{Y^*_{t(a)\log_2(1/t(a))}}{a} = C_{31} \text{ p.s.}$$

Le théorème 3.2 et son corollaire sont équivalents en vertu de la relation (1.4).

Le théorème 3.1. nous permettra, dans le chapitre 4, de majorer la φ_1-mesure de Hausdorff de la trajectoire du processus (Y_t) jusqu'à l'instant s pour $\varphi_1(a) = t(a)\log_2(1/t(a))$.

3.3. - Démonstration du théorème 3.2.

Par un argument de tout ou rien, on montre que la variable aléatoire $\limsup_{a\to 0^+} \frac{P_a}{t(a)\log_2(1/t(a))}$ est presque sûrement égale à un nombre de $\bar{\mathbb{R}}$. Ce nombre est supérieur à ξ en vertu du théorème 3.1. En appliquant le théorème 2.1. et le lemme de Borel-Cantelli aux évènements $C_k = \{P_{a_k} \geq \frac{2}{B}\, t(a_k)\log_2(1/t(a_k))\}$, où a_k est une suite de réels définis par $t(a_k) = e^{-k}$, on montre que ce nombre est inférieur à $\frac{2e}{B}$ (B est la constante universelle du théorème 2.1.).

3.4. - Démonstration du théorème 3.1.

Ecrivons, sans démonstration, les deux lemmes suivants :

3.5. LEMME.-

Soit Y_t un PAI symétrique qui n'est pas de sauts purs. Pour tous a et λ réels, strictement positifs, on a

$$P\{Y^*_{\lambda t(a)} > a\} \leq 10\lambda .$$

On le démontre en utilisant l'Inégalité de Paul Lévy et la décomposition de $Y_t = \underline{Y^a_t} + \overline{Y^a_t}$ comme somme du processus de ses petits sauts et de celui de ses grands sauts.

3.6. LEMME.-

Il existe une constante C_{32} strictement positive telle que, pour tout entier k au moins égal à 2

$$\sum_{j\geq 1} \frac{\log(k+j)}{\log(k)}\, e^{-j^2} \leq C_{32} .$$

On définit une constante C_{33} et des suites $a_k, \lambda_k, t_k, \sigma_k$ de la manière suivante : $2\,AC_{33} = \frac{2}{3}$, $t(a_k) = e^{-k^2}$, $\lambda_k = C_{33}\log_2(1/t(a_k)) = 2\,C_{33}\log(k)$, $t_k = \lambda_k t(a_k)$ et $\sigma_k = \sum_{i=k+1}^{\infty} t_i$. Considérons les évènements G_k , H_k et D_k suivants :

$$G_k = \{Y^*_{\sigma_k,\sigma_{k-1}} > a_k\} \ , \ H_k = \{Y^*_{\sigma_k} > a_k\} \ , \ D_k = \{Y^*_{\sigma_{k-1}} > 2a_k\} \ .$$

$P(G_k)$ et $P(H_k)$ peuvent être majorés de la façon suivante :

$$P(G_k) = P\{Y^*_{t_k} > a_k\} \le 1 - \alpha e^{-A\lambda_k} \le e^{-\alpha . k^{-2/3}}$$

en vertu du théorème 2.1. ; d'autre part, on montre grâce aux lemmes 3.5. et 3.6. que

$$P(H_k) \le 10 \frac{\sigma_k}{t_k} \lambda_k \le 10 . C_{32} e^{-2k} . 2\, C_{33}\log(k) = C_{34} e^{-2k}\log(k)$$

en posant $C_{34} = 20\, C_{32}\, C_{33}$.

Soit $A_m = \bigcap_{m \le k \le 2m} D_k$. Comme $D_k \subset G_k \cup H_k$ pour tout k , on a

$$A_m \subset \Big(\bigcap_{m \le k \le 2m} G_k \Big) \cup \Big(\bigcup_{m \le k \le 2m} H_k \Big) .$$

Les évènements G_k étant indépendants

$$P(A_m) \le e^{-\alpha . 2^{-2/3} . m^{1/3}} + C_{35} e^{-2m} \log(m)$$

où $C_{35} = C_{34} \sum_{j=0}^{\infty} e^{-2j}\log(j)$.

On montre facilement qu'il existe un entier m_o tel que $P(A_m) \le e^{-m^{1/4}}$ dès que m est supérieur à m_o .

On a donc

$$P\Big\{ \bigvee_{a_{2m} \le a_k \le a_m} \frac{P_{2a_k}}{t_k} < 1 \Big\} \le P(A_m) \le e^{-m^{1/4}} \ .$$

En se servant de l'encadrement $t(a) \leq t(2a) \leq 4\, t(a)$, on montre finalement que

$$P\{\bigvee_{2a_{2m} \leq a \leq 2a_m} \frac{P_a}{t(a)\log_2(1/t(a))} < \xi\} \leq e^{-m^{1/4}}$$

où $\xi = \frac{C_{33}}{4}$.

Les relations liant a_{2m} , a_m et m sont telles que, si γ est assez petit et si δ est choisi tel que $t(\gamma) \leq 4(t(\delta))^4$, on a $\gamma \leq 2a_{2m} \leq 2a_m \leq \delta$ si on prend pour m la partie entière de $[\frac{1}{4}\log(1/t(\frac{\gamma}{2}))]^{1/8}$. Le théorème 3.1. est ainsi démontré.

CHAPITRE 4

φ_1 - MESURE DE HAUSDORFF DE LA TRAJECTOIRE DU PROCESSUS SYMETRIQUE A ACCROISSEMENTS INDEPENDANTS ET STATIONNAIRES (Y_t) JUSQU'A L'INSTANT s POUR $\varphi_1(a)=t(a)\log\log(1/t(a))$

On appellera trajectoire du processus jusqu'à l'instant s, noté $R(s)$, l'ensemble aléatoire des points x de $\mathbb{R}$ tels qu'il existe un t compris entre 0 et s vérifiant : $x = Y_t$.

Le but de ce chapitre est d'obtenir le théorème suivant :

4.1. THEOREME.- Il existe une constante strictement positive C_{40} telle que

$$\Lambda^{\varphi_1}(R(s)) \leq C_{40}.s \qquad \text{p.s.}$$

Démonstration du théorème 4.1. : On notera $I(x,a) = [x-a,x+a]$ l'intervalle fermé de centre x et de rayon a.

Soient ξ et γ_0 les constantes définies par le théorème 3.1. On choisit un γ_1 dans $]0,\gamma_0[$ et un δ_1 associé à γ_1 par le théorème 3.1. tels que, en outre :

$$\left(\frac{\delta_1}{\gamma_1}\right) t(\gamma_1)\log_2(1/t(\gamma_1)) \leq \frac{s}{\xi} \tag{4.2}$$

Ceci est possible car le premier membre de l'inégalité (4.2) est une fonction décroissante de γ_1.

γ_1 et δ_1 étant ainsi fixés, on définit une partition de $\mathbb{R}$ en intervalles semi-ouverts de rayon γ_1 telle que l'un de ces intervalles ait pour centre 0.

Soit $(x_k)_{k\geq 0}$ la suite formée des centres de ces intervalles. Pour recouvrir $R(s)$, trajectoire du processus (Y_t) jusqu'à l'instant s, on ne s'intéress qu'à des intervalles "touchés" par le processus avant l'instant s. On note ρ_{γ_1}

la famille des intervalles fermés $I(x_k,\gamma_1)$ tels que $S_k = \mathcal{J}(I(x_k,\gamma_1)) < s$; dans $\mathcal{P}_{\gamma_1}$, on distingue les bons et les mauvais éléments suivant le temps de séjour après l'instant d'entrée. Les mauvais éléments seront ceux dont le processus ressort avant l'instant s après y être entré et tels qu'en outre le temps de séjour, jusqu'à l'instant s après y être entré, soit majoré. C'est pour majorer la probabilité pour un élément d'être mauvais que nous avons démontré le théorème précis 3.1.

DEFINITION.- Un élément $I(x_k,\gamma_1)$ de $\mathcal{P}_{\gamma_1}$ est un mauvais élément si

a) Pour tout a appartenant à $]\gamma_1,\delta_1[$ on a :

$$P_{I(Y_{S_k},a)}(S_k) = \inf\{t>0 \mid Y_{S_k+t} \notin [Y_{S_k}-a, Y_{S_k}+a]\} < s$$

b) Pour tout a appartenant à $]\gamma_1,\delta_1[$, on a :

$$T^s_{I(Y_{S_k},a)}(S_k) = \int_0^s 1_{I(Y_{S_k},a)}(Y_{S_k+t}(\omega))dt < \xi\,\varphi_1(a).$$

DEFINITION.- Un élément $I(x_k,\gamma_1)$ de $\mathcal{P}_{\gamma_1}$ est un bon élément si

c) il existe un nombre a_k appartenant à $]\gamma_1,\delta_1[$ tel que

$$T^s_{I(Y_{S_k},a_k)}(S_k) = \int_0^s 1_{I(Y_{S_k},a_k)}(Y_{S_k+t}(\omega))dt \geq \xi\,\varphi_1(a_k)$$

Remarquons qu'un élément qui n'est pas mauvais est bon.

CONTRIBUTION DES MAUVAIS ELEMENTS A $\Lambda^{\varphi_1}(R(s))$.

Soit F_k l'événement : l'intervalle $I(x_k,\gamma_1)$ est un mauvais élément. L'événement F_k implique $\{S_k < s\}$ et, pour tout a appartenant à $]\gamma_1,\delta_1[$, $\{T^s_{I(Y_{S_k},a)}(S_k) < \xi\,\varphi_1(a)\}$.

$$\text{Or}\quad T^s_{I(Y_{S_k},a)}(S_k) = \int_0^s 1_{I(Y_{S_k},a)}(Y_{S_k+t})dt$$

$$= \int_0^s 1_{I(0,a)}(Y_{S_k+t} - Y_{S_k})dt\,.$$

On peut appliquer la propriété de Markov forte : sur $\{S_k < +\infty\}$, $Y_{S_k+t} - Y_{S_k}$ est un PAI de même loi que Y_t et indépendant de $\mathfrak{F}_{S_k}$.

L'événement $\{T^s_{I(Y_{S_k},a)}(S_k) < \xi\, \varphi(a)\}$ est donc indépendant de $\{S_k < s\}$ pour tout a appartenant à $]\gamma_1, \delta_1[$.

La définition des mauvais éléments implique

$$P\{\bigvee_{\gamma_1 \le a \le \delta_1} \frac{T^s_{I(Y_{S_k},a)}(S_k)}{t(a)\log_2(1/t(a))} < \xi\} \le P\{\bigvee_{\gamma_1 \le a \le \delta_1} \frac{P_{I(Y_{S_k},a)}(S_k)}{t(a)\log_2(1/t(a))} < \xi\}$$

et la propriété de Markov forte implique :

$$P\{\bigvee_{\gamma_1 \le a \le \delta_1} \frac{P_{I(Y_{S_k},a)}(S_k)}{t(a)\log_2(1/t(a))} < \xi\} = P\{\bigvee_{\gamma_1 \le a \le \delta_1} \frac{P_a}{t(a)\log_2(1/t(a))} < \xi\} \le \varepsilon(\gamma_1)$$

cette dernière inégalité étant évidemment le théorème 3.1. La probabilité de F_k peut donc être majorée :

$$P(F_k) \le P\{S_k < s\}\, \varepsilon(\gamma_1) .$$

Cherchons à majorer $P\{S_k < s\}$: S_k étant le temps d'entrée dans $[x_k - \gamma_1 \quad x_k + \gamma_1]$ et $v^s(\gamma_1)$ l'espérance du temps de séjour, jusqu'à l'instant s dans $[-\gamma_1, +\gamma_1]$, en appliquant à nouveau la propriété de Markov forte, on peut en déduire

$$P\{S_k < s\} . v^s(\gamma_1) \le E(T^{2s}_{I(x_k, 2\gamma_1)})$$

Les intervalles $[x_k - \gamma_1, x_k + \gamma_1[$ formant une partition de $\mathbb{R}$, chaque point appartient au plus à 3 intervalles fermés $I(x_k, 2\gamma_1)$ et, en sommant sur k l'inégalité ci-dessus, on obtient

$$v^s(\gamma_1) \sum_{k=0}^{\infty} P\{S_k < s\} \le 3\, E(T^{2s}_{\mathbb{R}}) = 6s$$

Soit N_{γ_1} le nombre de mauvais éléments de $\mathcal{P}_{\gamma_1}$

$$E(N_{\gamma_1}) \le \sum_{k=0}^{\infty} P(F_k) \le 6\, \frac{\varepsilon(\gamma_1)}{v^s(\gamma_1)} . s$$

L'espérance de la contribution Z_{γ_1} des mauvais éléments au recouvrement est majorée par :

$$E(Z_{\gamma_1}) \le E(N_{\gamma_1})\,\varphi_1(\gamma_1) \le \frac{6t(\gamma_1)}{v^s(\gamma_1)} \cdot \varepsilon(\gamma_1)\log_2(1/t(\gamma_1))\; s$$

$E(Z_{\gamma_1})$ tend donc vers 0 avec γ_1 et la contribution des mauvais éléments à la φ_1-mesure de Hausdorff de la trajectoire est presque sûrement nulle.

CONTRIBUTION DES BONS ELEMENTS.

Remarquons que les bons éléments sont en nombre fini puisqu'en particulier ils sont touchés par le processus avant l'instant s .

A tout bon élément $I(x_k,\gamma_1)$ on associe l'intervalle $I(x_k,2a_k)$, où a_k est associé à x_k par la définition, qui contient à la fois $I(x_k,\gamma_1)$ et $I(Y_{S_k},a_k)$. On suppose qu'on a une procédure de choix parmi tous les a_k vérifiant cette propriété. Ces intervalles étant en nombre fini on peut les classer par ordre décroissant et en commençant par le plus grand, éliminer ceux qui sont recouverts par un intervalle de taille plus grande. Par ce procédé, on retient des intervalles sélectionnés $I(x_k,2a_k)$ tels que aucun point de la trajectoire n'appartienne à plus de 2 intervalles sélectionnés. Soit $\mathcal{B}$ l'ensemble des indices des intervalles sélectionnés

$$\sum_{k\in\mathcal{B}} \varphi_1(2a_k) \le 4 \sum_{k\in\mathcal{B}} \varphi_1(a_k) \le \frac{4}{\xi} \sum_{k\in\mathcal{B}} T^s_{I(Y_{S_k},a_k)}(S_k) \,.$$

On pose $C_{40} = \frac{16}{\xi}$. La contribution des bons éléments à la φ_1-mesure de Hausdorff de la trajectoire est majorée par $C_{40}.s$ presque sûrement.

CHAPITRE 5

φ_2 - MESURE DE HAUSDORFF DE LA TRAJECTOIRE DU DU PROCESSUS SYMETRIQUE A ACCROISSEMENTS INDEPENDANTS ET STATIONNAIRES (Y_t) JUSQU'A L'INSTANT s POUR $\varphi_2(a)=v^1(a)\log\log(1/v^1(a))$

Soit $\varphi_2^{(s)}(a) = v^s(a)\log_2(1/_{v^s(a)})$; $\varphi_2^{(1)} = \varphi_2$.

Le but de ce chapitre est d'obtenir le théorème suivant :

5.1. THEOREME.- <u>Il existe une constante strictement positive</u> C_{50} <u>ne dépendant que de la dimension de l'espace et telle que , pour tout</u> s <u>strictement positif</u>

(i) $\Lambda^{\varphi_2(s)}(R(s)) \geq C_{50}\,.s.$ p.s.

(ii) $\Lambda^{\varphi_2}(R(s)) \geq C_{50}\,.s.$ p.s. <u>pour</u> s <u>inférieur à</u> 1 .

La démarche suivie, pour démontrer le théorème 5.1, sera analogue à celle qui a mené à la démonstration du théorème 4.1. C'est ainsi que l'on démontrera successivement une majoration exponentielle :

5.2 THEOREME.-

$$P\{T_a^s \geq \lambda\, v^s(a)\} \leq 2\, e^{-\frac{\lambda}{6}}$$

<u>où</u> a <u>et</u> λ <u>sont des nombres réels strictement positifs</u>

et une majoration d'une limite supérieure :

5.3. - THEOREME . Il existe une constante strictement positive C_{51} et universelle telle que

$$\limsup_{a \to 0^+} \frac{T_a^s}{v^s(a) \log_2 (1/v^s(a))} \leq C_{51} \quad \text{p.s.}$$

La démonstration du théorème 5.2. nécessite deux lemmes 5.4 et 5.5.

Les théorèmes 5.2 et 5.3 ainsi que les lemmes 5.4 et 5.5 seront démontrés avec 1 à la place de s , ce qui n'est aucunement une restriction.

5.4. - LEMME .

$$E((T_a^1)^n) \leq n! \; [E(T_{2a}^1)]^n$$

(Pour la démonstration, le lecteur pourra se reporter à [8] , page 271.)

5.5. - LEMME .

$$v^1(2I) \leq 3 \; v^1 \; (I) \quad \text{où} \quad I = [-a, +a]$$

5.6. - Démonstration du théorème 5.2.

Il résulte des lemmes 5.4 et 5.5 que :

$$\frac{E((T_a{}^1)^n)}{n!} \leq [E(T_{2a}{}^1)]^n \leq 3^n \; [E(T_a{}^1)]^n = 3^n \; (v^1 \; (a))^n$$

Posons $S = \dfrac{T_a{}^1}{v^1(a)}$;

L'inégalité de Markov : $P\{\xi \geq \mu\} \leq \dfrac{E(\xi)}{\mu}$ appliquée à $\xi = e^{tS}$ et $\mu = e^{t\lambda}$, où t et λ sont des nombres positifs montre que :

$$P\{S \geq \lambda\} \leq \frac{E\;(e^{tS})}{e^{t\lambda}}$$

D'autre part $\frac{E(S^n)}{n!} \leq 3^n$ implique $E(e^{tS}) \leq \frac{1}{1-3t}$

En faisant $t = \frac{1}{6}$ on obtient ainsi le résultat cherché :

$$P\{S \geq \lambda\} = P\{T_a^{\ 1} \geq \lambda\ v^1(a)\} \leq 2\ e^{-\frac{\lambda}{6}}$$

5.7. - Démonstration du théorème 5.3.

On utilise le théorème 5.2 et le lemme de Borel-Cantelli appliqués aux évènements $E_k = \{T^1_{a_k} \geq 7\ v^1(a_k)\log_2(1/v^1(a_k))\}$ où a_k est une suite de réels définis par $v^1(a_k) = e^{-k}$; et on montre ainsi que $C_{51} = 7.e$.

5.8. - Démonstration du théorème 5.1.

i) On utilisera un lemme démontré par C.A. Rogers et S.J. Taylor [11] adapté pour la circonstance :

LEMME . Soit f une fonction additive d'ensemble, positive et finie sur les boréliens d'un intervalle fermé de R .

Soit g une fonction continue positive croissante telle que $g(0) = 0$. Pour tout entier naturel p , on note $\mathfrak{M}_p$ la partition de R en intervalles semi-ouverts de longueur 2^{-p} , l'un d'entre eux étant centré en 0 ; soit $I_p(x)$ l'intervalle de $\mathfrak{M}_p$ contenant un point x donné .

Pour k réel positif strictement on définit :

$$J_k = \{x \in R : \limsup_{p \to +\infty} \frac{f(I_p(x))}{g(2^{-p})} > k\}$$

Alors il existe une constante C_{52} strictement positive, ne dépendant que de la dimension de l'espace et telle que quelque soit le borélien B vérifiant $B \cap E_k = \emptyset$, on ait

$$f(B) \leq k.C_{52}.\Lambda^g(B) .$$

On utilise ce lemme en prenant $g(a) = \varphi_2^s(a) = v^s(a) \log_2 (1/v^s(a))$ et comme fonction f l'image de la mesure de Lebesgue μ_L sur $R(s)$ par (Y_t). Autrement dit pour $A \subset R(s)$ $f(A) = \mu_L \{t \in [0,s] : Y_t \in A\} = T_A^s$ donc $f(R(s)) = s$.

Le théorème 5.3 implique que l'ensemble $R(s)$ est disjoint d'un J_{k_0} pour k_0 supérieur à C_{51}. Le lemme 5.8 montre donc que $\Lambda^{\varphi_2^s}(R(s)) \geq \frac{s}{k_0 \, C_{52}}$ et le théorème 5.1 i) est ainsi démontré pour une constante strictement positive C_{50} inférieure ou égale à $\frac{1}{k_0 \, C_{52}}$.

ii) C'est une conséquence évidente de i).

CHAPITRE 6

COMPARAISON DE LA φ_1 ET DE LA φ_2-MESURE DE HAUSDORFF DE LA TRAJECTOIRE DU PROCESSUS SYMETRIQUE A ACCROISSEMENTS INDEPENDANTS ET STATIONNAIRES (Y_t) JUSQU'A L'INSTANT s.

Au chapitre 4 nous avons montré qu'il existe une constante strictement positive C_{40} telle que, presque sûrement, $\Lambda^{\varphi_1}(R(s)) \leq C_{40}\, s$ pour $\varphi_1(a) = t(a)\log_2(1/t(a))$. Au chapitre 5 nous avons montré qu'il existe une constante strictement positive C_{50} telle que, presque sûrement, $\Lambda^{\varphi_2}(R(s)) \geq C_{50}\, s$ pour $\varphi_2\,(a) = v^1(a)\log_2(1/_{v^1(a)})$.

Naturellement, ces deux inégalités ne sont pas contradictoires ; nous avons vu en effet au chapitre 1 que $\frac{v^1(a)}{t(a)}$ était, au moins pour a assez petit, minoré par αe^{-A} (en vertu du théorème 2.1). Il existe donc une constante C_{60} strictement positive telle que

$$\Lambda^{\varphi_2}(R(s)) \geq C_{60}\,\Lambda^{\varphi_1}(R(s))$$

Le seul cas où nous pourrons conclure qu'il existe une constante strictement positive C_{61} telle que $\Lambda^{\varphi_2}(R(s)) \leq C_{61}\,\Lambda^{\varphi_1}(R(s))$ et donc que, presque sûrement $C_{50}\,s \leq \Lambda^{\varphi_2}(R(s)) \leq C_{61}\,\Lambda^{\varphi_1}(R(s)) \leq C_{61}.C_{40}s$ est celui où φ_2 est, à une constante multiplicative près, inférieure à φ_1. Ceci revient à chercher une condition sous laquelle v^1 est $O(t)$ c'est-à-dire qu'il existe une constante C_{62} strictement positive telle que $v^1(a) \leq C_{62}t(a)$. Nous démontrerons successivement un lemme et son corollaire, puis une proposition donnant une condition nécessaire. Enfin une remarque nous permettra de situer dans quel cadre cette condition, qui est en fait également suffisante, est vérifiée.

6.1. LEMME.- Il existe des constantes strictement positives C_{63} et C_{64} telles que

$$C_{63} \int_0^1 \frac{du}{1+\Psi(\frac{u}{a})} \leq v^1(a) \leq C_{64} \int_0^1 \frac{du}{1+\Psi(\frac{u}{a})}$$

où Ψ est la seconde caractéristique du processus.

6.2. COROLLAIRE.- Il existe une constante strictement positive C_{65} telle que

$$C_{65} \int_0^1 \frac{du}{1+\Gamma(\frac{a}{u})} \leq v^1(a)$$

6.3. PROPOSITION.- Soit $\mathcal{H}_\theta$ l'hypothèse : il existe un nombre θ appartenant à $]0,1[$ des nombres D, $\varepsilon_0 \geq 1$, $T_0 > 1$ tels que

$$\Gamma(Ta) \geq D\, T^{-\theta}\, \Gamma(a),$$

dès que T est supérieur à T_0 et $Ta \leq \varepsilon_0$

(i) si l'hypothèse $\mathcal{H}_\theta$ est vérifiée, on peut trouver une constante C_{66} strictement positive et un nombre $a_0 > 0$ tels que

$$\int_0^1 \frac{du}{1+\Gamma(\frac{a}{u})} \leq C_{66}\, t(a) \quad \text{dès que} \quad a \leq a_0$$

(ii) si l'hypothèse $\mathcal{H}_\theta$ n'est pas vérifiée, $v^1(a)$ ne peut pas être un $O(t(a))$ c'est-à-dire que l'on ne peut pas trouver de constante strictement positive C telle que $v^1(a) \leq C\, t(a)$ quand a tend vers 0, autrement dit

$$\limsup_{a \to 0^+} \frac{v^1(a)}{t(a)} = +\infty$$

6.4. Remarque.

Un PAI symétrique qui n'est pas de sauts purs et qui vérifie la condition $\mathcal{H}_\theta$ est à variation bornée ; malheureusement, la réciproque n'est pas vraie et il existe des PAI à variation bornée ne vérifiant pas $\mathcal{H}_\theta$, par exemple celui qui est associé à la mesure de Lévy $\mathcal{L}(dx) = \frac{dx}{x^2(1+\log^2(\frac{1}{|x|}))}\, 1_{|x|<1}$.

D'autre part, J. BRETAGNOLLE a montré que l'hypothèse $\mathcal{H}_\theta$ est suffisante pour que $v^1(a) = O(t(a))$ (article à paraître).

6.5. Démonstration du lemme 6.1.

Nous allons utiliser des arguments de transformées de Fourier. On notera $\mathcal{F}(\mu)$ la transformée de la mesure μ, $\mathcal{F}(f)$ la transformée d'une fonction f. Rappelons la formule suivante : soit μ une mesure définie sur $\mathbb{R}$ et f une fonction de $\mathbb{L}^1$. Alors

$$\int_{\mathbb{R}} \mathcal{F}(f)(x)\mu(dx) = \int_{\mathbb{R}} f(x)\mathcal{F}(\mu)(x)dx .$$

Par définition

$$v^1(a) = E\int_0^1 1_{[-a,+a]}(Y_t)dt$$

$$= \int_{\mathbb{R}} 1_{[-a,+a]}(x)\int_0^1 P_t(dx)dt$$

où $P_t(dx)$ est la mesure image de Y_t.
Par définition de la fonction caractéristique, $\mathcal{F}(P_t)(x) = e^{-t\Psi(x)}$; et la transformée de Fourier de la mesure $\mu(dx) = \int_0^1 P_t(dx)dt$ vaut $\mathcal{F}(\mu)(x) = \frac{1-e^{-\Psi(x)}}{\Psi(x)}$.

Considérons la fonction indicatrice $1_{[-a,+a]}(x)$. Il existe une constante strictement positive C_{67} telle que

$$[1-\frac{|x|}{a}]1_{[-a,+a]}(x) \le 1_{[-a,+a]}(x) \le C_{67}\left[\frac{\sin x/a}{x/a}\right]^2 .$$

Les fonctions encadrant cette indicatrice peuvent être considérées comme des transformées de Fourier. Ainsi, si nous posons $f_a(x) = \frac{a}{2}[1-\frac{a}{2}|x|]1_{[-\frac{2}{a},+\frac{2}{a}]}(x)$ et $h_a(x) = a\left[\frac{\sin(\frac{a}{2}x)}{\frac{a}{2}x}\right]^2$, on montre facilement que

$\frac{1}{2\pi}\mathcal{F}(h_a)(x) \le 1_{[-a,+a]}(x) \le C_{67}\,\mathcal{F}(f_a)(x)$ et que

$$\frac{1}{2\pi}\int_{\mathbb{R}} h_a(x).\frac{1-e^{-\Psi(x)}}{\Psi(x)}dx \le v^1(a) \le C_{67}\int_{\mathbb{R}} f_a(x)\frac{1-e^{-\Psi(x)}}{\Psi(x)}dx .$$

Or $h_a(x) \geq a.1_{[-\frac{1}{a},+\frac{1}{a}]}(x)$ et $f_a(x) \leq \frac{a}{2}.1_{[-\frac{1}{a},+\frac{1}{a}]}(x)$.

On peut donc encadrer $v^1(a)$ par

$$\frac{1}{2\pi}\cdot a\int_0^{1/a} \frac{1-e^{-\Psi(x)}}{\Psi(x)}\,dx \leq v^1(a) \leq \frac{C_{67}}{2}\cdot a\int_0^{1/a}\frac{1-e^{-\Psi(x)}}{\Psi(x)}\,dx$$

En considérant le développement en série entière de $\frac{1-e^{-y}}{y}$, on constate que cette fonction est multiplicativement équivalente à $\frac{1}{1+y}$, c'est-à-dire qu'il existe des constantes strictement positives C_{68} et C_{69} telles que

$$C_{68}\,\frac{1}{1+\Psi(x)} \leq \frac{1-e^{-\Psi(x)}}{\Psi(x)} \leq C_{69}\,\frac{1}{1+\Psi(x)}$$

et le lemme 6.1 est ainsi démontré pour

$$C_{63} = \frac{C_{68}}{2\pi} \quad \text{et} \quad C_{64} = \frac{1}{2}\, C_{67}.C_{69}$$

6.6. Démonstration du corollaire 6.2.

Elle est évidente si on se rappelle que $\Psi(u) \leq 2\Gamma\left(\frac{1}{u}\right)$.

6.7. Démonstration de la proposition 6. 3 i).

Nous nous plaçons dans le cas où l'hypothèse H_θ est vérifiée et choisissons un nombre réel T supérieur à T_0 et tel que $DT^{1-\theta} > 1$.

Pourvu que a soit inférieur à a_0 assez petit, on peut imposer de plus que T, pour un entier k_0 dépendant de a vérifie $T^{k_0+1}a = 1$.

$$\int_0^1 \frac{du}{1+\Gamma(\frac{a}{u})} = \int_0^a \frac{du}{1+\Gamma(\frac{a}{u})} + \int_a^1 \frac{du}{1+\Gamma(\frac{a}{u})} = I_1 + I_2$$

L'intégrale I_1 est évidemment majorée par a et les conditions imposées entraînent que $a\Gamma(a) \leq \Gamma(1)(DT^{1-\theta})^{-(k_0+1)}$ et donc que $a = O(t(a))$.

$$I_2 = \sum_{k=0}^{k_0} \int_{T^{-k-1}}^{T^{-k}} \frac{du}{1+\Gamma(\frac{a}{u})} \leq \sum_{k=0}^{k_0} T^{-k}\left(1-\frac{1}{T}\right)\frac{1}{\Gamma(T^{k+1}a)}$$

L'hypothèse $\mathcal{H}_\theta$ appliquée k+1 fois, implique

$$\Gamma(T^{k+1}a) \geq D^{k+1}\, T^{-(k+1)\theta}\Gamma(a)$$

$$I_2 \leq \frac{1}{\Gamma(a)} \sum_{k=0}^{k_0} T^{-k}(1-\frac{1}{T})D^{-(k+1)}T^{-(k+1)\theta}$$

$$\leq t(a).\ D^{-1}T^{\theta}(1-\frac{1}{T})\ .\ \sum_{k\geq 0} (DT^{1-\theta})^{-k}$$

Cette dernière série étant convergente, l'intégrale I_2 est également un $O(t(a))$ et la proposition 6.3 i) est ainsi démontrée.

6.8. <u>Démonstration de la proposition</u> 6.3 ii).

Montrons que la condition $\mathcal{H}_\theta$ est nécessaire pour que $v^1(a)$ soit un $O(t(a))$. Considérons l'hypothèse $\mathcal{H}_0$ suivante

$$M = \lim_{\substack{T_0 \to +\infty \\ \epsilon_0 \to 0^+}} \ \inf_{\substack{T \geq T_0 \\ Tx \leq \epsilon_0}} \frac{T\Gamma(Tx)}{\Gamma(x)} < +\infty \qquad (\mathcal{H}_0)$$

L'hypothèse $\mathcal{H}_0$ est le contraire de l'hypothèse $\mathcal{H}_\theta$.

Posons

$$\mathcal{J}(T_0,\epsilon_0) = \inf_{\substack{T \geq T_0 \\ Tx \leq \epsilon_0}} \frac{T\Gamma(Tx)}{\Gamma(x)}$$

Lorsque $\mathcal{H}_\theta$ est vérifiée, on obtient non $\mathcal{H}_0$, le contraire de l'hypothèse $\mathcal{H}_0$. En effet, $\mathcal{J}(T_0,\epsilon_0)$ est supérieur à $DT_0^{1-\theta}$ qui tend vers plus l'infini avec T_0.

Supposons que l'hypothèse $\mathcal{H}_0$ n'est pas vérifiée et montrons qu'alors l'hypothèse $\mathcal{H}_\theta$ est vérifiée. En effet, pour tout M', il existe des nombres T_1 et ϵ_1 tels que pour tout T et tout x vérifiant $T \geq T_1$ et $Tx \leq \epsilon_1$ on a

$$\frac{T\Gamma(Tx)}{\Gamma(x)} \geq M'$$

On choisit $M' = 2$ et on peut imposer à T_1 d'être strictement supérieur à 2 puisque $\mathcal{J}(T_0, \epsilon_0)$ est une fonction croissante de T_0 ; de sorte qu'il existe un nombre α appartenant à $]0,1[$ tel que $M' = 2 = T_1^{\alpha}$. La relation ci-dessus implique que pour tout x tel que $T_1 x \le \epsilon_1$

$$\frac{T_1 \Gamma(T_1 x)}{\Gamma(x)} \ge T_1^{\alpha}$$

autrement dit, dès que $T_1 x \le \epsilon_1$

$$\Gamma(T_1 x) \ge T_1^{-(1-\alpha)} \Gamma(x) \quad . \tag{6.9}$$

Soit donc $T \ge T_1$ et x tel que $Tx \le \epsilon_2 = \frac{\epsilon_1}{T_1}$. Il existe un entier k tel que $T_1^k < T \le T_1^{k+1}$; comme $Tx \le \frac{\epsilon_1}{T_1}$, $T_1^{k+1} x$ est inférieur à ϵ_1 et on peut appliquer la relation 6.9 successivement

$$\begin{aligned} \Gamma(Tx) &\ge \Gamma(T_1^{k+1} x) \ge T_1^{-(k+1)(1-\alpha)} \Gamma(x) \\ &\ge T_1^{-(1-\alpha)}\, T^{-(1-\alpha)}\, \Gamma(x) . \end{aligned}$$

On a ainsi obtenu l'hypothèse $\mathcal{H}_\theta$ pour $\theta = 1-\alpha$ et $D = T_1^{-(1-\alpha)}$.

6.10 LEMME.- <u>Soit</u> α_0 <u>défini par</u> $\Gamma(\alpha_0) = 1$ <u>et</u> C <u>par</u> $4C = C_{65}$. <u>Supposons qu'il existe deux nombres réels</u> S <u>et</u> a <u>tels que</u> $Sa \le \alpha_0$ <u>et pour tout</u> s <u>appartenant à l'intervalle</u> $[1,S]$, $\frac{\Gamma(sa)}{\Gamma(a)} \le \frac{2}{s}$.

<u>Alors</u>

$$\frac{v^1(a)}{t(a)} \ge C \log S$$

<u>Démonstration du lemme.</u>

On remarque que $v^1(a) \ge C_{65} \int_1^S \frac{dt}{t^2(1+\Gamma(at))}$ et que $\Gamma(at)$ est une fonction décroissante de t .

6.11. Pour démontrer 6.3. ii) compte tenu du lemme 6.10 , il suffit de montrer que sous l'hypothèse $\mathcal{H}_0$, il existe deux suites $S^{(k)}$, $a^{(k)}$ telles que :

1°) $\forall s \in [1, S^{(k)}]$ $\dfrac{\Gamma(sa^{(k)})}{\Gamma(a^{(k)})} \le \dfrac{2}{s}$

2°) la suite $S^{(k)}$ tend vers plus l'infini avec k

3°) la suite $S^{(k)}a^{(k)}$ tend vers 0 lorsque k tend vers l'infini.

En effet, la condition 3°) garantit que $S^{(k)}a^{(k)}$ est inférieur à α_0 à partir d'un certain rang et 2°) garantit que $\dfrac{v^1(a^{(k)})}{t(a^{(k)})}$ tend vers plus infini avec k , et comme $a^{(k)}$ tend vers 0 on a bien

$$\limsup_{a \to 0^+} \frac{v^1(a)}{t(a)} = +\infty$$

Construisons nos suites $S^{(k)}$ et $a^{(k)}$.

Pour k assez grand, si $\epsilon_0 \le k^{-2}$ et $T_0 \ge e^k$

$$\inf_{\substack{T \ge T_0 \\ Tx \le \epsilon_0}} \frac{T\Gamma(Tx)}{\Gamma(x)} \le 2M$$

où M est défini par l'hypothèse $\mathcal{H}_0$ au paragraphe 6.8. Il existe alors un couple T, a (ne lui mettons pas l'indice k pour alléger l'écriture) qui satisfait $Ta \le k^{-2}$ (et donc $kTa \le k^{-1}$) , $T \ge e^k$ et $\dfrac{\Gamma(Ta)}{\Gamma(a)} \le \dfrac{3M}{T}$. Définissons par récurrence la suite suivante : $a_0 = a$, si $a_m < +\infty$, $a_{m+1} = \inf\{b \ge a_m \mid \dfrac{\Gamma(b)}{\Gamma(a_m)} > 2\,\dfrac{a_m}{b}\}$. Comme $\dfrac{a_{m+1}}{a_m} \ge 2$, à cause de la décroissance de Γ, l'entier n défini comme le premier indice m tel que $a_m \ge Ta$ est fini. Nous distinguerons deux cas.

1er cas : Supposons que $a_n > kTa$ (ce cas contient celui où l'un des a_m est infini).

Prenons $a^{(k)} = a_{n-1}$ et $S^{(k)}a^{(k)} = kTa$. On a

$$S^{(k)} = \frac{S^{(k)}a^{(k)}}{a^{(k)}} = \frac{kTa}{a_{n-1}} \geq \frac{kTa}{Ta} = k$$

qui tend vers l'infini avec k et $S^{(k)}a^{(k)} = kTa \leq k^{-1}$ qui tend vers 0 lorsque k tend vers l'infini. La condition 1°) est réalisée par construction.

2ème cas : Supposons que $a_n \leq kTa$. Montrons que $2^n \leq 3kM$. En effet

$$2^n \frac{a}{a_n} = \prod_{m=0}^{n-1} \frac{\Gamma(a_{m+1})}{\Gamma(a_m)} = \frac{\Gamma(a_n)}{\Gamma(a)} \leq \frac{\Gamma(Ta)}{\Gamma(a)} \leq \frac{3M}{T}$$

la première inégalité résultant de la monotonie de Γ puisque $a_n \geq Ta$. De $a_n \leq kTa$, on tire bien $2^n \leq 3kM$. D'autre part

$$\sum_{m=0}^{n-1} \log(\frac{a_{m+1}}{a_m}) = \log(\frac{a_n}{a}) \geq \log T$$

puisque $a_n \geq Ta$, soit encore $\sup\limits_{0 \leq m \leq n-1} \log(\frac{a_{m+1}}{a_m}) \geq \frac{\log T}{n}$ ce qui, compte tenu de la précédente, donne

$$\sup_{0 \leq m \leq n-1} \log(\frac{a_{m+1}}{a_m}) \geq \frac{\log T \log 2}{\log(3kM)}$$

Choisissons comme $a^{(k)}$ et $S^{(k)}a^{(k)}$ les extrémités de l'intervalle qui réalise ce sup.

On a bien

$$\log(S^{(k)}) \geq \frac{\log T \log 2}{\log(3kM)} \geq \frac{k.\log 2}{\log(3kM)}$$

et donc $S^{(k)}$ tend vers plus l'infini avec k tandis que $S^{(k)}a^{(k)} \leq a_n \leq kTa \leq k^{-1}$ tend vers 0. La condition 1°) est réalisée par construction. La démonstration est terminée.

CHAPITRE 7

CONCLUSION

7.1. THEOREME.- Considérons un processus symétrique à accroissements indépendants et stationnaires qui n'est pas de sauts purs. Lorsque $v^1(a)$ est un $O(t(a))$, il existe des constantes strictement positives C_{70}, C_{71}, C_{72} telles que, presque sûrement

$$\Lambda^{\varphi_2}(R(s)) = C_{70}\, s \leq C_{72}\, \Lambda^{\varphi_1}(R(s)) = C_{72}.C_{71}\, s$$

7.2 Montrons tout d'abord que, sous ces conditions, il existe une constante C_{71}, d'ailleurs inférieure à C_{40}, et telle que presque sûrement $\Lambda^{\varphi_1}(R(s)) = C_{71}.s.$

Nous n'avons pû trouver dans la littérature de démonstration du fait que, sous certaines hypothèses, $\Lambda^{\varphi}(R(s)) = c.s.$ Pourtant ce résultat est souvent employé. Pour être complets, nous le démontrons dans le cas qui nous intéresse.

Définissons $R(a,b)$ pour tout a et tout b vérifiant $0<a<b$ comme l'image de l'intervalle $[a,b[$ par $t \to Y_t$. Il nous suffit de montrer que, pour tous t_0 et s_0 strictement positifs, $\Lambda^{\varphi_1}(R(0,t_0) \cap R(t_0,t_0+s_0)) = 0$. En effet ceci implique que

$$\Lambda^{\varphi_1}(R(0,t_0+s_0)) = \Lambda^{\varphi_1}(R(0,t_0) \cup R(t_0,t_0+s_0))$$
$$= \Lambda^{\varphi_1}(R(0,t_0)) + \Lambda^{\varphi_1}(R(t_0,t_0+s_0)).$$

Le processus Y_t étant à accroissements indépendants et stationnaires $\Lambda^{\varphi_1}(R(t_0,t_0+s_0)) = \Lambda^{\varphi_1}(R(0,s_0))$; nous aurons ainsi montré que

$\Lambda^{\varphi_1}(R(t_0+s_0)) = \Lambda^{\varphi_1}(R(t_0))+\Lambda^{\varphi_1}(R(s_0))$ pour tous t_0 et s_0 strictement positifs. Alors $Z_t = \Lambda^{\varphi_1}(R(t))$, qui est un processus croissant, vérifie $Z_{t+s}-Z_t$ indépendant de Z_t et de même loi que Z_s. C'est donc un P.A.I. croissant. D'autre part $Z_t \le C_{40}t$. Donc Z_t est une translation.

Plaçons nous à un instant t_0 fixé et considérons le processus retourné $Y'_h = Y_{t_0-h}$ pour $0<h\le t_0$. C'est un PAI qui n'est plus régularisé du bon côté puisqu'il est continu à gauche et pourvu de limites à droite. Mais ceci n'a pas d'importance pour le recouvrement de sa trajectoire et ne modifie en rien la mesure de Hausdorff de cette dernière. Soit Y''_s le processus $Y''_s = Y_{t_0+s}$ défini pour $s\ge 0$. Les processus Y'_h et Y''_s sont de même loi, celle de Y_t, et à accroissements indépendants, indépendants l'un de l'autre. Nous considérons $R(0,t_0)$ comme l'image de $]0,t_0]$ par $h\to Y'_h$ et $R(t_0+s_0)$ comme l'image de $[0,s_0[$ par le processus Y''_s. Pour simplifier les notations, posons $E = R(t_0,t_0+s_0)$ et $F = R(0,t_0)$. Pour montrer que $\Lambda^{\varphi_1}(E\cap F)$ est presque sûrement nulle, nous utiliserons une méthode analogue à celle de la démonstration du théorème 4.1.

Considérons E et le processus Y''_s. E peut être recouvert par des intervalles fermés $I_k = I(x_k,\gamma_1)$ tels que $x_0 = Y''_0 = Y_{t_0}$ et les intervalles semi-ouverts $[x_k-\gamma_1, x_k+\gamma_1[$ forment une partition de $\mathbb{R}$. Soit C_{γ_1} l'ensemble des indices des intervalles I_k touchés par le processus Y''_s avant l'instant s_0.

Parmi eux, on distingue (définitions page 21) les bons et les mauvais éléments. On sait que la contribution des mauvais éléments à la mesure de Hausdorff de E est presque sûrement nulle. A chaque bon élément I_k, on associe un intervalle $I(x_k,2a_k)$ où a_k est associé à x_k par la définition des bons éléments. Comme au chapitre 4, on sélectionne des intervalles $I(x_k,2a_k)$ recouvrant E et tels qu'aucun point n'appartienne à plus de 2 intervalles sélectionnés. Soit C'_{γ_1} l'ensemble des indices des intervalles ainsi sélectionnés. On sait qu'il existe une constante strictement positive C_{73} telle que

$$\sum_{k\in C'_{\gamma_1}} \varphi_1(2a_k) \le C_{73}\; s_0 .$$

Soit K_α le compact défini comme l'ensemble des points x tels que $|Y_{t_0} - x| \leq \alpha$.

$$\Lambda^{\varphi_1}(E \cap F) \leq \Lambda^{\varphi_1}(E \cap F \cap K_\alpha) + \Lambda^{\varphi_1}(E \cap F \cap K_\alpha^c)$$

Parmi les intervalles $I(x_k, 2a_k)$, où k appartient à C'_{γ_1}, retenons seulement ceux qui peuvent être nécessaires au recouvrement de $E \cap K_\alpha^c$ c'est-à-dire ceux dont le centre x_k vérifie $|Y_{t_0} - x_k| > \alpha - 2\delta_1$. (La quantité $\alpha - 2\delta_1$ est positive dès que δ_1 est assez petit, ce qui est le cas qui nous intéresse). Soit C''_{γ_1} l'ensemble de leurs indices ; ces intervalles recouvrent certainement $E \cap F \cap K_\alpha^c$. On appellera C'''_{γ_1} l'ensemble des indices k de C''_{γ_1} des intervalles touchés par le processus Y'_h avant l'instant t_0. Soit J_k l'événement : "le temps d'entrée du processus Y'_h dans $I(x_k, 2a_k)$ $(k \in C''_{\gamma_1})$ est inférieur à t_0". Si nous notons $\Omega'(\omega' \in \Omega')$, respectivement $\Omega''(\omega'' \in \Omega'')$, l'espace probabilisé sur lequel est défini Y', respectivement Y'', nous pouvons écrire

$$\sum_{k \in C'''_{\gamma_1}} \varphi_1(2a_k)(\omega', \omega'') = \sum_{k \in C''_{\gamma_1}} \varphi_1(2a_k)(\omega') 1_{J_k}(\omega', \omega'')$$

en prenant l'espérance des deux membres sur $\Omega' \times \Omega''$

$$E\Big(\sum_{k \in C'''_{\gamma_1}} \varphi_1(2a_k)(\omega, \omega')\Big) \leq C_{73}\, s_0 \sup_{k \in C''_{\gamma_1}} P(J_k)$$

Nous allons montrer que l'expression $\sup_{k \in C''_{\gamma_1}} P(J_k)$ qui dépend de δ_1, par l'intermédiaire de γ_1, et de α, tend vers 0 avec δ_1 quel que soit α. On pourra alors choisir une suite $\delta_1(j)$ décroissant vers 0 et telle que $\sum_{k \in C'''_{\gamma_1(j)}} \varphi_1(2a_k)$ tende vers 0 presque sûrement lorsque $\delta_1(j)$ tend vers 0. Il est évident qu'alors $\Lambda_{\delta_1}^{\varphi_1}(E \cap F \cap K_\alpha^c)$, qui est l'inf de toutes les sommes de ce type, tend presque sûrement vers 0 avec δ_1.

7.3. LEMME.- Soit I un intervalle symétrique, $\mathcal{T}(x+I)$ le temps d'entrée dans $x+I$ d'un processus symétrique à accroissements indépendants et stationnaires et à variation bornée.

Quels que soient les nombres réels α et t_0 strictement positifs

$$\lim_{\delta\to 0} \sup_{\substack{|x|>\alpha-\delta \\ d(I)\leq\delta}} P\{\mathcal{T}(x+I)\leq t_0\} = 0$$

Nous sommes bien dans les conditions d'application du lemme puisque nous avons supposé que v^1 est un $O(t)$ ce qui implique que la condition $\mathcal{H}_\theta$ est vérifiée et que le processus Y_t est à variation bornée.

Démonstration du lemme 7.3.

Supposons qu'il existe un réel ρ strictement positif, des suites x_k et δ_k de nombres réels et une suite I_k d'intervalles symétriques vérifiant $|x_k|>\alpha-\delta_k$ et $d(I_k)\leq\delta_k$ où δ_k décroît vers 0 lorsque k tend vers l'infini, et tels que $P\{\mathcal{T}(x_k+I_k)\leq t_0\}\geq\rho>0$ pour tout k. Or, il est évident que $P\{\mathcal{T}([-a,+a]^c)\leq t_0\}$ tend vers 0 lorsque a tend vers l'infini. Il existe donc un nombre réel positif a_0 tel que $P\{\mathcal{T}([-a_0,+a_0]^c)\leq t_0\}<\rho$. A partir d'un certain rang (tel que $\delta_k\leq 2a_0$), les x_k appartiennent donc au compact $[-2a_0,2a_0]$ et on peut extraire une sous-suite x'_k convergeant vers un point x du compact. On définit pour tout k l'intervalle symétrique I'_k comme le plus petit intervalle tel que $x+I'_k$ contienne x'_k+I_k. On peut imposer, quitte à se limiter à une sous-suite de x'_k, que le diamètre de I'_k tende vers 0 lorsque k tend vers l'infini. Le temps d'entrée $\mathcal{T}(x+I'_k)$ tend alors vers $\mathcal{T}(\{x\})$, temps d'entrée du point x. D'autre part, $\mathcal{T}(x'_k+I_k)$ est au moins égal à $\mathcal{T}(x+I'_k)$. Il en résulte que

$$\lim_{k\to+\infty} P\{\mathcal{T}(x+I'_k)\leq t_0\}\geq \lim_{k\to+\infty} P\{\mathcal{T}(x'_k+I_k)\leq t_0\}\geq\rho>0$$

Or $P\{J(\{x\}) \leq t_0\} \geq \lim_{k\to+\infty} P\{J(x+I'_k) \leq t_0\}$. La probabilité de toucher le point $\{x\}$ avant l'instant t_0 est donc strictement positive, ce qui est impossible pour un processus symétrique à accroissements indépendants et stationnaires et à variation bornée [2]. Ceci termine la démonstration du lemme 7.3.

7.4. Démonstration du théorème 7.1.

Il résulte du lemme 7.3. que $\Lambda^{\varphi_1}(E \cap F \cap K_\alpha^c)$ est presque sûrement nul quel que soit α strictement positif.

Maintenant $\Lambda^{\varphi_1}(E \cap F \cap K_\alpha)$ est certainement majorée par $\Lambda^{\varphi_1}(E \cap K_\alpha)$. Or sur toute trajectoire $E \cap K_\alpha$ tend vers $\{Y_{t_0}\}$ lorsque α tend vers 0. Donc, pour presque tout ω' (ceux pour lesquels $\Lambda^{\varphi_1}(E) < +\infty$), $\Lambda^{\varphi_1}(E \cap K_\alpha)$ tend vers $\Lambda^{\varphi_1}(\{Y_{t_0}\}) = 0$. Nous avons ainsi démontré que $\Lambda^{\varphi_1}(E \cap F)$ est presque sûrement égal à 0 et qu'il existe une constante C_{71} telle que $\Lambda^{\varphi_1}(R(s)) = C_{71}s$ presque sûrement.

Sous les hypothèses du théorème 7.1. il existe une constante strictement positive C_{72} telle que $\Lambda^{\varphi_2}(R(s)) \leq C_{72}\,\Lambda^{\varphi_1}(R(s))$. La constante C_{71} vérifie donc $C_{40} \geq C_{71} \geq C_{72}.C_{50} > 0$.

Toujours sous ces mêmes hypothèses, il existe une constante C_{70} telle que, presque sûrement $\Lambda^{\varphi_2}(R(s)) = C_{70}s$. En effet, soient $E = R(t,t+s)$ et $F = R(0,t)$. $\Lambda^{\varphi_2}(E \cup F) = \Lambda^{\varphi_2}(E) + \Lambda^{\varphi_2}(F) - \Lambda^{\varphi_2}(E \cap F)$.

$\Lambda^{\varphi_2}(E \cap F)$ étant multiplicativement équivalent à $\Lambda^{\varphi_1}(E \cap F)$ qui est nul, est nul aussi. $\Lambda^{\varphi_2}(R(s))$ est donc aussi une fonction linéaire de s et la constante C_{70} vérifie $0 < C_{50} \leq C_{70} \leq C_{71}.C_{72}$. Ceci prouve, en passant, que $\Lambda^{\varphi_2}(R(s)) \geq C_{50}s$ pour tout s. Le théorème 7.1 est démontré.

REFERENCES

[1] J. BRETAGNOLLE Processus à accroissements indépendants. Lecture Notes in Math. 307 Springer Verlag, 1973.

[2] J. BRETAGNOLLE Résultats de Kesten sur les processus à accroissements indépendants. Lecture Notes in Math. 191 Springer Verlag, 1971.

[3] Z. CIESIELSKI and S.J. TAYLOR First passage times and sojourn times for Brownian motion in space and the exact Hausdorff measure of the sample path. Trans. Amer. Math. Soc. 103 (1962), pp. 434-450.

[4] W. FELLER An introduction to probability theory and its applications. J. Wiley and Sons 1968 (3rd edition).

[5] Paul LEVY La mesure de Hausdorff de la courbe du mouvement brownien. Giorn. Ist. Ital. Attuari 16 (1953), pp. 1-37.

[6] M. LOEVE Probability theory. Van Nostrand Company edition 1963.

[7] M.E. MUNROE Measure and Integration. Addison-Wesley Publishing Company, 1971 (2nd edition).

[8] W.E. PRUITT and S.J. TAYLOR Sample path properties of processes with stable components. Z. Wahrscheinlichkeitstheorie 12 (1969), pp. 267-289.

[9] D. RAY Sojourn times and the exact Hausdorff measure of the sample path for planar Brownian motion. Trans. Amer. Math. Soc. 106 (1963), pp. 436-444.

[10] C.A. ROGERS Hausdorff Measures. Cambridge University Press, 1970.

[11] C.A. ROGERS and S.J. TAYLOR Functions continuous and singular with respect to a Hausdorff measure. Mathematika 8 (1961), pp. 1-31.

[12] S.J. TAYLOR The exact Hausdorff measure of the sample path for planar Brownian motion. Proc. Cambridge Phil. Soc. 60 (1964), pp. 253-258.

[13] S.J. TAYLOR Sample path properties of a transient stable process. J. Math. Mech. 16 (1967), pp. 1229-1246.

UNE DÉMONSTRATION SIMPLE DU THÉORÈME DE R.M. DUDLEY ET MAREK KANTER SUR LES LOIS ZÉRO-UN POUR LES MESURES STABLES

par X. Fernique

0. Rappels et notations :

Soit E un espace vectoriel mesurable c'est-à-dire ([2]) muni d'une tribu $\mathcal{B}$ compatible avec sa structure vectorielle ; soit X un vecteur aléatoire à valeurs dans $(E,\mathcal{B})$. On sait que si sa loi est stable, alors pour tout entier positif n et tout couple (Y, Z) de réalisations indépendantes de X, il existe un nombre réel c_n et un élément x_n de E tels que $c_n(X-x_n)$ ait même loi que $Y+nZ$.

Théorème ([1]) : Soit F un sous espace vectoriel de E appartenant à $\mathcal{B}$, alors $P\{X\in F\}$ vaut zéro ou un.

1. Démonstration :

Nous supposons que $P\{X\in F\}$ est strictement positive, nous devons donc prouver qu'elle vaut alors 1.

a) Supposons d'abord que x_n est nul pour tout n (loi strictement stable). Pour tout entier n, posons :

$$A_n = \{Y+nZ\in F\},$$

$$B_n = \{Z\notin F\}\cap A_n.$$

Puisque la loi de X est strictement stable, A_n a même probabilité que $\{X\in F\}$. On en déduit :

$$P\{B_n\} = P\{X\in F\} - P[\{Y+nZ\in F\}\cap\{Z\in F\}],$$

$$P\{B_n\} = P\{X\in F\} - P\{X\in F\}^2 .$$

Par ailleurs si n et m sont différents, et si $Y+nZ$ et $Y+mZ$ appartiennent à F, Z appartient aussi à F, si bien que les B_n sont à la fois disjoints et équiprobables ; comme leur cardinal n'est pas fini, leur probabilité est nulle, c'est-à-dire :

$$P\{X\in F\}>0 \quad , \quad P\{X\in F\}-P\{X\in F\}^2 = 0 ,$$

on en déduit donc le résultat dans ce premier cas.

b) Le résultat général s'en déduit par symétrisation comme dans la preuve de Dudley et Kanter ; je la rappelle : $U = Y - Z$ a une loi strictement stable et $P\{U \in F\}$ est supérieure à $P\{X \in F\}^2$ donc strictement positive ; elle vaut 1 . Ceci s'écrit :

$$P\{Z | P\{Y - Z \in F\} = 1\} = 1 .$$

Comme $P\{Z \in F\}$ est positive, on en déduit qu'il existe $z \in F$ tel que $P\{Y - z \in F\} = 1$ et donc le résultat général.

[1] R. M. DUDLEY et Marek KANTER ,
Zero-one laws for stable measures, preprint.

[2] X. FERNIQUE,
Certaines propriétés des éléments aléatoires gaussiens.
Istituto Nazionale di Alta Matematica, Symposia Matematica, IX, 1972.

Université de Strasbourg
Séminaire de Probabilités 1972-73

UNE CLASSE DE PROCESSUS DE MARKOV EN MECANIQUE RELATIVISTE
LAPLACIENS GENERALISES SUR LES ESPACES SYMETRIQUES DE TYPE NON COMPACT

par M.O. GEBUHRER

Le texte qui suit est une Thèse de Troisième cycle, soutenue le 16 Novembre 1973 devant un jury composé de C.DELLACHERIE, J. FARAUT, P.A.MEYER .

Il est dédié par son auteur à CORREA, reparti pour le Chili, et dont on n'a plus de nouvelles.

TABLE DES MATIERES

Première partie

UNE CLASSE DE PROCESSUS DE MARKOV EN MECANIQUE RELATIVISTE.

Deuxième partie

PRINCIPE COMPLET DU MAXIMUM ET LAPLACIENS GENERALISES SUR LES ESPACES RIEMANNIENS SYMETRIQUES DE TYPE NON COMPACT.

Ière PARTIE

UNE CLASSE DE PROCESSUS DE MARKOV EN MECANIQUE RELATIVISTE

§ 1. RAPPELS DE CINEMATIQUE RELATIVISTE

On se propose d'étudier d'après un article de Dudley [1], certains types de processus stochastiques décrivant des mouvements aléatoires relativistes, qui possèdent à la fois une "propriété de Markov" raisonnable, et des propriétés d'invariance par le groupe de Lorentz qui les apparentent aux processus à accroissements indépendants classiques. Notre contribution à cette question est d'abord un essai de clarification de la notion de mouvement aléatoire relativiste et ensuite une modification des démonstrations de Dudley (dont il faut dire que certains points nous échappent, particulièrement dans celle du Théorème 5.1 [1]) destinée à les débarasser d'hypothèses que Dudley lui-même considère comme parasites.

Voici d'abord quelques notations générales. La vitesse de la lumière est prise comme unité. Intuitivement, nous appellerons référentiel d'inertie un couple $\rho = (R,H)$ constitué d'un repère orthonormé pour l'espace R, et d'une horloge H liée à ce repère. L'expérience conduit à postuler l'existence de tels système de référence pour lesquels l'espace est homogène et isotrope et l'écoulement du temps uniforme. Tout autre référentiel d'inertie $\bar{\rho}$ considéré sera supposé en mouvement de translation uniforme par rapport à ρ, à une vitesse strictement inférieure à celle de la lumière.

Du point du vue mathématique, cela a la signification suivante : nous disposons d'une certaine variété à 4 dimensions E appelée espace-temps. Un référentiel d'inertie ρ est une application de E dans R^4, bijective qu'on note

(1) $$M \longmapsto \rho^{-1}(M) = x$$

Si $\bar{\rho}$ est un second référentiel d'inertie, la relation entre le 4-vecteur x et le 4-vecteur $\bar{x} = \bar{\rho}^{-1}(M)$ est

(2) $$\bar{x} = L^{-1}x = -\alpha + L_h^{-1}x$$

où L appartient au groupe de Poincaré $\mathcal{L}$ ou groupe de Lorentz non homogène, $-\alpha = L^{-1}(0)$ et L_h appartient au groupe de Lorentz proprement dit. On se bornera toujours dans la suite aux changements de référentiels d'inertie pour lesquels L appartient à la composante connexe neutre de $\mathcal{L}$ c'est à dire pour lesquels L_h conserve l'orientation de l'espace et le sens du temps. On supposera aussi que la coordonnée temporelle est celle d'indice 0. On écrira simplement $\bar{\rho} = \rho L = \alpha + \rho L_h$.

Considérons le mouvement d'une particule relativiste ayant une masse au repos non nulle. Il sera commode pour nous de le représenter dans le référentiel ρ par un couple (t_o, ω) d'un élément de R (l'instant initial) et d'une application de R dans R^3, le mouvement proprement dit ayant pour image dans E par ρ l'application $s \mapsto \omega(t_o+s)$ de $[0,+\infty[$ dans R^3.

La particule ayant une masse non nulle, sa vitesse est toujours strictement inférieure à celle de la lumière : une manière confortable d'exprimer cela est d'imposer à ω d'être sur tout intervalle compact I de R_+, une fonction lipschitzienne de rapport $a_I < 1$. (En fait dans ce paragraphe on n'utilisera que l'hypothèse moins forte : l'application ω est lipschitzienne de rapport 1 et telle que $|\dot{\omega}(t)| < 1$ presque partout pour la mesure de Lebesgue).

Pour fixer les idées et travailler sur des fonctions partout définies, nous définirons le 3 vecteur vitesse $\dot{\omega}(t)$ comme la dérivée à droite $\frac{d\omega(t)}{dt^+}$ là où elle existe et 0 aux points t où elle n'existe pas.

Comment se représente le mouvement dans le référentiel $\bar{\rho} = \rho L$?

En fonction du temps écoulé dans l'horøloge H représenté par le paramètre t, le mouvement est représenté par le 4-vecteur $L^{-1}(t_o+t,\omega(t)) = (t_o^L + \varphi_L(t),\omega_L(t))$ où le nouvel instant initial t_o^L est déterminé par

$$(t_o^L, \omega_L(0)) = L^{-1}(t_o, \omega(0)) .$$

Il dépend donc de t_o et de $\omega(0)$. La fonction φ_L est strictement croissante continue et nulle pour $t=0$, telle que $\lim_{t\to\infty} \varphi_L(t) = +\infty$ comme on le démontrera plus loin.

Si Ψ_L désigne la fonction réciproque de φ_L, le mouvement est décrit dans le référentiel d'inertie $\bar{\rho}$ par le couple (3) $L^{-1}(t_o,\omega) = (t_o^L,\bar{\omega}_L)$ où t_o^L a été défini plus haut et où $\bar{\omega}_L$ est l'application

$$s \longmapsto \omega_L(\psi_L(s)) .$$

On a des considérations analogues pour les vitesses. Il est avantageux de caractériser la vitesse, non pas au moyen du 3-vecteur de composantes $\omega^i(t)$ $(i=1,2,3)$ mais au moyen du 4-vecteur de composantes.

(4) indice 0 : $(1-\|\dot{\omega}(t)\|^2)^{-1/2}$, indice $i=1,2,3$: $\omega^i(t)(1-\|\dot{\omega}(t)\|^2)^{-1/2}$

qui appartient à la nappe d'hyper boloïde

$$\mathcal{U} = \{x \in R^4 \mid x = (x_o,x_1,x_2,x_3),\ x_o > 0,\ x_o^2 - (x_1^2+x_2^2+x_3^2) = 1\}$$

Ce 4-vecteur est appelé la 4-vitesse de la trajectoire à l'instant $t_o + t$. On le désignera par $\widehat{\dot{\omega}(t)}$ et ses coordonnées par $\widehat{\dot{\omega}(t)}^i$ $(i = 1,2,3)$

L'intérêt de ce 4-vecteur tient au fait suivant : à l'instant $t_o + t$ de l'horloge H, la 4-vitesse de la trajectoire dans le référentiel d'inertie $\bar{\rho}$ est

$$\widehat{\dot{\omega}_L(t)} = L_h^{-1}(\widehat{\dot{\omega}(t)})$$

et la trajectoire de la 4-vitesse dans le référentiel d'inertie $\bar{\rho}$ est l'application $s \to \widehat{\dot{\omega}_L(\psi_L(s))}$. Une autre manière de décrire la trajectoire qui jouera un grand rôle dans la suite, consiste à la paramétrer par son temps propre. Le temps propre de la particule ω est le temps indiqué par une horloge entraînée par la particule en mouvement.

Si l'on place dans le référentiel ρ, le temps propre à l'instant $t_o + t$ est

$$\tau(t,\omega) = \int_o^t (1 - \|\dot{\omega}(s)\|^2)^{1/2}\, ds \tag{5}$$

où $\dot{\omega}$ est le 3-vecteur vitesse.

C'est aussi $\tau(t,\omega) = \int_o^t (\widehat{\dot{\omega}(s)}^o)^{-1}\, ds$ où $\hat{\dot{\omega}}^o$ est la composante temporelle de la 4-vitesse de la particule ω.

Comme ω est lipschitzienne de rapport < 1 sur tout intervalle compact, l'application τ_ω est une fonction strictement croissante de t mais il n'est pas exclu que la vitesse de la particule se rapproche de plus en plus de celle de la lumière de telle sorte que la limite

$$\zeta(\omega) = \lim_{t \to +\infty} \tau_\omega(t) = \lim_{t \to \infty} \tau(t,\omega) \tag{6}$$

soit finie.

Soit alors j_ω l'application définie par

$$j_\omega(\sigma) = \tau_\omega^{-1}(\sigma) \quad \text{si} \quad \sigma \in [0, \zeta(\omega)[$$

et
$$\lim_{\substack{\sigma \to \zeta(\omega) \\ \sigma < \zeta(\omega)}} j_\omega(\sigma) = j_\omega(\zeta^-) = +\infty$$

Paramétrons au moyen du temps propre la trajectoire de la 4-vitesse ce qui nous donne l'application à valeurs dans la nappe d'hyperboloïde de $\mathcal{U}$

(7) $$W : \tau \longmapsto \widehat{(\dot{\omega}(j_\omega(\tau))}) .$$

C'est une fonction borélienne à valeurs dans $\mathcal{U}$ définie sur $[0, \zeta(\omega)[$ la première coordonnée est ≥ 1 sur $[0, \zeta(\omega)[$ mais le fait que le module de Lipschitz de ω soit < 1 sur tout intervalle compact de R_+ entraîne que W est bornée sur tout compact de $[0, \zeta(\omega)[$.

De plus

$$\int_0^\tau W^0(s) \quad ds = j_\omega(\tau) \quad \text{si} \quad \tau < \zeta(\omega)$$

et
$$\lim_{\substack{\tau \to \zeta(\omega) \\ \tau < \zeta(\omega)}} \int_0^\tau W^0(s) \quad ds = +\infty = j_\omega(\zeta^-)$$

Inversement, si W est une fonction à valeurs dans $\mathcal{U}$, borélienne bornée sur tout intervalle compact de son intervalle de définition $[0, \zeta(\omega)[$ et telle que

(8) $$\lim_{\substack{\tau \to \zeta(\omega) \\ \tau < \zeta(\omega)}} \int_0^\tau (W^0(s)) \quad ds = +\infty$$ la formule

(9) $$\omega^i(t) = \omega^i(0) + \int_0^{h_\omega(t)} W^i(s)ds \quad (i = 1,2,3)$$ définit bien

une fonction lipschitzienne de rapport <1 sur tout intervalle compact de R_+ à valeurs dans R^3 si h_ω est l'application réciproque de l'application $j_\omega : [0,\zeta(\omega)[\to R_+$ définie par

$$j_\omega(\tau) = \int_0^\tau (W^o(s)) \quad ds .$$

De plus on a $\widehat{(\dot{\omega}(h_\omega(t)))} = W(t)$ pour presque tout $t \in R_+$, l'application h_ω étant alors le temps propre de ω.

L'avantage de cette représentation est le suivant : dans un référentiel d'inertie $\bar{\rho} = \rho L$ la nouvelle fonction $\bar{W}$ est tout simplement

(10) $$\bar{W} : s \longmapsto L_h^{-1}(W(s)).$$

Un résultat auxiliaire.

Reprenons la notation $\bar{\rho} = \rho L = \alpha + \rho L_h$. Soit V_L le 3-vecteur représentant dans le référentiel ρ, la vitesse de translation du second repère par rapport au premier. Comme d'habitude on notera β_L, le module $\|V_L\|$ et γ_L la quantité $(1-\beta_L^2)^{-1/2}$.

Nous désignons par ρ_1 le référentiel d'inertie $\alpha + \rho$; nous désignons par ρ_2 un référentiel au repos par rapport à ρ et à ρ_1 (on aura donc $H_1 = H_2$) dont le repère R_2 a même origine que R_1 et son premier axe de coordonnées dirigé suivant le vecteur vitesse de $\rho_1 (V_L)$. Nous désignons par $\bar{\rho}_3$ le référentiel en repos par rapport à $\bar{\rho}$ tels que les axes de $\bar{R}_3$ coïncident avec ceux de R_2 à l'instant O (commun) des horloges H_2 et $\bar{H}$. On écrira

$$\rho_1 = \alpha + \rho \qquad \text{(translation pure)}$$
$$\rho_2 = G\, \rho_1 \qquad \text{(rotation spatiale pure)}$$
$$\rho_3 = s_{\beta_L}\, \rho_2 \qquad \text{(transformation de Lorentz spéciale)}$$
$$\bar{\rho} = \bar{G}\, \rho_3 \qquad \text{(rotation spatiale pure)} .$$

Les transformations G, $\bar{G}$, s_{β_L} sont déterminées de manière unique si $V_L \neq 0$.

Ainsi
$$L_h = \bar{G}\, s_{\beta_L}\, G .$$

Rappelons l'expression de s_β.

$$(11)\qquad \begin{cases} \bar{x}_o = \gamma_L(x^o - \beta_L x^1) \\ x^1 = \gamma_L(x^1 - \beta_L x^o) \\ \bar{x}^2 = x^2, \bar{x}^3 = x^3 \end{cases}$$

Une première conséquence de cette décomposition est le comportement de la fonction φ_L rencontrée en introduction.

<u>Les translations et les rotations spatiales n'altèrent pas cette fonction</u> la fonction φ_L admet une représentation de la forme

$$(12)\qquad \varphi_L(t) = \gamma_L(t - \beta_L <a, \omega(t) - \omega(0)>)$$

où la forme linéaire a (projection sur le premier axe du repère ρ_2) a une norme égale à 1.

Comme $\beta_L < 1$ et ω est lipschitzienne de rapport ≤ 1 on trouve aussitôt que φ_L est strictement croissante et que sa limite à l'infini est $+\infty$.

Nous allons maintenant examiner de quelle manière varie, en fonction de L (parcourant le groupe de Poincaré $\mathcal{L}$) le couple

$$(t_o^L, \omega_L) = L^{-1}(t_o, \omega)$$

représentant le mouvement dans le référentiel $\bar{\rho} = \rho L$.

LEMME 1. - <u>Soit</u> f <u>un élément de</u> $C_o(R^4 \times \mathcal{U})$ <u>et soit</u> $\lambda > 0$.

<u>Pour tout couple</u> (t_o, ω) <u>posons</u>

$$(13)\qquad u^\lambda((t_o, \omega); f) = \int_0^\infty f(t_o + s, \omega(s), \hat{\dot{\omega}}(s)) e^{-\lambda s}\, ds$$

Alors la fonction sur le groupe de Poincaré $\mathcal{L}$ **à valeurs réelles :**

$$(14) \qquad L \longmapsto u^{\lambda}(L^{-1}(t_o,\omega)\,;f)$$

est dans $C_o(\mathcal{L})$.

Démonstration.

1) **Continuité.**

Il suffit de vérifier la continuité de cette application au point I de $\mathcal{L}$. En utilisant comme paramètre le temps t écoulé dans le référentiel d'inertie "fixe" ρ [c'est à dire la coordonnée d'indice 0 dans R^4]

$$(15) \quad u^{\lambda}(L^{-1}(t_o,\omega),f) = \int_o^{\infty} f(L^{-1}(t_o+t,\ \omega(t))\,,\ L_h^{-1}\hat{\dot{\omega}}(t))\, e^{-\lambda\,\varphi_L(t)}\,\varphi_L'(t)\,dt$$

Lorsque L tend vers l'élément neutre I de $\mathcal{L}$, β_L tend vers 0 et γ_L tend vers 1 ; l'application ω étant lipschitzienne de rapport ≤ 1, pour L assez près de I on a $\frac{1}{2} \leq \varphi_L'(t) \leq 2$ pour tout t et donc $\frac{t}{2} \leq \varphi_L(t) \leq 2\,t$ (formule (12)).

Cela permet de majorer uniformément en L (assez voisin de I) l'intégrale de N à $+\infty$ (pour N assez grand) et il nous suffit de montrer que sur $[0,N]$.

$$\lim_{\substack{L \to I \\ \mathcal{L}}} L^{-1}\,(t_o+t\,,\ \omega(t)) = (t_o+t,\ \omega(t))$$

$$\lim_{\substack{L \to I \\ \mathcal{L}}} L_h^{-1}\,(\hat{\dot{\omega}}\,(t)) = \hat{\dot{\omega}}\,(t)$$

$$\lim_{\substack{L \to I \\ \mathcal{L}}} \exp - \lambda\,\varphi_2(t) = \exp - \lambda\, t$$

$$\lim_{\substack{L \to I \\ \mathcal{L}}} \varphi_L'(t) = 1\,.$$

Tout ceci est trivial et prouve la continuité de l'application définie par la formule (14) du lemme 1, § 1 par application du théorème de convergence dominée de Lebesgue.

2) Comportement à l'infini.

On notera ici $f((t,x),\dot{x})$ la fonction f sur $R^4 \times \mathcal{U}$.

On peut se borner au cas ou f est continue à support compact comprise entre 0 et 1.

On fait la remarque suivante : L'ensemble

$$K_M = \{L \in \mathcal{L} \mid L = \alpha_L + L_h,\ \|\alpha_L\| \le M,\ \beta_L \le 1 - \frac{1}{M}\}$$

est compact dans le groupe de Poincaré pour tout $M \in [1, \infty[$. Il suffit par conséquent de montrer que $\lim\limits_{L \to \infty} u^\lambda(L^{-1}(t_o, \omega)\,;\, t) = 0$ dans chacun des deux cas suivants :

$$\text{A)}\quad \|\alpha_L\| \to +\infty,\ \beta_L \le a < 1 \qquad \text{B)}\quad \beta_L \to 1.$$

CAS A

Nous majorons f par une fonction $h(t,x)$ comprise entre 0 et 1 continue à support compact sur R^4.

Nous écrivons $u^\lambda(L^{-1}(t_o, \omega)\,;\, h)$ dans le repère $\bar{\rho} = L\rho$, soit

$$\int_0^\infty h(t_o^L + s,\ \omega_L(s))e^{-\lambda s} ds$$

Pour montrer que cela tend vers 0 lorsque L s'éloigne à l'infini de la manière indiquée, il suffit de montrer cela pour l'intégrale étendue à un intervalle fini $[0, N]$ où N est choisi assez grand.

Or la fonction $s \mapsto (t_o^L + s, \omega_L(s))$ est lipschitzienne (dans R^4 muni de la norme euclidienne) de rapport au plus $\left(\frac{1+a}{1-a}\right)^{1/2}$ (car $\beta_L \le a < 1$).

Sur l'intervalle $[0,N]$ le graphe de la fonction $s \to (t_o^L + s\,,\ \omega_L(s))$ est contenu dans la boule $(t_o^L,\ \omega_L(0))$ et de rayon $\left(\frac{1+a}{1-a}\right)^{1/2} N$. Mais cette boule s'éloigne à l'infini car son rayon est fixe et son centre $-q_L + L_h^{-1}(t_o,\ \omega(0))$ s'éloigne à l'infini. Elle finit donc par ne plus rencontrer le support de h et on a le résultat cherché.

CAS B

Nous majorons f par une fonction h comprise entre 0 et 1 continue à support compact sur $\mathcal{U}$; puis nous majorons celle-ci par une fonction de la forme $k(x^o)$ ne dépendant que de la première coordonnée sur $\mathcal{U}$ k étant continue à support compact sur R comprise entre 0 et 1. Nous prenons u^λ sous la forme (15) :

$$\int_o^\infty k((L_h^{-1}(\widehat{\dot{\omega}(t)}))^o)e^{-\lambda\,\varphi_L(t)}\,\varphi'_L(t)dt \tag{16}$$

Comme β_L tend vers 1, nous pouvons supposer $\beta_L \neq 0$ et utiliser la forme $L_h = \overline{G}\,s_\beta\,G$ de L_h rencontrée plus haut.

L'action de $\overline{G}$ ne modifie pas les composants d'indice 0 sur la fonction φ_L qui intervient dans une composante temporelle. L'intégrale est donc la même que pour $s_\beta G$. Pour évaluer celle-ci nous pouvons supposer que $\omega(o) = 0$ puisque les termes de translation n'interviennent pas. Alors φ_L est donnée par la formule

$$\varphi_L(t) = \gamma_L(t - \beta_L < a,\ \omega(t) >) \tag{17}$$

où la forme linéaire a sur R^3 de norme 1 dépend de G. La composante d'indice 0 de la 4-vitesse s'écrit alors

$$\frac{\gamma_L(1 - \beta_L < a,\ \omega(t) >)}{(1 - \|\,\dot{\omega}(t)\|^2)^{1/2}} \tag{18}$$

où $\dot{\omega}(t)$ est ici la 3-vitesse

Choisissons $N > 0$ fixe. La composante temporelle de la 4-vitesse est le produit d'une quantité bornée inférieurement sur $[0,N]$, (du fait que ω est lipschitzienne sur $[0,N]$ de rapport < 1), par γ_L qui tend vers $+\infty$. Par conséquent elle tend uniformément vers $+\infty$ et comme k est à support compact, la fonction intégrée finit par être identiquement nulle du $[0,N]$. D'autre part la mesure positive $\exp -\lambda\, \varphi_L(t) \quad \varphi_L(t)dt = \frac{1}{\lambda} d(1 - \exp(-\lambda \varphi_L(t)))$ est de masse $\frac{1}{\lambda}$ sur R_+ et la masse de l'intervalle $[N, +\infty[$ est

$$\frac{1}{\lambda} e^{-\lambda \varphi(N)} = \frac{1}{\lambda} e^{-\lambda\, \gamma_L (N - \beta_L < a, \omega(N)>)} \leq \frac{1}{\lambda} e^{-\lambda \gamma_L (N - \|\omega(N)\|)}$$

Elle tend bien vers 0 lorsque L tend vers l'infini dans les conditions indiquées et le lemme est établi.

§ 2. PROCESSUS RELATIVISTES

RAPPELS. - PROCESSUS PRESQUE MARKOVIENS.

Nous laissons de côté pour l'instant la cinématique relativiste, et nous considérons un espace d'états E localement compact à base dénombrable. Nous nous donnons sur cet espace une résolvante markovienne (V_p), qui transforme les fonctions boréliennes en fonctions boréliennes. Nous supposerons qu'elle satisfait à la condition de continuité faible suivante (entraînant qu'elle sépare les points de E)

(19) $$\lim_{p\to\infty} pV_p f = f \quad \text{si} \quad f \in \underline{\underline{C}}_c(E)$$

La méthode exposée dans l'article (Meyer) [2] ou Walsh [1] nous montre que E peut être plongé, de manière naturelle (comme espace mesurable, non comme espace topologique) dans un espace compact $\bar{E}$ métrisable, muni d'une résolvante de Ray $\bar{V}_p$ markovienne induisant V_p sur E, tel en outre que E soit dense dans $\bar{E}$, et que la résolvante $\bar{V}_p$ sépare $\bar{E}$. Nous noterons $\underline{\underline{C}}$ l'algèbre (séparable) de fonctions boréliennes sur E formé des restrictions à E des fonctions de $\underline{\underline{C}}(\bar{E})$.

Considérons maintenant un processus (Z_t) à valeurs dans E, progressivement mesurable par rapport à une famille de tribus $(\underline{\underline{F}}_t)$. Nous dirons que ce processus est presque markovien, avec résolvante (V_p), si pour presque tout t on a

$$E[\int_0^\infty e^{-ps} f\circ Z_{t+s}\, ds \mid \underline{\underline{F}}_t] = V_p(Z_t, f) \quad \text{p.s.}$$

$(p>0,\ f\in\underline{\underline{C}}_c(E))$. On peut en fait choisir un ensemble de mesure nulle N indépendant de p et f, et alors la relation vaut aussi pour f borélienne bornée, en particulier $f\in\underline{\underline{C}}$.

On en déduit que les processus $(p \in]0,\infty[\ ,\ f \in \underline{\underline{c}})$

$$\int_0^t e^{-ps} f\circ Z_s\, ds + e^{-pt} V_p(Z_t, f)$$

sont, pour $t \notin N$, des martingales. Utilisant la théorie de Walsh [2], et le fait que les $\overline{V}_p f$ $(f \in \underline{\underline{c}})$ séparent $\overline{E}$, et sont continues sur $\overline{E}$, nous voyons que le processus à valeurs dans $\overline{\overline{E}}$

$$Y_t = Z_{t+} = \lim_{s \downarrow\downarrow t} \text{ess}\ Z_t$$

existe, est continu à droite et pourvu de limites à gauche, markovien avec $(\overline{P}_t)$ - le semi-groupe associé à la résolvante de Ray - comme s.g. de transition, par rapport à la famille $(\underline{\underline{F}}_{t+})$, et enfin que $Y_t = Z_t$ p.s. pour <u>presque tout</u> t. Autrement dit, un processus presque markovien n'est rien d'autre qu'un processus obtenu en modifiant un vrai processus markovien, de manière arbitraire sur un ensemble de mesure nulle.

Nous avons développé tout cela pour parvenir aux résultats suivants si T est un temps d'arrêt de la famille $(\mathcal{F}_{t+})$ on a pour presque tout t $Z_{T+t} = Y_{T+t}$ (Théorème de Fubini), donc le processus Z_{T+t} est presque markovien avec la même résolvante. De même soit (A_t) une fonctionnelle addition continue strictement croissante de la forme

$$A_t = \int_0^t h\circ Z_s\, ds \ (\text{h positive borélienne bornée sur } E)$$

Nous supposerons pour simplifier que $A_\infty = \infty$. Soit (τ_t) le changement de temps inverse de (A_t) : on sait que le processus y_{τ_t} est markovien et on a d'autre part

$$E[\int_0^\infty I_{\{Z_{\tau_s} \neq Y_{\tau_s}\}} ds] = E[\int_0^\infty I_{\{Z_s \neq Y_s\}} dA_s] = 0$$

(en fait, on n'utilise pas la forme explicite de A mais seulement le fait qu'elle est absolument continue par rapport à la mesure de Lebesgue). Donc le processus Z_{τ_s} est encore presque markovien. On peut écrire sa résolvante

(20) $$V'_p f(x,t) = E^x\left[\int_0^\infty e^{-ps}\, f\circ Z_{\tau_s}\, ds\right] = E^x\left[\int_0^\infty e^{-pA_u}\, f\circ Z_u\, dA_u\right]$$

Processus Relativistes.

Désignons par Ω l'ensemble de toutes les applications ω de R_+ dans R^3 qui sont lipschitziennes de rapport <1 sur tout intervalle compact. Nous poserons $\omega(t) = X_t(\omega)$ et nous munirons Ω de la plus petite tribu rendant mesurables les applications X_t de Ω dans R^3 tribu que nous noterons $\mathfrak{F}$.

Nous travaillerons également sur l'espace $\hat{\Omega} = \mathbb{R} \times \Omega$ muni de la tribu $\beta(\mathbb{R}) \times \mathfrak{F}$: si (t_o, ω) est un élément de $\hat{\Omega}$ nous conviendrons de poser $T_o(t_o,\omega) = t_o$, $\hat{X}_t(t_o,\omega) = X_t(\omega)$.

Un mouvement aléatoire relativiste est (intuitivement) un phénomène aléatoire qui, pour chaque référentiel d'inertie donné, se présente comme un processus stochastique ordinaire dont les trajectoires sont des mouvements relativistes possibles. Autrement dit, pour chaque référentiel d'inertie ρ, on se donne une loi P_ρ de probabilité sur $\hat{\Omega}$: c'est le processus résultant de l'observation du mouvement aléatoire dans le référentiel d'inertie ρ considérée. Ces lois sont soumises à une condition de compatibilité qu'on va expliciter.

Considérons un second référentiel d'inertie $\bar{\rho} = \rho L$; nous avons défini au § 1 une application de $\hat{\Omega}$ dans lui-même

$$(t_o,\omega) \longmapsto L^{-1}(t_o,\omega) = (t_o^L, \omega_L)$$

Cette application sera notée tout naturellement L^{-1}, elle est mesurable et on peut donc considérer pour toute mesure P sur $\hat{\Omega}$, la mesure image $L^{-1} \circ P$. Notre condition de compatibilité s'écrit alors :

(21) $$P_{\rho L} = L^{-1} \circ P_\rho \quad \text{pour tout } L \text{ et tout référentiel d'inertie } \rho .$$

Pour déterminer le mouvement aléatoire, il suffit bien entendu de se donner P_ρ pour un référentiel ρ. On notera le rôle de l'instant initial : si le processus commence à l'instant 0 dans un référentiel donné, mais sa répartition initiale n'est pas ponctuelle, alors dans un autre référentiel les mouvements commenceront à un instant aléatoire. La situation est donc un un peu plus compliquée que dans le cas "non relativiste".

Avec la définition que nous avons prise pour la 3-vitesse et la 4-vitesse, au § 1, nous pouvons considérer les variables aléatoires $\dot{X}_t$ sur Ω à valeurs dans la boule unité ouverte de R^3 ou les variables $\hat{\dot{X}}_t$ sur $\hat{\Omega}$ à valeurs dans $\mathcal{U}$.

Il s'agit là d'une définition artificielle, qui permet seulement de faire du processus $(\dot{X}_t)$ ou $(\hat{\dot{X}}_t)$ un processus partout défini progressivement mesurable par rapport à la famille de tribus naturelle $\hat{\mathcal{F}}_t = \mathcal{T}(T_o, \hat{X}_s ; s \leq t)$ rendue continue à droite ou (la famille $\overline{\mathcal{F}}_t$ analogue sur Ω) mais seules les fonctionnelles du processus (X_t) dépendant seulement de la trajectoire auront une signification intrinsèque.

Processus markoviens relativistes.

Il est bien connu que les processus markoviens classiques présentent rarement des trajectoires continues et encore plus rarement des trajectoires différentielles. Etant donné le caractère négatif de cette remarque qui dit qu'une certaine direction de recherche n'est pas intéressante, affirmation confirmée par une étude plus détaillée de Dudley, nous nous dirigerons tout de suite vers la situation intéressante.

Nous allons rechercher des processus relativistes (X_t), non pas tels que le processus (X_t), observé dans un référentiel d'inertie quelconque soit un processus de Markov ordinaire (puisque cela ne conduirait à rien d'intéressant), mais tels que le <u>couple</u> $(X_t, \dot{X}_t)$ observé dans un référentiel d'inertie quelconque, présente un caractère markovien au sens ordinaire. Bien entendu, le "temps" est celui du référentiel d'inertie d'observation. Cependant le processus $(\dot{X}_t)$ n'étant pas défini de manière naturelle pour <u>tous</u> les t, le caractère markovien sera en fait un caractère presque markovien.

Pour chaque référentiel d'inertie ρ donnons nous une application $(x,v) \longmapsto P_\rho^{(x,v)}$ de $\mathbb{R}^4 \times \mathcal{U}$ dans l'ensemble des mesures de probabilité sur $\hat{\Omega}$. Cette application doit être mesurable. Nous posons si f est une fonction borélienne positive sur $E = \mathbb{R}^4 \times \mathcal{U}$

$$V_\lambda^\rho((x,v);f) = E_\rho^{(x,v)} [\int_0^{\tilde{\omega}} e^{-\lambda t} f(t_0+t, X_t, \hat{X}_t)dt]$$

Nous exigeons que les noyaux forment une <u>résolvante</u> satisfaisant en outre à la condition de continuité faible :

(19) $$\lim_{\lambda \to \infty} \text{vague } \lambda V_\lambda^\rho((x,v), .) = \epsilon_{x,v}$$

et que le processus $(T_0 + t, X_t, \dot{X}_t)$ soit, pour toute loi $P_\rho^{x,v}$, un <u>processus presque markovien</u> admettant cette résolvante (V_λ^ρ) et la loi initiale $\epsilon_{x,v}$. Il est maintenant très facile de vérifier, compte tenu de ce que nous avons dit plus haut sur les processus presque markoviens et leurs changements de temps, que si l'on se place dans un repère $\bar{\rho} = L\rho$ et si l'on définit

(22) $$P_{\bar{\rho}}^{(x,v)} = L^{-1} \circ P_\rho^{L(x,v)}$$

Ces nouvelles mesures possèdent encore les mêmes propriétés (résolvante, caractère presque markovien...) Cessant de faire jouer un rôle privilégié à ρ, on peut dire qu'un processus de Markov relativiste est une famille de mesures de probabilité $(P_\rho^{x,v})_{(x,v)\in E}$ sur $\hat{\Omega}$ satisafaisant pour chaque référentiel d'inertie ρ aux conditions ci-dessus et à la condition de compatibilité (22).

Processus homogènes relativistes.

Il faut remarquer qu'il n'y a pas d'homogénéité temporelle séparée dans le cas relativiste.

Nous allons maintenant borner notre étude (toujours en suivant Dudley) au processus relativistes qui possèdent une homogénéité complète par rapport au groupe de Lorentz : ceux qui correspondent aux processus à accroissements indépendants dans le cas classique.

Fixons un référentiel d'inertie ρ et deux points $(x,v),(x',v')$ de $R^4\times\mathcal{U}$. Il existe un élément unique du groupe de Poincaré $\mathcal{L}$, soit L, tel que $L(x,v)=(x',v')$.

La condition d'homogénéité est alors la suivante

$$P_\rho^{(x',v')} = L\circ P_\rho^{(x,v)} \tag{23}$$

Si cette condition d'homogénéité a lieu dans le repère ρ, elle a lieu dans tous les repères. Elle est donc intrinsèque.

Vérification.

Soit $\bar{\rho}=\rho M$. Nous avons d'une part

$$P_{\bar{\rho}}^{L(x,v)} \underset{(22)}{=} M^{-1}\circ P_\rho^{ML(x,v)} \underset{(23)}{=} M^{-1}ML\,P_\rho^{(x,v)}$$

D'autre part

$$L\circ P_{\bar{\rho}}^{(x,v)} \underset{(22)}{=} LM^{-1}\circ P_\rho^{M(x,v)} \underset{(23)}{=} LM^{-1}M\circ P_\rho^{(x,v)}$$

C'est bien la même chose !

Fixons alors ρ , (x,v) et utilisons le lemme 1 §1 . Si $f \in C_o(R^4 \times \mathcal{U})$ la fonction (14) est continue et tend vers 0 à l'infini sur le groupe de Poincaré pour tout $(t_o , \omega) \in \hat{\Omega}$. Intégrant par rapport à $P_\rho^{(x,v)}$ nous obtenons par convergence dominée que

$$(x,u) \mapsto E_\rho^{L(x,v)}[u^\lambda(t_o, \omega ; t)] = E_\rho^{(x,v)}[u^\lambda(L(t_o,\omega); t)]$$

est continue et tend vers 0 à l'infini sur $R^4 \times \mathcal{U}$. Autrement dit, nous avons une résolvante fellérienne faiblement continue sur $R^4 \times \mathcal{U}$, dans tout repère ρ . Il est bien connu qu'une telle résolvante est associée à un semi-groupe de Feller.

Il est bien connu aussi que pour toute loi initiale, un processus presque markovien admettant cette résolvante et cette mesure initiale admet une modification essentielle continue à droite et pouvue de limites à gauche (aussi borné sur tout intervalle compact)

$$(t_o + t , X_t(\omega), \dot{X}_t(\omega)) \text{ modifié en } (t_o + t, X_t^+(\omega), \dot{X}_t^+(\omega))$$

Or X_t est continu donc $\dot{X}_t = X_t^+$ et la propriété indiquée signifie tout simplement que la fonction $\dot{X}_t$ est égale presque partout à une fonction continue à droite et pourvue de limites à gauche. Revenant à la définition de $\dot{X}_t$ on voit que pour presque tout ω la dérivée à droite $\dot{X}_t(\omega)$ existe (pour <u>tout</u> t) et est une fonction de t continue à droite et pourvue de limites à gauche.

Désormais nous restreindrons donc Ω à l'ensemble des applications de R_+ dans Ω lipschitziennes de rapport <1 sur tout intervalle compact, partout dérivables à droite, dont la dérivée à droite est continue à droite et pourvue de limites à gauche.

On va maintenant étudier les processus de manière plus approfondie.

§ 3 . Changement de temps associé au temps propre et caractérisation des processus markoviens relativistes homogènes.

Nous rencontrerons dans ce paragraphe la situation suivante :

Soient M_1 et M_2 deux espaces localement compacts à base dénombrable et G un groupe localement compact à base dénombrable opérant continuement, transitivement et librement sur M_1. On définit alors l'action de G sur l'espace topologique $E = M_1 \times M_2$ en posant

$$g(x_1,x_2) = (gx_1, x_2) \quad \text{pour tout couple } (x_1,x_2) \in M_1 \times M_2 .$$

Il est clair que de cette manière l'opération de G sur E possède les mêmes propriétés que celles qui sont associées à l'opération de G sur M_1.

De manière naturelle, G opère sur $C_o(F)$ et si $f \in C_o(F)$ on appellera f^g l'élément de $C_o(E)$ défini par

$$f^g(x) = f(g.x) \quad \text{ou encore on posera}$$

$$\tau_g f(x) = f(g^{-1}.x)$$

On dira qu'un opérateur linéaire continu V de $C_o(E)$ est invariant par l'action de G si pour tout $g \in G$ et tout $f \in C_o(E)$

$$\tau_g Vf = V\tau_g f \quad \text{ou de manière équivalente si}$$

$$(V(f^g))^{g-1} = Vf .$$

On a alors la proposition suivante (triviale pour l'essentiel mais destinée à éviter des circonlocutions dans la suite).

PROPOSITION 3.1. - Soit $(U^p)_{p>0}$ une famille résolvante d'opérateurs bornés positifs sur $C_o(E)$ invariants par G.

Alors

1) Pour tout $p>0$ l'opérateur U^p se prolonge de manière unique en un opérateur borné positif de $C_o(M_2)$ identifié à un sous-espace de $C_b(E)$) dans $C_o(E)$ et si $f \in C_o(M_2)$ l'application partielle

$$x_2 \longmapsto U^p f(x_1,x_2) \quad \text{est dans} \quad C_o(M_2) \quad \text{pour tout} \quad x_1 \in M .$$

2) Si x_1 est fixé dans M_1 et si on pose pour $p>0$ et $f \in C_o(M_2)$ $V^p_{x_1} f = U^p f(x_1,\cdot)$ on définit une famille résolvante d'opérateurs bornés positifs sur $C_o(E)$ indépendante de $x_1 \in M_1$ et notée $(V^p)_{p>0}$.

Démonstration :

1) Soit $(\varphi_n)_{n\in \mathbb{N}}$ une suite croissante de fonctions de $C^+_{\mathcal{K}}(E)$ telle que

$$\lim \varphi_n(x) = 1 \text{ pour tout } x \in E.$$

Soit $f \in C_{\mathcal{K}}(M_2)$. Alors $U^p(\varphi_n . f)$ appartient à $C_o(E)$ puur tout entier $n \in \mathbb{N}$ et de plus

$$(2') \quad |U^p[(\varphi_n - \varphi_m)f]| \leq U^p[|\varphi_n - \varphi_m|.|f|] \leq U^p|\varphi_n - \varphi_m|.\|f\|_\infty \quad \text{si} \quad n \geq m .$$

La suite $(U^p\varphi_n)_{n\in \mathbb{N}}$ est croissante et simplement bornée sur E donc convergente mais comme d'après le théorème de Dini, $(\varphi_n)_{n\in \mathbb{N}}$ converge uniformément vers 1 sur tout compact de E, la suite $(U^p\varphi_n)_{n\in \mathbb{N}}$ converge vers $\|U^p\|_{\mathcal{L}(C_o(E),C_o(E))}$ et donc encore par le théorème de Dini, uniformément sur tout compact de E.

L'inégalité (24) montre que la suite $(U^p(\varphi_n.f))_{n\in \mathbb{N}}$ converge uniformément sur tout compact de E d'après ce qu'on vient de dire. Si on appelle $U^p f$ la limite de cette suite (ce qui a un sens car cette limite est indépendante de la suite $(\varphi_n)_{n\in\mathbb{N}}$ choisie), on voit donc que $U^p f \in C_o(E)$ et de plus l'inégalité (24) montre que

$$\|U^p f\|_\infty \leq \|U^p\|_{\mathcal{L}(C_o(E),C_o(E))}\|f\|_\infty$$

Le prolongement U^p ainsi défini est un opérateur borné de $C_{\mathcal{K}}(M_2)$ dans $C_o(E)$ et $\|U^p\|_{\mathcal{L}(C_{\mathcal{K}}(M_2),C_o(E))} = \|U^p\|_{\mathcal{L}(C_o(E),C_o(E))}$. Il est alors clair que si $f \in C_{\mathcal{K}}(M_2)$, pour tout $x_1 \in M_1$, l'application $x_2 \mapsto U^p f(x_1,x_2) \in C_o(M_2)$. La conclusion cherchée résulte alors de la densité de $C_{\mathcal{K}}(M_2)$ dans $C_o(M_2)$ pour la topologie de la convergence uniforme sur M_2.

2) Soient x et x' deux points de M_1 ; il existe un élément $g \in G$ tel que $g.x = x'$ et donc $g(x,y) = (x',y)$ pour tout $y \in M_2$ d'après la façon dont on a défini l'opération de G sur E. Alors si $f \in C_o(M_2)$
$V^p_{x'}f = U^p f(gx,.) = (U^p(f^{g^{-1}}))^g(x,.)$.

Donc

$$V^p_{x'}f = U^p f(x,.) = V^p_x f \ .$$

Le fait que la famille $(V^p)_{p>0}$ d'opérateurs bornés positifs sur $C_o(M_2)$ ainsi définie soit une famille résolvante est alors trivial.

Reprenons maintenant l'étude des processus de Markov relativistes homogènes définis antérieurement.

Un tel processus est la donnée de

$$(\hat{\Omega}, \mathcal{F}, M \times \mathcal{U}, P_\rho^{(x,v)}, (X_t, \hat{\dot{X}}_t), \text{ etc } \ldots)$$

où les $P_\rho^{(x,v)}$ sont des mesures de probabilités usur $\hat{\Omega}$ associées à un référentiel d'inertie ρ et où $\hat{\dot{X}}_t$ est le 4-vecteur vitesse "à droite" associé à X_t.

Notons qu'en général on n'a pas $\hat{\dot{X}}_t = \frac{\widehat{dX_t}}{dt^+}$.

L'application $(t,\omega) \mapsto \tau_t(\omega) = \int_0^t (\hat{\dot{X}}_s^o(\omega))^{-1}$ ds de $R_+ \times \hat{\Omega}$ dans R_+ définit une fonctionnelle additive continue, parfaite, strictement croissante, adaptée du processus $(\hat{X}_t, \hat{\dot{X}}_t)$. On va étudier la résolvante du processus changé de temps par rapport à cette fonctionnelle additive c'est-à-dire étudier l'évolution du processus par rapport au temps propre de la particule.

Pour tout $\omega \in \hat{\Omega}$, posons

$$j(\sigma,\omega) = j_\sigma(\omega) = \tau_\omega^{-1}(\sigma) \text{ si } \sigma \in [0, \zeta(\omega)[$$

$$j(\zeta^-(\omega)) = +\infty = \lim_{\substack{\sigma \to \zeta(\omega) \\ \sigma < \zeta(\omega)}} j(\sigma,\omega) = j(\zeta^-(\omega)) = +\infty$$

On a alors la

PROPOSITION 3.2. - <u>La résolvante du processus change de temps</u> $(\hat{X}_{j_\sigma}, \hat{\dot{X}}_{j_\sigma})$ <u>est fellérienne</u>.

<u>Démonstration</u>.

Soit $f \in C_K(R^4 \times \mathcal{U})$. On a :

$$V_\lambda^p f(x,v) = E_\rho^{(x,v)} [\int_0^\zeta e^{-\lambda\sigma} f(\hat{X}_{j\sigma}, \hat{\dot{X}}_{j\sigma}) d\sigma]$$

et ceci s'écrit encore $V_\lambda^p f(x,v) = E_\rho^{(x,v)} [\int_0^\infty e^{-\lambda\tau_t} f(\hat{X}_t, \hat{\dot{X}}_t).h(\hat{\dot{X}}_t) dt]$ où on a posé $h(v) = (v^o)^{-1/2}$ pour $v \in \mathcal{U}$.

On a $0 < h(v) \leq 1$ pour $v \in \mathcal{U}$.

Donc, si $\pi_{\mathcal{U}}$ désigne la projection canonique de $R^4 \times \mathcal{U}$ sur $\mathcal{U}$, le nombre $\alpha_f = \inf_{v \in \pi_{\mathcal{U}}(\text{supp } f)} h(v) > 0$.

Alors $\tau_t \geq \alpha_f t$ sur l'ensemble $(X_t, \hat{\dot{X}}_t) \in \text{supp } f$.

Par conséquent

$$|V_\lambda^p f(x,v)| \leq E_\rho^{(x,v)} [\int_0^\infty e^{-\lambda\alpha_f t} |f(X_t,\hat{X}_t)| dt$$

et le terme de droite de cette inégalité n'est autre que

$U^p_{\lambda\alpha_f}(|f|)(x,v)$ et on sait que la résolvante $(U^p_\lambda)_{\lambda>0}$

est fellérienne. Par conséquent $\lim\limits_{\substack{(x,v)\to\infty \\ (x,v)\in \mathbb{R}^4\times \mathcal{U}}} V^p_\lambda f(x,v) = 0$.

Considérons pour $\lambda > 0$ et $f \in C_K(R^4 \times \mathcal{U})$ la fonction sur $\hat{\Omega}$ à valeurs réelles définie par

$$V^\lambda(\omega;f) = \lambda \int_0^{\zeta(\omega)} e^{-\lambda\sigma} f(\hat{\omega}(j_\sigma), \hat{\hat{\omega}}(j_\sigma))d\sigma$$

où on désigne par $\hat{\omega}(j_\sigma)$ le 4-vecteur "position" de la particule ω à l'instant $t_o + j_\sigma(\omega)$ et par $\hat{\hat{\omega}}(j_\sigma)$ le 4-vecteur "vitesse à droite" de la particule ω au même instant.

Mais si on pose $W_\sigma(\omega) = \hat{\omega}(j_\sigma)$ alors $\hat{\hat{\omega}}(j_\sigma) = \frac{dW_\sigma}{d\sigma^+}(\omega)$ et par conséquent

$$V^\lambda(\omega;f) = \int_0^{\zeta(\omega)} e^{-\lambda\sigma} f(W_\sigma(\omega), \dot{W}_\sigma+(\omega))d\sigma .$$

Alors l'application du groupe de Poincaré $\mathcal{L}$ dans R définie par

$$L \longmapsto V^\lambda (L^{-1}\omega; f) \text{ est continue.}$$

Il suffit comme dans la démonstration du lemme (1.1) de vérifier la continuité de cette application au point I de $\mathcal{L}$.

En utilisant le temps propre du repère ρ on peut écrire

$$V^\lambda(L^{-1}\omega;f) = \int_0^{\zeta_L(\omega)} e^{-\lambda\varphi_L(\sigma)} f(L^{-1}W_\sigma(\omega), L_h^{-1} W_\sigma+(\omega))\, \varphi'_L(\sigma)d\sigma$$

Comme l'application $L \longmapsto L^{-1}(x,v)$ est continue de $\mathcal{L}$ dans

$R^4 \times \mathcal{U}$ et que f est continue il suffit de voir que

$$\lim_{\substack{L \mapsto I \\ \mathcal{L}}} \zeta_L(\omega) = \lim_{\substack{L \mapsto I \\ \mathcal{L}}} \zeta(L^{-1}\omega) = \zeta(\omega)$$

car ce qui a été vu dans le lemme (1.1) permet de conclure .

Or, la définition du temps propre montre que c'est un invariant du groupe de Poincaré, c'est-à-dire que si $L \in \mathcal{L}$,

$$\tau(\varphi_L(t), \omega_L) = \tau(t, \omega) \text{ pour tout } t \in \mathbb{R}_+$$

et par suite ζ est un invariant de ce groupe, c'est-à-dire que si $\zeta_L(\omega) = \zeta(\omega_L)$, on a $\zeta(\omega_L) = \zeta(\omega)$ pour tout $L \in \mathcal{L}$.

La démonstration de la proposition 3.2 est achevée.

Dans la suite on appellera K le groupe $SO(3)$, qui est un sous groupe maximal compact de $SO_o(1,3) = \mathcal{L}_h$. On notera $\mathcal{M}_+^1(K \backslash \mathcal{L}_n | K)$ l'ensemble des mesures de Radon positives de masse totale inférieure à l'unité sur $\mathcal{L}$ qui sont biinvariantes par K .

DEFINITION 3.1.- <u>Un semi-groupe de convolution</u> $\{\mu_\sigma\}_{\sigma \in \mathbb{R}_+}$ <u>de mesures de</u> $\mathcal{M}_+^1(K|\mathcal{L}_n|K)$ <u>est de type</u> (H) <u>si</u> $\lim_{\substack{\sigma \to 0 \\ \sigma > 0}} \mu_\sigma = m_K$ (<u>au sens de la convergence vague des mesures sur</u> $\mathcal{L}_n$) <u>où</u> m_K <u>est la mesure de Haar de</u> K .

THEOREME 3.1.- <u>Soit</u> $(\hat{\Omega}, \hat{\mathcal{F}}, M \times \mathcal{U}, P_\rho^{(x,v)}; (\hat{X}_t, \dot{\hat{X}}_t))$ <u>un processus de Markov relativiste homogène tel que</u> $\xi = +\infty$ p.s. (notations du § 1 (6)). <u>Il existe un unique semi-groupe de convolution</u> $\{\mu_\sigma\}_{\sigma \in \mathbb{R}_+}$ <u>de mesures de type</u> (H) <u>tel que si</u> f <u>appartient à</u> $C_o(\mathcal{U})$ <u>on ait pour tout point</u> v <u>de</u> $\mathcal{U}$, $f * \mu_\sigma(v) = E_\rho^{(x,v)}[f \circ W_\sigma]$ <u>quel que soit le point</u> x <u>de</u> $\mathbb{R}^4$, <u>où</u> W_σ <u>représente la quadrivitesse du processus</u> $(\hat{X}_t, \dot{\hat{X}}_t)$ <u>paramétrée dans le temps propre.</u>

Réciproquement tout semi-groupe de convolution $\{\mu_\sigma\}_{\sigma \in \mathbb{R}_+}$ de mesures de type (H) définit un unique processus de Markov relativiste homogène dont le semi-groupe P^ρ_σ de la quadrivitesse du processus paramétrée dans le temps propre est donné par $P^\rho_\sigma f = f * \mu_\sigma$ où f appartient à $C_o(\mathcal{U})$ et tel que $\xi = +\infty$ p.s.

Démonstration.

Soit $(\hat{X}_t, \hat{\dot{X}}_t)$ un processus de Markov relativiste homogène sur $M \times \mathcal{U}$ issu de (x,v). En utilisant la proposition (3.2) on voit que l'application $f \mapsto E^{(x,v)}_\rho [\int_0^\infty e^{-\lambda\sigma} f(W_\sigma) d\sigma]$ définit pour tout $\lambda > 0$ un opérateur borné positif $\Gamma^\rho_{\lambda,x}$ sur $C_o(\mathcal{U})$. La famille $(\Gamma^\rho_{\lambda,x})_{\lambda>0}$ est d'ailleurs une famille résolvante d'opérateurs bornés positifs de $C_o(\mathcal{U})$. Comme le sous-groupe de $\mathcal{L}$ constitué par les translations de R^4 opère sur $R^4 \times \mathcal{U}$ par $g(x,v) = (gx,v)$ la famille résolvante définie plus haut est indépendante de $x \in R^4$. Enfin elle est faiblement continue comme cela résulte aisément des définitions données au § 2.

Par suite, il existe un semi-groupe d'opérateurs sous markoviens $(P^\rho_\sigma)_{\sigma \in R_+}$ sur $C_o(\mathcal{U})$ faiblement continu qui possède en outre la propriété suivante :

$$(P^\rho_\sigma . \tau_g f)(v) = \tau_g . (P^\rho_\sigma f)(v) \quad \text{pour tout } \sigma \in R_+, \text{ tout } f \in C_o(\mathcal{U})$$
$$\text{tout } g \in \mathcal{L}_h \text{ et tout } v \in \mathcal{U}$$

il existe un semi-groupe $(\mu_\sigma)_{\sigma \in R_+}$ de mesures de $\mathcal{M}^1_+(K \mid \mathcal{L}_h \mid K)$ tel que

$$\mu_\sigma * f = P^\rho_\sigma f \quad \text{pour } f \in C_o(\mathcal{U}) \text{ et } \sigma \in R_+ .$$

De plus $\lim_{\substack{\sigma \to 0 \\ \sigma > 0}} \mu_\sigma * f = f$ et comme K laisse $\mathcal{U}$ invariant ceci montre que μ_σ converge faiblement lorsque σ tend vers 0 vers la mesure de Haar de K, soit m_K. (K est un sous-groupe compact maximal de $\mathcal{L}_n$).

La réciproque provient du fait que le processus $(\hat{X}_t, \hat{\hat{X}}_t)$ admettant $\epsilon_{x,v}$ comme loi initiale est déterminé trajectoire par trajectoire quand on connaît la trajectoire de la 4-vitesse à droite mesurée dans le temps propre. (Relation (9) § 1).

IIe PARTIE

PRINCIPE COMPLET DU MAXIMUM ET LAPLACIENS GENERALISES SUR LES ESPACES RIEMANNIENS SYMETRIQUES DE TYPE NON COMPACT

Le but de ce travail est d'établir une bijection entre les distributions appelées "Laplaciens généralisés", sur un espace riemannien symétrique de type non compact et les noyaux de Hunt invariants sur cet espace. Nous donnons en outre une représentation intégrale des Laplaciens généralisés qui étend la formule de Lévy Khintchine et qui prend une forme particulièrement simple dans le cas d'un espace riemannien symétrique de type non compact <u>irréductible</u>.

§ 1 . FORMULE DE LEVY KHINTCHINE POUR LES LAPLACIENS GENERALISES.

a) <u>Définitions et Notations</u>.

Soit X un espace riemannien symétrique de type non compact : il est bien connu (Helgason [1] p. 173-174) que X est un espace homogène G/K où (G,K) est une paire riemannienne symétrique. Soit $(\mathcal{D}_A, A)$ un opérateur sur X possédant les propriétés suivantes :

1) <u>Le domaine</u> $\mathcal{D}_A$ <u>de l'opérateur</u> A <u>contient l'espace</u> $\mathcal{D}_{\mathbb{R}}(X)$, <u>espace des fonctions réelles indéfiniment différentiables sur</u> X <u>à support compact</u>.

2) <u>L'opérateur</u> $(\mathcal{D}_A, A)$ <u>vérifie le principe du maximum positif : si</u> f <u>est un élément de</u> $\mathcal{D}_{\mathbb{R}}(X)$ <u>et si la fonction</u> f <u>atteint son maximum</u> (<u>nécessairement positif ou nul</u>) <u>au point</u> x_o <u>de</u> X <u>alors</u> $Af(x_o)$ <u>est négatif ou nul</u>.

3) <u>L'opérateur</u> $(\mathcal{D}_A, A)$ <u>est invariant par l'action de</u> G : soit $\mathcal{F}_{\mathbb{R}}(X)$ l'espace vectoriel des fonctions réelles définies sur X ; pour tout élément g de G

on note τ_g l'endomorphisme de $\mathcal{F}_{\mathbb{R}}(X)$ définie par $\tau_g f(x) = f(g^{-1}x)$ pour tout f élément de $\mathcal{F}_{\mathbb{R}}(X)$ et tout point x de X. La condition d'invariance de l'opérateur $(\mathcal{D}_A, A)$ par l'action de G se traduit de la façon suivante :

Pour tout $g \in G$, le domaine $\mathcal{D}_A$ de l'opérateur A est stable par l'endomorphisme τ_g de $\mathcal{F}_{\mathbb{R}}(X)$ et pour tout élément f de $\mathcal{D}_A$ on a : $A\tau_g f = \tau_g A f$.

Soit (D_A, A) un opérateur sur X vérifiant les propriétés précédentes ; dans ces conditions, il existe sur X une distribution T vérifiant les propriétés suivantes :

1) Pour toute fonction φ élément de $\mathcal{D}_{\mathbb{R}}(X)$ $A\varphi = \varphi * T$ (On considère ici la fonction φ comme fonction sur G, invariante à droite par l'action de K, de même que la distribution T est envisagée comme distribution sur G biinvariante par l'action de K).

2) Soit O l'image de l'élément neutre e de G par l'application canonique $\pi : G \mapsto G/K$.

Alors si φ est une fonction de $\mathcal{D}_{\mathbb{R}}(X)$ atteignant son maximum au point O, le nombre $< T, \varphi >$ est négatif ou nul.

Ceci nous conduit à poser les définitions suivantes :

DEFINITION 1.1. Soient X une variété différentielle de dimension réelle n, non compacte et ω un point de X. On appellera C_ω le cône convexe saillant de sommet O des fonctions de $\mathcal{D}_{\mathbb{R}}(X)$ qui atteignent leur maximum au point ω.

DEFINITION 2.2.- Soient X une variété différentiable de dimension réelle n, non compacte, et T une distribution réelle sur X. On dira que T est un laplacien généralisé par rapport à un point ω de X si le nombre $< T, \varphi >$ est négatif ou nul pour toute fonction φ du cône C_ω.

b) Représentation intégrale des Laplaciens généralisés.

Dans la suite, X désigne jusqu'à nouvel ordre une variété différentiable de dimension réelle n, non compacte.

PROPOSITION 1.1.- Soit T un Laplacien généralisé sur X par rapport à un point ω

de X. Alor la restriction de T au complémentaire de $\{\omega\}$ est une mesure de Radon positive bornée au voisinage de l'infini notée, μ.

Démonstration : Soit φ une fonction de $\mathcal{D}_{\mathbb{R}}(X)$, positive et nulle sur un voisinage de ω. Alors φ appartient à $(-C_\omega)$ et par définition de T, $< T,\varphi \geq 0$ ce qui montre que la restriction de T au complémentaire de $\{\omega\}$ se prolonge en une mesure de Radon positive qu'on appellera μ. Pour voir que μ est bornée au voisinage de l'infini sur X choisissons une fonction g de $\mathcal{D}_{\mathbb{R}}(X)$ telle que $g(\omega) = 1, 0 \leq g \leq 1$ et dont le support soit contenu dans V_ω où V_ω est un voisinage de ω relativement compact dans X. Soit f une fonction de $\mathcal{D}_{\mathbb{R}}(X)$, positive, dont le support soit disjoint de celui de g. Posons $M = \sup_{\zeta \in X} f(\zeta)$ et appelons h la fonction de $\mathcal{D}_{\mathbb{R}}(X)$ définie par

$$h = Mg + f .$$

Alors on a :

$$h(\zeta) \leq M = h(\omega) \quad \text{pour tout } \zeta \in X$$

Par suite, la fonction h appartient à C_ω et il en résulte :

$$< T,h > \leq 0 .$$

Comme on a

$$<T,h> = M<T,g> + <T,f>$$

on voit que

$$<T,f> \leq <T,-g>. \sup_{\zeta \in X} f(\zeta)$$

et ceci achève la proposition.

LEMME 1.1.- Soit E_ω l'espace vectoriel réel engendré par le cône C_ω. Alors

$$E_\omega = \{f \in \mathcal{D}_{\mathbb{R}}(X) \mid d_\omega f = 0\}$$

Démonstration : Appelons F_ω l'espace vectoriel réel $\{f \in \mathcal{D}_{\mathbb{R}}(X) \mid d_\omega f = 0\}$. Il est clair que l'espace vectoriel E_ω est un sous-espace de F_ω.

Soit f un élément de F_ω. Soit (U,θ) une carte locale autour de ω. Il existe un voisinage compact V_ω de ω une fonction β de $\mathcal{D}_{\mathbb{R}}(X)$ telle que $\beta(\zeta) = 1$ si ζ appartient à V_ω, dont le support soit contenu dans l'ouvert U et une fonction γ de $\mathcal{D}_{\mathbb{R}}(X)$ strictement positive sur $\operatorname{supp} f \setminus \mathring{V}_\omega$, telle que, de plus

$$\gamma(\theta^{-1}(x)) = \sum_{i=1}^{n} x_i^2 \quad \text{pour tout point } x \text{ de } \theta(V_\omega).$$

Alors la fonction $\frac{f-\beta f(\omega)}{\gamma}$ est bornée et à support compact.

En effet, cette fonction est continue dans le complémentaire de ω et et si ζ est un point de V_ω alors

$$|f(\zeta)-\beta(\zeta).f(\omega)| \leq \Gamma_{\omega,f}.\sum_{i=1}^{n} \theta_i^2(\zeta) \text{ où } \Gamma_{\omega,f}$$

est un nombre positif ou nul ne dépendant que de ω et de f comme cela résulte de l'appartenance de la fonction f à F_ω et de la formule de Taylor.

Le fait que le support de $\frac{f-\beta.f(\omega)}{\gamma}$ soit compact résulte de sa définition. En conséquence, il existe un nombre réel $M_{\omega,f}$ positif ou nul ne dépendant que de ω et de f tel que :

$$f-\beta\, f(\omega)-M_{\omega,f}\,.\,\gamma \leq 0\,.$$

Posons $\varphi_1 = f-\beta f(\omega)-M_{\omega,f}.\gamma$.

Il est clair que la fonction φ_1 appartient à $\mathcal{D}_{\mathbb{R}}(X)$ et comme $\varphi_1(\omega) = 0$, il en résulte que φ_1 appartient à C_ω.

Si on pose $\varphi_2 = \beta.f(\omega)+M_{\omega,f}.\gamma$, il résulte des définitions de β et γ que φ_2 appartient à $C_\omega - C_\omega$ et par suite, la fonction f appartient à E_ω car $f=\varphi_1+\varphi_2$. Le lemme est démontré.

Soit φ une fonction de C_ω. Définissons la distribution réelle T_φ sur X par la formule :

$$T_\varphi = (\varphi-\varphi(\omega)).T\,.$$

Alors, si f est une fonction de $\mathcal{D}_{\mathbb{R}}(X)$ et si f est positive on a :

$$< T_\varphi, f > = < T, (\varphi-\varphi(\omega)).f > \leq 0$$

car la fonction $(\varphi-\varphi(\omega)).f$ appartient clairement à C_ω.

Par conséquent la distribution $-T\varphi$ se prolonge à $C_{\mathcal{K}}(X)$ en une mesure de Radon positive appelée μ_φ.

A la proposition 1.1, on a démontré que la restriction de T au complémentaire de ω est une mesure positive μ. Ce qui précède et la définition de μ_φ montrent que, pour toute fonction φ appartenant à C_ω, il existe un nombre réel négatif ou nul noté $G(\varphi)$ tel que l'on puisse écrire :

$$\mu_\varphi = -G(\varphi)\delta_{\{\omega\}} + (\varphi(\omega) - \varphi).\mu .$$

Propriétés élémentaires de l'application G de C_ω dans $\mathbb{R}_-$: $\varphi \mapsto G(\varphi)$.

La définition de l'application G de C_ω dans $\mathbb{R}_-$ montre aussitôt qu'elle vérifie les propriétés suivantes :

1) Pour tout nombre réel positif λ et pour toute fonction φ de C_ω on a :

$$G(\lambda\varphi) = \lambda G(\varphi)$$

2) Pour tout couple φ_1, φ_2 de fonctions de C_ω on a

$$G(\varphi_1 + \varphi_2) = G(\varphi_1) + G(\varphi_2).$$

L'application G se prolonge donc à E_ω en une forme linéaire notée encore G.

On a alors la proposition suivante :

PROPOSITION 1.2.- La forme linéaire G sur E_ω se prolonge à $\mathcal{D}_{\mathbb{R}}(X)$ en un Laplacien généralisé par rapport à ω.

Démonstration : Soient (U,θ) une carte locale au point ω et $(\varphi_j)_{1\le j\le n}$ une suite de n fonctions de $\mathcal{D}_{\mathbb{R}}(X)$ telles que si x est un point de $\theta(U)$ on ait

$$\varphi_j(\theta^{-1}(x)) = x_j \quad \text{pour} \quad j = 1,\dots,n .$$

Soit f un élément de $\mathcal{D}_{\mathbb{R}}(X)$ et définissons la fonction g_f de $\mathcal{D}_{\mathbb{R}}(X)$ par la formule

$$f = \sum_{j=1}^{n} X_j f(\omega).\varphi_j + g_f ,$$

dans laquelle les applications $f \mapsto X_j f(\omega)$ $(j = 1,\dots,n)$ définissent une base de l'espace tangent à X au point ω.

On voit aussitôt que g_f appartient à l'espace vectoriel E_ω (Lemme 1.1)

Posons $\tilde{G}(f) = G(g_f)$. La définition de $\tilde{G}$ entraîne aussitôt que cette application est une forme linéaire sur $\mathcal{D}_{\mathbb{R}}(X)$ qui coïncide avec G sur E_ω

D'autre part, la Proposition 1.1 permet d'affirmer que la mesure de Radon μ_φ est, pour toute fonction φ élément de C_ω, une mesure bornée sur X et par suite le nombre $< T,1 >$ est bien défini.

On peut écrire pour toute fonction φ de C_ω :

$$<\mu_\varphi, 1> = <(\varphi(\omega)-\varphi).T, 1> = \varphi(\omega)<T,1> - <T,\varphi>.$$

Donc

$$<\mu_\varphi, 1> = -G(\varphi) + \int_{X\setminus\{\omega\}} [\varphi(\omega)-\varphi(\zeta)]d\mu(\zeta)$$

Donc

$$<T,\varphi> = \varphi(\omega)<T,1> + G(\varphi) + \int_{X\setminus\{\omega\}} [\varphi(\zeta)-\varphi(\omega)]d\mu(\zeta).$$

Par suite, si f est une fonction de $\mathcal{D}_{\mathbb{R}}(X)$,

$$<T,g_f> = g_f(\omega)<T,1> + G(g_f) + \int_{X\setminus\{\omega\}} [g_f(\zeta)-g_f(\omega)]d\mu(\zeta).$$

D'après la définition du prolongement $\widetilde{G}$ de G à $\mathcal{D}_{\mathbb{R}}(X)$, on peut écrire que si $f\in\mathcal{D}_{\mathbb{R}}(X)$,

$$<T,g_f> = f(\omega)<T,1> + \widetilde{G}(f) + \int_{X\ \{\omega\}} [f(\zeta)-f(\omega) - \sum_{j=1}^{n} X_j f(\omega)\varphi_j(\zeta)]d\mu(\zeta)$$

Posons alors

$$<T,\varphi_j> = \mu_j \quad \text{pour} \quad j=1,\dots,n\ ;\ <T,1> = \mu_o\ .$$

Si on appelle T^μ l'application de $\mathcal{D}_{\mathbb{R}}(X)$ dans $\mathbb{R}$ suivante :

$$f \mapsto \int_{X\setminus\{\omega\}} [f(\zeta)-f(\omega) - \sum_{j=1}^{n} X_j f(\omega)\varphi_j(\zeta)]d\mu(\zeta)\ ,$$

le fait que $\int_{X\setminus\{\omega\}} \gamma(\zeta)d\mu(\zeta) < +\infty$ (où γ est l'application introduite dans la démonstration du Lemme 1.1) entraîne que T^μ est une distribution.

D'autre part, il est clair que

$$T = \mu_o\,\delta_{\{\omega\}} + \sum_{j=1}^{n} \mu_j \frac{\partial\delta_{\{\omega\}}}{\partial x_j} + \widetilde{G} + T^\mu$$ et par suite $\widetilde{G}$ est une distribution sur X. Comme $\widetilde{G}(\varphi) = G(\varphi) \le 0$ pour toute fonction φ appartenant à C_ω, on voit que la distribution $\widetilde{G}$ est un Laplacien généralisé sur X par rapport à ω ce qui achève la démonstration .

On va étudier de façon plus précise la distribution $\widetilde{G}$. Notons d'abord que si φ est une fonction de $\mathcal{D}_{\mathbb{R}}(X)$, $\widetilde{G}(\varphi)$ ne dépend que du germe de φ au point ω .

En effet, si φ_1 et φ_2 sont deux éléments de $\mathcal{D}_{\mathbb{R}}(X)$ qui coïncident sur un voisinage de ω et si f est un élément de $\mathcal{D}_{\mathbb{R}}(X)$ à support contenu dans ce voisinage il est clair que $< T,(\varphi_1-\varphi_2).f> = <\mu,(\varphi_1-\varphi_2)f> = 0$ d'après la Proposition 1.1.

Comme $(\varphi_1-\varphi_2)$ est une fonction de E_ω on peut écrire

$< (\varphi_1-\varphi_2)T,f> = f(\omega)G(\varphi_2-\varphi_1)+<(\varphi_1-\varphi_2)\mu,f>$ en utilisant la définition de G sur E_ω et il en résulte que $\widetilde{G}(\varphi_1) = \widetilde{G}(\varphi_2)$.

Par conséquent le support de la distribution $\widetilde{G}$ est réduit au point $\{\omega\}$. On va montrer maintenant que la distribution $\widetilde{G}$ est une distribution d'ordre deux sur X.

Appelons $H(X)$ l'espace de Banach des fonctions f deux fois continûment différentiables sur X telles que

$$f\in C_o(X),\ X_jf\in C_o(X)\ (j=1,\dots,n),\ X_iX_jf\in C_o(X)\ (i,j=1,\dots,n),$$

muni de la norme :

$$\|f\| = \sup_X |f| + \sum_{j=1}^n \sup|X_jf| + \sum_{i,j=1}^n \sup|X_iX_jf| .$$

On a alors la

PROPOSITION 1.3.- <u>Soit</u> T <u>un Laplacien généralisé sur</u> X <u>par rapport à</u> ω. <u>Alors</u> T <u>se prolonge en une forme linéaire continue sur</u> $H(X)$.

<u>Démonstration</u> : Soient (U,θ) une carte locale au point ω et u une fonction de $\mathcal{D}_{\mathbb{R}}(X)$ telle que $u(\zeta) = \dfrac{1}{1+\sum_{i=1}^n \theta_i^2(\zeta)}$ pour tout point ζ appartenant à un voisinage compact V_ω de ω contenu dans l'ouvert U, telle que de plus on ait : $0\le u(\zeta)<1$ pour tout point ζ appartenant au complémentaire de $\{\omega\}$ dans X.

Soit f un élément de $\mathcal{D}_{\mathbb{R}}(X)$; alors, avec les notations de la proposition 1.-2, définissons la fonction k_f appartenant à $\mathcal{D}_{\mathbb{R}}(X)$ par la formule :

$$f = f(\omega).u+\sum_{j=1}^n X_jf(\omega)\varphi_ju + k_f .$$

Alors on voit que

$$k_f(\omega) = 0 \text{ et } X_jk_f(\omega) = 0 \text{ pour } j=1,\dots,n .$$

Posons $$\lambda(f) = \sup_X \frac{|k_f|}{1-u}$$

A l'aide d'un développement de Taylor au voisinage de ω de k_f on voit que l'application λ de $\mathcal{D}_{\mathbb{R}}(X)$ dans $\mathbb{R}_+$ est une semi-norme continue sur $\mathcal{D}_{\mathbb{R}}(X)$ pour la topologie induite par la norme de $H(X)$.

Pour toute fonction f de $\mathcal{D}_{\mathbb{R}}(X)$, définissons la fonction h_f de $\mathcal{D}_{\mathbb{R}}(X)$ par la formule $h_f = \lambda(f).u + \epsilon.k_f$ où $\epsilon = \operatorname{sgn} < T,k_f>$.

Alors

$$|h_f(\zeta)| \leq \lambda(f)u(\zeta)+\lambda(f)(1-u(\zeta))=\lambda(f)=h_f(\omega) .$$

Par conséquent h_f appartient à C_ω et par conséquent on peut écrire

$$< T,h_f > \leq 0$$

Ceci implique, compte tenu de la définition de la fonction h_f, l'inégalité suivante :

$$\lambda(f) < T,u>+ \ | < T,k_f > | \leq 0$$

Par suite, dans les mêmes conditions :

$$|<T,k_f> | \leq \lambda(f)<T,-u>.$$

Mais de la définition de la fonction k_f et de la continuité de la semi-norme λ sur $\mathcal{D}_{\mathbb{R}}(X)$ muni de la topologie induite par la norme de $H(X)$, on déduit qu'il existe un nombre réel positif ou nul, σ, tel que :

$$| < T,f > | \leq \sigma.\|f\| \quad \text{pour toute fonction } f \text{ de } \mathcal{D}_{\mathbb{R}}(X).$$

Ceci achève notre démonstration.

Il résulte de tout ceci que la distribution $\tilde{G}$ étant un Laplacien généralisé sur X par rapport à ω, c'est en fait une distribution d'ordre 2 sur X dont le support est réduit au point $\{\omega\}$ comme on l'a vu plus haut.

Par suite on peut écrire l'expression suivante du Laplacien généralisé $\tilde{G}$:

$$\tilde{G} = c\ \delta_{\{\omega\}} + \sum_{j=1}^{n} b_j \tilde{X}_j\ \delta_{\{\omega\}} + \sum_{1\leq i,j\leq n} a_{ij} \tilde{X}_i \tilde{X}_j\ \delta_{\{\omega\}}$$

où les coefficients c, $(b_j)_{1\leq j\leq n}$, $(a_{ij})_{1\leq i,j\leq n}$ sont réels, où les applications $f \mapsto X_j f(\omega)$ définies sur $\mathcal{D}_{\mathbb{R}}(X)$ à valeurs réelles, $(j = 1,\ldots,n)$, constituent une base de l'espace tangent à X au point ω et enfin, où on a posé

$< \tilde{X}_j \delta_{\{\omega\}}, f > = X_j f(\omega)$ pour tout f élément de $\mathcal{D}_{\mathbb{R}}(X)$ et tout $j = 1,\ldots,n$.

Remarquons d'ailleurs que dans l'expression précédente, la matrice $(a_{ij})_{1\leq i,j\leq n}$ peut être prise symétrique car les crochets $[X_i,X_j] = X_iX_j - X_jX_i$ sont des combinaisons linéaires des $(X_i)_{1\leq i\leq n}$ et peuvent être intégrés dans le terme linéaire du développement du Laplacien généralisé $\tilde{G}$ que l'on vient d'écrire. Voici alors le principal résultat de ce paragraphe :

THEOREME 1.1.- Soit T un Laplacien généralisé sur X par rapport au point ω de X . Soient (U,θ) une carte locale au point ω et γ une fonction de $\mathcal{D}_{\mathbb{R}}(X)$ telle que $\gamma(\theta^{-1}(x)) = \sum_{i=1}^{n} x_i^2$ si $x \in \theta(V_\omega)$ où V_ω est un voisinage relativement compact de ω contenu dans U .

Alors il existe :

a) Une mesure de Radon positive sur $X\{\omega\}$ soit μ telle que $\int_{X\setminus\{\omega\}} \gamma(\zeta)d\mu(\zeta) < \infty$ et qui est bornée au voisinage de l'infini sur X .

b) Un nombre réel négatif ou nul α, et une suite $(\gamma_j)_{1\leq j\leq n}$ de n nombres réels

c) Une matrice réelle d'ordre n symétrique semi définie positive notée $(a_{ij})_{1\leq i,j\leq n}$, tels que pour toute fonction φ de $\mathcal{D}_{\mathbb{R}}(X)$ on puisse écrire :

$$< T,\varphi > = \alpha\, \varphi(\omega) + \sum_{j=1}^{n} \gamma_j \frac{\partial\varphi^*}{\partial x_j}(0) + \sum_{1\leq i,j\leq n} a_{ij} \frac{\partial^2\varphi^*}{\partial x_i \partial x_j}(0)$$

$$+ \int_{X\setminus\{\omega\}} \{\varphi(\zeta) - [\varphi(\omega) + \sum_{j=1}^{n} X_j\varphi(\omega)\varphi_j(\zeta)]\} d\mu(\zeta) ,$$

pour tout système $\theta = (x_j)_{1\leq j\leq n}$ de coordonnées locales au point ω . On a posé $\varphi^* = \varphi\circ\theta^{-1}$. Les fonctions φ_j $(1\leq j\leq n)$ ont été définies au cours du § 1 .

Démonstration : Il s'agit essentiellement de prouver, compte tenu de l'étude menée antérieurement, que le nombre α est négatif ou nul et que la matrice $(a_{ij})_{1\leq i,j\leq n}$ est semi définie positive. Nous savons que le nombre $< T,1 > = \alpha$; mais par ailleurs il existe une suite croissante de fonctions $(\varphi_n)_{n\in\mathbb{N}}$ de $\mathcal{D}_{\mathbb{R}}(X)$ telle que

1) la fonction φ_n appartienne à C_ω pour tout entier n .

2) pour tout $n \in \mathbb{N}$, il existe un voisinage $V_n(\omega)$ de ω tel que pour

tout point ζ appartenant à $V_n(\omega)$ on ait $\varphi_n(\zeta) = 1$.

3) pour tout entier n, $0 \leq \varphi_n \leq 1$ sur X et $\lim_{n \to \infty} \varphi_n(\zeta) = 1$ pour tout point ζ de X. Alors $< T,1> = < T,\varphi_n> + < T,1-\varphi_n> + \int_{X \setminus \{\omega\}} (1-\varphi_n(\zeta)) d\mu(\zeta)$.

Mais le nombre $< T,\varphi_n >$ est négatif ou nul pour tout entier n et par application du Théorème de Lebesgue : on peut écrire $\lim_{n \to \infty} < T,1-\varphi_n > = 0$.

Donc $\alpha = \lim_{n \to \infty} < T,\varphi_n >$ et par conséquent le nombre réel α est négatif ou nul. D'autre part, soit Ψ une fonction de classe C^2 sur X, contenu dans H(X), telle que de plus on ait

$$\Psi(\omega) = X_i\Psi(\omega) = 0 \quad (i = 1,\ldots,n)$$

$$X_iX_i\Psi(\omega) = 2 \quad (i = 1,\ldots,n) \text{ et } X_iX_j\Psi(\omega) = 0$$

si $i \neq j$ $1 \leq i,j \leq n$ et que Ψ soit strictement positive sur X {ω}.

Donnons une suite $(\lambda_j)_{1 \leq j \leq n}$ de nombres réels et soit f une fonction de $\mathcal{D}_{\mathbb{R}}(X)$ valant $\frac{1}{2}(\sum_{i=1}^{n} \lambda_i x_i)^2$ sur une carte locale (U,θ) au point ω et qui de plus est positive sur X. Alors la fonction $(-f)$ appartient à C_ω et il en est de même des fonctions f_n définies par :

$$f_n = (-f)\exp(-n\,\Psi) \text{ pour tout entier } n \in \mathbb{N}$$

Alors, comme $\widetilde{G}$ est un Laplacien généralisé, on a

$$< \widetilde{G},f_n > \leq 0 \text{ pour tout entier } n.$$

Mais $\lim_{p \to \infty} \sum_{j=1}^{n} \gamma_j \frac{\partial f_p^*}{\partial x_j}(0) = 0$ et $\lim_{p \to \infty} \sum_{i,j=1}^{n} \frac{\partial^2 f_p^*}{\partial x_i \partial x_j}(0) = -\sum_{1 \leq i,j \leq n} a_{ij}\lambda_i\lambda_j$

Comme $\lim_{p \to \infty} f_p(\omega) = 0$ il en résulte que

$$\lim_{n \to \infty} < \widetilde{G},f_n > = -\sum_{1 \leq i,j \leq n} a_{ij}\lambda_i\lambda_j \leq 0 \text{ et}$$

Ceci achève de démontrer le théorème.

COROLLAIRE 1.1. <u>Soit</u> X <u>un espace riemannien symétrique de dimension réelle</u> n <u>(strictement supérieur à</u> 1) <u>irréductible de type non compact et soit</u> T <u>un Laplacien généralisé sur</u> X <u>par rapport à</u> $0 = \pi(e)$, <u>invariant par rapport à l'action à gauche de</u> $\mathfrak{X}$ <u>sur</u> X.

<u>Alors si</u> f <u>est une fonction de</u> $\mathcal{D}_{\mathbb{R}}(X)$ <u>on peut écrire</u> :

$$< T,f > = \alpha \Delta f(0) - \beta f(0) + \int_{A\setminus\{0\}} [f^{\natural}(a) - f(0)] d\mu(a)$$

où α et β sont deux nombres réels positifs ou nuls, Δ est le Laplacien de X et où μ est une mesure de Radon positive sur $A\{0\}$ invariante par W (groupe de Weyl de G) et telle que

$$\int_{A\setminus\{0\}} \frac{|a|^2}{1+|a|^2} d\mu(a) < +\infty$$

expression dans laquelle on a noté $|.|$ la métrique sur G associée à la forme de Killing B de $\mathfrak{G}$ (algèbre de Lie de G).

Si KAN désigne la décomposition d'Iwasawa de b, on a noté f la fonction définie sur A par l'expression

$f^{\natural}(a) = \int_{K\times K} f(kak')dk\,dk'$ où dk désigne la mesure de Haar normalisée du sous-groupe compact K de G).

Démonstration : Montrons d'abord que, dans le cas où X est un espace riemannien symétrique de type non compact irréductible la matrice $(a_{ij})_{1\le i,j\le n}$ est définie positive si elle n'est pas nulle. Soit $\mathfrak{G}$ l'algèbre de Lie de G sur $\mathbb{R}$. Soit $(\mathfrak{k}_0,\mathfrak{p}_0)$ une décomposition de Cartan de $\mathfrak{G}$ (Helgason [1]) et soit F la forme quadratique définie sur $\mathfrak{p}_0 \times \mathfrak{p}_0$.

$F(X,X) = \sum_{i,j=1}^{n} a_{ij} X_i X_j$ où les $(X_i)_{1\le i\le n}$ désignent une base de $\mathfrak{p}_0$ (qu'on peut identifier en tant qu'espace vectoriel à l'espace tangent à X au point $0 = \pi(e)$).

Le noyau de la forme quadratique F est un sous-espace vectoriel de $\mathfrak{p}_0$ invariant par l'action de $Ad_G(K)$ et comme l'espace X est irréductible deux cas seulement sont possibles : F est identiquement nulle où $\mathrm{Ker}\,F = \{0\}$. Le seul cas qui nous intéresse est celui où $\mathrm{Ker}\,F = \{0\}$. La matrice $(a_{ij})_{1\le i,j\le n}$ est alors définie positive et définit un opérateur elliptique d'ordre 2 sur X. Cet opérateur est de la forme D_Q avec les notations de Helgason ([1], p. 395) où Q est une forme quadratique sur $\mathfrak{m}$ invariante par l'action de $Ad_G(K)$ (p. 307), et comme l'espace X est irréductible, Q est proportionnelle à la restriction de la forme de Killing de $\mathfrak{G}$ à $\mathfrak{m}$. L'opérateur D_Q est donc proportionnel au Laplacien - Beltrami de l'espace X.

D'autre part on va montrer que si la fonction $f^{\natural}$ appartient à $\mathcal{D}_{\mathbb{R}}(X)$ alors $d_o(f^{\natural}) = 0$.

Sinon il existerait un opérateur différentiel linéaire du premier ordre non nul sur X invariant par l'action de K et toujours d'après Helgason ([1] p. 395) il serait de la forme D_L où L est une forme linéaire sur $\mathfrak{m}$ invariante par $Ad_G(K)$. Comme X est irréductible il en résulte que L est identiquement nulle (si dim $\mathfrak{m} > 1$ ce qu'on a supposé).

Donc, pour toute fonction f de $\mathcal{D}_{\mathbb{R}}(X)$ on a $d_o(f^{\natural}) = 0$. Alors, d'après le théorème 1.1 et ce qu'on vient de voir il existe deux nombres réels positifs α et β et il existe une mesure de Radon positive μ_1 sur $X\{0\}$ tels que

$$< T,f > = \alpha \Delta f(0) - \beta f(0) + \int_{X\setminus\{0\}} [f(x) - f(0)] d\mu_1(x)$$

pour toute fonction f appartenant à $\mathcal{D}_{\mathbb{R}}(X)$ car si le Laplacien généralisé T est invariant à gauche par l'action de K, il est clair que $< T,f > = < T,f^{\natural} >$ pour toute fonction f de $\mathcal{D}_{\mathbb{R}}(X)$. De plus, la mesure μ vérifie les propriétés énoncées au théorème 1.1. Comme il y a un isomorphisme entre l'espace des fonctions continues à support compact sur X invariantes par l'action à gauche de K sur G et l'espace des fonctions continues et à support compact sur $\mathfrak{a}$ invariantes par W, il existe une unique mesure positive μ sur $A\setminus\{0\}$ invariante par W telle que pour toute fonction f de $\mathcal{D}_{\mathbb{R}}(X)$ on ait :

$$< T,f > = \alpha \Delta f(0) - \beta f(0) + \int_{A\setminus\{0\}} [f^{\natural}(a) - f(0)] d\mu(a).$$

La mesure μ possède en outre les propriétés héritées de μ_1. Si $|.|$ désigne la distance sur $\mathfrak{a}$ associée à la forme de Killing de $\mathfrak{g}$ alors

$$\int_{A\setminus\{0\}} \frac{|a|^2}{1+|a|^2} d\mu(a) < +\infty$$

§ 2 . Intégrabilité du semi-groupe de Feller invariant associé à un Laplacien généralisé sur un espace riemannien symétrique de type non compact.

Soit X un espace riemannien symétrique de type non compact. D'après un Théorème de Hunt ([1] Th. 5.1.), on sait que, étant donné un opérateur $(\mathcal{D}_A, A)$ commutant à l'action de G sur X, associé à un Laplacien généralisé par rapport à O sur X dans les conditions définies au § 1 a) de la IIe Partie, il existe un semi groupe de Feller $\{P_\sigma\}_{\sigma\geq 0}$ sur X admettant $(\mathcal{D}_A, A)$ comme générateur infinitésimal. De plus, chaque opérateur P_σ du semi groupe commute à l'action de G sur X et par conséquent il existe une mesure de Radon positive μ_σ sur G, de masse totale au plus égale à 1, invariante à gauche par l'action de K telle que pour tout point x de X, et toute fonction f de $C_o(X)$, $P_\sigma f(x) = f*\mu_\sigma(x)$ pour toute fonction f de $C_o(X)$. Par ailleurs, il est clair que la famille $\{\mu_\sigma\}_{\sigma\geq 0}$ de mesures sur G, biinvariantes par l'action de K, ainsi définie est un semi-groupe de convolution.

On a alors le

THEOREME 2.1.- Soit $X = G/K$ un espace riemannien symétrique de type non compact Soit $\{\mu_\sigma\}_{\sigma\geq 0}$ un semi groupe de convolution de mesures de Radon positives sur G et de masse total au plus égale à 1, biinvariantes par l'action de K sur G. Alors si $\{\mu_\sigma\}_{\sigma\geq 0}$ n'est pas le semi groupe trivial, le semi groupe $\{P_\sigma\}_{\sigma\geq 0}$ d'opérateurs sur $C_o(X)$ défini par $P_\sigma f = f*\mu_\sigma$ est intégrable.

(C'est-à-dire que la fonction Vf définie par $Vf = \int_0^\infty P_\sigma f \, d\sigma$ appartient à $C_o(X)$ pour toute fonction f de $C_K(X)$). En outre le noyau V ainsi défini satisfait au principe complet du maximum.

Démonstration : On dégage d'abord le lemme suivant :

LEMME 2.1.- Soit μ une mesure de probabilité sur G biinvariante par K telle que $\mu \neq m_K$ (mesure de Haar normalisée de K). Si $Pf = f*\mu$ pour toute fonction f de $L^2(X)$, l'opérateur P est un opérateur borné de $L^2(X)$ tel que $\|P\| < 1$.

Démonstration : Rappelons que, d'après Helgason ([2], p. 15, on peut définir la transformée de Fourier $\tilde{f}$ d'une fonction f de $\mathcal{D}_{\mathbb{R}}(X)$ par la formule

$$\tilde{f}(\lambda, b) = \int_X f(x) \exp(-i\lambda + \rho)(A(x,b))dx .$$

D'autre part, si μ est une mesure de Radon bornée, sur G, biinvariante par l'action de K, la transformée de Fourier $\hat{\mu}$ de la mesure μ est la fonction continue bornée sur Λ_o définie par $\hat{\mu}(\lambda) = \int_X \varphi_\lambda(x) d\mu(x)$.

De plus, l'application $f \mapsto \tilde{f}$ se prolonge en une isométrie de $L^2(X)$

sur $L^2(G_+^* \times B, |W|^{-\frac{1}{2}}|C(\lambda)|^2 d\lambda\, db)$. Dans ces conditions, considérons une fonction f de $L^2(X)$. On peut écrire les inégalités suivantes :

$$\|Pf\|_2^2 = \|f * \mu\|_2^2 = \|\tilde{f}.\hat{\mu}\|_2^2 \leq \|\tilde{f}\|_2^2 \cdot \|\hat{\mu}\|_\infty^2 = \|f\|_2^2 \|\hat{\mu}\|_\infty^2$$

Donc $\|P\|_{(L^2(X),L^2(X))} \leq \|\hat{\mu}\|_\infty$. D'autre part, d'après le résultat d'Harish-Chandra sur les fonctions sphériques cité dans Helgason ([1], p. 428) on peut écrire pour tout point λ de Λ_o $\varphi_\lambda(x) = \int_K \exp(i\lambda - \rho)(H(xh))dk$. Pour tout point λ de Λ_o, on a donc, dans les conditions du Lemme

$$|\hat{\mu}(\lambda)| \leq \int_X \int_K \exp(-\rho)(H(xk))dk\, d\mu(x) = \int_X \varphi_o(x)d\mu(x) = \hat{\mu}(0)$$

Par suite

$$\|\hat{\mu}\|_\infty = \hat{\mu}(0) .$$

Mais l'ensemble $H = \{x \in X | \varphi_o(X) = 1\}$ est un sous-groupe d'après l'équation fonctionnelle des fonctions sphériques sur X et un sous-groupe est compact car les fonctions sphériques tendent vers 0 à l'infini d'après un résultat d'Harish Chandra ([1] ; Théorème 2, p. 585). Par conséquent, comme $\varphi_o(0) = 1$ et comme K est un sous-groupe compact maximal de G, $H = \{0\}$ et $\hat{\mu}(0) < 1$. Le lemme est démontré.

Si $\{\mu_\sigma\}_{\sigma \geq 0}$ est un semi-groupe de convolution de mesures de Radon positives, de masse totale au plus égale à 1, biinvariantes par K et si on pose $P_\sigma f = f * \mu_\sigma$ pour toute fonction f de $L^2(X)$ et si la famille $\{P_\sigma\}_{\sigma \geq 0}$ n'est pas le semi-groupe trivial il existe un nombre réel strictement positif σ_0 tel que $P_{\sigma_0} \neq I$ $(\mu_{\sigma_0} \neq m_K)$; alors d'après le Lemme 2.1 on a $\|P_{\sigma_0}\| < 1$ et il existe un nombre strictement positif α tel que $\hat{\mu}_{\sigma_0}(0) = e^{-\alpha\sigma_0}$ avec $\|P_{\sigma_0}\| \leq e^{-\alpha\sigma_0}$.

Alors

$$\|P_\sigma\| \leq \hat{\mu}_\sigma(0) = (\hat{\mu}_{\sigma_0}(0))^{\sigma/\sigma_0} = e^{-\alpha\sigma}$$

et par suite $\int_0^\infty |(P_\sigma f,f)|d\sigma \leq \frac{1}{\alpha}\|f\|_2^2$ pour toute fonction de $L^2(X)$.

Mais $(P_\sigma f,f) = \mu_\sigma((f*\tilde{f}))$. Donc

$$\int_0^\infty |\mu_\sigma(f*\tilde{f})|\, d\sigma < \infty \quad \text{pour } f\in L^2(X)$$

Mais si f est une fonction de $C(X)$, f est majorée en module par une fonction de la forme $g*\tilde{g}$ où g appartient à $L^2(X)$ et il en résulte que

$$\int_0^\infty |\mu_\sigma(f)|d\sigma \leq \int_0^\infty |\mu_\sigma(g*\tilde{g})|d\sigma < \infty .$$

Par conséquent, il existe une mesure de Radon positive $\varkappa$ sur G biinvariante par K, intégrale vague de la famille $\{\mu_\sigma\}_{\sigma\geq 0}$.

Donc $\varkappa = \int_0^\infty \mu_\sigma\, d\sigma$.

Or si f est une fonction de $C_K(X)$, la fonction $f*\varkappa$ est continue sur X et comme la fonction f est majorée en module par une fonction de la forme f_1*f_2 où f_1 et f_2 sont des éléments de $L^2(X)$, la fonction $f*\varkappa$ est majorée en module par la fonction $f_1*f_2*\varkappa$ qui appartient à $C_o(X)$ comme produit de convolution de deux éléments (f_1 et $f_2*\varkappa$) de $L^2(X)$.

Par suite la fonction $f*\varkappa$ est dans $C_o(X)$ et la fonction Vf qui n'est autre que $f*\varkappa$ appartient à $C_o(X)$ pour toute fonction f de $C_K(X)$.

Le noyau V vérifie le principe complet du maximum car il achève une résolvante sous markovienne d'opérateurs de $C_o(X)$. (Meyer [1] p.235, chap. 9).

COROLLAIRE 2.1.- <u>Soit X un espace riemannien symétrique de type non compact.</u>

<u>Soit $(\mathcal{D}_A,A)$ un opérateur non nul sur X satisfaisant aux conditions du</u> § 1.a).

<u>Alors il existe un unique semi-groupe de Feller non trivial</u> $\{P_\sigma\}_{\sigma\geq 0}$ <u>sur</u> $C_o(X)$ <u>invariant par l'action de</u> G <u>et intégrable, admettant</u> $(\mathcal{D}_A,A)$ <u>comme générateur infinitésimal</u>.

<u>Démonstration</u> : L'existence et l'unicité d'un semi-groupe de Feller non trivial invariant par l'action de G, $\{P_\sigma\}_{\sigma\geq 0}$, sur $C_o(X)$ admettant $(\mathcal{D}_A,A)$ pour générateur infinitésimal sont assurées par les résultats de Hunt [1] et le fait que, $\mathcal{D}_A,A)$

est supposé non nul. Le Corollaire résulte alors de l'application du Théorème 2.1.

§ 3 . Noyaux de Hunt invariants et Laplaciens généralisés sur un espace riemannien symétrique de type non compact.

Soit X un espace riemannien symétrique de type non compact.

Soit V un noyau invariant par l'action de G tel que de plus l'image par V de $C_{\mathcal{K}}(X)$ soit contenue dans $C_o(X)$ et que V satisfasse au principe complet du maximum (Voir Meyer [1] p. 250).

Supposons que V soit distinct de 0 . Existe-t-il un opérateur $(\mathcal{D}_A, A)$ sur X vérifiant les hypothèses du § 1 a) qui soit générateur infinitésimal d'un semi-groupe de Feller $\{P_\sigma\}_{\sigma \geq 0}$ tel que $V = \int_0^\infty P_\sigma d\sigma$?

La réponse à cette question fait l'objet du

THEOREME 3.1.- Soit X un espace riemannien symétrique de type non compact. Soit V un noyau non nul invariant par l'action de G possédant les propriétés suivantes :

a) Pour toute fonction f de $C_{\mathcal{K}}(X)$, la fonction Vf appartient à $C_o(X)$.

b) Le noyau V satisfait au principe complet du maximum. Alors il existe un unique semi-groupe de Feller $\{P_\sigma\}$ non trivial, invariant par l'action de G et intégrable sur X tel que $V = \int_0^\infty P_\sigma \, d\sigma$.

Démonstration : Soit V un noyau non nul sur X satisfaisant aux conditions du Théorème 3.1.

D'après le Théorème 11 p. 257 [Meyer [1]], il existe une unique résolvante sous markovienne $(V^\lambda)_{\lambda > 0}$ sur X telle que $\lim_{\lambda \to 0} V^\lambda f = Vf$ pour toute fonction f de $C_{\mathcal{K}}(X)$ et constituée par des noyaux continus tendant vers 0 à l'infini. Les opérateurs V^λ sont invariants par l'action de G par construction et par conséquent il existe une mesure de Radon positive μ sur X et une famille résolvante $\{\mu_\lambda\}_{\lambda \in \mathbb{R}_+}$ de mesures de Radon positives sur X telles que l'on ait :

Pour toute fonction f de $C_{\mathcal{K}}(X)$,

$$Vf = f * \mu \quad \text{et} \quad V^\lambda f = f * \mu_\lambda$$

$$\left\{\begin{array}{l}\lim\limits_{\substack{\lambda\to 0\\ \lambda>0}} \mu_\lambda = \mu \quad \text{(au sens de la topologie } \sigma(\mathcal{M}_+^b(X), C_{\mathcal{K}}(X))\end{array}\right.$$

et

$$\int_X \lambda d\mu_\lambda(x) \leq 1 \quad \text{pour tout nombre } \lambda \text{ de } \mathbb{R}_+^* .$$

La dernière condition montre que l'ensemble $\{\lambda\, \mu_\lambda\}_{\lambda>0}$ est borné dans $\mathcal{M}_+^b(X)$ pour la topologie $\sigma(\mathcal{M}_+^b(X), C_o(X))$ et il existe donc une suite $(\lambda_k)_{k\in\mathbb{N}}$ de nombres réels strictement positifs, telle que $\lim\limits_{k\to\infty} \lambda_k = +\infty$ et une mesure de Radon positive bornée θ sur X telles que $\lim\limits_{k\to\infty} \lambda_k\, \mu_{\lambda_k} = \theta$ (au sens de la topologie $\sigma(\mathcal{M}_+^b(X), C_{\mathcal{K}}(X))$ et que $\int_X d\theta(x) \leq 1$.

Soit λ un réel strictement positif.

L'équation résolvante permet d'écrire :

$$\mu_{\lambda_k+\lambda} - \mu_{\lambda_k} = -\lambda\, \mu_{\lambda_k+\lambda} * \mu_{\lambda_k}$$

pour tout entier k . Donc

$$\lambda_k(\mu_{\lambda_k} - \mu_{(\lambda_k+\lambda)}) = \lambda\lambda_k\, \mu_{\lambda_k} * \mu_{\lambda_k+\lambda} .$$

Soit f une fonction de $C_{\mathcal{K}}(X)$

Alors $\lambda_k(f*\mu_{\lambda_k} - f*\mu_{(\lambda_k+\lambda)}) = \lambda_k\lambda\, f*\mu_{\lambda_k} * \mu_{(\lambda_k+\lambda)}$

Mais la fonction $f*\mu_{\lambda_k}$ est dans $C_o(X)$ pour tout entier k et comme $\int_X (\lambda_k+\lambda)d\mu_{(\lambda_k+\lambda)}(x) \leq 1$, il en résulte que

$$\lim_{k\to\infty} \lambda_k(f*\mu_{\lambda_k}) = \lim_{k\to\infty} \lambda_k\, f*\mu_{(\lambda_k+\lambda)}$$

Donc

$$f*\theta = \lim_{k\to\infty} f*\lambda_k\mu_{(\lambda_k+\lambda)} = \lim_{k\to\infty} f*(\lambda_k+\lambda)\mu_{\lambda_k+\lambda} .$$

Car

$$\lim_{k\to\infty} f*\lambda\, \mu_{(\lambda_k+\lambda)} = 0 .$$

Par conséquent $\theta(f) = \lim\limits_{k\to\infty} (\lambda_k+\lambda)\mu_{\lambda_k+\lambda}(f)$ pour toute fonction de $C_{\mathcal{K}}(X)$ et ceci prouve que $\theta = \lim\limits_{k\to\infty} (\lambda_k+\lambda)\mu_{(\lambda_k+\lambda)}$ au sens de la convergence vague des mesures sur X , quel que soit le nombre réel strictement positif λ .

Reprenons l'équation résolvante :

$$\mu_\lambda - \mu_{(\lambda_k+\lambda)} = \lambda_k \mu_\lambda * \mu_{(\lambda_k+\lambda)}$$

Donc

$$\mu_\lambda - \mu_{(\lambda_k+\lambda)} = (\lambda_k+\lambda)\mu_\lambda * \mu_{\lambda_k+\lambda} - \lambda\mu_\lambda * \mu_{(\lambda_k+\lambda)}$$

En passant à la limite quand k tend vers l'infini on a pour tout nombre réel strictement positif λ

$$\mu_\lambda = \mu_\lambda * \theta$$

On remarque alors qu'on vient de démontrer le fait suivant : pour tout point adhérent ν de l'ensemble $\{\lambda\, \mu_\lambda\}_{\lambda>0}$ quand λ tend vers l'infini pour la topologie de la convergence vague des mesures sur X et pour tout nombre réel strictement positif λ on peut écrire :

$$\mu_\lambda = \mu_\lambda * \nu \quad .$$

Donc en utilisant ces égalités et en passant à la limite suivant des suites de réels strictement positifs convenablement choisies :

$$\nu = \nu * \nu \; .$$

Mais le théorème [Parthasarathy [1], théorème 3.1 p. 62] permet d'affirmer que, considérée comme mesure sur G, la mesure ν a pour support un sous-groupe compact de G. Comme les mesures μ_λ sont, comme mesures sur G , biinvariantes par l'action de K , il en est de même de ν . Mais K est un sous groupe compact maximal de G et par suite ν est ou bien la mesure de Haar de K $(\int_X d\nu(x) \leq 1)$ ou bien la mesure 0 . Mais ce dernier cas est exclu car les égalités précédentes entraîneraient que $V = 0$.

Par suite, l'ensemble $\{\lambda\, \mu_\lambda\}_{\lambda>0}$ possède un unique point adhérent quand λ tend vers l'infini pour la topologie de la convergence vague des mesures sur X à savoir la mesure de Haar de K , m_K .

On vient donc de prouver que

$$\lim \lambda V^\lambda f(x) = f(x) \text{ pour toute fonction } f \text{ de } C\ (X)$$

et tout point x de X .

Le Théorème de Hille-Yoshida montre alors qu'il existe un unique semi-groupe de Feller $\{P_\sigma\}_{\sigma\geq 0}$ d'opérateurs sur $C_o(X)$ tel que $V^\lambda = \int_0^\infty e^{-\lambda\sigma} P_\sigma \, d\sigma$ pour tout nombre λ strictement positif. Les opérateurs de ce semi-groupe sont évidemment invariants par l'action de G et comme $\{P_\sigma\}_{\sigma\geq 0}$ n'est pas le semi-groupe trivial il résulte du Théorème 2.2 que $V = \int_0^\infty P_\sigma \, d\sigma$. Le Théorème est ainsi complètement démontré.

En conclusion, les résultats des paragraphes 2 et 3 montrent qu'il existe une bijection entre d'une part les opérateurs $(\mathcal{D}_A, A)$ sur X satisfaisant aux conditions du Corollaire 2.1 et les noyaux V sur X satisfaisant aux conditions du Théorème 1.

Enfin, on remarque que la situation d'un espace riemannien symétrique de type non compact est essentiellement différente de celle des espaces euclidiens. En effet pour tout n entier il existe sur l'espace euclidien de dimension n des semi-groupes de Feller invariants par le groupe des déplacements qui ne sont pas intégrables. En particulier pour $n=1$, le semi-groupe de la translation n'est pas intégrable, pour $n=2$, le semi-groupe de Gauss n'est pas intégrable.

APPENDICE

On rassemble ici quelques résultats élémentaires de géométrie qui interviennent dans le développement qui précède :

A. Les groupes $O(1,n)$ et $SO(1,n)$

Soit n un entier ≥ 1 et Q la forme quadratique non dégénérée sur R^{n+1} de signature $(1,n)$ telle que la base canonique $B=(e_i)_{0\leq i\leq n}$ de R^{n+1} soit réduite par rapport à Q.

DEFINITION 0.1. - On appelle $O(1,n)$ le groupe des endomorphismes réguliers de R^{n+1} laissant invariante la forme quadratique Q.

On appelle $SO(1,n)$ le sous-groupe des éléments de $O(1,n)$ dont le déterminant est égal à $+1$.

THEOREME 0. - 1 [ ] <u>Soit G un groupe topologique localement compact à base dénombrable et X un G-espace homogène localement compact à base dénombrable. Alors si K est un sous-groupe d'isotropie d'un point $x\in X$ dans G, l'application canonique $\alpha : G/K \to X$ est un homéomorphisme.</u>

PROPOSITION 0.1. - <u>Soit $SO_o(1,n)$ le sous-groupe de $O(1,n)$ constitué des endomorphismes A de $O(1,n)$ tels que $\text{dét}\, A=+1$ et que $a_{oo}\geq 1$ (par rapport à la base canonique de R^{n+1}). Alors $SO_o(1,n)$ est la composante neutre de $O(1,n)$.</u>

<u>Démonstration.</u>

Soit $\mathcal{U}$ le sous-espace de R^{n+1} défini par

$$\{ x = (x_o,\dots,x_n) \in R^{n+1} \mid x_o > 0,\ x_o^2 - x_1^2 - \dots - x_n^2 = 1\}$$

Montrons $\mathcal{U}$ est connexe :

Soit $x \in \mathcal{U}$; il existe $t \in R$ tel que $x_o = \mathrm{ch}\, t$ et alors $\sum_1^n x_i^2 = \mathrm{sh}^2 t$. Donc si $t \neq 0$ le point $\left(\frac{x_i}{\mathrm{sh}t}\right)_{1\le i\le n} \in S^{n-1}$. Soit alors φ l'application de $R \times S^{n-1}$ dans $\mathcal{H}$ définie par

$$\varphi(t,y) = (\mathrm{ch}t\,, \mathrm{sh}t\, y)\,.$$

La remarque qui précède montre que φ est surjective. Comme elle est continue, il en résulte que $\mathcal{H}$ est connexe.

D'autre part le groupe d'isotropie du vecteur $e_o \in \mathcal{H}$ dans $SO_o(1,n)$ est le sous-groupe des endomorphismes H de R^{n+1} qui s'écrivent dans la base canonique B de R^{n+1} sous la forme

$$H = \begin{pmatrix} 1 & 0\dots\dots 0 \\ 0 & \\ \vdots & B \\ 0 & \end{pmatrix}$$

où $B \in SO(n)$ (groupe spécial orthogonal) et d'après le théorème 0.1, le groupe $SO_o(1,n)/SO(n)$ est connexe car homéomorphe à $\mathcal{H}$.
Comme le groupe $SO(n)$ est connexe on en déduit la connexité de $SO_o(1,n)$.

Soit $G_o(n)$ la composante neutre de $O(1,n)$. L'image de $G_o(n)$ par l'application $\gamma : O(1,n) \to \{-1,1\} \times (]-\infty,-1] \cup [1,+\infty[)$ où $\gamma(A) = (\det A, a_{oo})$ est connexe et contient le point $(1,1)$. Par suite $G_o(n)$ est contenu dans $SO_o(1,n)$ et ceci montre que $SO_o(1,n)$ est la composante neutre de $O(1,n)$.

B. Décomposition de $SO_o(1,n)$ en éléments simples.

DEFINITION 0.2. - Soient E un espace vectoriel réel de dimension $n \geq 2$,

Q une forme quadratique non dégénérée de signature (p,q) et $B=(e_1,\dots,e_n)$ une base de E réduite relativement à Q.

On dira qu'un endomorphisme V de E est une rotation euclidienne élémentaire relativement à B si V est une rotation et s'il existe deux éléments distincts i et j de l'intervalle $[1,p]$ ou de l'intervalle $[p+1,n]$ tels que pour tout élément $k \in [1,n]$ différents de i et j on ait $U(e_k)=e_k$.

Lorsque $0<p<n$, on dira qu'un endomorphisme V de E est une rotation lorentzienne élémentaire relativement à B si V est une rotation orthochrone et s'il existe un élément i de $[1,p]$ et un élément j de $[p+1,n]$ tels que, pour tout élément k de $[1,n]$ distincts de i et j, $V(e_k)=e_k$.

PROPOSITION 0.2. - 1) Si V est une rotation euclidienne élémentaire relativement à B il existe des entiers distincts i,j de $[1,p]$ ou de $[p+1,n]$ et un nombre réel θ tels que V soit égal à l'endomorphisme $R_{ij}(\theta)$ défini par :

$$[R_{ij}(\theta)]\,(e_k) = e_k \quad \text{si} \quad k \neq i \quad \text{et} \quad k \neq j$$
$$[R_{ij}(\theta)]\,(e_i) = \cos\theta\, e_i + \sin\theta\, e_j$$
$$[R_{ij}(\theta)]\,(e_j) = \sin\theta\, e_i + \cos\theta\, e_j$$

2) Si V est une rotation lorentizienne élémentaire relativement à B $(0<p<n)$ alors il existe des entiers distincts i et j $(i \in [1,p],\ j \in [p+1,n])$ et un nombre réel φ tels que V soit égal à l'endomorphisme $H_{ij}(\varphi)$ défini par :

$$[H_{ij}(\varphi)]\,(e_k) = e_k \quad \text{si} \quad k \neq i \quad \text{et} \quad k \neq j$$
$$[H_{ij}(\varphi)]\,(e_i) = \operatorname{ch}\varphi\, e_i + \operatorname{sh}\varphi\, e_j$$
$$[H_{ij}(\varphi)]\,(e_j) = \operatorname{sh}\varphi\, e_i + \operatorname{ch}\varphi\, e_j .$$

3) Tout élément de $SO_o(1,n)$ s'écrit comme produit d'au plus $\frac{n(n+2)}{2}$ rotations élémentaires dont au plus une rotation lorentzienne élémentaire.

Démonstration.

1) Si V est une rotation euclidienne élémentaire et si Φ est la forme bilinéaire symétrique sur $E \times E$ associée à Q alors :

$$\Phi(V(e_i),e_k) = \Phi[V(e_i),V(e_k)] = \Phi(e_i,e_k) = 0 \text{ si } k \neq i \text{ et } k \neq j$$

Ceci prouve que la restriction de V du sous-espace vectoriel de E engendré par les vecteurs e_i et e_j est un endomorphisme de ce sous-espace et même une rotation euclidienne puisque V est une rotation de E. On a alors aussitôt le résultat annoncé dans ce cas.

2) Pour des raisons analogues, si V est une rotation lorentzienne élémentaire on a

$$V(e_i) = \lambda_i e_i + \lambda_j e_j \quad \text{où } i \in [1,p] \text{ et } j \in [p+1,n]$$
$$V(e_j) = \mu_i e_i + \mu_j e_j$$

Comme V est une rotation orthochrone on a le résultat annoncé en considérant le système d'équations :

$$\begin{cases} \lambda_i^2 - \lambda_j^2 = 1 & \lambda_i \mu_j - \lambda_j \mu_i = 1 \quad \lambda_i > 0 \\ \mu_j^2 - \mu_i^2 = 1 & \lambda_i \mu_i = \lambda_j \mu_j \ . \end{cases}$$

3) On suppose maintenant que $p = 1$. Soit f un vecteur de E tel que $Q(f) = 1$ avec $f = \sum_{j=1}^{n} \alpha_j e_j \quad \alpha_1 > 0$.

Alors comme $\alpha_1^2 = \alpha_2^2 + \dots + \alpha_n^2 + 1$ il existe $\varphi \in R$ tels que $\alpha_1 = \text{ch}\,\varphi$ et par récurrence sur l'entier k on peut déterminer une suite

$\theta_2, \ldots \theta_k, \ldots, \theta_{n-1}$ de nombres réels tels que

$$\alpha_1 = \operatorname{ch} \varphi$$
$$\alpha_2 = \operatorname{sh} \varphi \cos \theta_2$$
$$\alpha_3 = \operatorname{sh} \varphi \sin \theta_2 \cos \theta_3$$
$$\alpha_k = \operatorname{sch} \varphi \sin \theta_2 \ldots \sin \theta_{k-1} \cos \theta_K$$
$$\alpha_n = \operatorname{sh} \varphi \quad \sin \theta_2 \quad \sin \theta_{n-1} .$$

Soit R_1 l'endomorphisme de E défini par

$$R_1 = H_{1,2}(\varphi) \; R_{n-1,n}(\theta_{n-2}) \ldots R_{2,3}(\theta_2).$$

Il est immédiat que $R_1 \in SO_o(1,n-1)$ et transforme le vecteur e_1 en le vecteur f .

Soit maintenant S élément de $SO_o(1,n-1)$

Posons $S(e_1) = f_1$. Il est clair que $Q(f_2) = 1$ et que si , $f_1 = \sum_{j=1}^{n} \alpha_j e_j \alpha$, est strictement positif.

L'endomorphisme V de E défini par $V = S O R_1^{-1}$ est dans $SO_o(1,n-1)$ et conserve le vecteur f_2 (R_1 est construit à partir de f_1 comme indiqué en début de ce paragraphe). On peut donc associer à V de façon biunivoque un élément de $SO(n-1)$. De plus il existe un unique vecteur $f_2 \in E$ tel que $S(e_2) = V(f_2)$.

Or $\Phi(s(e_2), s(e_1)) = \Phi(e_2, e_1) = 0 = \Phi\,(s(e_2), f_2) =$

$$\Phi(V(f_2),\, V(f_1)) = \Phi(f_2, f_1)$$

et par suite si $f_2 = \sum_{j=1}^{n} \beta_j s(e_j)$ alors $\beta_1 = 0$ et $\sum_{j=2} \beta_j^2 = 1$.

Procédant par récurrence on voit que s s'écrit comme produit de $(n-1) + \ldots + 1 = \frac{n(n-1)}{2}$ rotations élémentaires dont au plus une rotation lorentzienne élémentaire ce qui achève la démonstration.

Remarques. - a) La proposition s'étend aus formes quadratiques de signature (p(q) ; alors toute rotation se décomposera en au plus $\frac{n(n-1)}{2}$ rotations élémentaires dont au plus p rotations lorentziennes élémentaires ; la démonstration suit la même démarche que ce qui précède.

b) On a établi dans la proposition précédente un résultat qui est utilisé dans la démonstration du lemme [ ] et qui a été démontré dans le cas de $SO_o(1,3)$ pour des arguments de cinématique.

BIBLIOGRAPHIE

R.M. DUDLEY [1] Lorentz-invariant Markov processes in relativitic phare space.
Arkivför Mathematik. Band 6, n° 14 (1965-1967), pp. 241-267.

R. GANGOLLI [1] Isotropic infinite divisible measures on symmetric spaces.
Acta Mathematica 111 (1964), pp. 213-246.

HARISH-CHANDRA [1] Spherical functions on a semi-simple Lie group II.
American Journal of Mathematics 80 (1958), pp. 553-613.

S. HELGASON [1] Differential Geometry and symmetric spaces.
Academic Press.

[2] A duality fot symmetric spaces with application to group representations.
Advances in Mathematics. 5,1 (1970), pp. 1-154.

G.A. HUNT [1] Semi-groups of measures on Lie Groups
Transactions of the American Mathematical Society 81 (1956), pp. 264-293.

P.A. MEYER [1] Probabilités et Potentiel.
Hermann.

[2] Quelques applications des résolvantes de Ray.
Inventiones Mathematica 14 (1971), pp. 143-166.

PARTHASARATHY [1] Probability on Metric Spaces.
Academic Press.

J. WALSH [1] Quelques applications des Résolvants de Ray.
Inventiones Mathematica 14 (1971), pp. 143-166.

[2] Some topologies connected with Lebesgue measures.
Séminaire de Probabilités de Strasbourg V.
Lecture Notes in Mathematics, n° 191, pp. 1298-311.

Existence of Small Oscillations at Zeros of Brownian Motion

by Frank B. Knight

0. Introduction. Let $X(t)$, $X(0) = 0$, be a standard one-dimensional Brownian motion, with zero-set $Z = \{0 \leq t \leq 1 : X(t) = 0\}$. Many properties of Z are known, in the sense that they hold with probability 1. For example, Z is a closed uncountable set of Hausdorff dimension $\frac{1}{2}$ [2, 2.5]. If one asks, however, for the conditional behavior of $X(t+h)$ given that $0 < t \in Z$ one encounters the difficulty that, since $P\{t \in Z\} = 0$, the conditioning has no meaning. To be sure if $t = T(w) \in Z$ is a stopping time, then the strong Markov property implies various results, of which the most relevant here is the well-known Local Law of the Iterated Logarithm [6, VI, 51.1]: Set $\Delta_h X(t) = X(t+h) - X(t)$ and $\varphi_2(h) = (h \log \log 1/h)^{1/2}$. Then $P\{\limsup_{h \to 0+} \Delta_h X(T)(\sqrt{2}\,\varphi_2(h))^{-1} = \limsup_{h \to 0+} - \Delta_h X(T)(\sqrt{2}\,\varphi_2(h))^{-1} = 1\} = 1$. There are, however, many (random) $t \in Z$ at which this behavior does not hold, and such t we shall term "exceptional." The object of this paper is to study one type of exceptionality which occurs with probability 1.(1)

---

(1) It will be noted that such a type of exceptionality will be represented not only in Z but also at all x in the range of $X(t)$ outside a random set of Lebesgue measure 0. It then follows directly from P. Lévy's modulus of continuity for $X(t)$ [6, VII, 52] that the overall exceptional set has Hausdorff dimension $\geq \frac{1}{2}$ (for this observation I am indebted to Professor N. Jain).

Our main result is to show that there exist $t \in Z$ with $\limsup_{h \to 0+} |\Delta_h X(t)| (\sqrt{2}\, \varphi_2(h))^{-1} < 1$. This gives a partial answer to a question of A. Dvoretzky [1] which remained unanswered in [9] (without the added information that $t \in Z$). To do this we rely upon a result of B. Mandelbrot [7] and L. Shepp [10]. At the same time, our analysis seems to indicate that there do not exist $t \in Z$ for which $\limsup_{h \to 0+} |\Delta_h X(t)| (\varphi_2(h))^{-1} = 0$. Consequently, if such t exist they must be sought elsewhere than in the set where $X(t)$ has a prescribed value.

Before turning to this result, let us remark upon a type of exceptionality which is quite well understood. A time $t \in Z$ is said to be the starting time of an excursion of $X(t)$ if $X(t+h) \neq 0$ for $0 < h < \varepsilon$ sufficiently small. There are countably many such t, and for all of them the behavior of $\Delta_h X(t)$ is adequately covered by [2, 2.10]. Assuming, as we may, that $X(t+h) > 0$, we have $\limsup_{h \to 0+} \Delta_h X(t) (\sqrt{2}\, \varphi_2(h))^{-1} = 1$ as in the unexceptional case, but also $\liminf_{h \to 0+} \Delta_h X(t) h^{-\frac{1}{2}} (\log 1/h)^{(1+\varepsilon)} > 1$ for $\varepsilon > 0$, in radical contrast with the normal behavior for $-\Delta_h X(t)$. We see immediately that there cannot exist a stopping time T which equals the starting time of an excursion with positive probability.[2]

---

[2] Another set of exceptional times is of course the set of local maxima and minima. Being countable, however, it does not intersect Z. The behavior of X(t) following such an extremum is entirely analogous to that at the start of an excursion. This is easily seen from P. Levy's equivalence $|X(t)| = M(t) - X(t)$ where $M(t) = \max_{s \leq t} X(s)$. Moreover, by an evident reversal of time most of this exceptional behavior holds in both time directions. In short, the path exhibits a dense set of spine-like projections of sharpness exceeding $\sqrt{|h|}\,(\log \frac{1}{|h|})^{-(1+\varepsilon)}$ for every $\varepsilon > 0$.

1. Exceptional Small Oscillations at $t \in Z$.

We introduce the standard local time $f(t)$ of $X(t)$ at 0 using the indicator function $I_{(-\infty,x)}$ of $(-\infty,x)$:

$$f(t) = \frac{1}{2}\frac{d}{dx}\left[\int_0^t I_{(-\infty,x)}(X(s))ds\right]_{x=0}. \tag{1.1}$$

The existence and continuity in t of $f(t)$ is a well-known result of P. Lévy (see [2]). The exact statement of our result is as follows.

<u>Theorem 1.1</u>. $P\{\exists t_0 \in Z: \limsup_{h \to 0+} |X(t_0+h)|(\varphi_2(h))^{-1} < k\} = 1$, for all $k > 2^{-\frac{1}{2}}$.

<u>Proof</u>. The key to the proof lies in the observation that if the oscillations of $|X(t)|$ above 0 are recorded as a function of the local time $f(t)$ they generate a homogeneous Poisson point process of the type considered in [10].

<u>Definition 1.1</u>. Let $f^{(-1)}(\alpha) = \inf\{t: f(t) > \alpha\}$ be the right-continuous inverse local time at 0, and let $\mathcal{A}(\alpha,\alpha+\varepsilon) = \max_{f^{(-1)}(\alpha)<t<f^{(-1)}(\alpha+\varepsilon)} |X(t)|$, $0 \le \alpha < \alpha + \varepsilon$.

<u>Lemma 1.1</u>. The random set $\Gamma = \{(\alpha,y): \lim_{\varepsilon \to 0+} \mathcal{A}(\alpha-\varepsilon,\alpha) = y > 0\}$ is a homogeneous Poisson point process with parameter $\alpha \ge 0$ and expectation measure $\lambda \times \mu$ where λ is Lebesgue measure and $\mu(A) = \int_A 2y^{-2}dy$ on $\{y: 0 < y < \infty\}$.

<u>Proof</u>. Since $f^{(-1)}(\alpha)$ is a homogeneous process with independent increments and a stopping time of $X(t)$ for each α, with $X(f^{(-1)}(\alpha)) = 0$, it is clear that Γ is a homogeneous Poisson

point process. Taking into account the independence of the local times for $x > 0$ and for $x < 0$ up to time $f^{(-1)}(\alpha)$ and the fact that $P\{M(f^{(-1)}(\alpha)) < z\} = \exp - \frac{\alpha}{z}$, known from [3, Theorems 1.2 and 2.2, or 11, Proposition 2.4], we have $P\{\mathcal{A}(0,\alpha) < z\} = \exp - \frac{2\alpha}{z}$. In view of $\frac{2\alpha}{z} = \alpha \int_z^\infty 2y^{-2}dy$ this implies the result.

The following lemma is now a direct consequence of [7].

<u>Lemma 1.2</u>. $P\{\exists\alpha_o$ with $f^{(-1)}(\alpha_o) \leq 1$ and $\mathcal{A}(\alpha_o,\alpha_o+\varepsilon) < c\varepsilon$, $0 < \varepsilon < \delta$ for some $\delta > 0\} = 1$ for $c > 2$.

<u>Proof</u>. The property $\mathcal{A}(\alpha_o,\alpha_o+\varepsilon) < c\varepsilon$, $0 < \varepsilon < \delta$, may be stated as saying that α_o is not covered by the union of open intervals $(\alpha-z,\alpha)$ generated by the truncated Poisson process $\{(\alpha,z):z = \frac{y}{c} \wedge \delta,(\alpha,y) \in \Gamma\}$ where $\wedge$ denotes minimum.

Fig. 1

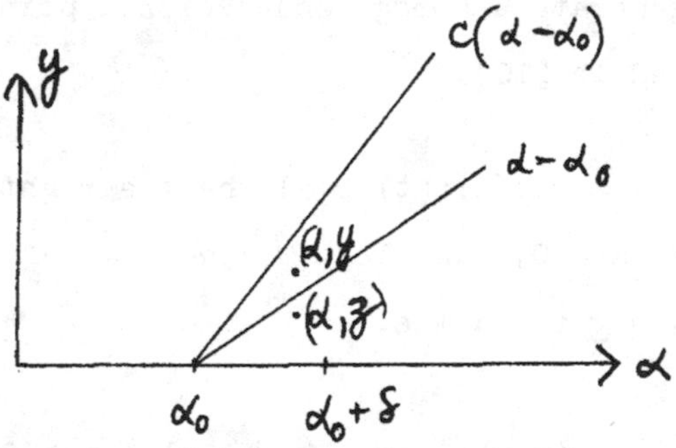

This process has mean density $2c^{-1}y^{-2}$; $y < c\delta$, with a point mass at $y = \delta$ of size $2(c\delta)^{-1}$. The result of [10, (40)] or [7], states that such an α_o exists with positive probability if and only if $\int_0^\delta (\exp \int_x^\delta 2(cy)^{-1}dy)dx < \infty$, where

$2(cy)^{-1} = \int_y^\delta 2c^{-1}z^{-2}dz + 2(c\delta)^{-1}$ is the expectation measure in $[y,\infty)$. The condition is equivalent to $\int_0^1 x^{-\frac{2}{c}}dx < \infty$, i.e., to $c > 2$. Routine use of the scale change $X(t) \equiv k^{-\frac{1}{2}} X(kt)$ shows that $\mathcal{A}(\alpha,\alpha+\varepsilon) \equiv k^{-\frac{1}{2}}\mathcal{A}(k^{\frac{1}{2}}\alpha,k^{\frac{1}{2}}(\alpha+\varepsilon))$, and letting $k \longrightarrow 0$ we may allow $\alpha \longrightarrow \infty$ and apply the 0-1 Law to get the probability 1 as required.

The exceptional t_0 of Theorem 1.1 is essentially $t_0 = f^{(-1)}(\alpha_0)$, but to derive the result directly would involve giving a meaning to the process $X(f^{(-1)}(\alpha_0)+h)$, which is problematical. Instead, we introduce the space $\Omega' = [0,\infty) \times \Omega$, where Ω is the sample space of $X(t)$, and define the conditioning sequentially in such a way that it may be applied at a constant $\alpha = 0$. We then argue that the projection of the limit set in Ω' has positive probability in Ω, and therefore the additional condition of Theorem 1.1 is met at some $t_0 = f^{(-1)}(\alpha_0)$.

Turning to the details, let δ, c_0 and $\rho < 1$ be positive constants, $0 < r < s$ and n be integers, and consider the subset of Ω'

$$S'(n,r,s) = S'(n) \cap M'(r,s); \tag{1.2}$$

$$S'(n) = \{(\alpha,w): f^{(-1)}(\alpha) \le 1, \mathcal{A}(\alpha,\alpha+k2^{-n}\delta) \le ck2^{-n}\delta, 1 \le k < 2^n\}$$

$$M'(r,s)=\{(\alpha,w): \max_{f^{(-1)}(\alpha)<t<f^{(-1)}(\alpha)+\rho^m\delta} |X(t)| \le c_0\varphi_2(\rho^m\delta), r \le m \le s\}.$$

Furthermore, let $\Phi(S') = \{w:(\alpha,w) \in S'$ for some $\alpha \geq 0\}$ denote the projection onto Ω. The proof rests in showing that, for suitable c_0, c, δ, and r,

(1.3) (a) $\lim_{s\to\infty} \lim_{n\to\infty} P(\Phi(S'(n,r,s))) > 0$, and

(b) $\lim_{s\to\infty} \lim_{n\to\infty} \Phi(S'(n,r,s)) = \Phi(\lim_{s\to\infty} \lim_{n\to\infty} S'(n,r,s))$.

Indeed, it is clear that

(1.4) $\lim_{s\to\infty} \lim_{n\to\infty} S'(n,r,s) = \{(\alpha,w) \in \Omega' : f^{(-1)}(\alpha) \leq 1;$

$\mathcal{A}(\alpha,\alpha+\varepsilon) \leq c\,\varepsilon,\ 0 < \varepsilon < \delta,$ and

$\max_{f^{(-1)}(\alpha)<t<f^{(-1)}(\alpha)+\rho^m\delta} |X(s)| \leq c_0\varphi_2(\rho^m\delta),\ r \leq m < \infty\}$.

Since φ_2 is increasing this will imply the result when $c_0 \sim 2^{-\frac{1}{2}}$ and $(1-\rho) \sim 0$, for in view of (b) the set of w for which there exists an exceptional $t_0 = f^{(-1)}(\alpha_0)$ will have positive probability (the scale change used in Lemma 1.2 again shows easily that the probability must be 0 or 1).

The first step in proving (a) is

<u>Lemma 1.3</u>. $P\{\Phi(S'(n,r,s))\} \geq P\{\Phi(S'(n))\} \times$
$P\{(0,w) \in M'(r,s) \mid (0,w) \in S'(n)\}$.

Proof. We set $\alpha_n = \inf\{\alpha:(\alpha,w) \in S'(n)\}$ if this is non-null and $\alpha_n = f(1) + 1$ otherwise. Although α_n is not a stopping time, we can reduce it to stopping time on the set $\{\alpha_n \leq f(1)\} = \{(\alpha_n,w) \in S'(n)\}$. On this set, either $\alpha_n = 0$ or else α_n is the local time of an excursion of $X(t)$ such that $\mathcal{A}(\alpha_n-,\alpha_n) > c2^{-n}\delta$. To see this, note that if $0 < \alpha_n \leq f(1)$ then for $\alpha < \alpha_n$ we have $\mathcal{A}(\alpha,(\alpha+k2^{-n}\delta) \wedge \alpha_n) > ck2^{-n}\delta$ for some $k < 2^n$, and the assertion follows as α increases to α_n. The set of $f^{(-1)}(\alpha)$ with $\mathcal{A}(\alpha-,\alpha) > c2^{-n}\delta$ is contained in the sequence $T_1,\dots,T_n,\dots$ of stopping times $T_1 = \inf\{t:X(t) = 0$ and $\max\limits_{0<s<t} |X(s)| > c2^{-n}\delta\}$, $T_{n+1} = T_n + T_1 \circ \theta_{T_n}$, where θ_t is the usual translation operator. Setting $T_o = 0$ and using the strong Markov property, we have

$$P\{\Phi(S'(n,r,s))\} \geq \sum_{k=0}^{\infty} P\{(\alpha_n,w) \in S'(n,r,s),\alpha_n = f(T_k)\}$$

$$= P\{\Phi(S'(n))\}P\{(0,w) \in M'(r,s)|(0,w) \in S'(n)\},$$

as required.

The next step is to obtain an estimate of the above conditional probability. The analytical content is contained in

Lemma 1.4. For $\beta > 0$, $x > 0$, $K > 0$ and large r,

$$\lim_{n\to\infty} P\{f^{(-1)}(\beta\varphi_2(\rho^m\delta)) < x\rho^m\delta|(0,w) \in S'(n)\}$$

$$\leq |\log \rho^m\delta|^{Kx-2\beta\sqrt{2K}} (c\beta\sqrt{2K} \log|\log \rho^m\delta|)^{\frac{c}{2}}.$$

<u>Proof</u>. Given $(0,w) \in S'(n)$ the increments $f^{(-1)}(j2^{-n}\delta) - f^{(-1)}((j-1)2^{-n}\delta)$ remain independent, $1 \leq j < n$, and their conditional distribution is the same as that of $f^{(-1)}(2^{-n}\delta)$ given that $\max_{0<t<f^{(-1)}(2^{-n}\delta)} |X(t)| < cj2^{-n}\delta$. The Laplace transform of this conditional distribution is readily obtained from [4, Theorem 2.1], in which we set $\alpha = 2^{1-n}\delta$, $a = cj2^{-n}$, and square the result since the f of [4] is twice the present f and the sojourns in $(0,a)$ and $(-a,0)$ are independent.(3) Multiplying from $j = 1$ to k we obtain

$$(1.5) \qquad E(\exp - \lambda f^{(-1)}(k2^{-n}\delta)\,|\,(0,w) \in S'(n))$$
$$= \exp \sum_{j=1}^{k} \left(\frac{2}{cj} - 2^{1-n}\delta\sqrt{2\lambda}\ \mathrm{cotanh}(cj2^{-n}\delta\sqrt{2\lambda})\right).$$

Letting $k2^{-n}\delta = \varepsilon$ remain fixed as $n \longrightarrow \infty$ the exponent becomes

$$\lim_{n\to\infty} 2^{-n}\delta \sum_{j=1}^{k} \left(\frac{2^{n+1}}{cj\delta} - 2\sqrt{2\lambda}\ \mathrm{cotanh}\ cj2^{-n}\delta\sqrt{2\lambda}\right)$$
$$= \lim_{\varepsilon'\to 0} \int_{\varepsilon'}^{\varepsilon} \left(\frac{2}{cx} - 2\sqrt{2\lambda}\ \mathrm{cotanh}\ c\sqrt{2\lambda}\,x\right)dx$$
$$= -\frac{2}{c}\left(\log(\varepsilon^{-1}\sinh \varepsilon c\sqrt{2\lambda}) - \lim_{\varepsilon'\to 0}(\log c\sqrt{2\lambda} + o(\varepsilon')\right)$$
$$= -\frac{2}{c}\log((\varepsilon c\sqrt{2\lambda})^{-1}\sinh \varepsilon c\sqrt{2\lambda}),$$

and so the Laplace transform converges to

---

(3) The "check" on p. 179 of [4] has a mistaken integrand. It should be $\exp - (\alpha\sqrt{2\lambda}\ \mathrm{cotanh}\ a\sqrt{2\lambda})$.

$$(1.6) \qquad ((\varepsilon c\sqrt{2\lambda})(\sinh \varepsilon c\sqrt{2\lambda})^{-1})^{+\frac{2}{c}}.$$

Accordingly, the conditional distributions converge weakly, and the limits may be bounded by using $P\{R < k\} < e^{\lambda k} Ee^{-\lambda R}$, valid for any positive random variable R and $\lambda > 0$. Setting $\varepsilon = \beta\varphi_2(\rho^m\delta)$, $k = x\rho^m\delta$, and $\lambda = K(\rho^m\delta)^{-1}\log|\log \rho^m\delta|$, we have $\lambda k = Kx \log|\log \rho^m\delta|, \varepsilon c\sqrt{2\lambda} = c\beta\sqrt{2K}\log|\log \rho^m\delta|$, and using the fact that for large values of the argument we may replace $\sinh(\cdot)$ by $\frac{1}{2}\exp(\cdot)$ in (1.6), for large r and $m > r$ we obtain the required upper bound of Lemma 1.4.

To continue, let $\varepsilon' > 0$ be fixed and note that $\lim_{n\to\infty} P\{|X(t)| \le cf(t) + \varepsilon', 0 < f(t) < \delta|(0,w) \in S'(n)\} = 1$, as follows from $|X(t)| \le \mathcal{A}(0,f(t))$ in view of (1.4). On the other hand, since the limit distribution with transform (1.6) is concentrated near 0 for small ε, we have for any $\delta' > 0$ and $m > r$ sufficiently large, $\lim_{n\to\infty} P\{\rho^m\delta < f(\delta)|(0,w) \in S'(n)\} > 1-\delta'$. Therefore

$$(1.7) \qquad \lim_{n\to\infty} P\{\bigcup_{m=r}^{s}(\max_{0<t<\rho^m\delta} |X(t)| > c_0\varphi_2(\rho^m\delta))|(0,w) \in S'(n)\}$$

$$\le \lim_{n\to\infty} P\{\bigcup_{m=r}^{s}(cf(t) + \varepsilon' \ge |X(t)|, 0 < t < \rho^m\delta,$$

$$\text{and } \max_{0<t<\rho^m\delta} |X(t)| > c_0\varphi_2(\rho^m\delta))|(0,w) \in S'(n)\} + \delta'.$$

Thus if we set $T(m) = \inf\{t: cf(t) > c_o' \varphi_2(\rho^m \delta)\}$ for $c_o' < c_o$, and let $\varepsilon' \longrightarrow 0$, (1.7) will be bounded by

$$\lim_{n \to \infty} P\{\bigcup_{m=r}^{s} (T(m) < \rho^m \delta \text{ and } \max_{T(m) < t < \rho^m \delta} |X(t)| > c_o \varphi_2(\rho^m \delta)) \;|(0,w) \in S'(n)\} + \delta'.$$

Next, since $T(m)$ is a stopping time and $X(T(m)) = 0$, this limit is seen to be bounded by

$$(1.8) \qquad \lim_{n \to \infty} \sum_{m=r}^{s} \int_0^1 P\{\max_{0 < t < \rho^m \delta(1-x)} |X(t)| > c_o \varphi_2(\rho^m \delta)\} dF_{m,n}(x) + \delta',$$

where $F_{m,n}(x)$ is the conditional distribution function of $T(m)(\rho^m \delta)^{-1}$ given $\{(0,w) \in S'(n)\}$. Here we have $F_{m,n}(x) \leq P\{cf(x\rho^m \delta) > c_o' \varphi_2(\rho^m \delta) | (0,w) \in S'(n)\} \leq P\{f^{(-1)}(\frac{c_o'}{c} \varphi_2(\rho^m \delta)) < x\rho^m \delta | (0,w) \in S'(n)\}$. In applying Lemma 1.4 we may simply set $c_o' = c_o$ since the bound is continuous. Moreover, for large m the last factor may be absorbed by an arbitrarily small increase in the exponent $Kx - 2\beta\sqrt{2K}$, where $\beta = \frac{c_o}{c}$.

As for the integrand in (1.8), we use the standard inequality

$$(1.9) \qquad P\{\max_{0 < s < t} |X(s)| > k\} \leq 4P\{X(t) > k\} \leq \left(\frac{4}{k}\sqrt{\frac{t}{2\pi}}\right) \exp - \frac{k^2}{2t},$$

where the first factor on the right will be small for large m and may be replaced by unity. It follows from this and the weak convergence of the distributions in Lemma 1.4 that (1.8) is bounded by

$$(1.10)\quad \sum_{m=r}^{s} \int_0^1 \exp - \frac{c_o^2\varphi_2^2(\rho^m\delta)}{2\rho^m\delta(1-x)}\, d_x(|\log \rho^m\delta|^{Kx - \frac{2c_o}{c}\sqrt{2K}})$$

$$= \sum_{m=r}^{s} K \log|\log \rho^m\delta| \int_0^1 |\log \rho^m\delta|^{(-\frac{c_o^2}{2(1-x)} + Kx - \frac{2c_o}{c}\sqrt{2K})} dx + \delta'.$$

Now for given K the exponent is maximized at $x = 1 - c_o(\frac{1}{2K})^{+\frac{1}{2}}$, where it becomes $K - K^{\frac{1}{2}}c_o(\sqrt{2} + \frac{2^{3/2}}{c})$. We can easily minimize this over $K > 0$ to obtain the value $E(c_o) = -\frac{c_o^2}{4}(2 + \frac{8}{c} + \frac{8}{c^2})$. If we choose c_o to make this less than -1, then the integrals in (1.8) are of the order $m^{E(c_o)}$, which is the general term of a convergent series.

By choosing $c - 2$ small, this may be accomplished for any $c_o > \frac{1}{\sqrt{2}}$. Recalling that δ' in (1.7) does not depend on s we can then let $s \longrightarrow \infty$ and (1.7) will be strictly less than 1 if r is large. In view of Lemmas 1.3 and 1.2 this proves property (1.3), (a): $\lim_{s\to\infty} \lim_{n\to\infty} P(\Phi(S'(n,r,s))) > 0$, for any $c_o > \frac{1}{\sqrt{2}}$ when c and r are suitably chosen.

It remains only to prove (1.3), (b). The inclusion from right to left is obvious. Conversely, let $w \in \lim_{s\to\infty} \lim_{n\to\infty} \Phi(S'(n,r,s))$, and let $(w,\alpha_{n,s}) \in S'(n,r,s)$ for each (n,s). Keeping s fixed and choosing a subsequence we may assume that $\lim_{n\to\infty} \alpha_{n,s} = \alpha_s$ exists. We will show that $\lim_{n\to\infty} f^{(-1)}(\alpha_{n,s}) = f^{(-1)}(\alpha_s)$. In the contrary case, α_s would be the local time of an excursion of $X(t)$, and $\alpha_{n,s} < \alpha_s$ would hold for infinitely many n. This would contradict the definition of $S'(n,r,s)$ since $\mathcal{A}(\alpha_s-,\alpha_s) > 0$ is impossible when $\mathcal{A}(\alpha_{n,s},\alpha_{n,s} + k2^{-n}\delta) \leq ck2^{-n}\delta$, $1 \leq k < 2^n$, for $0 < \alpha_s - \alpha_{n,s}$ sufficiently small. It thus follows from the definitions that $(w,\alpha_s) \in \lim_{n\to\infty} S'(n,r,s)$. Similarly, let $\lim_{s\to\infty} \alpha_s = \alpha$ exist along a subsequence. Then $\lim_{s\to\infty} f^{(-1)}(\alpha_s) = f^{(-1)}(\alpha)$ in view of (1.4), and so $(w,\alpha) \in \lim_{s\to\infty} \lim_{n\to\infty} S'(n,r,s)$. This implies the result.

A very slight change in this proof also shows the existence of two-sided exceptional times.

<u>Corollary 1.2</u>. $P\{\exists t_o \in Z: \limsup_{h\to 0+} |X(t_o+\varepsilon_1)-X(t_o-\varepsilon_2)|(\varphi_2(h))^{-1} < k,$ $0 < \varepsilon_1,\varepsilon_2;\ \varepsilon_1 + \varepsilon_2 = h\} = 1$ for all $k > \frac{4}{3}$.

<u>Remark</u>. It is shown in [12] that for $t > 0$ $P\{\limsup_{h\to 0+} |X(t+\varepsilon_1)-X(t-\varepsilon_2)|(\varphi_2(h))^{-1} = \sqrt{2}\} = 1$ for t fixed. Since $\frac{4}{3} < \sqrt{2}$ the t_o obtained above is exceptional.

<u>Proof</u>. The argument of Lemma 1.2 also shows that $P\{\exists\alpha_o$ with $f^{(-1)}(\alpha_o) \leq 1$, and both $\mathcal{A}(\alpha_o,\alpha_o+\varepsilon) < c\varepsilon$ and $\mathcal{A}(\alpha_o-\varepsilon,\alpha_o) < c\varepsilon$, $0 < \varepsilon < \delta\} = 1$ for $c > 4$. Indeed, this is equivalent to α_o not being covered by the intervals $(\alpha-z,\alpha+z)$, and by the homogeniety of the Poisson process this is equivalent to replacing z

by 2z. The mean density is then $4c^{-1}y^{-2}$ and the integral converges for $c > 4$. Since the problem only involves the increments of $X(t)$ we can assign to $X(0)$ a uniform initial measure on $(-\infty,\infty)$ and obtain a stationary process, $-\infty < t < \infty$. Then the same proof given above, but with $c > 4$, applies both to $X(t_o+\varepsilon_1) - X(t_o)$ and to $X(t_o-\varepsilon_2) - X(t_o)$. The condition that $E(c_o) < -1$ becomes $c_o > \frac{2}{3}\sqrt{2}$, and since $\varphi_2(\varepsilon_1) + \varphi_2(\varepsilon_2) < \sqrt{2}\,\varphi_2(h)$ when $h = \varepsilon_1 + \varepsilon_2$ is small (as is not difficult to show) we obtain the constant $\frac{4}{3}$. The Corollary is proved.

References

1. A. Dvoretzky, On the oscillation of the Brownian motion process, Israel Jour. Math. Vol. 1, #4 (1963), 212-214.

2. K. Ito and H. P. McKean, Jr., Diffusion processes and their sample paths, Springer, Berlin, 1965.

3. F. Knight, Random walks and a sojourn density process of Brownian motion, Trans. Amer. Math. Soc. 109(1963), 56-86.

4. F. Knight, Brownian local times and taboo processes, Trans. Amer. Math. Soc. 143(1969), 173-185.

5. P. Lévy, Théorie de l'addition des variables aleatoires, Gauthier-Villars, Paris, 1954.

6. P. Lévy, Processus stochastiques et mouvement Brownien, Gauthier-Villars, Paris, 1948.

7. B. B. Mandelbrot, Renewal sets and random cutouts, Z. Wahrscheinlichkeitstheorie verw. Geb. 22(1972), 145-157.

8. H. P. McKean, Jr., Stochastic integrals, Academic Press, New York, 1968.

9. S. Orey and S. J. Taylor, How often on a Brownian path does the law of the iterated logarithm fail? To appear.

10. L. Shepp, Covering the line with random intervals, Z. Wahrscheinlichkeitstheorie verw. Geb. 23(1972), 163-170.

11. M. Silverstein, A new approach to local times, J. Math. Mech. 17(1968), 1023-1054.

12. S. J. Taylor, Exact asymptotic estimates of Brownian path variation, Duke Jour. 39(1972), 219-241.

Université de Strasbourg
Séminaire de Probabilités

SKOROKHOD STOPPING VIA POTENTIAL THEORY

by David Heath *

I. Introduction. We present here a potential-theoretic viewpoint of the construction of Skorokhod given in [2] for the proof of the following result:

If μ is a probability measure on $\mathbb{R}$ with $\int x^2\, d\mu < \infty$ and $\int x\, d\mu = 0$ then there exists a (randomized) stopping time T for Brownian motion (X_t , $t \geq 0$) starting at 0 such that the distribution of X_T is μ and $E(T) = \int x^2\, d\mu$.

The construction of [2] consists essentially of finding a monotone collection ($I(s)$, $s \in [0,1]$) of intervals in $\mathbb{R}$ such that the required stopping time may be defined as

$$T = \inf \{ t > 0 : X_t \notin I(S) \}$$

where S is a random variable independent of the Brownian motion, with distribution uniform on [0,1]. (Actually, in [2] the intervals are parameterized differently so that S has distribution μ.) Here is a proof which differs slightly from that of Skorokhod. To simplify the notation we restrict our attention (as did [2]) to the case in which μ has a continuous distribution function.

It is easy to see that under this hypothesis one can find a family of intervals ($I(s)$, $s \in [0,1]$) of the form $I(s) = (x_1(s), x_2(s))$ for which

a) $\mu(I(s)) = s$

and b) $\int_{I(s)} x\, d\mu = 0.$

Clearly x_1 and x_2 are strictly monotone functions, and they are essentially unique. Define T as above, and let ν be the distribution of X_T. We

* Visiting Strasbourg for 1973-74; supported by C.N.R.S. and N.S.F.

wish to show that $\nu = \mu$. It is obvious that conditions a) and b) remain true if μ is replaced by ν.

Let f be any bounded continuous function on $\mathbb{R}$ and let σ be any probability measure satisfying conditions a) and b). Define $J_s = \int_{I(s)} f\, d\sigma$. Clearly J is absolutely continuous; moreover, except on the countable set $\{ s\colon x_1 \text{ or } x_2 \text{ is not continuous at } s\}$, J is differentiable and one can easily check that

$$J_s' = \frac{-x_1(s)}{x_2(s)-x_1(s)} f(x_2(s)) + \frac{x_2(s)}{x_2(s)-x_1(s)} f(x_1(s)) .$$

Since $J_0 = 0$ and $J_1 = \int f\, d\sigma$, we see that

$$\int f\, d\sigma = \int_0^1 J_s'\, ds = \int_0^1 P_{I'(s)} f(0)\, ds$$

where $I'(s)$ is the complement of $I(s)$ and $P_{I'(s)}$ is the corresponding hitting operator for Brownian motion. From this we conclude that $\int f\, d\sigma$ depends only upon the family $(I(s))$ and hence $\int f\, d\nu = \int f\, d\mu$, so that $\nu = \mu$. The equation for $E(T)$ is easily obtained.

II. <u>Another Definition Of</u> $(I(s))$. The proof given above relies on the geometry of $\mathbb{R}$ both for selecting the intervals and for identifying ν with μ. We seek now another characterization of these intervals. Suppose now that μ has support in some bounded interval E and let $U\mu$ be the potential of μ in E given by

$$U\mu(x) = -2 \int_0^x F(y)\, dy + h(x)$$

where F is the distribution function of μ and h is a harmonic (i.e. linear) function chosen to make $U\mu$ vanish at the endpoints of E. Fix $s \in [0,1]$ and let $x_1 = x_1(s)$ and $x_2 = x_2(s)$. Define

$$t_i(x) = U\mu(x_i) + (x-x_i)(U\mu)'(x_i) \quad \text{for } i=1,2.$$

It is easy to check that because of the choice of $I(s)$, $t_1(0) = t_2(0)$. Further, one can check that the function g defined by

$$g(x) = \begin{cases} U\mu(x) & \text{if } x \notin (x_1,x_2) \\ t_1(x) & \text{if } x \in (x_1,0) \\ t_2(x) & \text{if } x \in [0,x_2) \end{cases}$$

is the potential of a probability measure with mass s at 0, mean 0, and agreeing with μ on $(-\infty,x_1)$ (x_2,∞). Notice that we have then

$$g = R(U\mu - sU\varepsilon_o) + sU\varepsilon_o ,$$

where ε_o is the probability measure assigning mass one to $\{0\}$ and Rf is the infimum of all supermedian functions dominating f. Also,

$$I(s) = \{ x: R(U\mu - sU\varepsilon_o) > U\mu - sU\varepsilon_o \}.$$

The purpose of the next two sections is to show that the above structure exists in at least slightly more generality.

III. <u>A Theorem Of Mokobodzki</u>. The result of this section is due to G. Mokobodzki (private communication) and is more general than we shall use. We suppose given a (sub-) Markovian semigroup; 'excessive' and 'supermedian' are with respect to this semigroup. As above, if f is any function we let Rf be the infimum of all supermedian functions dominating f and $R_A f = R(fI_A)$.

LEMMA. Suppose Rf is everywhere finite and $A = \{ f>(1-\varepsilon)Rf \}$ for some ε in $(0,1)$. Then $R_A Rf = Rf$.

PROOF. Set $g = R_A Rf$. Both on A and off A it is clear that $f \leq (1-\varepsilon)Rf + \varepsilon g$; hence this supermedian function dominates Rf. Since $g \leq Rf$, it is also dominated by Rf; hence $(1-\varepsilon)Rf + \varepsilon g = Rf$, so $g=Rf$. □

Now let a and b be excessive functions with a everywhere finite. For $t\varepsilon[0,1]$, let $\bar{t} = 1-t$ and define:

$$v_t = a - \bar{t}b\ , \qquad V_t = Rv_t ,$$

$$A_t^\varepsilon = \{ v_t > V_t - \varepsilon\bar{t}a \}, \qquad h_t^\varepsilon = R_{A_t^\varepsilon} b\ .$$

Clearly $V_t \leq a$, so $A_t^\varepsilon \supseteq \{ v_t > (1-\varepsilon\bar{t})\, V_t \}$; thus according to the lemma $R_{A_t^\varepsilon} V_t = V_t$. Moreover, for $\lambda \varepsilon [0,1]$ we have $v_{\lambda s + \bar{\lambda} t} = \lambda v_s + \bar{\lambda} v_t$; the subadditivity of R then shows that $V_{\bullet}$ is convex.

Fix x and consider the graphs of $V_t(x)$ (convex) and $v_t(x) + \varepsilon\bar{t}a(x)$ (linear). These functions are equal at t=1; hence $\{ t: V_t(x) < v_t(x) + \varepsilon\bar{t}a(x) \}$ is of the form [C,1]. This means that A_t^ε increases with t. As $\varepsilon \searrow 0$, $A_t^\varepsilon \searrow$, so $h_t^\varepsilon \searrow$; call its limit h_t. We then have the following:

THEOREM. $a - R(a-b) = \int_0^1 h_t \, dt$.

PROOF. Since $v_t = v_s + (t-s)b$, the subadditivity of R gives (for s<t) $V_t \leq V_s + (t-s)b$; apply $R_{A_t^\varepsilon}$ to get $V_t \leq V_s + (t-s)\, h_t^\varepsilon$.

In the other direction, on A_s^ε we have $v_s > V_s - \varepsilon\bar{t}a$, so that on A_s^ε, $V_t \geq v_t = v_s + (t-s)b > V_s - \varepsilon\bar{t}a + (t-s)b$. Thus $(V_t + \varepsilon\bar{t}a)\, I_{A_s^\varepsilon} \geq V_s I_{A_s^\varepsilon} + (t-s)\, I_{A_s^\varepsilon} b$. Since $R_{A_s^\varepsilon}$ is additive on supermedian functions, we obtain

$$V_t + \varepsilon\bar{t}a \geq R_{A_s^\varepsilon}(V_t + \varepsilon\bar{t}a) \geq R_{A_s^\varepsilon} V_s + (t-s)\, R_{A_s^\varepsilon} b = V_s + (t-s)\, h_s^\varepsilon\ .$$

Combining these, we obtain

$$h_s^\varepsilon - \frac{\varepsilon\bar{t}a}{(t-s)} \leq \frac{V_t - V_s}{(t-s)} \leq h_t^\varepsilon\ .$$

After letting $\varepsilon \searrow 0$, we see that the right derivative of $V_{\bullet}$ lies between $h_{\bullet}$ and $h_{\bullet+}$. Therefore $V_1 - V_0 = \int_0^1 h_t \, dt$ as desired. □

IV. <u>Skorokhod Stopping In $\mathbb{R}^N$</u>. Let E be a bounded ball about 0 in $\mathbb{R}^1$ or $\mathbb{R}^2$ or $E = \mathbb{R}^N$ for N>2. Let $(X_t, t \geq 0)$ be standard Brownian motion in $\mathbb{R}^N$ starting at 0 and killed when it leaves E, and let u and U be the associated potential kernel, as in Blumenthal and Getoor [1], p. 253. Let ε_0 be as before.

THEOREM. <u>Let μ be a probability measure with support in E satisfying</u>

$U\mu \leq U\varepsilon_0$ and $U\mu(0) < \infty$. There is then a monotone collection $(A(s), s\varepsilon[0,1])$ of subsets of E such that if S is independent of $(X_t, t\geq 0)$ with distribution uniform on $[0,1]$ and $T = \inf\{t>0: X_t \varepsilon A(S)\}$, then X_T has distribution μ.

PROOF. According to exercise (1.27) of Chapter VI of [1], $(X_t, t\geq 0)$ is in duality with itself relative to Lebesgue measure restricted to E. Set $a = U\mu$ and $b = U\varepsilon_0$; because of the regularity of Brownian motion we can set $\varepsilon=0$ in the proof of the previous theorem. Letting $A(s)=A_s^{0+}$ we obtain $a = \int_0^1 R_{A(s)} b\, ds$. It follows from Theorem (6.12) of Chapter II of [1] that $R_{A(t)}b = P_{A(t)}b$ almost everywhere (Lebesgue measure) for each $t\varepsilon[0,1]$. Using Fubini's theorem we can then conclude that $\int_0^1 R_{A(s)} b\, ds = \int_0^1 P_{A(s)} b\, ds$ almost everywhere. Since $P_{A(s)}b$ is a monotone function of s, its integral can be expressed as the limit of an increasing sequence of excessive functions and is therefore excessive. Since this integral is almost everywhere equal to a, an excessive function, by Proposition (1.3) of Chapter VI of [1], they must be equal, i.e., $a = \int_0^1 P_{A(s)} b\, ds$.

Suppose now that T is defined as in the statement of the theorem, and let ν be the distribution of X_T. Clearly $\nu(\cdot) = \int_0^1 P_{A(s)}(0,\cdot)\, ds$. Now $U\nu(x) = \int_0^1 \int_E u(x,z)\, P_{A(s)}(0,dz)\, ds = \int_0^1 P_{A(s)} u(x,0)\, ds = \int_0^1 P_{A(s)} b(x)\, ds = a(x)$, where the second equality follows from Theorem (1.16) of Chapter VI of [1]. Thus μ and ν have the same potential; by Proposition (1.15) of Chapter VI of [1], they must be equal. □

REFERENCES

[1] R. M. BLUMENTHAL and R. K. GETOOR Markov Processes and Potential Theory. Academic Press (1968).

[2] A. V. SKOROKHOD Studies In The Theory Of Random Processes. Addison-Wesley (1965).

Université de Strasbourg
Séminaire de Probabilités

THEOREMES de DERIVATION du TYPE de CELUI de LEBESGUE et CONTINUITE PRESQUE SURE des TRAJECTOIRES de CERTAINS PROCESSUS GAUSSIENS.

par B. HEINKEL

§0. INTRODUCTION.

Depuis plusieurs années, on a cherché à caractériser les processus gaussiens possédant des versions à trajectoires presque sûrement continues en fonction du module de continuité de leur covariance. Les méthodes employées partent, suivant le cas, directement de la covariance, ou l'emploient de manière indirecte par la méthode d'$\mathcal{E}$-entropie.

A la suite de l'exposé que N.C. JAIN et M.B. MARCUS [6] ont fait au Colloque International du C.N.R.S. (Strasbourg, 1973), X. FERNIQUE m'a proposé d'étudier la continuité presque sûre des trajectoires d'un processus gaussien en employant l'idée qu'il a utilisée dans l'exemple du § 3 de [1] , c'est-à-dire le fait suivant :

Si l'on considère un processus gaussien $\{X(t), t \in [0,1]\}$ à trajectoires presque sûrement continues, on a pour tout $t \in [0,1]$ et tout $\omega \in \Omega$:

$$X(t,\omega) = \lim_{r \to 0} \frac{1}{\lambda\{B_r(t)\}} \int_{B_r(t)} X(y,\omega)\, d\lambda(y) \tag{1}$$

où $B_r(t)$ désigne la boule ouverte de $[0,1]$ de centre t et de rayon r (pour la topologie usuelle) et λ la mesure de Lebesgue.

Nous allons faire cette étude dans le cadre suivant : considérons un processus gaussien $\{X(t), t \in [0,1]\}$ de covariance Γ , continue. Nous supposerons de plus :

(2) $$X_t \neq X_s \quad \text{si} \quad t \neq s$$

et nous poserons :

$$\Delta(s,t) = (E(X_s - X_t)^2)^{\frac{1}{2}} \quad \forall\ (s,t) \in [0,1] \times [0,1] \ .$$

Δ définit ainsi une distance sur $[0,1]$.

Il est alors naturel d'essayer de trouver une formule de dérivation analogue à (1) , mais où "on dérive le long d'ensembles du type $\{y : \Delta(x,y) < \varepsilon_n\}$ " , $\{\varepsilon_n\}_{n \in \mathbb{N}}$ étant une suite de nombres réels positifs décroissant vers 0 . Mais comme nous ne connaissons pas la régularité des trajectoires du processus $\{X(t), t \in [0,1]\}$, nous ne pourrons pas établir directement une telle formule et nous serons obligés de passer par le développement de Karhunen-Loève du processus $\{X(t), t \in [0,1]\}$.

Rappelons brièvement le procédé de construction du développement de Karhunen-Loève du processus $\{X(t), t \in [0,1]\}$:

D'après le Théorème de Mercer, <u>il existe une suite de fonctions continues</u> $\{\varphi_n\}_{n \in \mathbb{N}}$:

$$\varphi_n : [0,1] \to \mathbb{R}$$

<u>et une suite de nombres réels strictement positifs</u> $\{\lambda_n\}_{n \in \mathbb{N}}$, <u>telles que</u> :

(i) $\{\varphi_n\}_{n \in \mathbb{N}}$ <u>est un système orthonormal dans</u> $L^2([0,1], \mathcal{B}, \lambda)$

(ii) $\forall\ n \in \mathbb{N}$, $\forall\ x \in [0,1]$, <u>on a</u> :

$$\lambda_n \varphi_n(x) = \int_0^1 \Gamma(x,t) \varphi_n(t) d\lambda(t)$$

(iii) $\sum_{j=1}^{n} \lambda_j \varphi_j(s) \varphi_j(t)$ <u>converge uniformément vers</u> $\Gamma(s,t)$ <u>sur</u> $[0,1] \times [0,1]$.

Soit maintenant une suite de v.a.r. $\{\theta_n\}_{n\in\mathbb{N}}$, définies sur un espace probabilisé complet $(\Omega,\mathfrak{J},P)$ qui sera fixé dans toute la suite, gaussiennes, centrées, réduites et indépendantes. Pour tout $n\in\mathbb{N}$ et tout $t\in[0,1]$, on pose :

$$X_t^{(n)}(.) = \sum_{j=1}^{n} \sqrt{\lambda_j}\varphi_j(t)\theta_j(.) .$$

$\{X_t^{(n)}\}_{n\in\mathbb{N}}$ est appelé le développement de Karhunen-Loève du processus $\{X(t),t\in[0,1]\}$. Il est clair que la série de v.a. indépendantes $\sum_{j=1}^{\infty}\sqrt{\lambda_j}\varphi_j(t)\theta_j$ converge presque sûrement pour tout $t\in[0,1]$ fixé, vers une v.a. de même loi que $X(t)$; nous préciserons cette v.a. lorsque nous nous servirons du développement de Karhunen-Loève.

Nous établirons l'existence d'une version du processus à trajectoires presque sûrement continues en nous servant du résultat de N.C. JAIN et G. KALLIANPUR [5], à savoir qu'un processus gaussien $\{Y(t),t\in K\}$, où (K,d) est un espace métrique compact, admet une version à trajectoires presque sûrement continues si et seulement si son développement de Karhunen-Loève est uniformément presque sûrement convergent.

Pour établir cette convergence uniforme presque sûre, nous allons montrer que si la covariance Γ vérifie certaines hypothèses intégrales, la suite $\{X_{(.)}^{(n)}(\omega)\}_{n\in\mathbb{N}}$ est équicontinue. Un raisonnement classique sur les suites équicontinues nous permettra alors d'en déduire la convergence uniforme presque sûre de la suite $\{X_t^{(n)}\}_{n\in\mathbb{N}}$.

Pour établir cette équicontinuité, nous démontrerons d'abord directement une formule de dérivation du type de Lebesgue dans le cas des fonctions continues (cf. Lemme 5) car nous ne nous en servirons que pour les fonctions continues $X_{(.)}^{(n)}(\omega)$; nous démontrerons d'autre part cette formule de dérivation par des méthodes analogues à celles utilisées par C. PRESTON [7], [8] en prenant des hypothèses un peu moins restrictives que lui sur Δ, car nous nous servirons explicitement de la continuité des $\{X_{(.)}^{(n)}(\omega)\}_{n\in\mathbb{N}}$, alors qu'il utilisait des résultats établis dans [7], dans le cas de fonctions intégrables.

Cette deuxième démonstration nous donnera en corollaire l'équicontinuité de la suite $\{X^{(n)}_{(.)}(\omega)\}_{n \in \mathbb{N}}$.

Enonçons maintenant les résultats que nous allons établir.

§1. RESULTATS.

Soit un processus gaussien $\{X(t), t \in [0,1]\}$ à covariance continue. Nous supposerons de plus :

$$X_t \neq X_s \quad \text{si} \quad t \neq s .$$

On notera :

$$\Delta(s,t) = (E(X_s - X_t)^2)^{\frac{1}{2}} \quad \forall\ (s,t) \in [0,1] \times [0,1] .$$

Le résultat essentiel que nous établirons est le suivant :

THEOREME 1. - Supposons réalisée la condition suivante :

$$(3) \qquad \lim_{\varepsilon \downarrow 0} \sup_{x \in [0,1]} \int_0^\varepsilon \left(\operatorname{Log} \frac{1}{\lambda\{y : \Delta(x,y) < z\}}\right)^{\frac{1}{2}} d\lambda(z) = 0$$

où λ désigne la mesure de Lebesgue.

Alors $\{X(t), t \in [0,1]\}$ admet une version séparable à trajectoires presque sûrement continues.

Remarque : En fait l'hypothèse : $X_s \neq X_t$ si $s \neq t$ est trop forte.

Nous montrerons que l'énoncé du Théorème 1 est encore vrai si l'on suppose seulement :

$$\exists\ \varepsilon > 0 \,|\, \forall\ (x,y) \in [0,1] \times [\,0,1] \,,\ x \neq y \ \text{avec} : |x-y| \leq \varepsilon \Rightarrow \Delta(x,y) \neq 0 .$$

Cette remarque nous permettra d'obtenir la condition suffisante pour la continuité presque sûre des trajectoires d'un processus gaussien stationnaire donnée par N.C.JAIN et M.B.MARCUS dans [6] comme corollaire du Théorème 1, c'est-à-dire que nous établirons le résultat suivant :

THEOREME 2. - Soit $\{X(t), t\in[0,1]\}$ un processus gaussien séparable, stationnaire, à covariance continue, avec : $X(0) = 0$. On pose :

$$E\{X(t+h - X(t)\}^2 = \sigma^2(|h|) .$$

Soit $\overline{\sigma}$ le réarrangement croissant de σ . Supposons réalisée la condition suivante :

(4) $$I(\overline{\sigma}) = \int_0 \frac{\overline{\sigma}(u)}{u(\text{Log } \frac{1}{u})^{\frac{1}{2}}} d\lambda(u) < \infty .$$

Alors $\{X(t), t\in[0,1]\}$ possède une version séparable à trajectoires presque sûrement continues.

N.B. - Rappelons la définition de la fonction $\overline{\sigma}$.

Si l'on pose :

$$\mu(y) = \lambda\{h \in [0,1] : \sigma(h) < y\}$$

alors

$$\overline{\sigma}(h) = \sup\{y : \mu(y) < h\} .$$

Donnons maintenant la démonstration de ces deux théorèmes.

§2. DEMONSTRATION DU THEOREME 1 .

Avant de donner la démonstration de ce théorème, je vais rappeler quelques notions introduites par C. PRESTON dans [7] .

Supposons que Δ vérifie l'hypothèse (2) . Δ définit alors une distance sur $[0,1]$ et $([0,1]),\Delta)$ est un espace métrique compact. En effet :

Notons d la distance usuelle sur $[0,1]$. Alors l'application identique de $([0,1,d)$ dans $([0,1],\Delta)$ est une application continue d'un espace métrique compact sur un espace métrique ; c'est donc un homéomorphisme de $([0,1],d)$ sur $([0,1],\Delta)$ et de ce fait $([0,1],\Delta)$ est un espace compact.

Soit Ψ la fonction définie de la façon suivante :

$$\Psi : \mathbb{R} \to \mathbb{R}^+$$
$$x \mapsto e^{\frac{x^2}{4}} .$$

Posons :

$$\mathcal{F} = \{f : f \in L^1[0,1] \mid \exists\, \alpha > 0 \text{ avec } : \int_0^1 \int_0^1 \exp \tfrac{1}{4} \{\frac{f(s)-f(t)}{\alpha\Delta(s,t)}\}^2 \, d\lambda(s)d\lambda(t) < \infty\}$$

$\mathcal{F}$ est un espace de Banach muni de la norme suivante :

$$\|f\| = \|f\|_1 + \|\delta f\|_\Psi$$

où :

$$\|\delta f\|_\Psi = \inf\{\alpha > 0 : \int_0^1 \int_0^1 \exp \tfrac{1}{4}\{\frac{f(s)-f(t)}{\alpha\Delta(s,t)}\}^2 \, d\lambda(s)d\lambda(t) \le 1\} .$$

Introduisons maintenant quelques notations techniques :

$D_r(x)$ sera la boule ouverte de centre x et de rayon r , pour la distance Δ . Pour toute fonction $f \in L^1[0,1]$, on posera :

$$f_r(x) = \frac{1}{\lambda\{D_r(x)\}} \int_{D_r(x)} f(y)d\lambda(y) .$$

De même, pour tout $A \in B[0,1]$, avec $\lambda(A) > 0$:

$$f_A = \frac{1}{\lambda(A)} \int_A f(y)d\lambda(y) .$$

Nous allons établir maintenant le Théorème 1 . Pour cela nous montrerons d'abord que les notions que nous venons d'introduire sont bien adaptées à l'étude du processus $\{X(t), t \in [0,1]\}$ vérifiant les hypothèses du Théorème 1 .

LEMME 1. - <u>Il existe un ensemble négligeable</u> $U \subset \Omega$, <u>tel que pour tout</u> $\omega \in U^c$ <u>et tout</u> $n \in \mathbb{N}$, $X^{(n)}_{(\cdot)}(\omega) \in \mathcal{F}$.

<u>Démonstration du Lemme 1</u> : En calculant $E\{\int_0^1 X_t^{(n)^2}(\cdot)d\lambda(t)\}$ par le Théorème de Fubini, on voit qu'il existe un ensemble négligeable N , tel que pour tout $\omega \in N^c$ et tout $n \in \mathbb{N}$, on ait : $X^{(n)}_{(\cdot)}(\omega) \in L^1[0,1]$.

Pour tout $n \in \mathbb{N}$, on pose :

$$Y_n(s,t) = \frac{X_s^{(n)} - X_t^{(n)}}{\Delta(s,t)} \quad \forall\ (s,t) \in [0,1] \times [0,1]\ ,\ s \neq t$$

et

$$Y_n(t,t) = 0 \qquad \forall\ t \in [0,1]\ .$$

Pour $s \neq t$, $Y_{n}(s,t)$ est une v.a. gaussienne centrée, d'écart-type ≤ 1 .

On remarque que la fonction :

$$(\omega, s,t) \mapsto Y_{n}(s,t)(\omega)$$

est mesurable de $(\Omega \times [0,1] \times [0,1], \mathcal{J} \times \mathcal{B}[0,1] \times \mathcal{B}[0,1])$ dans $(\mathbb{R}, \mathcal{B}(\mathbb{R}))$.
Par application des Théorèmes de Fubini et du transfert, on aura donc :

$$E \int_0^1 \int_0^1 \exp \tfrac{1}{4}\, (Y_{n}(s,t))^2 d\lambda(s) d\lambda(t) < \infty\ .$$

On en déduit que l'on a, pour presque tout $\omega \in \Omega$:

$$\int_0^1 \int_0^1 \exp \tfrac{1}{4}\, \{\frac{X_t^{(n)}(\omega) - X_s^{(n)}(\omega)}{\Delta(s,t)}\}^2 d\lambda(s) d\lambda(t) < \infty\ .$$

D'où le lemme 1 .

Etablissons maintenant le Théorème de dérivation dont nous aurons besoin ; sa démonstration est analogue à celle de certains résultats de C. PRESTON ; nous n'en donnerons donc qu'une rédaction succinte.

PROPOSITION 1. - Supposons que la condition suivante soit réalisée :

$$\lim_{\varepsilon \downarrow 0}\ \sup_{x \in [0,1]} \int_0^{\varepsilon} (\mathrm{Log} \frac{1}{\lambda\{y : \Delta(x,y) < z\}})^{\frac{1}{2}} d\lambda(z) = 0\ .$$

Soit f une fonction continue, $f \in \mathcal{J}$. Posons :

$$\int_0^1 \int_0^1 \exp \tfrac{1}{4}\, \{\frac{f(s) - f(t)}{\Delta(s,t)}\}^2 d\lambda(s) d\lambda(t) \leq c < \infty\ .$$

Alors on a, pour tout $(x,y) \in [0,1] \times [0,1]$:

$$(5) \qquad |f(x)-f(y)| \leq 20 \sup_{z\in[0,1]} \int_0^{\Delta(x,y)} \left(\mathrm{Log} \frac{\sqrt{c}}{\lambda\{t : \Delta(z,t) < \frac{u}{2}\}}\right)^{\frac{1}{2}} d\lambda(u) .$$

Démonstration de la Proposition 1 : Elle nécessite l'établissement de plusieurs lemmes.

LEMME 2. - Soit $f \in \mathfrak{F}$, avec :

$$\int_0^1 \int_0^1 \exp \tfrac{1}{4} \left\{\frac{f(s)-f(t)}{\Delta(s,t)}\right\}^2 d\lambda(s)d\lambda(t) \leq c < \infty .$$

Soient F et $G \in \mathcal{B}[0,1]$, avec : $\lambda(F)\lambda(G) > 0$. Alors, on a :

$$|f_F - f_G| \leq 2\left(\mathrm{Log} \frac{c}{\lambda(F)\lambda(G)}\right)^{\frac{1}{2}} d_0$$

où : $d_0 = \sup\{\Delta(x,y) : x \in F, y \in G\}$.

Démonstration du Lemme 2 : On a :

$$\frac{1}{\lambda(F)\lambda(G)} \int_F \int_G \exp \tfrac{1}{4} \left\{\frac{f(s)-f(t)}{d_0}\right\}^2 d\lambda(s)d\lambda(t) \leq \frac{c}{\lambda(F)\lambda(G)} .$$

Par utilisation de l'inégalité de Jensen, on arrive aisément à :

$$\left|\frac{1}{\lambda(F)\lambda(G)} \int_F \int_G (f(s)-f(t))d\lambda(s)d\lambda(t)\right| \leq 2d_0\left(\mathrm{Log} \frac{c}{\lambda(F)\lambda(G)}\right)^{\frac{1}{2}}$$

ce qui est bien le résultat annoncé.

LEMME 3. - Soit $x \in [0,1]$ tel que :

$$\int_0^1 \left(\mathrm{Log} \frac{\sqrt{c}}{\lambda\{y : \Delta(x,y) < u\}}\right)^{\frac{1}{2}} d\lambda(u) < \infty .$$

Alors, pour la fonction f considérée au Lemme 2, $\lim_{r\to 0} f_r(x)$ existe.

Démonstration du Lemme 3 : La démonstration est exactement la même que celle du Lemme 3 de [7] avec la simplification que la suite $(r_n)_{n\in\mathbb{N}}$ qu'on utilise est $r\,2^{-n}$. Je ne donnerai donc pas le détail de la rédaction.

Soit $x \in [0,1]$; on définit l'application β_x suivante :

$$\beta_x : \mathbb{R}^+ \to \mathbb{R}^+$$

$$\beta_x(u) = \sqrt{2}(\mathrm{Log}\, \frac{\sqrt{c}}{\lambda\{y : \Delta(x,y) < \frac{u}{2}\}})^{\frac{1}{2}}.$$

Notons d'autre part $f_0(x)$ la limite définie au Lemme 3 . On a le résultat suivant :

LEMME 4. - <u>Supposons que pour tout</u> $x \in [0,1]$, <u>on ait</u> :

$$\int_0^1 \beta_x(u)d\lambda(u) < \infty .$$

<u>Alors, pour tout</u> $(x,y) \in [0,1] \times [0,1]$:

$$|f_0(x)-f_0(y)| \le 5 \int_0^{\Delta(x,y)} (\beta_x(u)+\beta_y(u))d\lambda(u) .$$

Là encore, je ne donnerai pas la démonstration, car elle est similaire à celle du Lemme 4 de [7] .

Nous venons donc d'établir que pour tout $(x,y) \in [0,1] \times [0,1]$:

$$|f_0(x)-f_0(y)| \le 20 \sup_{z \in [0,1]} \int_0^{\Delta(x,y)} (\mathrm{Log}\, \frac{\sqrt{c}}{\lambda\{t : \Delta(z,t) < \frac{u}{2}\}})^{\frac{1}{2}} d\lambda(u) .$$

Pour achever la démonstration de la Proposition 1 , il suffit d'établir maintenant que $f_0 = f$. C'est l'objet du Lemme 5 .

LEMME 5. - <u>Soit</u> g <u>une fonction continue,</u> $g : [0,1] \to \mathbb{R}$.

<u>Soit d'autre part</u> $\{r_n\}_{n \in \mathbb{N}}$ <u>une suite de nombres réels positifs décroissant vers</u> 0 . <u>Alors on a</u> :

$$\forall x \in [0,1] \quad \lim_{n\to\infty} g_{r_n}(x) = g(x) .$$

<u>Démonstration du Lemme 5</u> : Montrons d'abord que : $\lim_{n\to\infty} \lambda\{D_{r_n}(x)\} = 0$.

La suite $\{D_{r_n}(x)\}_{n\in\mathbb{N}}$ étant décroissante, on a :

$$\lim_{n\to\infty} \lambda\{D_{r_n}(x)\} = \lambda\{y : \Delta(x,y)=0\} = 0$$

(car on a supposé que : $s \neq t \Rightarrow X_s \neq X_t$).

Soit B_n la plus petite boule fermée (au sens de la topologie usuelle de $[0,1]$) de centre x , contenant $D_{r_n}(x)$. Soit s_n son rayon.

L'identité étant une application continue de $([0,1],\Delta)$ dans $([0,1],d)$, on a :

$$\forall\, \varepsilon > 0 \quad \exists\, \eta > 0 \quad \Delta(x,y) < \eta \Rightarrow d(x,y) < \varepsilon .$$

D'où l'on déduit :

$$\lim_{n\to\infty} s_n = 0 .$$

La continuité de g entraîne que pour tout $n\in\mathbb{N}$, il existe α_n et β_n éléments de B_n , tels que :

$$\forall\, u \in B_n : g(\alpha_n) \leq g(u) \leq g(\beta_n) .$$

D'où : $g(\alpha_n) \leq g_{r_n}(x) \leq g(\beta_n)$.

On en déduit le Lemme 5 par passage à la limite sur n .

Ceci achève la démonstration de la Proposition 1 .

Notre but est maintenant d'appliquer la relation (5) aux fonctions continues $X_{(\cdot)}^{(n)}(\omega)$. Plus précisément, nous voulons mettre en évidence une v.a. positive presque sûrement finie B , telle que l'on ait, pour tout $\omega\in\Omega$ tel que $B(\omega)<\infty$ et pour tout $n\in\mathbb{N}$:

$$|X_s^{(n)}(\omega)-X_t^{(n)}(\omega)| \leq 20 \sup_{x\in[0,1]} \int_0^{\Delta(s,t)} \left(\mathrm{Log}\,\frac{B^{\frac{1}{2}}(\omega)}{\lambda\{y : \Delta(x,y)<\frac{u}{2}\}}\right)^{\frac{1}{2}} d\lambda(u) .$$

Pour avoir la continuité presque sûre des trajectoires d'une version du processus $\{X(t), t\in[0,1]\}$ du Théorème 1 , il suffira de faire un raisonnement d'équicontinuité montrant que la suite $\{X_t^{(n)}\}_{n\in\mathbb{N}}$ est uniformément presque sûrement convergente.

Démontrons donc ces 2 derniers résultats :

LEMME 6. - Soit B la v.a. définie de la manière suivante :

$$B(\omega) = \sup_n \int_0^1 \int_0^1 \exp \tfrac{1}{4} \{\frac{X_s^{(n)}(\omega)-X_t^{(n)}(\omega)}{\Delta(s,t)}\}^2 d\lambda(s)d\lambda(t) .$$

Alors B est presque sûrement finie et $E(B)<\infty$.

Démonstration du Lemme 6 : Elle est analogue à celle donnée par A.M. GARSIA dans [3] ou à celle de la Proposition 3.a) de [4] .

Nous allons quand même la donner car elle est intéressante.

Soient s et t , 2 éléments de $[0,1]$, fixés, avec $s \neq t$. On posera, comme précédemment :

$$Y_n(s,t) = \frac{X_s^{(n)}-X_t^{(n)}}{\Delta(s,t)} \qquad \forall\, n\in\mathbb{N} .$$

Soit :

$$G : \mathbb{R} \to \mathbb{R}^+$$
$$G(x) = e^{\frac{1}{8}x^2} .$$

Il est clair que les $\{G\{Y_n(s,t)\}\}_{n\in\mathbb{N}}$ forment une sous-martingale ; de plus, les v.a. $Y_n(s,t)$ sont gaussiennes, centrées, d'écart-type ≤ 1 . On a donc :

$$E\{\max_{m\leq n} G^2\{Y_m(s,t)\}\} \leq 4E\{G^2\{Y_n(s,t)\}\} \leq 4\sqrt{2} .$$

Et cette relation est encore vraie pour $s = t$.

Par application du Théorème de Fubini, il vient :

$$E[\int_0^1 \int_0^1 \max_{m\leq n} G^2\{Y_m(s,t)\}d\lambda(s)d\lambda(t)] \leq 4\sqrt{2} .$$

En appliquant maintenant le Théorème de convergence monotone, on aura :

$$E\left[\int_0^1\int_0^1 \sup_n G^2\{Y_n(s,t)\}d\lambda(s)d\lambda(t)\right] \le 4\sqrt{2}.$$

D'où également :

$$E\left[\sup_n \int_0^1\int_0^1 G^2\{Y_n(s,t)\}d\lambda(s)d\lambda(t)\right] \le 4\sqrt{2}.$$

Ceci entraine bien le Lemme 6 .

Voici enfin le Lemme 7 qui terminera la démonstration du Théorème 1 :

LEMME 7. - <u>Il existe un ensemble mesurable</u> $\Omega_0 \subset \Omega$, <u>de probabilité 1 , tel que pour tout</u> $\omega \in \Omega_0$, <u>la suite</u> $\{X_{(.)}^{(n)}(\omega)\}_{n\in\mathbb{N}}$ <u>converge uniformément sur</u> $[0,1]$.

<u>Démonstration du Lemme 7</u> : Là encore la démonstration est du même type que celle de A.M. GARSIA [3] et que celle de la Proposition 3.c) de [4] . Pour les mêmes raisons que précédemment, nous en donnerons quand même une rédaction succinte.

Les fonctions $X_{(.)}^{(n)}(\omega)$ étant continues et appartenant presque sûrement à $\mathfrak{F}$, le Lemme 6 et la Proposition 1 nous permettent d'écrire pour tout $n\in\mathbb{N}$ et pour presque tout $\omega\in\Omega$:

$$(6) \qquad |X_s^{(n)}(\omega)-X_t^{(n)}(\omega)| \le 20 \sup_{x\in[0,1]} \int_0^{\Delta(s,t)} \left(\text{Log}\, \frac{B^{\frac{1}{2}}(\omega)}{\lambda\{y : \Delta(x,y) < \frac{u}{2}\}}\right)^{\frac{1}{2}} d\lambda(u) .$$

La série de v.a. indépendantes définie par $S(t,.) = \sum_{n=1}^{\infty} \sqrt{\lambda_n}\varphi_n(t)\theta_n(.)$ converge presque sûrement pour tout $t\in[0,1]$ fixé. L'équicontinuité pour presque tout $\omega\in\Omega$ de la suite $\{X_{(.)}^{(n)}(\omega)\}_{n\in\mathbb{N}}$ (donnée par (6)) et le fait que $([0,1],d)$ est compact entraînent que pour presque tout $\omega\in\Omega$, la suite $\{X_{(.)}^{(n)}(\omega)\}$ converge uniformément vers une fonction continue $Y_{(.)}(\omega)$.

Le Lemme 7 est donc bien établi.

Soit $H(\Gamma)$ l'espace reproduisant associé à Γ . $H(\Gamma)$ étant isomorphe à $L^2(X_t, t\in[0,1])$, $\{X_t^{(n)}\}_{n\in\mathbb{N}}$ converge dans $L^2(\Omega,\mathfrak{J},P)$ vers X_t , pour tout $t\in[0,1]$ (cf. [5]).

D'après ce qui précède on aura donc :

$$\forall\ t \in [0,1] \qquad Y_t(\omega) = X_t(\omega)$$

presque sûrement ce qui achève la démonstration du Théorème 1 .

<u>Remarque relative à la restriction des hypothèses faites sur</u> Δ : Au lieu de supposer : $x = y \Leftrightarrow \Delta(x,y) = 0$ exigeons seulement :

$$\exists\ \varepsilon > 0 |\ |x-y| \leq \varepsilon \ \text{ et } \ x \neq y \Rightarrow \Delta(x,y) \neq 0$$

et montrons que la conclusion du Théorème 1 est encore valable. Pour cela, considérons le processus gaussien $\{Y(t), t \in [0,1]\}$ défini par :

$$Y(t) = X(\varepsilon t) .$$

D'après le raisonnement précédent, il admet une version séparable à trajectoires presque sûrement continues.

Le changement de temps : $\quad [0,\varepsilon] \rightarrow [0,1]$

$$t \rightarrow \frac{1}{\varepsilon} t$$

étant continu, $\{X(t), t \in [0,1]\}$ admet également une version séparable à trajectoires presque sûrement continues.

Le Théorème 1 est donc encore valable avec la restriction d'hypothèses que nous avons faite.

L'utilité essentielle de cette remarque est de nous permettre de montrer que le Théorème 2 dû à N.C. JAIN et M.B. MARCUS [6] est un corollaire du Théorème 1 .

§3. DEMONSTRATION DU THEOREME 2.

Considérons un processus gaussien stationnaire basé sur $\mathbb{R}$, tel que la restriction à $[0,1]$ de σ (défini plus haut) vérifie les hypothèses du Théorème 2 . Si $\sigma \equiv 0$ la conclusion du Théorème 2 est trivialement vérifiée ; nous supposerons donc $\sigma \not\equiv 0$.

Montrons tout d'abord que la covariance est du type précédent :

LEMME 8.

$$\exists\, \varepsilon > 0 \mid\ |x-y| \leq \varepsilon\ ,\ x \neq y \Rightarrow \sigma(|x-y|) \neq 0\ .$$

Démonstration du Lemme 8 : La restriction de σ à $[0,1]$ étant continue, σ est continue. S'il existe $x \neq 0$ tel que $\sigma(x) = 0$, alors σ est périodique de période x . Supposons qu'il existe une suite $(x_n)_{n \in \mathbb{N}}$ telle que $x_n \neq 0$ pour tout $n \in \mathbb{N}$ et $\lim_{n \to \infty} x_n = 0$, avec de plus : $\sigma(x_n) = 0$ pour tout $n \in \mathbb{N}$. Alors σ est périodique, continue, de période 0 ; donc $\sigma \equiv 0$.

Comme nous avons écarté ce cas nous pouvons en conclure :

Si σ est non périodique, $\varepsilon = 1$ vérifie la conclusion du Lemme 8 . Si σ est périodique de plus petite période positive p , $\varepsilon = \frac{p}{2}$ vérifie la conclusion du Lemme 8 .

Montrons maintenant que l'hypothèse intégrale de N.C. JAIN et M.B. MARCUS entraine celle du Théorème 1 :

LEMME 9 . – L'hypothèse

$$I(\overline{\sigma}) = \int_0^{\varepsilon} \frac{\overline{\sigma}(u)}{u(\text{Log } \frac{1}{u})^{\frac{1}{2}}}\, d\lambda(u) < \infty$$

entraine $\exists\, \alpha > 0$ tel que :

$$\int_0^{\alpha} (\text{Log } \frac{1}{\lambda\{x : \sigma(x) < u\}})^{\frac{1}{2}} d\lambda(u) < \infty\ .$$

Démonstration du Lemme 9 : Soit I l'intégrale suivante :

$$I = \int_0^\alpha (\mathrm{Log}\,\frac{1}{\lambda\{x : \sigma(x) < u\}})^{\frac{1}{2}} d\lambda(u)\,.$$

On définit la v.a. X suivante :

$$([0,1],\mathcal{B}[0,1],\lambda) \xrightarrow{X} ([0,1],\mathcal{B}[0,1])$$

$$x \mapsto \mu(x)\,.$$

Il est évident que la fonction de répartition de X est $\bar{\sigma}$.

Calculons maintenant l'intégrale I.

Elle est égale à l'espérance de la v.a. $Y = (\mathrm{Log}\,\frac{1}{X})^{\frac{1}{2}} I_{X \le X(\alpha)}$.

Pour calculer l'espérance de Y, on va appliquer le résultat classique suivant : soit une v.a.r. $Z \geq 0$, de fonction de répartition F, de loi P_Z ; alors, on a :

$$E(Z) = \int_0^\infty t\, d P_Z(t) = \int_0^\infty (1-F(t))d\lambda(t)\,.$$

D'où :

$$E(Y) = \int_0^\infty \lambda\{h : (\mathrm{Log}\,\frac{1}{X(h)})^{\frac{1}{2}} I_{X(h) \le X(\alpha)} > t\} d\lambda(t)\,.$$

Or :

$$\lambda\{h : (\mathrm{Log}\,\frac{1}{X(h)})^{\frac{1}{2}} I_{X(h) \le X(\alpha)} > t\} = \lambda\left\{u : \begin{array}{l} \mu(u) \le \mu(\alpha) \\ \mu(u) < e^{-t^2} \end{array}\right\}.$$

Ceci s'écrit encore :

$$\lambda\{h : (\mathrm{Log}\,\frac{1}{X(h)})^{\frac{1}{2}} I_{X(h) \le X(\alpha)} > t\} = \lambda\{u : \mu(u) \le \mu(\alpha)\ ;\ \mu(u) \le e^{-t^2}\}$$

$$= \bar{\sigma}\{\inf\,(\mu(\alpha)\,,\, e^{-t^2})\}\,.$$

Donc :

$$I = E(Y) = \int_0^\infty \bar{\sigma}\{\inf(\mu(\alpha), e^{-t^2})\} d\lambda(t)$$

$$= \int_0^{(\mathrm{Log}\frac{1}{\mu(\alpha)})^{\frac{1}{2}}} \bar{\sigma}(\mu(\alpha)) d\lambda(t) + \int_{(\mathrm{Log}\frac{1}{\mu(\alpha)})^{\frac{1}{2}}}^\infty \bar{\sigma}(e^{-t^2}) d\lambda(t) .$$

La première de ces intégrales est finie. Calculons la deuxième par changement de variable, en posant $e^{-t^2} = u$. Elle devient :

$$\int_0^{\mu(\alpha)} \frac{\bar{\sigma}(u)}{2u(\mathrm{Log}\frac{1}{u})^{\frac{1}{2}}} d\lambda(u) .$$

Cette intégrale est finie par hypothèse et ceci termine la démonstration du Lemme 9 .

Donc le Théorème 2 est bien un corollaire du Théorème 1 .

CONCLUSION

Le Théorème 1 peut être généralisé au cas de processus gaussiens basés sur des ensembles beaucoup plus généraux que $([0,1],d)$. Ainsi, X. FERNIQUE [2] a établi une condition suffisante de continuité presque sûre des trajectoires dans le cas d'un processus gaussien basé sur un espace probabilisé arbitraire $(T,\mathcal{T},\mu)$ dont la covariance vérifie une condition intégrale analogue à celle du Théorème 1 . Sa démonstration, radicalement différente de celle du Théorème 1 , utilise une méthode d'approximations finies du processus.

Strasbourg, le 20 Novembre 1973.

B. HEINKEL,

INSTITUT DE RECHERCHE MATHEMATIQUE AVANCEE

Laboratoire Associé au C.N.R.S.
Université Louis-Pasteur
7, rue René Descartes

67084 STRASBOURG Cédex

REFERENCES

[1] X. FERNIQUE — Régularité des Processus Gaussiens. Inventiones Math., 12 (1971), P. 304-320.

[2] X. FERNIQUE — Des résultats nouveaux sur les Processus Gaussiens. Preprint.

[3] A.M. GARSIA — Continuity properties of multi-time-dimensional Gaussian Processes. Proc. Sixth Berkeley Symp. Math. Statist. Prob. Univ. of California Press.

[4] B. HEINKEL — Une condition suffisante pour la continuité presque sûre des trajectoires de certains Processus Gaussiens. Lecture Notes, n° 321, "Séminaire de Probabilités n° VII", P. 77-94.

[5] N.C. JAIN et G. KALLIANPUR — A note on uniform convergence of stochastic processes. Ann. Math. Stat. Vol. n° 41-4 (1970), P. 1360-1362.

[6] N.C. JAIN et M.B. MARCUS — Sufficient conditions for the continuity of stationary Gaussian Processes and applications to random series of functions. Colloque international du C.N.R.S., Strasbourg (1973), à paraître.

[7] C. PRESTON — Banach spaces arising from some integral inequalities. Indiana Univ. Math. J (1971)(20), P. 997-1015.

[8] C. PRESTON — Continuity properties of some Gaussian Processes. Ann. Math. Stat. Vol. n° 43-1 (1972), P. 285-292.

Université de Strasbourg
Séminaire de Probabilités 1972/73

ENSEMBLES ALEATOIRES MARKOVIENS HOMOGENES

INTRODUCTION et BIBLIOGRAPHIE

Les quatre exposés groupés sous ce titre avaient pour but d'exposer, d'une part la thèse de MAISONNEUVE sur les " systèmes régénératifs", et d'autre part le travail récent de GETOOR-SHARPE sur les " last exit decompositions" . Chemin faisant, la rédaction initiale (due à MEYER) s'est beaucoup modifiée, et s'est écartée de plus en plus des deux modèles. La contribution de MAISONNEUVE y est aussi devenue si importante (en particulier, par l'amélioration de beaucoup de preuves) que les exposés III et IV sont signés par MAISONNEUVE et MEYER.

La notion de système régénératif apporte un langage commun à tout un ensemble de travaux se rattachant à l'idée suivante : décrire un processus stochastique qui se trouve être markovien " sur " un certain ensemble aléatoire fermé M , au moyen de son comportement sur M et de la structure de ses "excursions" hors de M. Il faut comparer cette idée à celle du calcul des probabilités classique : lorsqu'un processus, par exemple une chaîne de Markov, admet un " imbedded renewal process" , on peut le décrire comme une succession de morceaux indépendants et de même loi, mis bout à bout.

Lorsque le processus que l'on analyse est tout entier markovien, et non seulement markovien sur M, on peut pousser la description plus loin, en introduisant un semi-groupe "tué" qui donne la structure des excursions. On rencontre alors des problèmes classiques en théorie des processus de Markov : décomposition d'une diffusion en processus à la frontière et processus à l'intérieur (travaux de MOTOO, OKABE, SATO, UENO...) ; frontières idéales des chaînes de Markov et étude probabiliste du "retour de l'infini" (CHUNG, WILLIAMS...) ; étude d'un processus de Markov au voisinage d'un point (ITO, KINGMAN...). La forme de ces résultats sur les processus de Markov qui semble assez générale pour les unifier tous est celle de GETOOR-SHARPE (après un travail remarquable de PITTENGER-SHIH). Nous la présentons dans l'exposé II.

Les exposés III et IV contiennent les résultats essentiels de MAISONNEUVE. Dans l'exposé III, on associe à un processus " markovien sur M" un vrai processus de Markov, le processus d'incursions. Le résultat donné ici est techniquement meilleur que celui que MAISONNEUVE publiera de son côté : là où l'on construisait un processus fortement markovien, nous obtenons ici un processus de Markov droit. Cela permet d'appliquer directement à un tel processus toute la théorie classique des processus de Markov. Mais à quel prix ! Nous pataugeons pendant des dizaines de pages dans de la bouillasse de fonctions presque boréliennes et de complémentaires d'analytiques.

La récompense vient dans l'exposé IV, où nous présentons l'idée de MAISONNEUVE, suivant laquelle toute la structure des excursions est contenue dans le système de LEVY du processus d'incursions. En particulier, nous donnons une nouvelle démonstration des résultats de GETOOR-SHARPE .

Un court exposé V contient des applications aux chaînes de Markov.

SOURCES DES EXPOSES

Nous avons cité les sources directes : MAISONNEUVE, GETOOR-SHARPE. Mais il est impossible d'aborder un pareil sujet sans faire un peu d'histoire, et payer quelques dettes à des auteurs qui ne sont pas directement cités.

L'idée des systèmes régénératifs vient en ligne droite de celle des " Markov sets" , qui généralise au temps continu celle des " phénomènes récurrents" du livre de FELLER. Au départ, il semble que le problème ait été posé par KOLMOGOROV, traité rigoureusement (mais dans un système d'axiomes inutilisable) par KRYLOV-JUŠKEVIČ [14], puis par HOFFMANN-JØRGENSEN [12] avec des axiomes beaucoup plus maniables. Tous ces auteurs utilisent le processus qui correspond, pour la théorie du renouvellement en temps discret, au processus de l'âge : c'est MAISONNEUVE qui a eu l'idée de le remplacer par le processus représentant le reste de vie , qui est bien meilleur. D'autres aspects de la question ont été traités par J.HOROWITZ, par KINGMAN...

Le travail de GETOOR-SHARPE se trouve à l'intersection de deux autres "lignes" : d'une part celle de la théorie du balayage des fonctionnelles additives, et d'autre part celle des frontières . Dans la première ligne, il y a les nombreux travaux de GETOOR lui même, les travaux d'AZEMA [1],[2], qui ont (d'après GETOOR) joué un grand rôle dans la genèse du travail de GETOOR-SHARPE. Dans la seconde,les articles de CHUNG [5],[6] (qui ont fourni par exemple des modèles concrets pour les lois d'entrée non bornées de la théorie) , et deux articles très proches des idées de GETOOR-SHARPE : un remarquable article de MOTOO [19] déjà ancien, qui a été peu lu par suite de ses difficultés techniques (il ne figure pas dans la bibliographie de GETOOR-SHARPE), et un article tout récent de DYNKIN [9]. Bien entendu, il faut aussi citer, à nouveau, l'article de PITTENGER -SHIH [20].

N.KAROUI et H. REINHARD sont arrivés, indépendamment de GETOOR-SHARPE, à des résultats très voisins, en essayant de reprendre MOTOO avec des méthodes plus modernes. Ils s'intéressent (comme DYNKIN) à l'aspect des " u-processus" qui permettent de rendre bornées les lois d'entrée non bornées que nous rencontrerons, aspect que nous laissons entièrement de côté ici.

Enfin, l'idée de considérer le système de LEVY du processus d'incursions comme la clé de la structure du processus nous(*) est venue de l'article d'ITO [13] sur les processus de Poisson ponctuels.

On voit qu'il s'agit d'un sujet qui se trouve au centre de la théorie des processus de Markov, et qui ne s'est développé que par l'apport successif d'idées partielles, dues à une foule d'auteurs. Maintenant qu'on approche d'une vue d'ensemble, il est bon de s'en rendre compte.

BIBLIOGRAPHIE

[1] J.AZEMA. Quelques applications de la théorie générale des processus I. Invent. Math. 18 (1972), p.293-336.

[2] J.AZEMA. Une remarque sur les temps de retour, trois applications. Séminaire de Probabilités de Strasbourg VI. Lect. Notes in M. vol. 258, Springer 1972.

[3] A. BENVENISTE et J. JACOD . Systèmes de Lévy des processus de Markov. Invent.Math. 21, 1973, p.183-198.

[4] A. BENVENISTE et J.JACOD. Projection des fonctionnelles additives et représentation des potentiels d'un processus de Markov. CRAS Paris, t.276 (1973) p.1365-1368.

[5] K.L.CHUNG . On the boundary theory for Markov chains. Acta Math. 110 (1963) et 115 (1966)

[6] K.L.CHUNG . Lectures on Boundary Theory for Markov Chains. Ann. of Math. Studies 65, Princeton Univ. Press 1970.

[7] C. DELLACHERIE. Capacités et processus stochastiques. Ergebnisse der Math. bd 67, Springer 1972.

(*) Mais nous nous sommes aperçus qu'elle figure explicitement chez MOTOO !

[8] R.D. DUNCAN et R.K.GETOOR. Equilibrium potentials and additive functionals. Ind. Univ. Math. J. 21 (1971), p.529-545.

[9] E.B. DYNKIN .СТРАНСТВИЯ МАРКОВСКОГО ПРОЦЕССА. Teoriia Ver. Prim. 16, n°3, p.409-436 (1971).

[10] R.K. GETOOR et M.J. SHARPE . Last exit time and additive functionals. Annals of Prob. 1,1973, p.550-569 .

[11] R.K.GETOOR et M.J.SHARPE. Last exit decompositions and distributions. Indiana Math. J.

[12] J. HOFFMANN-JØRGENSEN. Markov sets. Math. Scand. 24 (1969),

[13] K. ITO. Poisson point processes attached to Markov processes. Proc. 6th Berkeley Symposium, vol.III, p.225-240 (1971).

[14] N.V.KRYLOV et A.A.YUSHKEVICH. Markov random sets. Trans. Moscow Math. Soc. 13 (1965) p.127-153 (traduction).

[15] J.F.MERTENS . Processus de Ray et théorie du balayage. à paraître aux Invent.Math.

[16] P.A.MEYER. Probabilités et potentiels. Hermann, 1966.

[17] P.A.MEYER, R.T.SMYTHE et J.B.WALSH. Birth and death of Markov processes. 6-th Berkeley Symp. III, p.295-306 (1971).

[18] P.A.MEYER et J.B.WALSH. Quelques applications des résolvantes de Ray. Invent. Math. 14, 1971, p.143-166.

[19] M.MOTOO. Application of additive functionals to the boundary theory of Markov processes. 5-th Berkeley Symposium (1967) vol.II part 2 , p.

[20] A.O. PITTENGER et C.T.SHIH. Coterminal families and the strong Markov property.

[21] J.B.WALSH . The perfection of multiplicative functionals. Sém. de Probabilités de Strasbourg VI, Lecture Notes vol. 258,1972 .

Le travail de MAISONNEUVE est à paraître, il n'en existe que des prépublications sans démonstrations (Notes aux CRAS t.274, 1972, p. 497-500 et autres); le texte complet de la thèse de MAISONNEUVE peut être obtenu à l'Institut de Mathématique de Strasbourg, 7 rue René Descartes .

P.S. GETOOR et SHARPE viennent d'écrire un article, intitulé <u>Balayage and multiplicative functionals</u>, qui étend [11] à des semi-groupes associés à des fonctionnelles multiplicatives quelconques.

Université de Strasbourg
Séminaire de Probabilités 1972/73

ENSEMBLES ALEATOIRES MARKOVIENS HOMOGENES I

exposé de P.A. Meyer

Ce premier exposé est composé entièrement de préliminaires. Un paragraphe donne les notations qui seront utilisées dans toute la suite. Ensuite, nous présentons divers résultats techniques qui nous permettront de construire de bonnes versions d'un ensemble aléatoire homogène dans un processus de Markov.

§ 1 . DESCRIPTION D'ENSEMBLES ALEATOIRES

DESCRIPTION DE SOUS-ENSEMBLES DE $\mathbb{R}_+^*$

Cette première section ne contient pas de probabilités : nous considérons une partie M de $\mathbb{R}_+^* =]0,\infty[$, et nous introduisons les notations suivantes :

(1.1) $D(t) = \inf \{ s>t : s\in M\}$ ($\inf \emptyset = +\infty$) ; $D(0)=D$

C'est une fonction continue à droite (et pourvue de limites à gauche), croissante, constante dans les intervalles ouverts contigus à $\overline{M}$. On pose

(1.2) $R(t) = D(t)-t$

fonction positive, dont le graphe a l'allure suivante (" en dents de scie descendantes"

Elle est continue à droite et pourvue de limites à gauche. On introduit aussi la fonction moins importante

(1.3) $d(t) = \inf \{ s\geq t : s\in M\}$

qui n'est en général continue, ni à droite, ni à gauche[1]. D'autre part on a les fonctions (à nouveau très importantes)

(1.4) $L(t) = \sup \{ s\leq t , s\in M \}$ ($\sup \emptyset = 0$)

(1.5) $\ell(t) = \sup \{ s<t , s\in M \}$

(1.6) $a(t) = t-\ell(t)$

1. La plupart du temps, M sera fermé. Dans ce cas, d est continue à gauche, L continue à droite, on a $L=\ell_+$ et $d=D_-$.

Cela fait déjà une longue liste. On s'est efforcé, au prix de quelque incohérence logique (L correspond à d, D à ℓ) de respecter les notations essentielles de MAISONNEUVE d'une part, et de GETOOR-SHARPE d'autre part. Donnons l'origine de certaines de ces lettres, afin d'aider la mémoire du lecteur : D est l'initiale de <u>d</u>ébut (mais attention : d correspond à un vrai début, D à un " temps d'entrée") ; L correspond à <u>l</u>ast exit time ; a et R sont empruntés à la théorie du renouvellement : a vient de <u>â</u>ge , et R de <u>r</u>este (de vie). D(t)(donc R(t)), ℓ(t) (donc a(t)) dépendent seulement de $\overline{M}$. Les fonctions L et ℓ sont croissantes, donc pourvues de limites à droite et à gauche ; ℓ est continue à gauche ; a aussi, c'est une fonction " en dents de scie ascendantes"

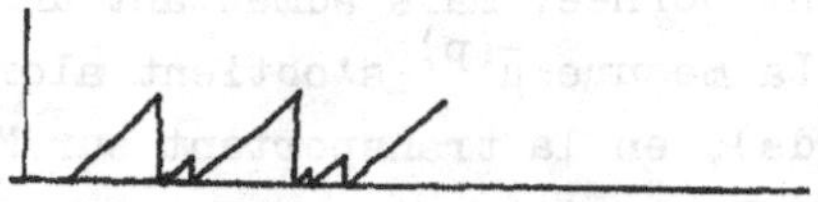

Les fonctions R et a déterminent l'adhérence de M. Par exemple

$$\overline{M} = \{ t>0 : R(t-)=0 \}$$

Deux notations importantes : nous désignerons par $M^{\rightarrow}$ l'ensemble des extrémités <u>gauches</u> d'intervalles contigus à $\overline{M}$, et par $M^{\leftarrow}$ l'ensemble des extrémités <u>droites</u> . Par exemple

$$M^{\rightarrow} = \{ t>0 : L(t)=t, D(t)>t \}$$

TRANSPORT D'UNE MESURE SUR M

Nous supposons ici que M est fermé. Soit d'abord μ une mesure positive bornée(+) sur $\mathbb{R}_+^*$. <u>Transporter</u> μ sur M, cela veut dire ramener sur M la masse de μ contenue dans M^c, en attribuant à l'extrémité <u>gauche</u> d'un intervalle contigu]L(t),D(t)] non vide toute la masse contenue dans cet intervalle . Noter que cela déplace aussi la masse placée en D(t), bien qu'elle soit sur M, et que la masse contenue dans l'intervalle]0,D(0)] est entièrement perdue, puisqu'on travaille sur $\mathbb{R}_+^*$ et non sur $\mathbb{R}_+$. Si nous notons $\overline{\mu}$ la mesure ainsi obtenue, nous pouvons écrire

$$(1.7) \qquad \overline{\mu} = I_{M\setminus M^{\leftarrow}} . \mu + \sum_{g\in M^{\rightarrow}}' \mu(]g,D(g)])\varepsilon_g \quad (*)$$

En examinant d'abord le cas où $\mu=\varepsilon_x$, puis en intégrant, on voit que si f est borélienne positive sur $\mathbb{R}_+^*$

(*) Bien que ce ne soit pas logiquement nécessaire, la notation $\sum'$ est là pour rappeler que g=0 est exclu de cette somme.

(+) Cette restriction n'est nécessaire que si $L_\infty < \infty$.

(1.8) $\int f(s)\overline{\mu}(ds) = \int_{\mathbb{R}_+^*} f(\ell(s))I_{\{\ell(s)>0\}}\mu(ds)$

Au lieu de considérer des mesures, considérons des fonctions de répartition : soit $a(t)=\mu(]0,t])$, $\overline{a}(t)=\overline{\mu}(]0,t])$. Alors

(1.9) $\overline{a}(t) = a(D(t))-a(D(0))$

L'opération qui fait passer de a à $\overline{a}$ (dérivation, transport, intégration) s'appelle, dans la terminologie de GETOOR-SHARPE, le <u>balayage brut</u> ("raw balayage", par opposition aux balayages <u>adapté</u> et <u>prévisible</u> qui viendront plus loin) de a sur M.

Une notion techniquement utile, parce qu'elle s'applique à des mesures non nécessairement bornées, est la suivante. Soit μ une

mesure sur $\mathbb{R}_+^*$, non nécessairement bornée, mais admettant une transformée de Laplace finie pour p>0. La mesure $\overline{\mu}^{(p)}$ s'obtient alors en formant la mesure bornée $e^{-ps}\mu(ds)$, en la transportant sur M, et en multipliant le résultat par e^{ps}. Explicitement

(1.10) $\overline{\mu}^{(p)} = I_{M\setminus M^{\leftarrow}}.\mu + \sum'_{g\in M^{\rightarrow}} e^{pg}\int_{]g,D(g)]} e^{-ps}\mu(ds).\varepsilon_g$

(1.11) $\int f(s)\overline{\mu}^{(p)}(ds) = \int f(\ell(s))e^{p\ell(s)}I_{\{\ell(s)>0\}}e^{-ps}\mu(ds)$

d'où en particulier , si $f=I_{]0,t]}$, la fonction de répartition $\overline{a}^{(p)}$.

L'opération $a\mapsto \overline{a}^{(p)}$ s'appelle p-balayage brut.

Si la mesure μ est diffuse, on peut remplacer ℓ par L ou $\ell+$ dans toutes ces formules.

ENSEMBLES ALEATOIRES

Nous nous donnons maintenant un ensemble Ω, muni d'une tribu $\underline{\underline{F}}$, d'une loi P, d'une famille $(\underline{\underline{F}}_t)_{t\geq 0}$ de sous-tribus de $\underline{\underline{F}}$ satisfaisant aux conditions habituelles. Nous appellerons <u>ensemble aléatoire</u> une partie <u>progressivement mesurable</u> M de $\mathbb{R}_+^*\times\Omega$. Nous dirons que M est un <u>fermé aléatoire</u> si les coupes $M(\omega)$ sont fermées dans $\mathbb{R}_+^*$.

Dans ce cas, toutes les quantités que nous avons considérées précédemment dépendent à la fois de t et de ω , et seront notées $D_t(\omega)$, $L_t(\omega)$... à la façon des processus. Il faut noter

- Que D_t est un temps d'arrêt, mais le processus continu à droite (D_t) n'est pas adapté : si (X_t) est un processus bien-mesurable, le processus (X_{D_t}) est adapté à la famille continue à droite $(\underline{\underline{F}}_{D_t})$, qui "avance" sur la famille $(\underline{\underline{F}}_t)$; il en est ainsi en particulier des processus (D_t) et $(R_t)=(D_t-t)$.

- Que les processus (L_t), (ℓ_t), (a_t) sont adaptés à $(\underline{\underline{F}}_t)$: les deux derniers sont même prévisibles.

- Que l'ensemble $\overline{M} = \{ t : a_{t+}=0 \}$ est bien-mesurable .

En ce qui concerne le balayage : considérons un processus croissant (A_t) ; son p-balayé brut $(\overline{A}_t^{(p)})$, s'il existe [i.e. si pour presque tout ω $\int_0^\infty e^{-ps}dA_s(\omega)<\infty$], est un processus croissant <u>non adapté</u> à la famille $(\underline{\underline{F}}_t)$, mais seulement à la famille $(\underline{\underline{F}}_{D_t})$. Les projections duales de $\overline{A}^{(p)}$, si elles existent, seront appelées suivant le cas p-balayé prévisible, p-balayé bien-mesurable (ou adapté) de (A_t). Tout cela est très proche des définitions (plus générales) d' AZEMA [1].

(Les familles de tribus que l'on rencontre en théorie des processus de Markov ne satisfont pas aux conditions habituelles, mais sont des intersections de familles 'complétées' $(\underline{\underline{F}}_t^\mu)$ qui y satisfont. L'extension des résultats précédents est alors immédiate.)

ENSEMBLES ALEATOIRES HOMOGENES

Supposons Ω muni d'opérateurs de translation θ_t $(t\geq 0)$: on ne suppose pas que $\theta_0=I$, mais seulement que $\theta_0\theta_t=\theta_t\theta_0=\theta_t$ pour tout $t\geq 0$. On dit qu'un processus $(X_t)_{t>0}$ (ou $(X_t)_{t\geq 0}$) est <u>homogène</u> si l'on a identiquement $X_{s+t} = X_s\circ\theta_t$. On dit que M est un <u>ensemble aléatoire homogène</u> si son indicatrice est un processus homogène. Il y aurait lieu, bien entendu, de relier l'opérateur de translation et la structure mesurable, mais en fait nous travaillerons toujours dans des situations concrètes où cela ira de soi (processus canoniques).

Supposons M homogène ; $\overline{M}$ est aussi homogène, de même que $\overrightarrow{M}$, $\overleftarrow{M}$... Rappelons qu'on a posé $D_0=D$. On a les identités suivantes

(1.12) $D_t = t+D\circ\theta_t$, donc $D_u\circ\theta_t = D_{u+t}-t$

(1.13) $R_t = R_0\circ\theta_t= D\circ\theta_t$

en particulier, cela entraîne que le processus (R_t) est homogène. Si (X_t) est un processus homogène, on montre aisément que le processus (X_{D_t}) est encore homogène.

(1.14) $D\circ\theta_t = D-t$ sur $\{D>t\}$

(1.15) $D= \lim\limits_{t\to 0} D\circ\theta_t$

Inversement, si D satisfait à (1.14) et (1.15), le processus $(D\circ\theta_t)$ est un "processus en dents de scie descendantes", continu à droite ; si on le note (R_t), l'ensemble $\overline{M}=\{(t,\omega) : t>0 , R_{t-}(\omega) = 0 \}$ est un fermé homogène, et $D(\omega) = \inf \{t>0 : (t,\omega)\in M\}$. Ainsi (si l'on néglige, pour l'instant, les questions de mesurabilité) la théorie des ensembles homogènes est équivalente à celle des " temps terminaux".

Partons de la relation (1.14) : $t<D(\omega) \Rightarrow D(\theta_t\omega)=D(\omega)-t$, et remplaçons ω par $\theta_s\omega$: il vient

(1.16) $t<R_s(\omega) \Rightarrow R_{t+s}(\omega) = R_t(\theta_s\omega) = R_s(\omega)-t$

de même, si (X_t) est un processus homogène , écrivons : $t<D(\omega) \Rightarrow X_D(\omega)=X_{D_t}(\omega)$, et remplaçons ω par $\theta_s\omega$. Il vient

(1.17) $t<R_s(\omega) \Rightarrow X_{D_{t+s}}(\omega)= X_{D_t}(\theta_s\omega) = X_{D_s}(\omega)$

De l'autre côté, nous indiquerons seulement que le processus $(\mathcal{A}_t)$ est homogène, et que l'on a l'identité de définition des " familles coterminales" de PITTENGER-SHIH

(1.18) $L_u\circ\theta_t = (L_{t+u}-t)^+$

Il y a en fait beaucoup plus à dire sur ce sujet, qui constitue en quelque sorte l'aspect"dual" de la théorie générale des processus. Voir AZEMA [1], [2] .

FONCTIONNELLES ADDITIVES

Comme nous ne voulons pas préciser les questions de mesurabilité, nous appellerons processus croissant , dans cette section, toute famille $(A_t)_{t\geq 0}$ de fonctions réelles sur Ω , telle que pour tout $\omega\in\Omega$ la fonction $A_.(\omega)$ soit croissante, continue à droite, nulle pour $t=0$, et à valeurs finies (ces deux dernières conditions peuvent parfois être affaiblies, mais nous ne nous en occuperons pas ici). On dit que (A_t) est un processus croissant additif (resp. p-additif) si

(1.19) $A_{s+t} = A_s + A_t\circ\theta_s$ (resp. $A_{s+t} = A_s + e^{-pt}A_t\circ\theta_s$)

Si (A_t) est additif , $A'_t = \int_0^t e^{-ps}dA_s$ est p-additif , et $A_t=\int_0^t e^{ps}dA'_s$. Inversement, si(A'_t) est p-additif , (A_t)est additif. On utilise en théorie des processus de Markov l'expression " fonctionnelle additive" pour désigner les processus croissants additifs adaptés . On parlera ici, en imitant GETOOR-SHARPE, de fonctionnelle additive (ou p--additive) brute.

Soit M un ensemble fermé homogène ; nous reprenons les notations (D_t), etc. Un bel exemple de fonctionnelle additive brute est $K_t = D_t-D_0$, qui n'est autre que la balayée brute de la fonctionnelle additive $A_t=t$ sur M . Montrons d'après GETOOR-SHARPE que

PROPOSITION. La p-balayée brute d'une f.a.brute sur M est encore additive.

DEMONSTRATION. Cela revient à montrer que la balayée brute d'une fonctionnelle p-additive (brute) est p-additive. Soit (B_t) p-additive, et soit $C_t=B_{D_t}-B_{D_0}$ sa balayée brute. Il faut prouver

$$C_{t+s}(\omega)-C_s(\omega) = e^{-ps}(C_t(\Theta_s\omega)) = e^{-ps}(B_{D_t}(\Theta_s\omega)-B_{D_0}(\Theta_s\omega))$$

$$= e^{-ps}.e^{-pD_0(\Theta_s\omega)}B_{D_t(\Theta_s\omega)-D_0(\Theta_s\omega)}(\Theta_{D_0(\Theta_s\omega)}\Theta_s\omega)$$

$$= e^{-pD_s(\omega)}B_{K_t(\Theta_s\omega)}(\Theta_{D_s}\omega)$$

Par ailleurs, le premier membre vaut

$$B_{D_{t+s}(\omega)}(\omega)-B_{D_s(\omega)}(\omega) = B_{D_s(\omega)+K_t(\Theta_s\omega)}(\omega)-B_{D_s(\omega)}(\omega)$$

$$= e^{-pD_s(\omega)}B_{K_t(\Theta_s\omega)}(\Theta_{D_s}\omega)$$

et c'est bien la même chose.

§ 2 . ENSEMBLES ALEATOIRES HOMOGENES D'UN PROCESSUS DROIT

Ce paragraphe est très technique. Nous le divisons en deux parties. La première reprend la méthode de WALSH, qui permet d'associer une fonctionnelle multiplicative parfaite à toute fonctionnelle multiplicative exacte, en en extrayant quelques petits résultats supplémentaires (avec des applications aux ensembles aléatoires). La seconde étend une intéressante remarque de MERTENS [15]. Tout cela est extrêmement ennuyeux, et on n'en parle que parce qu'on y est obligé.

Nous considérons ici un processus de Markov à valeurs dans E, sous-espace borélien d'un espace métrique compact, et satisfaisant aux hypothèses droites. Comme d'habitude, nous distinguons dans E un point absorbant ∂, et nous considérons la réalisation continue à droite canonique de ce processus, à durée de vie

$$(\Omega,\underline{\underline{F}}^o,X_t,\zeta,\ldots\ \underline{\underline{F}},\underline{\underline{F}}_t,\ldots,P^\mu\ldots\ )\ (\text{ notations usuelles })$$

et nous notons $[\partial]$ la trajectoire constamment égale à ∂. Voici quelques notations maoins classiques

$\underline{\underline{F}}^*$ est la complétée universelle de $\underline{\underline{F}}^o$ sur Ω

$\underline{\underline{B}}_e$ est la tribu sur E engendrée par toutes les fonctions p-excessives ($p\in\mathbb{R}_+$), ou encore par les fonctions 1-excessives, les 1-potentiels... Elle est contenue dans la tribu presque-borélienne, elle même contenue dans la tribu universellement mesurable $\underline{\underline{B}}_u(E)$.

$\underline{\underline{F}}_t^{\circ\circ}$ est la tribu engendrée sans complétion par les v.a. $f\circ X_s$, f $\underline{\underline{B}}_e$-mesurable, $s\leq t$: elle est contenue dans $\underline{\underline{F}}^*$.

COMPLEMENTS SUR LA METHODE DE WALSH

Nous partons d'une fonctionnelle multiplicative exacte (G_t) , à valeurs dans l'intervalle $[0,1]$: nous ne la supposons pas parfaite. Les trajectoires $G_\cdot(\omega)$ sont supposées toutes décroissantes et continues à droite, et nous supposons pour l'instant (cf. appendice)

(1.19) $G_t([\partial])=1$ pour tout t , $G_t(\omega)=G_{\zeta-}(\omega)$ pour $t \geqq \zeta(\omega)$

Nous commençons par un lemme dont la démonstration est empruntée à BENVENISTE et JACOD [3].

LEMME. Il existe une fonctionnelle (G'_t) indistinguable de (G_t), et adaptée à la famille $(\underline{\underline{F}}^{oo}_{t+})$.

DEMONSTRATION. Soit (Q_t) le semi-groupe exact

$$Q_t(x,f) = E^x[f\circ X_t.G_t]$$

et soit (V_p) sa résolvante. Il est bien connu que si f est bornée, $p>0$, V_pf est différence de deux fonctions p-excessives, donc $\underline{\underline{B}}_e$-mesurable. Soit f q-excessive bornée $(q>0)$; la fonction $Q_\cdot(x,f)$ est continue à droite, et sa transformée de Laplace est $V_\cdot(x,f)$: les formules d'inversion montrent que $Q_t(.,f)$ est $\underline{\underline{B}}_e$-mesurable pour tout t. On passe de là, par classes monotones, au cas où f est $\underline{\underline{B}}_e$-mesurable bornée, de sorte que Q_t est un noyau sur $\underline{\underline{B}}_e$.

Soit π^x_t la mesure sur $\underline{\underline{F}}^o_t$

$$\pi^x_t(h) = E^x[h.G_t]$$

La fonction $x \mapsto \pi^x_t(h)$ est $\underline{\underline{B}}_e$-mesurable sur E. Pour le voir, on se ramène par classes monotones au cas où $h=f_1\circ X_{t_1}\ldots f_n\circ X_{t_n}$ (les f_i boréliennes, les $t_i \leqq t$) et une récurrence nous renvoie aux remarques ci-dessus concernant Q_t. Comme $\underline{\underline{F}}^o_t$ est séparable, nous pouvons écrire

$$\text{sur } \underline{\underline{F}}^o_t\ ,\ \pi^x_t(d\omega) = a_t(x,\omega)P^x(d\omega)$$

oà a_t est $\leqq 1$, $\underline{\underline{B}}_e\times\underline{\underline{F}}^o_t$-mesurable. Posons alors successivement

$$b_t(x,\omega) = \inf_s a_s(x,\omega) \text{ pour s rationnel } < t$$

$$c_t(x,\omega) = b_{t+}(x,\omega)$$

$$G'_t(\omega) = c_t(X_0(\omega),\omega)$$

Il n'y a aucune difficulté à vérifier que (G'_t) satisfait à l'énoncé.[1]

Dans tout ce qui suit, nous changeons de notation, et supposons que G_t est $\underline{\underline{F}}^{oo}_{t+}$ -mesurable pour tout t .

Nous posons maintenant, suivant la méthode de WALSH

(1.20) $\Gamma_t(\omega) = \limsup_{s\downarrow\downarrow 0} \text{ess } G_{t-s}(\theta_s\omega)$ pour $t>0$

1. On peut évidemment modifier (G'_t) de sorte que (1.19) reste vraie.

C'est une fonction décroissante de t, ce qui permet de définir Γ_0 par passage à la limite. Ce n'est pas utile pour l'instant.

Soit λ une loi quelconque sur Ω, et soit $\bar{\lambda}$ la loi $\int_0^\infty \Theta_u(\lambda)e^{-u}du$. Pour r rationnel $< t$, encadrons G_{t-r} entre deux v.a. H_r, H'_r $\underline{\underline{F}}^o$-mesurables et égales $\bar{\lambda}$-p.p., puis posons pour s réel $<t$ $H_s = \liminf_{r\uparrow s} H_r$ et $H'_s = \limsup_{r\uparrow s} H'_r$; par continuité à gauche ($G_.$ étant continue à droite) H_s et H'_s encadrent G_{t-s} et lui sont égales $\bar{\lambda}$-p.p.. Comme $e^{-s}\Theta_s(\bar{\lambda}) \leq \bar{\lambda}$, $H_s \circ \Theta_s$ et $H'_s \circ \Theta_s$ encadrent $G_{t-s} \circ \Theta_s$ et lui sont égales $\bar{\lambda}$-p.s., et on a donc $<\int_0^t e^{-u}(H'_u\circ\Theta_u - H_u\circ\Theta_u)du, \lambda> = 0$. Donc les fonctions $\limsup_{u\downarrow\downarrow 0} \text{ess}\, H_u\circ\Theta_u$ et $\limsup_{u\downarrow\downarrow 0} \text{ess}\, H'_u\circ\Theta_u$ encadrent Γ_t et lui sont égales λ-p.s.. Comme λ est arbitraire, <u>nous avons montré que Γ_t est $\underline{\underline{F}}^*$-mesurable</u>.

Maintenant, posons

(1.21) $U = \{ \omega$: pour presque tout s, $G_{s+t}(\omega) = G_s(\omega)G_t(\Theta_s\omega)$ pour tout $t>0$ $\}$

(il suffit d'ailleurs que cela ait lieu pour tout t rationnel)

(1.22) $V = \{ \omega : \Theta_u\omega \in U$ pour presque tout u $\}$

On peut alors voir que U et V sont $\underline{\underline{F}}^*$-mesurables, V est stable par translation, et V a une mesure égale à 1 pour toute loi P^μ. WALSH a montré dans [21] que sur V <u>le processus</u> (Γ_t) <u>est continu à droite</u>, <u>décroissant</u>, <u>et satisfait à l'identité</u> $\Gamma_{u+v} = \Gamma_u \cdot \Gamma_v \circ \Theta_u$, et que de plus il est indistinguable de (G_t) pour toute loi P^μ. Nous ne reprendrons pas ces résultats ici, nous allons plutôt nous intéresser au comportement de (Γ_t) relativement aux <u>opérateurs de meurtre</u> k_t.

Nous notons d'abord que le processus (G_t) étant adapté à la famille $(\underline{\underline{F}}^{oo}_{t+})$, il possède la propriété d'adaptation "algébrique" suivante :

(1.23) $\forall\omega, \forall\omega', \forall s, \forall t>s, (X_u(\omega)=X_u(\omega')$ pour $u<t) \Rightarrow (G_s(\omega)=G_s(\omega'))$

Une conséquence intéressante est le fait que G_s est $\underline{\underline{F}}^*_{s+}$-mesurable : en effet, si l'on a $t>s$, on a $G_s = G_s \circ k_t$, or G_s est $\underline{\underline{F}}^*$-mesurable, et k_t est mesurable de $\underline{\underline{F}}^*_t$ dans $\underline{\underline{F}}^*$.

Montrons que <u>U est stable pour les opérateurs de meurtre</u>. Soient $\omega \in U$, $r \geq 0$. On veut montrer que pour presque tout s on a pour tout t

(1.24) $$G_{s+t}(k_r\omega) = G_s(k_r\omega) \cdot G_t(\Theta_s k_r\omega)$$

Soit $z = \zeta(k_r\omega) \leq r$. Si $s \geq z$, la relation s'écrit $G_{z-}(k_r\omega) = G_{z-}(k_r\omega)G_t[\partial]$ d'après (1.19), et c'est vrai d'après (1.19). Supposons donc $s<z$, donc $s<r$: alors $\Theta_s k_r\omega = k_{r-s}\Theta_s\omega$, $G_s(k_r\omega) = G_s\omega$. Comme $\omega \in U$, nous avons pour

presque tout s

$$G_{s+t}(\omega) = G_s(\omega)G_t(\Theta_s\omega) \text{ pour tout } t$$

Pour $t<r-s$, cette relation équivaut à (1.24), car $G_{s+t}(\omega)=G_{s+t}(k_r\omega)$, $G_t(k_{r-s}\Theta_s\omega) = G_t(\Theta_s\omega)$. Prenant t à gauche de z-s, et faisant croître t, il vient

$$G_{z-}(\omega) = G_s(\omega)G_{(z-s)-}(\Theta_s\omega)= G_s(\omega)G_{\zeta-}(\Theta_s\omega)$$

et d'après (1.19) cela donne (1.24) pour les valeurs de $t \geqq z-s$. Donc finalement $k_r\omega \in U$.

De cela, et du fait que $[\partial]\in U$, résulte alors aussitôt que V <u>est stable par les opérateurs</u> k_r (rappelons qu'il l'est aussi par les Θ_t).

Nous allons maintenant faire disparaître entièrement l'ensemble exceptionnel pour la multiplicativité, en modifiant Γ_t de la manière suivante : t étant fixé, ω aussi, regardons tous les systèmes $\tau = (s_1, t_1, s_2, t_2, \dots, s_k, t_k)$ de nombres réels tels que $k\in\mathbb{N}$, $0 \leqq s_1 \leqq t_1 \dots \leqq s_k \leqq t_k \leqq t$, et que $k_{t_1-s_1}\Theta_{s_1}\omega\in V$, $\dots k_{t_n-s_n}\Theta_{s_n}\omega\in V$, et posons

$$J^t_\tau(\omega) = \Gamma_{t_1-s_1}(\Theta_{s_1}\omega)\dots\Gamma_{t_k-s_k}(\Theta_{s_k}\omega)$$

$$J_t(\omega) = \inf_\tau J^t_\tau(\omega)$$

Si $\omega\in V$, les conditions ci-dessus n'entraînent aucune restriction sur τ , et l'identité multiplicative entraîne que $J^t_\tau(\omega) \geqq \Gamma_t(\omega)$, donc $J_t(\omega)= \Gamma_t(\omega)$. Dans le cas général, on peut d'abord éliminer les couples (s_k, t_k) tels que $s_k=t_k$. En diminuant un peu t_k on peut supposer que t_k est rationnel, en modifiant à peine J^t_τ , puis encore augmenter un peu s_k de manière à le rendre rationnel : l'inf peut donc être pris sur les subdivisions rationnelles, et il en résulte que J_t <u>est $\underline{F}^*$-mesurable</u>. Il est clair que J_t est fonction décroissante de t, et que si $t<r$ on a $J_t(\omega)=J_t(k_r\omega)$. Il n'y a aucune difficulté à vérifier l' identité multiplicative sur tout Ω. On rend la fonctionnelle continue à droite en la remplaçant par $K_t=J_t\prod_{s\leq t} J_{s+}/J_s$ (0/0=1): la fonctionnelle (K_t) jouit encore de toutes les propriétés précédentes.

On peut encore gagner quelque chose : la multiplicativité entraîne que $K_{t-s}(\Theta_s\omega)$ décroît lorsque $s\downarrow 0$. Posons

$$L_t(\omega) = \lim_{s\downarrow\downarrow 0} K_{t-s}(\Theta_s\omega)$$

alors le même raisonnement que WALSH fait pour les limites essentielles, appliqué ici aux limites ordinaires, montre que (L_t) est encore continue à droite : en voici le principe.

On fixe ω et t. Il n'y a rien à démontrer si $L_t(\omega)=0$ (décroissance). Supposons donc $L_t(\omega)>0$; alors $K_{t-u}(\Theta_u\omega)>0$ si u appartient à un intervalle $]0,a[$ non vide. La relation $L_{t-s}(\Theta_s\omega)=\lim_{u\downarrow\downarrow s} K_{t-u}(\Theta_u\omega)$ pour tout s entraîne que $L_{t-u}(\Theta_u\omega)=K_{t-u}(\Theta_u\omega)$ pour les u n'appartenant pas à un ensemble dénombrable I_t. Nous prendrons ε de la forme 1/n et noterons I l'ensemble dénombrable réunion des $I_{t+\varepsilon}$: si $u\in]0,a[$ n'appartient pas à I, nous pouvons écrire

$$L_{t+\varepsilon}(\omega) = L_t(\omega)L_\varepsilon(\Theta_t\omega)$$

$$L_{t+\varepsilon-u}(\Theta_u\omega) = L_{t-u}(\Theta_u\omega)L_\varepsilon(\Theta_{t-u}\Theta_u\omega) = L_{t-u}(\Theta_u\omega)L_\varepsilon(\Theta_t\omega)$$

$$L_{t+\varepsilon-u}(\Theta_u\omega) = K_{t+\varepsilon-u}(\Theta_u\omega) \ , \quad L_{t-u}(\Theta_u\omega)=K_{t-u}(\Theta_u\omega)>0$$

et par conséquent

$$L_{t+\varepsilon}(\omega) = L_t(\omega)\frac{K_{t+\varepsilon-u}(\Theta_u\omega)}{K_{t-u}(\Theta_u\omega)}$$

Laissons u fixe : lorsque $\varepsilon\to 0$, la continuité à droite de L résulte aussitôt de celle de K.

Les autres vérifications relatives à L ne présentent aucune difficulté. Pour finir, nous avons construit une fonctionnelle L qui jouit de toutes les propriétés suivantes[1]

- Pour toute loi initiale μ, (L_t) est P^μ-indistinguable de (G_t) ;
- Toutes les trajectoires $L_\cdot(\omega)$ sont continues à droite, décroissantes comprises entre 0 et 1 ;
- La multiplicativité a lieu sur Ω entier ;
- L_t est $\underline{\underline{F}}^*$-mesurable ;
- si $t<u$, $L_t(\omega)=L_t(k_u\omega)$ identiquement ;
- $L_t(\omega) = \lim_{s\downarrow 0} L_{t-s}(\Theta_s\omega)$ identiquement .

Il faut remarquer aussi que la limite $L_0(\omega) = \lim_{s\downarrow 0} L_s(\omega)$ existe. La relation $L_t(\omega)=L_\varepsilon(\omega)L_{t-\varepsilon}(\Theta_\varepsilon\omega)$, $L_t(\omega)= \lim_\varepsilon L_{t-\varepsilon}(\Theta_\varepsilon\omega)$ entraîne que ou bien $L_t(\omega) = 0$ pour tout $t>0$ (et alors $L_0(\omega)=0$) ou bien $L_0(\omega)=1$.

On peut difficilement demander mieux.

APPLICATION AUX ENSEMBLES ALEATOIRES HOMOGENES

Donnons nous un ensemble fermé M dans $\mathbb{R}_+^*\times\Omega$, et les fonctions D_t correspondantes. Nous faisons les hypothèses d'homogénéité suivantes

1) Pour tout t, D_t est un temps d'arrêt de la famille $(\underline{\underline{F}}_s)$ du processus de Markov (famille complétée pour toutes les lois P^μ).

2) Pour tout t, toute loi initiale μ, $D_t=t+D\circ\Theta_t$ P^μ-p.s.

Dans ces conditions , le processus $(G_t)=(I_{\{t<D\}})$ est une fonctionnelle <u>multiplicative</u> exacte. Elle satisfait à (1.19) si

---

[1] (1.19) a pu se perdre en chemin. Si l'on y tient remplacer L_t par $L_{\zeta-}$ apr

(1.25) $D \geq \zeta \Rightarrow D = +\infty$

hypothèse que nous ferons dans toute la suite. Nous pouvons alors construire la version améliorée (L_t) et le temps terminal

$$D'(\omega) = \inf \{ t : L_t(\omega) = 0 \}$$

parfait (sans exception !), exact, $\underline{F}^*$-mesurable, satisfaisant à la condition des temps d'arrêt "algébriques"

(1.26) $r > D'(\omega) \Rightarrow D'(\omega) = D'(k_r\omega)$

Il lui correspond un ensemble aléatoire

(1.27) $M' = \{t > 0 : D'_{t-} = t\}$ où $D'_t = t + D' \circ \theta_t$

P^μ-indistinguable de M pour toute loi initiale μ, mais doué de bien meilleures propriétés : par exemple, l'homogénéité sans ensemble exceptionnel, la mesurabilité progressive pour toute famille $(\underline{F}^*_{t+})$. □

UNE REMARQUE SUR LES PROCESSUS DROITS

La lecture est ici vivement déconseillée aux personnes sensibles.

Voici ce dont il s'agit. Nous utiliserons plus tard un processus de Markov dont l'espace d'états sera une certaine partie de Ω, liée au temps terminal D' qui vient d'être construit. Nous souhaitons pouvoir appliquer à ce processus de Markov toute la théorie des processus droits (système de LEVY, etc) sans avoir à redémontrer tous les théorèmes sous des hypothèses un peu plus faibles ! Or les hypothèses classiques sur les processus droits supposent que les fonctions excessives sont presque-boréliennes et continues à droite sur les trajectoires, et aussi que l'espace d'états E est lusinien métrisable . Ω lui même n'étant pas lusinien, cette dernière condition ne sera pas satisfaite. Nous allons montrer dans cette section que la théorie des processus droits vaut sous une condition un peu plus faible qui, elle, sera satisfaite.

A quoi sert l'hypothèse ci-dessus ? On veut pouvoir prendre un compactifié de RAY F de E, travailler sur le processus de RAY, et redescendre sur E, ce qui signifie

- que pour toute loi initiale μ sur E, on sait définir la loi image μ' de μ par l'injection de E dans F
- que l'on sait identifier, à des ensembles négligeables près, le processus sur E de loi initiale μ, et le processus de RAY de loi initiale μ' .

Sous l'hypothèse lusinienne, ce passage est fait en détail dans MEYER-WALSH [18], p.154-155 (avec d'ailleurs une petite erreur : nous affirmons qu'en général E n'est pas universellement mesurable dans F, alors qu'il l'est toujours . La démonstration très simple de ce fait figure ailleurs dans ce volume). Rappelons que cette hypothèse lusinienne signifie que

(i) E est plongeable (avec sa topologie) comme sous-espace borélien d'un espace métrique compact $\overline{E}$.

MERTENS a remarqué dans [15] que l'on peut obtenir le même résultat sur le compactifié de RAY en affaiblissant (i) de la manière suivante

(ii) E est universellement mesurable dans $\overline{E}$, et pour toute loi initiale μ sur E le processus de Markov reste P^{μ}-p.s. dans une partie borélienne A_{μ} de $\overline{E}$ contenue dans E (pouvant dépendre de μ) .

Pour éviter toute confusion, soulignons que $\overline{E}$ et F sont sans relation aucune en général : d'ailleurs E n'est plongé dans F que comme sous-ensemble, non comme sous-espace topologique.

L'objet de cette section est de démontrer l'énoncé suivant, qui semble à première vue tout à fait délirant, et qui en fait rend la remarque de MERTENS beaucoup plus facile à appliquer.

(iii) La remarque de MERTENS vaut aussi lorsqu'on suppose seulement, dans (ii), que A_{μ} est un complémentaire d'analytique dans $\overline{E}$.

DEMONSTRATION. Faisons cette hypothèse. Le processus ne rencontre P^{μ}-p.s. pas l'ensemble analytique A_{μ}^{c} , qui contient E^{c}. Le théorème de capacitabilité entraîne l'existence d'un K_{σ} de $\overline{E}$ (notons le $A_{\mu}^{\prime c}$) contenant A_{μ}^{c} , et que le processus ne rencontre P^{μ}-p.s. pas. Alors $A_{\mu}^{\prime}$ est un borélien de $\overline{E}$ contenu dans E, où le processus reste P^{μ}-p.s., et (ii) est satisfaite.

Le lecteur attentif de tous les volumes du séminaire strasbourgeois se rappellera certainement qu'à la p.235 du vol.V, l'espace Ω des applications continues à droite de $\mathbb{R}_{+}$ dans E polonais est homéomorphe à un complémentaire d'analytique d'un espace métrique compact - à vrai dire, pour une topologie peu intéressante, et que l'on changera dans l'exposé III ci-dessous. Le vol.VII, p.207, donne un autre exemple. Ainsi. nous voyons que la remarque ci-dessus permet de prendre pour E des espaces usuels.

Revenons maintenant aux ensembles aléatoires du processus de Markov (X_t) considéré plus haut [et dont l'espace d'états, lui, peut sans encombre être supposé lusinien !]. Partons de l'ensemble aléatoire "imparfait" M , et reprenons la construction faite plus haut. Tout d'abord, nous avons pris une version $(\underline{\underline{F}}^{\circ\circ}_{t+})$-mesurable de la fonctionnelle

$(\underline{\underline{G}}_t)$: par définition de la famille $(\underline{\underline{F}}^{\circ\circ}_{t+})$, il existe une suite (f_n) de fonctions 1-excessives, telle que (G_t) soit mesurable par rapport à la tribu engendrée par les v.a. $f_n \circ X_s$ $(n\in\mathbb{N}, s\in\mathbb{R})$: d'après (1.19), quitte à inclure I_E dans la famille, on peut supposer les f_n nulles au point ∂. Or les fonctions 1-excessives sont presque-boréliennes. Nous pouvons donc encadrer chaque f_n entre deux fonctions boréliennes f'_n, f''_n telles que les processus $(f'_n \circ X_t)$, $(f''_n \circ X_t)$ soient P^μ-indistinguables. Soit Ω_μ l'ensemble

$$\{\omega : \forall n, \forall t, f'_n \circ X_t(\omega) = f''_n \circ X_t(\omega)\}$$

Ω^c_μ est la projection sur Ω de l'ensemble borélien $\{(t,\omega) : \exists n, f'_n \circ X_t(\omega) \neq f''_n \circ X_t(\omega)\}$ de $\mathbb{R}_+ \times \Omega$. Il en résulte sans peine que, si l'on plonge Ω comme complémentaire d'analytique dans un espace métrique compact $\overset{*}{\Omega}$, Ω_μ est aussi un complémentaire d'analytique dans $\overset{*}{\Omega}$, de même que toute partie borélienne de Ω_μ.

D'autre part, sur l'espace Ω_μ invariant par translation et meurtre, les v.a. $f_n \circ X_t$ sont mesurables par rapport à la tribu trace de $\underline{\underline{F}}^\circ$. En suivant la démonstration précédente, on vérifie alors sans peine que les ensembles U,V, les fonctions L_t, sont <u>boréliens</u> sur Ω_μ. Cela nous fournira plus tard tous les complémentaires d'analytiques nécessaires à la vérification de l'hypothèse (iii).

APPENDICE : FONCTIONNELLES ADDITIVES

Nous nous proposons ici de revenir un peu sur le théorème de perfection, en indiquant des compléments qui ne serviront pas dans les exposés ultérieurs. D'une part, nous voulons lever la condition (1.19), qui est trop restrictive pour les applications aux fonctionnelles additives, par exemple. D'autre part, nous voulons dire un mot des fonctionnelles additives <u>prévisibles</u>.

Soit (G_t) une fonctionnelle multiplicative qui satisfait, au lieu de (1.19), à la condition plus courante

(1.28) $\quad G_t([\partial])=1$ pour tout t , $\quad G_t(\omega)=G_\zeta(\omega)$ pour $t\geqq\zeta(\omega)$

Nous pouvons alors écrire G=H.K, où K satisfait à (1.19), et où H est une fonctionnelle multiplicative (imparfaite) <u>qui ne saute qu' à l'instant</u> ζ. Nous en choisissons une version adaptée à la famille $(\underline{\underline{F}}^{\circ\circ}_t)$, et nous lui appliquons le procédé de WALSH, sans nous occuper des raffinements concernant les opérateurs de meurtre (la condition (1.19) était essentielle pour la stabilité de U par les opérateurs k_r) : cela nous fournit une fonctionnelle multiplicative $(\bar{H}_t)$, sans ensemble exceptionnel, à variables aléatoires $\underline{\underline{F}}^*$-mesurables. Posons alors

$$H'_t = 1 \text{ si } t<\zeta \quad , H'_t=H_\zeta/H_{\zeta-} \text{ si } t\geq\zeta$$

H' est une fonctionnelle multiplicative sans ensemble exceptionnel, P^μ indistinguable de H pour toute loi μ, à v.a. $\underline{\underline{F}}^*$-mesurables. Et maintenant, il est clair que

$$t<r \Rightarrow H'_t = H'_t \circ k_r$$

du fait que H' saute seulement à l'instant ζ : si $t<r$, $t<\zeta(\omega)$, on a $t<\zeta(\omega)\wedge r= \zeta(k_r(\omega))$ et les deux côtés valent 1 ; si $t\geq\zeta(\omega)$ on a $r\geq\zeta(\omega)$ et $\omega=k_r(\omega)$, et les deux côtés sont égaux.

En combinant ce résiltat avec celui du texte appliqué à K, on étend alors le résultat du texte aux fonctionnelles qui satisfont seulement à (1.28) au lieu de (1.19).

NOTE SUR LE CAS PREVISIBLE

On est amené tout naturellement à se poser le problème suivant : supposons que la fonctionnelle (G_t) de départ - imparfaite - soit pour toute loi P^μ, prévisible par rapport à la famille $(\underline{\underline{F}}^\mu_t)$. Peut on alors améliorer la condition sur la fonctionnelle finale (L_t)

$$t<r \Rightarrow L_t(\omega)= L_t(k_r\omega) \text{ identiquement } ?$$

On souhaiterait arriver au moins à la condition suivante : quelle que soit la mesure μ, on a pour P^μ-presque tout ω

(1.29) $\qquad L_t(\omega)=L_t(k_t\omega)$ identiquement sur $\mathbb{R}_+$

J'ai essayé assez sérieusement de le démontrer, sans aboutir à un résultat satisfaisant. Je voudrais seulement faire quelques remarques.

(a). (1.19) est incompatible avec (1.29) si la fonctionnelle de départ n'est pas continue : en effet $L_{t-}(\omega)=L_{t-}(k_t\omega)=L_{\zeta-}(k_t\omega)$, et d'après (1.29) $L_t(\omega)=L_{\zeta-}(k_t\omega)$: si (1.19) a lieu identiquement, on ne peut donc pas avoir de discontinuités.

(b). Le processus (G_t) est , pour toute loi P^μ, indistinguable d'un processus (H_t) algébriquement prévisible (dépendant de μ), qui satisfait donc à l'identité $H_t=H_t\circ k_t$, mais cela n'entraîne absolument pas que pour μ-presque tout ω on a $G_t(\omega)=G_t(k_t\omega)$ pour tout t.

(c). Une réponse positive au problème est connue depuis longtemps lorsque la fonctionnelle (G_t) est associée à un temps terminal prévisible $D\leq\zeta$: soit f la fonction excessive $E^\cdot[e^{-D}]$, et soit D_n le temps d'entrée dans l'ensemble $\{f>1-1/n\}$. Alors pour presque tout ω on a pour tout n $D_n(\omega) < \lim D_n(\omega) = D(\omega)$. Si l'on note $D'(\omega) = \lim D_n(\omega)$, $L_t = I_{\{t<D'\}}$, on a $L_t(\overset{n}{\omega}) = L_t(k_t\omega)$ identiquement pour tout t et tout ω tel que $D_n(\omega) < D'(\omega)$ pour tout n.

A partir de ce résultat, on arrive au moins à rendre à la fois parfaites et "algébriquement prévisibles" les fonctionnelles multiplicatives qui ne s'annulent jamais (i.e., les fonctionnelles additives). Nous laisserons ici cette question, qui montre simplement que suivant les problèmes, on a besoin de résultats de "perfection" un peu différents.

Université de Strasbourg
Séminaire de Probabilités 1972/73

ENSEMBLES ALEATOIRES MARKOVIENS HOMOGENES (II)

par P.A.Meyer

Cet exposé-ci est consacré, non pas encore à la présentation générale de MAISONNEUVE, mais aux résultats essentiels de l'article [11] de GETOOR-SHARPE. Il y a évidemment une relation entre ces résultats et ceux de MAISONNEUVE, mais nous n'aborderons cette question que dans l'exposé IV : pour l'instant, nous allons suivre la méthode " élémentaire" , et très belle, de GETOOR-SHARPE .

Dans tout cet exposé, nous travaillerons sur la réalisation continue à droite canonique $(\Omega,\underline{\underline{F}},....)$ d'un semi-groupe (P_t) sur E , satisfaisant aux hypothèses droites. Nous supposerons E borélien dans un espace métrique compact (cette hypothèse est un peu trop forte, mais cela n'a aucune importance) . La résolvante de (P_t) sera notée (U_p). D'autre part, nous désignerons par M un ensemble aléatoire homogène dans $\mathbb{R}_+^*\times\Omega$, fermé, progressivement mesurable par rapport à la famille $(\underline{\underline{F}}_t)$. Le début $D=D_0$ de M est un temps terminal (parfait) exact, et nous poserons

(2.1) $Q_t(x,f) = E^x[f\circ X_t I_{\{t<D\}}]$ (semi-groupe associé à D)

(2.2) $V_p(x,f) = \int_0^\infty e^{-pt}Q_t(x,f)dt$

(2.3) $F = \{ x\in E : P^x\{D=0\}=1 \}$

Il est bien connu que F , l'ensemble des points " réguliers pour D" ou " non-permanents pour (Q_t)" est un ensemble presque borélien finement fermé. Nous posons

(2.4) $\rho_F = \{ (t,\omega) : t>0,\ X_t(\omega)\in F \}$

C'est un ensemble aléatoire homogène. On note $\overline{\rho}_F$ son adhérence.

RESULTATS ELEMENTAIRES

Nous nous proposons, dans cette section, de rappeler quelques résultats classiques sur M et ρ_F, et surtout de classer les points de l'ensemble $M^{\rightarrow}$ des extrémités gauches d'intervalles contigus à M. Cette classification sera très importante pour la suite.

Nous notons M' le dérivé de M (ensemble des points non isolés), M_d' le dérivé droit (points de M' non isolés à droite), $\mathring{M}$ le noyau parfait de M.

PROPOSITION 1. $M'_d \subset \overline{\rho}_F \subset M'$

DEMONSTRATION. On sait que ρ_F est un fermé droit bien-mesurable. L'ensemble $\rho_F \setminus M'$ est bien-mesurable, et la définition de F entraîne qu'il n'y passe aucun graphe de temps d'arrêt. D'après le théorème de section bien-mesurable, il est évanescent, et $\rho_F \subset M'$ p.s..

Pour tout r rationnel, soit $D'_r = \inf \{ t \in M'_d, t > r \}$; D'_r est un temps d'arrêt dont le graphe passe dans M'_d, donc dans ρ_F (propriété de Markov forte) . D'autre part, M'_d est l'adhérence à droite de la réunion des graphes $[D'_r]$, donc M'_d est contenu dans $\overline{\rho}_F$.

REMARQUES. Noter le corollaire : M' et M'_d ne différant que par un ensemble dénombrable, il en est de même de M' et ρ_F.

Les temps d'arrêt passant dans M'_d et ρ_F sont les mêmes, mais le premier de ces deux ensembles n'est pas bien-mesurable en général, et on ne peut donc conclure qu'ils sont indistinguables.

Nous arrivons maintenant au point essentiel de cette section :

PROPOSITION 2. <u>L'ensemble</u> $M^{\rightarrow}$ <u>des extrémités gauches d'intervalles contigus à</u> M <u>admet une décomposition en deux ensembles homogènes</u>

$M^{\rightarrow} \setminus \rho_F$, <u>ensemble bien-mesurable</u>, <u>réunion dénombrable de graphes de temps d'arrêt</u> (<u>aussi égal à</u> $M \setminus \rho_F$),

$M^{\rightarrow} \cap \rho_F$, <u>ensemble progressif où ne passe aucun graphe de t.d'a.</u>.

Ces ensembles seront notés dans la suite $M^{\rightarrow}_b$ (<u>b</u>ien-mesurable) et $M^{\rightarrow}_\pi$ (<u>p</u>rogressif). Par exemple, l'ensemble $M^{\rightarrow}$ associé à l'ensemble des zéros du mouvement brownien est tout entier du type π (ça été le premier exemple connu d'ensembles progressif sans temps d'arrêt !). Loin d'être une curiosité, $M^{\rightarrow}_\pi$ est un être extrêmement important (et même tout à fait fascinant, oui, vraiment...).

DEMONSTRATION. Le fait que $M^{\rightarrow} \cap \rho_F$ ne contienne aucun graphe de temps d'arrêt, c'est la propriété de Markov forte : un temps d'arrêt T colle à M à droite sur l'ensemble $\{X_T \in F\}$. $M \setminus \rho_F$ est un ensemble bien-mesurable ; $M \setminus M'$ et $M' \setminus \rho_F$ sont à coupes dénombrables (prop.1), donc aussi $M \setminus \rho_F$. D'après un théorème de DELLACHERIE [7], $M \setminus \rho_F$ est une réunion dénombrable de graphes de temps d'arrêt. En appliquant la propriété de Markov forte à chacun d'eux, on voit que $M \setminus \rho_F \subset M^{\rightarrow}$, d'où la première assertion.

REMARQUES. Les versions actuelles de ces propositions remplacent des formes antérieures fausses : AZEMA m'a donné l'exemple du processus de translation uniforme , avec $M = \rho_H$,$H = \{1-1/n, n \in N\}$. Dans ce cas F est vide, mais M' n'est pas vide.

DELLACHERIE a montré que le noyau parfait $\mathring{M}$ est un ensemble aléatoire (évidemment homogène), et que $M\backslash\mathring{M}$ est une réunion dénombrable de graphes de temps d'arrêt (dépendant de la loi initiale). Définissons $\hat{D}$ et $\mathring{F}$ relativement à $\mathring{M}$: on a $\mathring{M} = \overline{\rho_{\mathring{F}}}$, et $\mathring{F}$ est un ensemble finement parfait (dont l'existence est établie sans hypothèse de continuité absolue). On a d'autre part $M_{\pi}^{\rightarrow} = \mathring{M}_{\pi}^{\rightarrow}$: du point de vue qui nous intéresse le plus ici, celui de l'étude de $M_{\pi}^{\rightarrow}$, nous pourrions donc supposer sans inconvénient que M est parfait.

PROJECTIONS D'UNE FONCTIONNELLE ADDITIVE BRUTE

Cette section constitue une digression, et il est vivement recommandé au lecteur de regarder simplement l'énoncé du théorème 1, et de passer directement aux sections suivantes.

Notre démonstration des résultats de projection - qui sont dus à GETOOR-SHARPE - est différente de la leur : nous avons essayé de nous affranchir de l'hypothèse de continuité absolue.

Fixons d'abord une loi initiale μ , et soit (A_t) un processus croissant **sur** Ω, non nécessairement adapté à la famille $(\underline{\underline{F}}_t^{\mu})$, tel que $E^{\mu}[A_t]<\infty$ pour tout t. Rappelons comment on définit, en théorie générale des processus , ses projections duales bien-mesurable et prévisible (pour la loi P^{μ}). Etant donnée une variable aléatoire bornée Y, $\underline{\underline{F}}^{\circ}$-mesurable, on construit une version continue à droite et pourvue de limites à gauche de la martingale $E^{\mu}[Y|\underline{\underline{F}}_s^{\mu}]$, que l'on note (Y_s). Puis on pose

(2.5) $\int Y.dQ_t^w = E^{\mu}[\int_{]0,t]} Y_s dA_s]$

(2.6) $\int Y.dQ_t^p = E^{\mu}[\int_{]0,t]} Y_{s-} dA_s]$

Les deux mesures Q_t^w et Q_t^p sont absolument continues par rapport à P^{μ}, d'où des densités q_t^w , q_t^p ; on montre alors que ces densités sont P^{μ}-p.s. égales à des v.a. $\underline{\underline{F}}_t^{\circ}$-mesurables, et régularisables en des processus croissants A_t^w, A_t^p , qui sont respectivement les projections duales bien-mesurable et prévisible cherchées.

Supposons maintenant que l'on ait $E^x[A_t]<\infty$ pour tout t et tout x , et que A_t soit $\underline{\underline{F}}$-mesurable pour tout t. Le procédé précédent nous donne pour chaque x des mesures $Q_{t,x}^w$, $Q_{t,x}^p$, dont il s'agit de choisir bien les densités. Le lemme suivant constitue une étape importante.

LEMME[1]. *Si* Y *est* $\underline{\underline{F}}^{\circ}$*-mesurable bornée, il existe un processus* (Y_t) *adapté à la famille* $(\underline{\underline{F}}_t)$, *qui est pour toute loi initiale* μ *une version* P^{μ}*-p.s. continue à droite de la martingale* $E^{\mu}[Y|\underline{\underline{F}}_t^{\mu}]$.

DEMONSTRATION. Nous démontrerons aussi un petit raffinement. Soit, comme dans l'exposé I, $(\underline{\underline{F}}_t^{\circ\circ})$ la famille de tribus engendrée sans complétion par les v.a. $\varphi \circ X_s$, $s \leq t$, où φ est p-excessive ($p \geq 0$). On vérifie d'abord que si $Y = f \circ X_r$ (f $\underline{\underline{B}}_e$-mesurable bornée sur E), le processus

$$Y_t = P_{r-t}(X_t, f) \text{ si } t<r \quad , \; Y_t = Y \text{ si } t \geq r$$

répond à la question, et qu'il est adapté à la famille $(\underline{\underline{F}}_t^{\circ\circ})$. Cela n'est pas difficile : commencer par le cas où $f = U_p g$, g bornée, etc. Ensuite, on passe au cas où Y est de la forme $f_1 \circ X_{r_1} \ldots f_n \circ X_{r_n}$, puis on fait un raisonnement par classes monotones, reposant sur le théorème VI.T16 de MEYER [16]. Le raffinement annoncé est la mesurabilité de Y_t par rapport à $\underline{\underline{F}}_t^{\circ\circ}$.

Rappelons tout de même le joli procédé de DAWSON pour écrire "explicitement" (Y_t) . Si ω, ω' sont deux éléments de Ω, $t \in \mathbb{R}_+$, nous notons $\omega/t/\omega'$ l'élément de Ω défini si $t \leq \zeta(\omega)$ par

(2.7) $\quad X_s(\omega/t/\omega') = X_s(\omega)$ si $s<t$, $X_{s-t}(\omega')$ si $s \geq t$

et si $t > \zeta(\omega)$ par $(\omega/t/\omega') = \omega$. Formons successivement

(2.8) $\quad \overline{Y}(\omega,t,\omega') = Y(\omega/t/\omega')$

(2.9) $\quad \eta(\omega,t,x) = E^x[\overline{Y}(\omega,t,.)]$

On a alors

(2.10) $\quad Y_t(\omega) = \eta(\omega,t,X_t(\omega))$

Ce procédé - et le lemme - sont encore valables même lorsque Y est $\underline{\underline{F}}$-mesurable, mais bien sûr avec perte du petit raffinement.

Ceci étant dit, reprenons les formules (2.5) et (2.6) : dans (2.5), nous utilisons la version de (Y_t) qui vient d'être construite , et dans (2.6) nous définissons Y_{s-}, par exemple, comme une limite inf le long des rationnels, de manière à éviter toute ambiguité. On a alors le résultat

LEMME. *Les applications* $x \mapsto \int Y dQ^w_{t,x}$, $\int Y dQ^p_{t,x}$ *sont universellement mesurables sur* E .

D'où l'existence de densités $q^w_t(x,\omega)$, $q^p_t(x,\omega)$, $\underline{\underline{B}}_u \times \underline{\underline{F}}^{\circ}$-mesurables, et la construction de densités valant pour toutes les P^x en posant

$$q^w_t(\omega) = q^w_t(X_0(\omega),\omega) \quad ; \; q^p_t(\omega) = q^p_t(X_0(\omega),\omega)$$

Après quoi la régularisation donnera un même processus croissant (A^w_t),(A^p_t), qui sera projection duale bien-mesurable ou prévisible de (A_t) pour *toute* mesure initiale.

1. BENVENISTE et JACOD ont démontré dans leur note [4] le lemme, le th.1 ci-dessous, et rempli le programme de la remarque après le th.1.

Voici maintenant le résultat important de cette section. Il s'applique aussi aux fonctionnelles p-additives, mais on ne donnera aucun détail.

THEOREME 1. <u>Supposons que le processus croissant</u> (A_t), <u>tel que</u> $E^x[A_t] < \infty$ <u>pour tout</u> x <u>et tout</u> t, <u>soit une fonctionnelle additive brute</u>. <u>Alors</u> (A_t^w) <u>et</u> (A_t^p) <u>sont des fonctionnelles additives</u>.

DEMONSTRATION. Nous fixons $r\in\mathbb{R}_+$, et raisonnons par exemple sur (A_t^w). Notre problème consiste à montrer que les deux processus

$$B_t = A^w_{r+t} - A^w_r \quad ; \quad C_t = A^w_t\circ\theta_r$$

qui sont tous les deux croissants, nuls pour t=0, adaptés à la famille $(\underline{\underline{F}}_{r+t})$, sont indistinguables pour toute mesure P^μ. Il nous suffit pour cela de montrer que pour toute v.a. $\underline{\underline{F}}^o_{r+t}$-mesurable bornée Y

(2.11) $\quad E^\mu[Y.B_t] = E^\mu[Y.C_t]$

et un argument de classes monotones montre qu'il suffit de traiter le cas où Y s'écrit $H.Z\circ\theta_r$, où H est $\underline{\underline{F}}^o_r$-mesurable bornée, Z $\underline{\underline{F}}^o_t$-mesurable bornée. Introduisons les martingales Y_u et Z_u, associées à Y et Z par le premier lemme. Le côté gauche de (2.11) vaut d'après un lemme d'intégration bien connu (MEYER, [16], VII.T16)

$$E^\mu[\int_0^t E[Y|\underline{\underline{F}}_{r+s}]dB_s] = E^\mu[\int_0^t Y_{r+s}dA^w_{r+s}] = E^\mu[\int_r^{r+t} Y_u dA^w_u]$$

$$= E^\mu[\int_r^{r+t} Y_u dA_u] \text{ par définition de } A^w \text{ comme projection.}$$

D'autre part, pour $u\geq r$, Y_u vaut $H.Z_{u-r}\circ\theta_r$, tandis que l'additivité de A entraîne que $dA_u = dA_{u-r}\circ\theta_r$. D'où l'expression

$$= E^\mu[H\int_r^{r+t} Z_{u-r}\circ\theta_r.dA_{u-r}\circ\theta_r] = E^\mu[H.(\int_0^t Z_v dA_v\circ\theta_r)]$$

$$= E^\mu[H.E^{X_r}[\int_0^t Z_v dA_v]]$$

d'après la propriété de Markov simple. Le second membre de (2.11) vaut quant à lui

$$E^\mu[\int_0^t Y_{r+s}dA^w_s\circ\theta_r] = E^\mu[H.\int_0^t Z_s\circ\theta_r dA^w_s\circ\theta_r] = E^\mu[H.E^{X_r}[\int_0^t Z_s dA^w_s]]$$

et l'on peut maintenant remplacer A^w par A, puisque (Z_s) est un processus bien-mesurable. En rapprochant ces expressions on obtient l'énoncé. La projection duale prévisible se traite de même, mais en utilisant la propriété caractéristique (MEYER [16], VII.D18) des processus croissants prévisibles ou " naturels" .

REMARQUE. Les idées de la démonstration précédente permettent sans doute une démonstration <u>sans laplaciens approchés</u> du théorème de représentation des fonctions excessives de la classe (D), mais je n'ai pas le courage de regarder.

CALCUL DE p-BALAYEES ADAPTEES SUR M

Nous abordons maintenant l'essentiel du travail de GETOOR-SHARPE. h désignant une fonction presque borélienne bornée, nous introduisons les fonctionnelles

(2.12) $\quad A_t(h) = \int_0^t h\circ X_s ds \quad$ (additive)

(2.13) $\quad A_t^{(p)}(h) = \int_0^t e^{-ps} h\circ X_s ds$ (p-additive)

(2.14) $\quad \overline{A}_t^{(p)}(h)$ = processus croissant obtenu par balayage brut de $A^{(p)}(h)$ sur M

(2.15) $\quad \overline{A}_t^p(h) = \int_0^t e^{ps} d\overline{A}_s^{(p)}(h)$: p-balayée brute de $(A_t(h))$ sur M

Nous savons d'après l'exposé 1, proposition 1, que $\overline{A}^p(h)$ est une fonctionnelle additive brute. D'après le théorème 1, le processus croissant $(\overline{A}_{\bullet}^p(h))^w$, que nous noterons

(2.16) $\quad \tilde{A}_{\bullet}^p(h)$ = projection duale bien-mesurable de $\overline{A}_{\bullet}^p(h)$

est une vraie fonctionnelle additive adaptée. Le point essentiel de cet exposé est le calcul de $\tilde{A}^p(h)$. On note $\tilde{\tilde{A}}^p(h)$ l'analogue prévisible.

Nous commençons par expliciter (2.15). D'après la formule (1.11), si (Z_s) est un processus mesurable positif

(2.17) $\quad \int_0^{\infty} Z_s d\overline{A}_s^p(h) = \int_0^{\infty} e^{-ps} e^{p\ell_s} Z_{\ell_s} h\circ X_s I_{\{\ell_s>0\}} ds$

Comme la mesure ds est diffuse, on peut d'ailleurs tout aussi bien remplacer ℓ_s par L_s . Cette formule donne naturellement aussi, si (Z_s) est <u>bien</u>-mesurable

(2.18) $\quad E^{\mu}[\int_0^{\infty} Z_s d\tilde{A}_s^p(h)] = E^{\mu}[\int_0^{\infty} e^{-ps} e^{p\ell_s} Z_{\ell_s} I_{\{\ell_s>0\}} h\circ X_s ds]$

Nous calculons maintenant $\overline{A}^p(h)$ au moyen de la formule (1.7), en tenant compte de la décomposition de $M^{\rightarrow}$ en ses deux morceaux $M_b^{\rightarrow}$ et $M_{\pi}^{\rightarrow}$ au début de cet exposé. Nous obtenons trois termes, qui sont chacun une fonctionnelle additive brute.

D'abord le terme " continu banal"

(2.19) $\quad d\overline{B}_t^p(h) = I_{M\setminus M^{\leftarrow}}(t) dA_t(h) = I_M(t) h\circ X_t dt$

Il ne dépend pas de p, et il est égal à sa projection duale bien--mesurable $\tilde{B}_t^p(h)$.

Ensuite, le terme "discontinu banal"

(2.20) $\quad d\overline{\beta}_t^p(h) = \sum_{g\in M_b^{\rightarrow}}' e^{pg} \int_{]g,D_g]} e^{-ps} h\circ X_s ds \ . \ \varepsilon_g(dt)$

Etant donné que $M_b^{\rightarrow}$ est réunion dénombrable de graphes de temps d'arrêt, on peut décomposer $\overline{\beta}^p(h)$ suivant ces temps d'arrêt (ce qui bien sûr ne préserve pas l'additivité), et obtenir la valeur de la projection duale bien-mesurable

(2.21) $\quad d\tilde{\beta}_t^p(h) = \sum'_{g\in M_b^{\rightarrow}} V_p h\circ X_g . \varepsilon_g(dt)$

On peut d'ailleurs remplacer $M_b^{\rightarrow}$ par $M^{\rightarrow}$ dans cette expression si on le désire, car $V_p h\circ X_g = 0$ si $g\in M_\pi^{\rightarrow}$.

Enfin, reste le dernier terme, discontinu "intéressant", qui contient toutes les difficultés de la question

(2.22) $\quad d\overline{I}_t^p(h) = \sum'_{g\in M_\pi^{\rightarrow}} e^{pg} \int_{]g,D_g]} e^{-ps} h\circ X_s ds . \varepsilon_g(dt)$ (x)

Comme $\overline{I}^p(h)$ ne charge aucun graphe de temps d'arrêt, sa projection duale bien-mesurable est une fonctionnelle additive continue $\tilde{I}^p(h)$, identique à sa projection duale prévisible. Le premier résultat important est alors le suivant :

PROPOSITION 3. $\tilde{I}^p(h)-\tilde{I}^q(h)=(q-p)\tilde{I}^p(V_q h)$. (2.23)

DEMONSTRATION. Nous avons

(2.24) $\quad \tilde{B}^p(h)-\tilde{B}^q(h) = (q-p)\tilde{B}^p(V_q h)$

les deux membres étant nuls : le premier de façon triviale (2.19), le second parce que $\tilde{B}^p(f)$ est portée, pour toute f, par M, donc par M', donc par ρ_F, et que $V_q h=0$ sur F. En projetant à nouveau sur les prévisibles, on obtient l'égalité correspondante pour les projections duales prévisibles $\approx{B}^p$.

Ensuite, nous avons

(2.25) $\quad \tilde{\beta}^p(h)-\tilde{\beta}^q(h) = (q-p)\tilde{\beta}^p(V_q h)$

d'où encore, en reprojetant, l'égalité correspondante pour les projections duales prévisibles $\approx{\beta}^p$. C'est vraiment évident sur la forme explicite (2.21), où (2.25) se réduit à l'équation résolvante pour les V_p .

Dans ces conditions , la relation (2.23) - qui peut s'écrire avec des ≈ au lieu des ~ , puisque les $\overline{I}^p$ sont déjà continues - est équivalente à l'égalité suivante, où figurent des projections duales <u>prévisibles</u> (et qui a, bien sûr, son intérêt propre)

(2.26) $\quad \approx{A}^p(h) - \approx{A}^q(h) = (q-p)\approx{A}^p(V_q h)$ (*)

Les deux membres étant des fonctionnelles additives prévisibles, il suffit de vérifier l'égalité de leurs <u>espérances</u>, ou encore que l'on a

(2.27) $\quad E^\bullet[(q-p)\overline{A}_t^p(V_q h)] = E^\bullet[\overline{A}_t^p(h)-\overline{A}_t^q(h)]$

Voici le calcul. Le premier membre vaut, d'après (2.17)

(*) Le calcul se remonte, et donne aussi (2.26) avec des ~ au lieu de ≈.
(x) Sur ces trois formules on voit que $\overline{A}^p(h)=0$ si h=0 sur F^c.

$$E^{\bullet}[(q-p)\int_0^{\infty} e^{p\ell_s} I_{\{0<\ell_s\leq t\}} e^{-ps} V^q h\circ X_s ds]$$

Ceci est une intégrale du processus $(V^q h\circ X_s)$ par rapport au processus croissant adapté $dH_s = e^{p(\ell_s - s)} I_{\{\ldots\}} ds$. Le théorème VII.T15 de MEYER [16] déjà cité nous permet d'écrire l'espérance

$$E^{\bullet}[(q-p)\int_0^{\infty} e^{p(\ell_s - s)} I_{\{0<\ell_s\leq t\}} ds \int_s^{D_s} h\circ X_u e^{-q(u-s)} du]$$

Fubinisons : l'intégrale double sur les (s,u) avec $s<u\leq D_s$ s'écrit aussi comme intégrale double sur les (s,u) avec $\ell_u\leq s<u$, et alors on peut remplacer ℓ_s par ℓ_u , d'où l'intégrale

$$E^{\bullet}[(q-p)\int_0^{\infty} e^{p\ell_u} I_{\{0<\ell_u\leq t\}} h\circ X_u e^{-qu} \int_{\ell_u}^{u} e^{(q-p)s} ds]$$

$$= E^{\bullet}[\int_0^{\infty} e^{p\ell_u} I_{\{0<\ell_u\leq t\}} h\circ X_u \, e^{-qu}[e^{(q-p)u} - e^{(q-p)\ell_u}] du]$$

et la fin du calcul est immédiate.

Nous arrivons maintenant au point crucial du travail de GETOOR-SHARPE, contenu dans les théorèmes 2 et 3 ci-dessous.

DEFINITION. On désigne par (K_t) une fonctionnelle additive continue, telle que toutes les fonctionnelles additives $\tilde{I}^p(h)$ soient absolument continues par rapport à K.

Par exemple, $K_t = \tilde{I}^1_t(1)$ possède cette propriété : en effet si $p\geq 1$ on a $\tilde{I}^p(1)\leq K$ (et donc $\tilde{I}^p(h)$ est absolument continue), et si $p<1$ on a $\tilde{I}^p(1) = \tilde{I}^1(1) + (1-p)\tilde{I}^1(V_p 1) \leq \frac{1}{p}\tilde{I}^1(1)$

Noter que cette fonctionnelle K est portée par F, donc par $\hat{F}$ son noyau parfait, mais nous préférons ne pas imposer cette condition en général.

THEOREME 2. Il existe des noyaux $\hat{V}_p$ sur E, transformant les fonctions boréliennes en fonctions $\underline{\underline{B}}_u$-mesurables[1], tels que $\hat{V}_p(x,dy)=V_p(x,dy)$ pour $x\in F^c$, et que

1) Les mesures $\hat{V}_p(x,dy)$ pour $x\in F$ soient bornées et portées par F^c

2) L'équation résolvante $\hat{V}_p - \hat{V}_q = (q-p)\hat{V}_p\hat{V}_q$ soit satisfaite sur E tout entier

3) Pour toute h bornée et tout p on ait

(2.28) $$\tilde{I}^p_t(h) = \int_0^t \hat{V}_p h\circ X_s \, I_F\circ X_s \, dK_s$$

4) Pour tout x on ait $\lim_{p\to\infty} \hat{V}_p(x,1) = 0$.

1. Nous établirons en fait un résultat un peu plus précis, qui sera signalé en cours de démonstration, et servira dans la suite

[la résolvante (V_p) ainsi modifiée n'est pas sous-markovienne en général, et dépend de la fonctionnelle (K_t) choisie].

DEMONSTRATION. Nous allons supposer, dans la première partie de la démonstration, que (K_t) est strictement croissante et majore $\tilde{I}^1(1)$. D'autre part, un lemme de l'exposé I, § 2 nous permet de choisir une version de (K_t) adaptée à la famille $(\underline{\underline{F}}^{oo}_{t+})$: nous ferons ce choix dans la suite.

Nous aurons besoin du théorème de MOTOO sur l'existence de densités de fonctionnelles additives continues, sans hypothèse (L) : rappelons en la démonstration très simple, due à GETOOR. Soit (A_t) une fonctionnelle additive continue, différence de deux fonctionnelles additives positives absolument continues par rapport à (K_t) : nous pouvons en prendre une version adaptée à $(\underline{\underline{F}}^{oo}_{t+})$. Soit (τ_t) le changement de temps associé à (K_t). Formons

$$\overline{\alpha}(\omega) = \limsup_{n\to\infty} A_{\tau_{1/n}}(\omega)/\tau_{1/n}(\omega) \quad , \ \underline{\alpha}=\liminf\ldots$$

Alors $\overline{\alpha}$ et $\underline{\alpha}$ sont $\underline{\underline{F}}_0$-mesurables, donc dégénérées pour toute mesure P^x. Posons $\overline{a}(x)=E^x[\overline{\alpha}]$, et de même $\underline{a}(x)=E^x[\underline{\alpha}]$: alors $\overline{a}$ et $\underline{a}$ sont égales K-p.p., et chacune d'elles est une version de la densité de A par rapport à K. De plus, $\overline{\alpha}$ et $\underline{\alpha}$ sont $\underline{\underline{F}}^{oo}$-mesurables, et donc $\overline{a}$ et $\underline{a}$ sont $\underline{\underline{B}}_e$-mesurables. Voir par ex. le séminaire V, p. 231 .

Nous pouvons alors dire tout de suite comment nous ferons pour lever la restriction relativement à K : nous poserons $K'_t= t+K_t+\tilde{I}^1(1)$, qui y satisfait, et nous noterons c une densité $\underline{\underline{B}}_e$-mesurable de K par rapport à K'. Nous aurons d'autre part des densités $v'_p(h)$ des $I_p(h)$ par rapport à K', et il nous suffira de poser

$$v_p(x,dy)= \frac{1}{c(x)}v'_p(x,dy) \text{ si } c(x)\neq 0 \ , \ v_p(x,dy)=0 \text{ sinon.}$$

Passons à la démonstration proprement dite. Nous remarquons que $\tilde{I}^p(h)$ ne dépend que de la restriction de h à $G=F^c$, et nous allons construire des mesures $v_p(x,dy)$ sur G . Soit $\overline{G}$ le compactifié de RAY usuel de G par rapport à la résolvante (V_p) : la tribu induite par $\overline{G}$ sur G est plus riche que la tribu borélienne de G. Pour toute fonction universellement mesurable h sur G, appliquons le procédé ci-dessus à $\tilde{I}^p(h)$ relativement à (K_t) : cela nous fournit deux fonctions $\underline{\underline{B}}_e$-mesurables sur E, que nous notons $\overline{v}_p(h)$, $\underline{v}_p(h)$. Soit N l'ensemble

$$\{x\in E \ : \ \exists f\in \underline{\underline{C}}(\overline{G}) \ , \ \exists \text{ p rationnel, } \underline{v}_p f_G(x)<\overline{v}_p f_G(x) \text{ ou } \overline{v}_p|f_G|(x)=+\infty \}$$

où f_G est la restriction de f à G . Comme $\underline{\underline{C}}(\overline{G})$ est séparable, N est $\underline{\underline{B}}_e$-mesurable et K-négligeable. Pour $x\notin N$, nous noterons $v_p(x,f)$ la valeur commune de $\underline{v}_p(x,f_G)$ et $\overline{v}_p(x,f_G)$, pour $f\in\underline{\underline{C}}(\overline{G})$: $v_p(x,.)$ est alors pour tout p rationnel une mesure bornée sur $\overline{G}$. Si $x\in N$, nous poserons $v_p(x,.)=0$.

On vérifie alors aussitôt, par classe monotone et encadrement, que si h est universellement mesurable bornée sur $\overline{G}$, $v_p h$ est universellement mesurable sur E, et est une densité de $\widetilde{I}^p(h_G)$ p.r. à (K_t). Si h est borélienne sur $\overline{G}$, $v_p h$ est $\underline{\underline{B}}_e$-mesurable sur E.

Soit N_1 l'ensemble ($\overline{V}_q$ désignant la résolvante de RAY sur $\overline{G}$) :

$$\{ x\in E : \exists p,\ q \text{ rationnels } , \exists f\in\underline{\underline{C}}(\overline{G}) \ ,\ v_p(x,f)-v_q(x,f)\neq (q-p)v_p(x,\overline{V}_q f)\}$$

Comme $\overline{V}_q$ applique $\underline{\underline{C}}(\overline{G})$ dans lui même, c'est un ensemble $\underline{\underline{B}}_e$-mesurable, et il est K-négligeable . Remplaçant $v_p(x,.)$ par 0 (sans changer de notation) si $x\in N_1$, nous aurons partout la "relation résolvante"

$$v_p-v_q = (q-p)v_p\overline{V}_q$$

D'après la remarque précédant le théorème 2, nous pouvons supposer (quitte à annuler encore $v_p(x,.)$ pour certains x) que pour p rationnel on a

$$pv_p(x,1) \leq p^{\vee}1 \text{ partout}$$

la "relation résolvante" permet alors sans aucune difficulté, par convergence uniforme, le prolongement de v_p à toutes les valeurs réelles de p.

Lorsque p augmente, la "relation résolvante" entraîne que v_p diminue. $v_p(1)$ est la densité de $\widetilde{I}^p(1)$ par rapport à (K_t), et $\widetilde{I}^p(1)\downarrow 0$ lorsque $p\to\infty$, de sorte qu'avec encore une annulation supplémentaire on peut supposer que $\lim_{p\to\infty} v_p(1) = 0$ partout.

Nous savons que G est universellement mesurable dans $\overline{G}$, et si nous prenons $h=I_{\overline{G}\setminus G}$, nous avons $\widetilde{I}^p(h)=0$. Soit alors

$$J = \{ x : v_p(x,h)>0 \text{ pour un p rationnel } \} \text{ (ou pour un } p\in\mathbb{R} \text{)}$$

J est universellement mesurable et K-négligeable, mais non $\underline{\underline{B}}_e$-mesurable en général. Si nous posons

$$\hat{V}_p(x,dy) = I_{F^c}(x)V_p(x,dy)+I_{F\setminus J}(x)v_p(x,dy) \tag{2.29}$$

ces mesures sont portées par E, et satisfont à l'énoncé. Mais Nicole KAROUI m'a signalé que la perte de la $\underline{\underline{B}}_e$-mesurabilité présentait des inconvénients pour la suite. Que peut on dire ?

Soit μ une loi initiale, et soit λ une loi équivalente à la mesure $\mu U_K\hat{V}_p$. Il existe un ensemble borélien pour la topologie de E , $H\subset G$, tel que l'on ait $\lambda(G\setminus H)=0$, et que les fonctions universellement mesurables sur G, traces des éléments de $\underline{\underline{C}}(\overline{G})$, soient boréliennes sur H. Comme H est lusinien, et l'injection de H dans $\overline{G}$ est borélienne injective, H est borélien dans $\overline{G}$. Donc si l'on pose $h'=I_{\overline{G}\setminus H}$, $v_p(.,h')$ est $\underline{\underline{B}}_e$-mesurable dans E, l'ensemble $J'=\{x\in F : v_p(x,h')>0$ pour un p rationnel $\}$ est $\underline{\underline{B}}_e$-mesurable (on peut remplacer $p\in\mathbb{Q}$ par $p\in\mathbb{R}$), et les noyaux

$$(2.30)\qquad \hat{V}'_p(x,dy)=I_{F^c}(x)V_p(x,dy) + I_{F\setminus J'}(x)v_p(x,dy) = (1-I_{J\setminus J'}(x))\hat{V}_p(x,dy)$$

opèrent sur E, et transforment les fonctions boréliennes en fonctions $\underline{\underline{B}}_e$-mesurables. D'autre part, J' est μU_K-négligeable : pour le voir , il suffit de montrer que $<\mu U_K, I_F.v_p(.,h')>=0$, ou encore que

$$(2.31)\qquad E^{\mu}[\ \int v_p(X_s,h')I_F\circ X_s\ dK_s] = 0$$

(Ceci vaut d'ailleurs $E^{\mu}[\ \tilde{I}^p_{\infty}(h')]$ d'après (2.28)). Mais (2.31) est majorée par $<\mu U_K\hat{V}_p,h'>$, nul puisque $\lambda(h')=0$. Autrement dit, $\hat{V}_p$ et $\hat{V}'_p$ ne diffèrent que sur l'ensemble $J''=J\setminus J'$, et on a

$$(2.32)\qquad E^{\mu}[\ \int I_{J''}\circ X_s\ dK_s]=0$$

La formule (2.28) vaut aussi avec $\hat{V}'_p$ au lieu de $\hat{V}_p$, mais l'égalité doit être prise en ce sens que les deux membres sont <u>P^{μ}-indistinguables</u> (et $(\hat{V}'_p)$ dépend de μ). Nous avons tout ce qu'il nous faut pour la suite.

REMARQUE. Sous l'hypothèse (L), on peut prendre pour μ une mesure de référence, et l'indistinguabilité pour P^{μ} entraîne l'indistinguabilité pour toutes les lois initiales : il existe donc des densités $\underline{\underline{B}}_e$-mesurables.

INVERSION DE LA TRANSFORMATION DE LAPLACE

PROPOSITION 4. <u>Il existe une famille</u> $(\hat{Q}_t)_{t>0}$ <u>de noyaux sur</u> E, <u>transformant les fonctions boréliennes en fonctions</u> $\underline{\underline{B}}_u$<u>-mesurables, et possédant les propriétés suivantes</u>

a) <u>Pour tout</u> $x\in E$, $\hat{Q}_t(x,dy)$ <u>est portée par</u> F^c, <u>et bornée</u>. <u>Pour</u> $x\in F^c$ <u>on a</u> $\hat{Q}_t(x,dy)=Q_t(x,dy)$.

b) <u>On a</u> $\hat{Q}_s\hat{Q}_t=\hat{Q}_{s+t}$; <u>la famille</u> $(\hat{Q}_t(x,.))$ <u>est étroitement continue à droite pour tout</u> x, <u>et on a</u>

$$(2.33)\qquad \hat{V}_p(x,dy) = \int_0^{\infty} e^{-pt}\hat{Q}_t(x,dy)dt$$

Tout revient en fait à trouver des mesures bornées $q_t(x,dy)$ pour $x\in F$, portées par F^c , et constituant pour tout x une <u>loi d'entrée</u> pour le semi-groupe (Q_t) :

(2.34) $q_{s+t}(x,.)=\int q_s(x,dy)Q_t(y,.)$

telles que pour $x\in F$ on ait, avec les notations de la démonstration du th.2

(2.35) $v_p(x,dy) = \int_0^{\infty} e^{-pt}q_t(x,dy)dt$

Les propriétés de continuité à droite appartiennent en effet à toutes les lois d'entrée pour (Q_t), constituées de mesures bornées[1] et la mesurabilité en x des formules usuelles d'inversion de Laplace.

DEMONSTRATION. **Récrivons nos hypothèses avec des notations simplifiées : nous avons des mesures bornées v_p sur F^c, satisfaisant à**

(2.36) $v_p - v_q = -(p-q)v_pV_q$

(2.37) $\lim_{p\to\infty} \langle v_p,1\rangle = 0$ (th.2, 4))

Prenons a>0, notons f la fonction V_a1, partout >0 sur F^c, et notons

$$Q'_t(x,dy) = e^{-at}\frac{1}{f(x)}Q_t(x,dy)f(y) \quad , \quad V'_p(x,dy) = \frac{1}{f(x)}V_{a+p}(x,dy)f(y)$$

$$v'_p(dy) = \frac{1}{\langle v_a,1\rangle}v_{a+p}(x,dy)f(y)$$

Alors les v'_p satisfont à (2.36) et (2.37) relativement à la résolvante (V'_p). De plus, nous avons

$$\langle v_a,1\rangle - \langle v_{a+p},1\rangle = p\langle v_{a+p},f\rangle = p\langle v_a,1\rangle\langle v'_p,1\rangle$$

d'où l'on tire d'abord que $\langle pv'_p,1\rangle \leqq 1$ pour tout p, et ensuite lorsque $p\to\infty$ que $\lim_p \langle pv'_p,1\rangle = 1$.

Adjoignons à F^c un point g, ce qui nous donne un ensemble G, et identifions mesures sur F^c et mesures sur G portées par F^c. Définissons sur G une résolvante sous-markovienne en posant

$$W'_p(x,dy) = V'_p(x,dy) \text{ si } x\in F^c \text{ , } W'_p(g,dy) = v'_p(dy)$$

Si (W'_p) ne sépare pas G, il existe $x\in F^c$ tel que $v'_p(dy)=V'_p(x,dy)$; alors $v_{a+p}(dy)=V_{a+p}(x,dy)$, et les $Q_t(x,dy)$ forment la loi d'entrée cherchée. Si (W'_p) sépare G, prenons un compactifié de RAY $\overline{G}$, le semi-groupe de RAY correspondant $(\overline{Q}_t)$, et posons $q'_t(dy)=\overline{Q}_t(g,dy)$. La condition $\lim_p \langle pv'_p,1\rangle = 1$ entraîne que le processus de RAY issu de g rencontre immédiatement F^c. Or cet ensemble est absorbant, donc les mesures q'_t sont portées par F^c et forment une loi d'entrée pour (Q'_t). Si l'on pose $q_t(dy)= e^{at}\langle v_a,1\rangle q'_t(dy)/f(y)$, on a une loi d'entrée pour (Q_t), dont la transformée de Laplace est égale à v_p sur

---

1. Mais non bornées dans leur ensemble : en général $q_t(x,1)\xrightarrow[t\to 0]{} +\infty$.

$]a,\infty[$, donc partout. La fonction $<q_t,1>$ est décroissante : sa transformée de Laplace étant finie, elle est partout finie, et les mesures q_t sont bornées.

En vue d'applications ultérieures, nous introduirons aussi (pour une mesure μ donnée, cf. la fin de la démonstration du th.2) le semi-groupe

(2.38) $\hat{Q}'_t(x,dy) = (1-I_{J\setminus J'}(x))\hat{Q}_t(x,dy)$

dont la transformée de Laplace est $(\hat{V}'_p)$ - cf. (2.30) - et qui transforme les fonctions boréliennes en fonctions $\underline{\underline{B}}_e$-mesurables.

Nous aurons un peu plus loin une inversion de Laplace beaucoup plus subtile à faire. En attendant, récapitulons tous les résultats obtenus :

FORMULE DONNANT LES BALAYEES BIEN-MESURABLES SUR M

(2.39) $\tilde{I}^p_t(h) = \int_0^t \hat{V}_p h\circ X_s I_F\circ X_s dK_s = \int_0^\infty e^{-pu} du \int_0^t \hat{Q}_u h\circ X_s I_F\circ X_s dK_s$.

Nous regroupons maintenant avec les expressions (2.19) et (2.21) pour obtenir la formule fondamentale

$$\begin{aligned}(2.40)\qquad \tilde{A}^p_t(h) &= \int_0^t I_M(s)h\circ X_s ds + \int_0^t \hat{V}_p h\circ X_s d\Gamma_s \\ &= \int_0^t I_M(s)h\circ X_s ds + \int_0^\infty e^{-pu}du \int_0^t \hat{Q}_u h\circ X_s\, d\Gamma_s\end{aligned}$$

où Γ est la mesure aléatoire

(2.41) $d\Gamma_s = I_F\circ X_s dK_s + \sum'_{g\in \overrightarrow{M_b}} \varepsilon_g(ds)$

CONDITIONNEMENT (CAS BIEN-MESURABLE)

THEOREME 3. Soit (Z_s) un processus bien-mesurable positif, et soit h une fonction positive sur E. On a alors pour tout $u>0$.

(2.42) $E^\mu[Z_{L_u} h\circ X_u I_{\{L_u>0\}}] = E^\mu[Z_u I_M(u) h\circ X_u] + E^\mu[\int_{]0,u[} \hat{Q}_{u-s}(X_s,h) Z_s d\Gamma_s]$.

Au second membre, noter l'intégration sur $]0,u[$ ouvert : en particulier si u se trouve appartenir à $\overrightarrow{M_b}(\omega)$, il n'y a pas de terme en ε_u dans $d\Gamma_s$.

DEMONSTRATION. Nous montrons d'abord que les deux membres de (2.42) ont même transformée de Laplace. A cet effet, nous recopions la formule (2.18), appliquée au processus $(e^{-ps}Z_s)$, et en y remplaçant ℓ_s par L_s . Compte tenu de (2.40), il vient

$$E^{\mu}[\int_0^{\infty} e^{-pt} Z_{L_t} h\circ X_t I_{\{L_t>0\}} dt] = E^{\mu}[\int_0^{\infty} e^{-pt} Z_t dA_t^p(h)]$$

$$(2.43) \qquad = E^{\mu}[\int_0^{\infty} e^{-pt} I_M(t) Z_t dt] + E^{\mu}[\int_0^{\infty} e^{-pt} Z_t d\Gamma_t \int_0^{\infty} \hat{Q}_u(X_t,h) e^{-pu} du]$$

Nous écrivons le dernier terme

$$(2.44) \qquad E^{\mu}[\int_0^{\infty} Z_t d\Gamma_t \int_t^{\infty} \hat{Q}_{v-t}(X_t,h) e^{-pv} dv] = E^{\mu}[\int_0^{\infty} e^{-pv} dv \int_{]0,v[} \hat{Q}_{v-s}(X_s,h) Z_s d\Gamma_s]$$

nous appelons t la variable v, et nous avons l'égalité cherchée. Ainsi <u>les deux membres de</u> (2.42) <u>sont égaux pour presque tout</u> u .

On remarque ensuite que (2.42) est évidente lorsque h est nulle hors de F. En effet, le dernier terme est nul , les mesures $\hat{Q}_r(.,.)$ étant portées par F^c. Au premier membre, on peut insérer $I_F\circ X_u$, mais $I_F\circ X_u \neq 0 \Rightarrow u \in \rho_F \subset M$, donc $L_u = u > 0$, et le premier membre s'écrit $E^{\mu}[Z_u I_M(u) h\circ X_u]$, qui est aussi le premier terme du second membre.

Nous pouvons donc nous borner au cas où h est nulle sur F.

Je dis aussi que pour vérifier l'égalité (2.43) pour $u=u_o$, on peut se ramener au cas où $Z_s=0$ pour $s \geqq u_o$. En effet, un processus (Z_s) général se décompose en deux : $(Z_s I_{\{s<u_o\}})$ qui satisfait à l'hypothèse précédente, et $(Z_s I_{\{s\geqq u_o\}})$ pour lequel (2.42) est vraie : le premier membre vaut $E^{\mu}[Z_{u_o} I_M(u_o) h\circ u_o]$, et le second membre se réduit à son premier terme, qui vaut la même chose.

Dans ces conditions, un argument de classes monotones montre que l'on peut supposer Z borné, continu à droite, adapté, nul sur $[u_o,\infty]$, et h de la forme $V_p f$, $f \geqq 0$ bornée , $p>0$. Nous allons vérifier que les deux membres de (2.42) sont des fonctions continues à droite de u au point u_o, et leur égalité p.p. entraînera leur égalité en u_o.

Dans ces conditions, nous allons vérifier que les deux membres de (2.42) sont des fonctions continues à droite de u au point u_o , et leur égalité p.p. entraînera alors leur égalité en u_o.

Pour le premier membre, c'est évident : M étant fermé, la fonction $L_.$ est continue à droite. De même, $L_u>0 \iff u \geqq D$, et $I_{\{L_u>0\}}$ est continue à droite en u. Enfin, Z est continu à droite et $h=V_p f$ est finement continue .

En ce qui concerne le second membre, la relation $u \geqq u_o$ entraîne $Z_u=0$, donc le premier terme reste identiquement nul. Le second terme s'écrit aussi, pour la même raison

$$E^{\mu}[\int_{]0,u_o[} \hat{Q}_{u-s}(X_s,h) Z_s \, d\Gamma_s]$$

Lorsque $u\downarrow u_0$, $\hat{Q}_{u-s}(X_s,h)$ tend vers $\hat{Q}_{u_0-s}(X_s,h)$, et il faut seulement vérifier une condition de domination. Or nous avons supposé que $h=V_pf$, $f\geqq 0$, de sorte que la fonction $e^{-pt}\hat{Q}_t(x,h)$ est __décroissante__ pour tout $x\in E$. On a donc pour tout u compris entre u_0 et $u_0+\varepsilon$

$$\hat{Q}_{u-s}(X_s,h) \leqq e^{p(u-u_0)}\hat{Q}_{u_0-s}(X_s,h) \leqq e^{p\varepsilon}\hat{Q}_{u_0-s}(X_s,h)$$

dont l'intégrale est au plus $e^{p\varepsilon}E^{\mu}[Z_{L_{u_0}} h\circ X_{u_0} I_{\{L_{u_0}>0\}}]$ (lemme de Fatou), quantité évidemment finie. Le théorème est établi.

Le corollaire suivant est une " last exit decomposition" :

COROLLAIRE 1 . __On a__

(2.45) $$P_uh^x = Q_uh^x + E^x[h\circ X_u I_M(u)] + E^x[\int_{]0,u[} \hat{Q}_{u-s}(X_s,h)d\Gamma_s]$$

DEMONSTRATION. On prend $Z=1$, $\mu=\varepsilon_x$ dans la formule (2.42), en remarquant que $L_u>0 \iff u\geqq D$, de sorte que le côté gauche vaut $P_uh^x-Q_uh^x$.

Un autre corollaire, qui est le principal résultat de conditionnement. Je dois à N. KAROUI de m'avoir signalé une erreur dans la rédaction précédente, qui est ici rectifiée.

Rappelons qu'une v.a. Z est dite $\underline{\underline{F}}_{L_u}$ -mesurable s'il existe un processus bien mesurable (Z_t) tel que $Z=Z_{L_u}$. Les v.a. L_u et X_{L_u} sont $\underline{\underline{F}}_{L_u}$ -mesurables, avec respectivement $Z_t=t^u$, $Z_t=X_t$.

COROLLAIRE 2 . __Posons__ $k_t(x,h) = \dfrac{\hat{Q}_t(x,h)}{\hat{Q}_t(x,1)}$ (0/0=0). __Alors__

(2.46) $$E^{\mu}[h\circ X_u|\underline{\underline{F}}_{L_u}] = k_{u-L_u}(X_{L_u},h) \quad P^{\mu}\text{-}\underline{\text{p.s. sur}}\ \{0<L_u<u\} .$$

DEMONSTRATION. Soit (Z_t) un processus bien-mesurable borné, et soit $Z=Z_{L_u}$. Si le processus $(k_{u-s}(X_s,h))$ était bien-mesurable sur [0,u], nous pourrions écrire d'après la formule (2.42), en remplaçant Z_s par $Z_sk_{u-s}(X_s,h)I_{\{s<u\}}$ et h par 1

$$E^{\mu}[Z.k_{u-L_u}(X_{L_u},h)I_{\{0<L_u<u\}}] = E^{\mu}[\int_{]0,u[} \hat{Q}_{u-s}(X_s,1)k_{u-s}(X_s,h)Z_sd\Gamma_s]$$

Mais le second membre vaut aussi

$$E^{\mu}[\int_{]0,u[} \hat{Q}_{u-s}(X_s,h)Z_sd\Gamma_s] = E^{\mu}[Z.h\circ X_u.I_{\{0<L_u<u\}}]$$

d'après la même formule. C'est à dire (2.46).

Malheureusement, le processus $(k_{u-s}(X_s,h))$ __n'est pas__ bien-mesurable. Nous tournons la difficulté de la manière suivante. La mesure μ étant fixée, nous considérons les noyaux $\hat{V}'_p$ de la formule (2.30), l'ensemble J" de la formule (2.32), les noyaux $\hat{Q}'_t$ de la formule (2.38), à partir desquels nous construisons des $k'_t(x,h)$ comme ci-dessus.

Puis nous remarquons que le théorème 3 vaut tout aussi bien avec les $\hat{Q}'_t$ qu'avec les $\hat{Q}_t$, puisque toutes les fonctionnelles correspondantes sont P^μ-indistinguables. D'autre part, si h est borélienne, le processus $(k'_{u-s}(X_s,h))$ est, lui, bien-mesurable par suite de la $\underline{\underline{B}}_e$-mesurabilité des noyaux $\hat{Q}'_t$, et nous avons donc

$$E[h\circ X_u|\underline{\underline{F}}_{L_u}] = k'_{u-L_u}(X_{L_u},h) \text{ sur } \{0<L_u<u\}$$

et il reste seulement à voir, comme $k'(x,.)=k_.(x,.)$ pour $x\notin J''$, si $P^\mu\{X_{L_u}\in J'' ,0<L_u<u\}=0$. Or nous savons par (2.32) que

$$E^\mu[\int_0^\infty I_{J''}\circ X_s dK_s] = 0$$

Comme $J'' \subset F$, nous avons le même résultat avec $d\Gamma_s$ au lieu de dK_s. Enfermons J'' dans un borélien N possédant la même propriété. La formule (2.42) nous donne, avec $Z_s=I_N\circ X_s I_{\{s<u\}}$, $h=1$

$$P^\mu\{X_{L_u}\in N ,0<L_u<u\}=E^\mu[\int_0^u[\ \hat{Q}_{u-s}(X_s,1)I_N\circ X_s d\Gamma_s\ ] = 0$$

Le corollaire est établi.

La rédaction précédente comportait le calcul des balayées prévisibles des fonctionnelles $A^p(h)$, et des indications sur le conditionnement dans le cas prévisible. Il s'agit d'une question sur laquelle GETOOR et SHARPE obtiennent de très jolis résultats, mais qui est assez étrangère au sujet de ces exposés : les ensembles homogènes . Aussi ne reprendrons nous pas cette partie de l'exposé.

[Cette suppression entraîne un " trou" dans le numérotage des formules] .

II. COMPLEMENTS À GETOOR-SHARPE

Nous allons mettre le résultat principal de GETOOR-SHARPE sous une autre forme, qui se prêtera à une extension très plaisante. Les méthodes seront une extension immédiate de celles de GETOOR-SHARPE.

Nous commençons par mettre le th.2 et la prop.4 sous la forme "délaplacifiée" suivante . On notera que l'inversion de transformation de Laplace n'a pas un aspect aussi compliqué que celle du théorème 3.

PROPOSITION 5.- Pour tout $u>0$, toute h positive , la projection duale bien-mesurable de la mesure aléatoire

(2.52) $$dJ_t^u(h) = \sum_{g\in \vec{M}_\pi}' h\circ X_{g+u} I_{\{g+u<D_g\}} \varepsilon_g(dt)$$

est la mesure aléatoire

(2.53) $$d\tilde{J}_t^u(h) = \hat{Q}_u(X_t,h) I_F\circ X_t dK_t$$

DEMONSTRATION. Il faut remarquer que (2.52) admet comme " fonction de répartition" une vraie fonctionnelle additive non adaptée : $J_\cdot^u(h)$ admet en effet au plus $\frac{a}{u}$ masses unité sur l'intervalle $[0,a]$, la sommation portant sur des intervalles contigus à M de longueur > u .

Nous avons à vérifier que , si Z est bien-mesurable positif

(2.54) $$E^\mu\left[\sum_{g\in \vec{M}_\pi}' Z_g h\circ X_{g+u} I_{\{g+u<D_g\}}\right] = E^\mu\left[\int_0^\infty Z_t \hat{Q}_u(X_t,h) I_F\circ X_t dK_t\right]$$

On peut supposer Z_t nul pour $t>a$, Z positif borné, h positive bornée. Il est facile de voir alors, par classes monotones, qu'on peut se borner au cas où (Z_t) est continu à droite, h continue bornée sur E. D'autre part, le résultat est trivial (0=0) pour hI_F , donc il suffit de le démontrer pour hI_{F^c} , puis pour $qV_q(hI_{F^c})$ $(q>0)$. Autrement dit, on peut se ramener au cas où $h=V_q g$, g positive bornée, $q>0$.

Il est alors évident que le côté gauche est une fonction continue à droite de u sur $]0,\infty[$ (rappelons que la somme n'a qu'un nombre fini de termes !). Pour voir qu'il en est de même du côté droit, on note que la fonction $e^{-qu}\hat{Q}_u(X_t,V_q g)$ est décroissante, et on applique le théorème de Lebesgue.

Il ne reste plus alors qu'à vérifier que les deux membres ont même transformée de Laplace en u : c'est la formule (2.28).

Dans le résultat suivant, la proposition 5 ne joue qu'un rôle très accessoire. Nous revenons en fait au principe même de la démonstration de GETOOR-SHARPE.

PROPOSITION 6 . Soit c une fonction $\underline{\underline{F}}^*$-mesurable positive sur Ω. Posons

(2.55) $k(x)=E^x[c]$, $\overline{c}(\omega)=k\circ X_0(\omega)$

Alors la mesure aléatoire suivante, où u est >0

(2.56) $dG^u_t(c) = \sum'_{g\in M^{\rightarrow}_{\pi}} c\circ\theta_{g+u} I_{\{g+u<D_g\}}\varepsilon_g(dt)$

admet comme projection duale bien-mesurable

(2.57) $d\hat{G}^u_t(c) = \hat{Q}_u(X_t,k)I_F\circ X_t dK_t$

DEMONSTRATION. Compte tenu de la proposition 5, tout revient à montrer que les mesures aléatoires $dG^u_t(c)$ et $dG^u_t(\overline{c})$ ont même projection duale bien-mesurable. On peut évidemment supposer c (et $\overline{c}$) bornée. Tout revient à montrer que si Z est bien-mesurable, continu à droite, nul pour t>a fini, borné

$$E^{\mu}[\sum'_{g\in M^{\rightarrow}_{\pi}} Z_g c\circ\theta_{g+u} I_{\{g+u<D_g\}}]=E^{\mu}[\sum'_{g\in M^{\rightarrow}_{\pi}} Z_g \overline{c}\circ\theta_{g+u} I_{\{g+u<D_g\}}] \quad (2.58)$$

On se ramène par complétion au cas où c est $\underline{\underline{F}}^o$-mesurable, puis par classes monotones au cas où c peut s'écrire $\gamma=h_1\circ X_{t_1}\dots h_n\circ X_{t_n}$ ($h_1\dots h_n$ continues sur E), de sorte que $\gamma\circ\theta_u$ est une fonction de u continue à droite. Puis, par passage à la limite, on se ramène à considérer $c=q\int_0^{\infty} e^{-qu}\gamma\circ\theta_u du$: alors les fonctions $c\circ\theta_u$ et $\overline{c}\circ\theta_u$ sont continues à droite en u. On se ramène alors à vérifier que les deux membres de (2.58) ont même transformée de Laplace en u.

Remarquons d'autre part que $M^{\rightarrow}_b$ est une réunion dénombrable de graphes de temps d'arrêt : la propriété forte de Markov entraîne alors l'égalité correspondant à (2.58), avec $M^{\rightarrow}_b$ au lieu de $M^{\rightarrow}_{\pi}$. Pour finir, il nous suffit de vérifier l'égalité des transformées de Laplace des deux membres de (2.58), avec $M^{\rightarrow}$ au lieu de $M^{\rightarrow}_{\pi}$. Ne pas s'inquiéter : les quantités qu'on a ajoutées sont finies, et les transformées de Laplace seront finies.

L'égalité à démontrer s'écrit alors

(2.59) $E^{\mu}[\sum'_{g\in M^{\rightarrow}} Z_g(\int_0^D c\circ\theta_u e^{-pu}du)\circ\theta_g] = E^{\mu}[\sum' ..(\int..\overline{c}..) ..]$

Remarquons que nous ne changeons rien dans cette formule en remplaçant $c(\omega)$ par $c(\omega)I_{F^c}\circ X_0(\omega)$, et donc $\overline{c}$ par $\overline{c}.I_{F^c}\circ X_0$. Ce changement fait, nous pouvons ajouter aux deux membres les quantités, toutes deux égales à 0, puisque les nouveaux $c\circ\theta_.$,$\overline{c}\circ\theta_.$ sont nuls p.p. sur M

$$E^{\mu}[\int_0^{\infty} I_{M\setminus M^{\leftarrow}}(s)c\circ\theta_s Z_s ds] \quad , \quad E^{\mu}[\int_0^{\infty} \dots \overline{c}\circ\theta_s \dots]$$

Cette addition faite, nous voyons apparaître des intégrales par rapport à des mesures p-transportées sur M (cf. (1.10),(1.11)).

D'après (1.11), l'égalité à démontrer s'écrit maintenant

(2.60) $E^{\mu}[\int_0^{\infty} Z_{\ell_s} e^{p\ell_s} I_{\{\ell_s>0\}} e^{-ps} c\circ\Theta_s ds]=E^{\mu}[\int \ldots \overline{c}\circ\Theta_s ds]$

Or ℓ_s, Z_{ℓ_s} sont $\underline{\underline{F}}_s$-mesurables , et $E[c\circ\Theta_s|\underline{\underline{F}}_s]=\overline{c}\circ\Theta_s$.

On aura noté que cette démonstration est exactement la même que celle de la proposition 3.

La proposition analogue à la précédente pour $M_b^{\rightarrow}$ est triviale. On en déduit par addition

PROPOSITION 6' . La projection duale bien-mesurable de

(2.61) $\sum'_{g\in M^{\rightarrow}} c\circ\Theta_{g+u} I_{\{g+u<D_g\}} \varepsilon_g(dt)$

est

(2.62) $\hat{Q}_u(X_t,k)d\Gamma_t$, où $d\Gamma_t = I_F\circ X_t dK_t + \sum'_{g\in M_b^{\rightarrow}} \varepsilon_g(dt)$

Nous en arrivons maintenant au résultat final, que nous énonçons pour $M^{\rightarrow}$ (il y a un énoncé analogue pour $M_{\pi}^{\rightarrow}$, laissé au lecteur). D'abord quelques notations : nous désignerons par E_Q^x les espérances sur Ω correspondant aux processus de Markov admettant (Q_t) comme semi-groupe de transition. Soit aussi $\Omega^{\times}$ l'ensemble des applications continues à droite de $]0,\infty[$ dans E, à durée de vie, muni de sa famille de tribus naturelle $(\overset{\times}{\underline{\underline{F}}}{}^o_t)$, engendrée par les coordonnées $(X_t^{\times})$. Pour toute loi d'entrée $(\eta_t)_{t>0}$, il existe une mesure positive σ-finie et une seule sur $\Omega^{\times}$, donnant la masse finie $<\eta_t,1>$ à $\{\zeta>t\}$ pour tout $t>0$, et telle que pour tout $t>0$ le processus $(X_{t+s}^{\times})$ soit markovien avec (Q_t) comme semi-groupe de transition, η_t comme mesure initiale. En particulier, pour tout $x\in E$ nous avons une mesure sur $\Omega^{\times}$ correspondant à la loi d'entrée $(\hat{Q}_t(x,.))$: nous noterons $\hat{E}_Q^x$ les espérances correspondantes.

Nous considérons Ω comme une partie de $\Omega^{\times}$, et nous prolongeons D (qui peut être supposé universellement mesurable : cf. l'exposé I) à $\Omega^{\times}$ par la formule $D(\omega) = \lim_{t\to 0} t+D(\Theta_t\omega)$.

PROPOSITION 7. Soit C une fonction $\overset{\times}{\underline{\underline{F}}}{}^o$-mesurable positive, telle que $C([\partial])= 0$, et soit $c=C\circ k_D$. Alors la projection duale bien-mesurable de

(2.63) $\sum'_{g\in M^{\rightarrow}} c\circ\Theta_g \varepsilon_g(dt)$

est

(2.64) $\hat{E}_Q^{X_t}[c]d\Gamma_t$

DEMONSTRATION. Nous devons vérifier que si (Z_t) est bien-mesurable positif, borné, nul pour t>a, nous avons

$$E^{\mu}[\sum_{g\in M^{\to}}' Z_g c\circ\theta_g] = E^{\mu}[\int_0^{\infty} \hat{E}_{Q}^{X_t}[c] Z_t d\Gamma_t]$$

Commençons par le cas où , sur $\Omega^{\times}$

$$C = h_1\circ X_{t_1}^{\times} \dots h_n\circ X_{t_n}^{\times} \qquad (0<t_1\dots<t_n\ ,\ h_1\dots h_n \text{ bornées nulles en } \partial\ )$$

Posons $\gamma = h_1\circ X_0 \dots h_n\circ X_{t_n - t_1}\ I_{\{D>t_n-t_1\}}$ sur Ω . Alors on a $c\circ\theta_g = \gamma\circ\theta_{g+t_1} I_{\{g+t_1<D_g\}}$, et nous avons par (2.62) la projection duale cherchée : $E^{\bullet}[\gamma]$ vaut $E_Q^{\bullet}[h_1\circ X_0 \dots h_n\circ X_{t_n-t_1}]$ (espérance pour (Q_t), sans chapeau) et $\hat{Q}_{t_1}(x, E_Q^{\bullet}[..])$ vaut $\hat{E}_Q^x[c]$. La formule est donc établie dans ce cas.

Nous choisissons maintenant un $\tau>0$, et remarquons que $I_{\{\zeta>\tau\}} = I_{E\setminus\{\partial\}}\circ X_{\tau}$, de sorte que si C est de la forme ci-dessus, il en est de même de $CI_{\{\zeta>\tau\}}$. Mais les deux membres de l'égalité, appliquée à $CI_{\{\zeta>\tau\}}$, sont des mesures bornées en C (du fait qu'il y a au plus a/τ intervalles contigus de longueur $>\tau$, et de l'égalité précédente pour $C=I_{E\setminus\{\partial\}}\circ X_{\tau}$, qui vaut 1 sur l'ensemble $\{\zeta>\tau\}$). Un raisonnement de classes monotones donne alors l'égalité désirée pour $CI_{\{\zeta>\tau\}}$, où C est $\underline{\underline{F}}^{\circ}$-mesurable positive. Il ne reste plus qu'à faire tendre τ vers 0 , C étant nulle sur $\{\zeta=0\}$.

REMARQUE. On aimerait avoir[1] une formule donnant, sans trop de restrictions, la projection duale bien-mesurable de

$$\sum_{g\in M^{\to}}' c\circ\theta_g \varepsilon_g(dt)$$

lorsque c n'est pas de la forme $C\circ k_D$. C'est assez facile lorsque c est de la forme $\gamma\circ\theta_a$ (a>0, γ $\underline{\underline{F}}^{\circ}$-mesurable). On écrit alors

$$\sum_{g\in M^{\to}}' c\circ\theta_g \varepsilon_g(dt) = \lim_{u<a,u\downarrow 0}\uparrow \sum (\gamma\circ\theta_{a-u})\circ\theta_{g+u} I_{\{g+u<D_g\}} \varepsilon_g(dt)$$

La projection duale bien-mesurable de cette dernière mesure aléatoire est, d'après (2.62)

$$\hat{Q}_u(X_t, P_{a-u}k) d\Gamma_t \qquad \text{où } k=E^{\bullet}[\gamma]$$

Cette quantité croît lorsque $u\downarrow 0$. La projection duale bien-mesurable cherchée est donc $\lim_u \hat{Q}_u(X_t, P_{a-u}k) d\Gamma_t$. Quelle est l'interprétation de cette limite ?

Soit (η_t) une loi d'entrée pour (Q_t) ; $\eta_u P_{t-u}$ croît lorsque u<t décroît et sa limite, que nous noterons $\overline{\eta}_t$, est une mesure positive (non nécessairement σ-finie), et on a $\overline{\eta}_{s+t} = \overline{\eta}_s P_t$. Supposons qu'il

1. Ces problèmes sont en partie résolus dans l'exposé IV, et des solution complètes figurent dans un travail à paraître de N.KAROUI-H.REINHARD .

existe une mesure sur $\Omega^{\times}$, pour laquelle $(X_t^{\times})$ est markovien, admet (P_t) comme semi-groupe de transition et $(\overline{\eta}_t)$ comme loi d'entrée, et notons E l'intégrale correspondante. Si c est de la forme $\gamma\circ\Theta_a$, nous avons

$$E[c] = E[\gamma\circ\Theta_a] = < \overline{\eta}_a, E^{\cdot}[\gamma] > = < \overline{\eta}_a, k > = \lim_u < \eta_u, P_{a-u}k >$$

Cela s'applique en particulier à la loi d'entrée $(\hat{Q}_t(x,.))$, et on voit que la limite précédente s'interprète comme l'espérance $\hat{E}_P^x[c]$ pour une certaine"mesure" - lorsque $x\in F^c$, il est assez facile de voir que c'est en fait $E^x[c]$. Il y a là certainement une question intéressante.

REMARQUE. Si l'on prend pour c, dans toutes ces évaluations (2.61), (2.63)... une fonction de la forme $c'.I_{\{D=\infty\}}$, la somme ne comporte qu'un seul terme. Soit L le dernier point de M : on évalue des espérances de la forme $E^{\mu}[Z_L c'\circ\Theta_L I_{\{L<\infty\}}]$: le lien avec le théorème de WALSH, dans le dernier paragraphe de MEYER-SMYTHE-WALSH [17], est évident, et on peut en fait déduire le théorème de WALSH de la proposition 7. Indiquons sommairement le principe de la démonstration. WALSH introduit la fonction $g(x)=P^x\{D=\infty\}$, invariante pour (Q_t), et le semi-groupe " conditionné" $R_t=Q_t^g$. Le problème consiste à savoir si (Z étant bien-mesurable, et $t_1<...<t_n$ étant > 0)

$$E^{\mu}[I_{\{L<\infty\}}Z_L.h_1\circ X_{L+t_1}\dots h_n\circ X_{L+t_n}]$$
$$= E^{\mu}[I_{\{L<\infty\}}Z_L h_1\circ X_{L+t_1}\dots h_{n-1}\circ X_{L+t_{n-1}}.R_{t_n-t_{n-1}}(X_{t_{n-1}},h_n)]$$

Pour cela, on évalue les deux membres au moyen de la prop.7, le premier valant par exemple

$$E^{\mu}[\int_0^{\infty} d\Gamma_s\, \hat{E}_Q^{X_s}[h_1\circ X_{t_1}\dots h_n\circ X_{t_n} I_{\{D=\infty\}}]]$$

Reste donc simplement à voir si

$$\hat{E}_Q^x[h_1\circ X_{t_1}\dots h_n\circ X_{t_n} I_{\{D=\infty\}}] =$$
$$\hat{E}_Q^x[h_1\circ X_{t_1}\dots h_{n-1}\circ X_{t_{n-1}} R_{t_n-t_{n-1}}(X_{t_{n-1}},h_n)I_{\{D=\infty\}}]$$

Cela ne présente aucune difficulté.

PROBLEME. Le théorème de WALSH concerne en fait la famille de tribus $\underline{\underline{F}}_{L+t}$, plus grande (en apparence ?) que celle que nous avons atteinte ici (engendrée par $\underline{\underline{F}}_L$ et les X_{L+s}, $s\leq t$). Pour atteindre directement $\underline{\underline{F}}_{L+t}$, il nous faudrait savoir projeter des mesures aléatoires de la forme

$$\sum_{g\in M^{\to}}' c\circ\Theta_{g+t} I_{\{g+t<D_g\}}\varepsilon_{g+t}(ds) \qquad \text{(au lieu de } \varepsilon_g(ds))$$

Cela semble intéressant, de toute façon.

Université de Strasbourg
Séminaire de Probabilités 1972/73

ENSEMBLES ALEATOIRES MARKOVIENS HOMOGENES (III)

par B. Maisonneuve et P.A. Meyer

Cet exposé est presque entièrement consacré à la démonstration de l'un des principaux résultats de MAISONNEUVE : le caractère fortement markovien (et même un peu mieux) du " processus d'incursion". Nous ferons en divers endroits des hypothèses simplificatrices, par exemple des hypothèses de mesurabilité. Si l'on tentait d'en donner une description axiomatique complète, la théorie deviendrait extrêmement lourde !

L'objet essentiel de l'exposé peut se décrire ainsi : étant donné un processus (X_t), et un ensemble aléatoire homogène M sur lequel (X_t) possède une sorte de propriété de renouvellement, décrire de manière intrinsèque (X_t) au moyen d'un couple de processus , dont l'un représente le comportement sur M , l'autre le comportement entre les passages dans M. Le cas le plus intéressant est celui où (X_t) tout entier est déjà un bon processus de Markov, qui se trouve ainsi"décomposé" de manière intrinsèque. Pour éviter des confusions, disons tout de suite que cette décomposition n'est pas la décomposition classique en " processus à la frontière et à l'intérieur" de la théorie des diffusions, car celle-ci comporte un changement de temps au moyen d'un temps local de la frontière (question que MAISONNEUVE étudie dans un autre chapitre).

I. NOTATIONS, AXIOMES, ETC.

Nous considérons un espace d'états E, borélien dans un compact métrisable $\hat{E}$ (hypothèse un peu trop restrictive, mais qu'importe ?) Comportant un point ∂ (qui sera supposé isolé pour la topologie de E). Nous désignons par Ω l'ensemble de toutes les applications de $\mathbb{R}_+$ dans E, continues à droite et à durée de vie (ce choix particulier de Ω est destiné surtout à nous éviter une théorie axiomatique mais nous nous permettrons d'en changer).Coordonnées X_t , durée de vie ζ , translation θ_t , opérateurs de meurtre k_t, tribus naturelles $\underline{\underline{F}}^o_t$, $\underline{\underline{F}}^o$. Si P est une loi de probabilité , $\underline{\underline{F}}^P$ est la complétée de $\underline{\underline{F}}^o$ pour P , $\underline{\underline{F}}^P_t$ est engendrée par $\underline{\underline{F}}^o_{t+}$ et les ensembles P-négligeables, $\underline{\underline{F}}^*_t$, $\underline{\underline{F}}^*$ sont les intersections de toutes les tribus $\underline{\underline{F}}^P_t$, $\underline{\underline{F}}^P$. On se donne aussi :

(*) Rédaction de P.A.Meyer

DONNEE 1 . Une famille $(P^x)_{x\in E}$ de lois sur E , telle que pour tout $A\in\underline{\underline{F}}^\circ$ (donc aussi $A\in\underline{\underline{F}}^*$) la fonction $P^\cdot(A)$ soit universellement mesurable sur E, et que $P^\partial = \varepsilon_{[\partial]}$.

On définit P^μ par intégration, si μ est une loi sur E, et on définit les notations abrégées $\underline{\underline{F}}^\mu, \underline{\underline{F}}^\mu_t$ (au lieu de $\underline{\underline{F}}^{P^\mu}$, $\underline{\underline{F}}^{P^\mu}_t$), $\underline{\underline{F}}$, $\underline{\underline{F}}_t$, comme d'habitude en théorie des processus de Markov. Nous dirons que nous sommes dans le "cas markovien" si la famille (P^x) est celle d'un processus de Markov droit (donc sans point de branchement, en particulier).

DONNEE 2. Un ensemble aléatoire homogène fermé M , progressivement mesurable par rapport à toute famille $(\underline{\underline{F}}^P_t)$.

Pour toutes les considérations élémentaires qui vont suivre, il suffirait d'avoir la progressivité pour les familles $(\underline{\underline{F}}^\mu_t)$, mais l'exigence ci-dessus se justifiera lorsque nous regarderons le semi-groupe du processus d'incursion. Rappelons que la (pénible) dernière partie de l'exposé I montre que cette hypothèse est anodine dans le cas markovien.

Nous ferons encore deux hypothèses, qui sont satisfaisantes pour l'esprit, et assez anodines . On rappelle que $D=D_0$ est le"début"de M.

1) $D\geqq\zeta \Rightarrow D=+\infty$

2) $t>D(\omega) \Rightarrow D(k_t\omega)=D(\omega)$ (D est un"temps d'arrêt algébrique")

2) entraîne que si deux trajectoires ω et ω' coïncident sur un intervalle $[0,t[$, alors $M(\omega)\cap]0,t[= M(\omega')\cap]0,t[$.

On peut énoncer maintenant l'axiome fondamental, qui exprime une propriété de Markov forte du processus (X_t) à tout instant d'entrée dans M.

REGENERATION SUR M. Si S est un temps d'arrêt de la famille $(\underline{\underline{F}}^\circ_{t+})$, T le temps d'arrêt D_S (de la famille $(\underline{\underline{F}}_t)$, ou même $(\underline{\underline{F}}^*_t)$), φ une fonction $\underline{\underline{F}}^\circ$-mesurable positive, on a pour toute loi μ sur E

(3.1) $$E^\mu[\varphi\circ\theta_T I_{\{T<\infty\}}|\underline{\underline{F}}_T] = E^{X_T}[\varphi]I_{\{T<\infty\}} \quad P^\mu\text{-p.s.}$$ (1)

Quelques extensions triviales : si S est un temps d'arrêt de la famille $(\underline{\underline{F}}^\mu_t)$, le résultat s'applique encore (prendre un t.d'a. S' de la famille $(\underline{\underline{F}}^\circ_{t+})$ égal P^μ-p.s. à S) ; de même, le résultat s'applique avec $\underline{\underline{F}}^\mu_T$ au lieu de $\underline{\underline{F}}_T$. Par complétion, il vaut aussi si φ est $\underline{\underline{F}}$-mesurable.

Voici une extension qui n'est pas triviale, et qui servira beaucoup dans la suite.

---

(1) Il faut aussi supposer $E^\mu[\varphi]=E^\mu[E^{X_0}[\varphi]]$, une sorte de régénération à l'instant 0.

DEFINITION. $(\hat{F}^{\mu}_t)$, $(\hat{\underline{\underline{F}}}^P_t)$, $(\hat{\underline{\underline{F}}}_t)$, $(\hat{\underline{\underline{F}}}^*_t)$ <u>désignent respectivement les familles de tribus</u> (continues à droite) $(\underline{\underline{F}}^{\mu}_{D_t})$,$(\underline{\underline{F}}^P_{D_t})$,$(\underline{\underline{F}}_{D_t})$,$(\underline{\underline{F}}^*_{D_t})$.

PROPOSITION 1. <u>Si</u> S <u>est un temps d'arrêt de la famille</u> $(\hat{\underline{\underline{F}}}_t)$, $T=D_S$ <u>est un temps d'arrêt de la famille</u> $(\underline{\underline{F}}_t)$, <u>et on a</u> $\hat{\underline{\underline{F}}}_S \subset \underline{\underline{F}}_T$. <u>La propriété de régénération</u> (3.1) <u>vaut encore sous ces hypothèses.</u>

DEMONSTRATION. Lorsque S est de la forme t_A $(t\in\mathbb{R}, A\in\hat{\underline{\underline{F}}}_t=\underline{\underline{F}}_{D_t})$, T vaut $(D_t)_A$, et est bien un t.d'a. de $(\underline{\underline{F}}_t)$. On passe de là, par inf finis puis limites décroissantes, au cas général. Soit $A\in\hat{\underline{\underline{F}}}_S$; nous savons que S_A est un t.d'a. de $(\hat{\underline{\underline{F}}}_t)$, donc d'après ce qui précède $D_{(S_A)}$ est un t.d'a. de $(\underline{\underline{F}}_t)$; or c'est aussi $(D_S)_A$, donc $A\in\underline{\underline{F}}_{D_S}$.

Il y a de petites variantes de cette première partie, lorsque S est un t.d'a. de l'une des autres familles. On laisse cela.

Passons à (3.1). Introduisons le processus de l'âge (a_t), adapté et continu à gauche. Pour $k\geq 1$, désignons par $(S_{km})_{m>0}$ les temps d'entrée successifs (définition récurrente habituelle...) de (a_t) dans l'intervalle $]\frac{1}{k},\frac{1}{k-1}]$, et rangeons les en une suite unique (U_n). S étant un t.d'a. de $(\hat{\underline{\underline{F}}}_t)$, soient $T=D_S$, $A\in\hat{F}_S\subset\underline{\underline{F}}_T$, $B\in\underline{\underline{F}}^{\circ}$. Nous supposons $A\subset\{T<\infty\}$ et nous décomposons (3.1) en deux

(3.2) $\quad P^{\mu}(A\cap\theta_T^{-1}(B)\cap\{S=T\}) = \int_{A\cap\{S=T\}} P^{X_T}(B)\, dP^{\mu}$?

(3.3) $\quad P^{\mu}(A\cap\ldots\ldots\cap\{S<T\}) = \int_{A\cap\{S<T\}} \ldots\ldots\, dP^{\mu}$?

(3.2) est facile : soit $S'=T$, $T'=D_{S'}$; nous savons que S' est un t. d'a. de $(\underline{\underline{F}}_t)$, donc nous pouvons lui appliquer directement (3.1). L'ensemble $A'=A\cap\{S=T\}$ est contenu dans $\{T'<\infty\}$, T' coïncide sur lui avec T , et on vérifie aussitôt qu'il appartient à $\underline{\underline{F}}_{T'}$; (3.2) se ramène alors à (3.1).

Passons à (3.3). Posons $V_n=D_{U_n}$, ce sont des temps d'arrêt de la famille $(\underline{\underline{F}}_t)$, et nous pouvons leur appliquer (3.1). D'autre part, si S<T, il existe un S_{km} entre S et T pour k assez grand et m convenable , donc (changement de nom) un U_n, et alors $T=V_n$. Posons alors

$$A'_n = A\cap\{S<T\}\cap\{T=V_n\}$$

$$A_n = A'_n\setminus \bigcup_{p<n} A'_p$$

On vérifie sans peine que $A_n\in\underline{\underline{F}}_{V_n}$, on applique (3.1) à A_n et V_n , on somme sur n et on obtient (3.3).

La proposition 1 admet une extension, immédiate par classes monotones :

<u>Si</u> S <u>est un temps d'arrêt de la famille</u> $(\hat{\underline{\underline{F}}}_t)$ <u>et</u> $T=D_S$; <u>si</u> G <u>est une fonction positive</u> $\underline{\underline{F}}_T\times\underline{\underline{F}}$<u>-mesurable sur</u> $\Omega\times\Omega$, <u>on a</u> P^μ<u>-p.s.</u>

$$(3.4)\quad E^\mu[G(\omega,\theta_T\omega)I_{\{T<\infty\}}|\underline{\underline{F}}_T] = E^{X_T(\omega)}[G(\omega,.)]I_{\{T<\infty\}}$$

POINTS DE BRANCHEMENT

Nous allons rencontrer un peu plus loin la notion de " processus droit avec points de branchements, à valeurs dans E ". Il s'agit d'une notion qui se réduit essentiellement à celle de processus droit ordinaire, et que nous décrirons ainsi.

L'espace d'états est partagé en deux morceaux B et D (points de branchement, points de non-branchement), tous deux universellement mesurables. Sur D, on se donne un processus droit ordinaire (ce qui sous-entend d'habitude que D est lusinien, mais cette hypothèse doit être affaiblie : cf. la fin de l'exposé I). Pour tout $x\in B$, on se donne une loi de probabilité $P_0(x,dy)$ <u>sur D</u>. On prolonge alors le semi-groupe à $E=B\cup D$ en convenant que pour $x\in D$ les $\varepsilon_x P_t$ restent les mêmes (i.e. ne chargent pas B), et que pour $x\in B$ $\varepsilon_x P_t=\int_D P_0(x,dy)P_t(y,.)$
La réalisation canonique du processus droit à points de branchement se construit ainsi : on considère les applications de $\mathbb{R}_+$ dans E (éventuellement à durée de vie ; on décide alors que $\partial\in D$) ω : $t\mapsto\omega(t)=X_t(\omega)$

- continues à droite et à valeurs dans D pour $t>0$
- admettant une limite à droite $\omega(0+)=X_{0+}(\omega)\in D$ pour $t=0$
- telles que $X_0(\omega)=X_{0+}(\omega)$ si $X_0(\omega)\in D$

L'ensemble de ces applications s'identifie évidemment au sous-ensemble de $E\times\Omega_D$ formé de tous les couples (x,ω) tels que $X_0(\omega)=x$ si $x\in D$. On munit cet ensemble de lois P^x, etc. C'est vraiment évident.

De tels êtres n'ont jamais fait l'objet d'une véritable théorie. Ils ne sont dignes d'intérêt que lorsque les points de B sont bien liés au comportement " à gauche", comme dans le cas des processus de RAY. Leur comportement " à droite", en effet, se ramène à leur étude sur D, puisque le processus ignore complètement B après 0. Une remarque, cependant, qui fournit un guide pour les définitions des fonctionnelles additives, etc, sur cet espace canonique de trajectoires non continues à droite en 0 : de même que l'on n'a pas pris P_0=Identité, on ne doit pas prendre θ_0=Identité : $\theta_0(\omega)$ est la trajectoire <u>continue à droite</u> qui coïncide avec ω sur $]0,\infty[$. Les conditions usuelles d' additivité, etc, doivent être alors exigées pour Θ_0 aussi.

DEFINITIONS RELATIVES AU PROCESSUS D'INCURSION

Pour tout $\omega\in\Omega$, MAISONNEUVE appelle <u>incursion</u> à l'instant t la trajectoire

$$i_t(\omega) = a_D(\Theta_t\omega) = \Theta_t(a_{D_t}\omega)$$

où a désigne un opérateur d'arrêt. Nous modifierons légèrement cette définition, en gardant le terme d'incursion, mais en changeant de notation, en considérant plutôt comme incursion à l'instant t

(3.5) $$j_t(\omega) = k_D(\Theta_t\omega) = \Theta_t(k_{D_t}\omega)$$

Un avantage tout de suite : nous pouvons dire que ω <u>est une incursion</u> si $\omega=j_0(\omega)$ ce qui, compte tenu des conditions 1) et 2) page 2 de cet exposé, équivaut à $D(\omega)=+\infty$. Nous poserons

(3.6) $$\Omega_i = \{D=+\infty\} \quad (\text{ espace des incursions })$$

sous-ensemble universellement mesurable de Ω, stable par translation et meurtre. Nous noterons (avec la convention $X_\infty = \partial$)

(3.7) $$\hat{X}_t(\omega)=(R_t(\omega),X_{D_t}(\omega)) \text{ à valeurs dans } \hat{E}=\bar{\mathbb{R}}_+\times E$$

(3.8) $$\bar{X}_t(\omega)=(\hat{X}_t(\omega),j_t(\omega))=(R_t(\omega),X_{D_t}(\omega),j_t(\omega))$$

à valeurs dans $\bar{\mathbb{R}}_+\times E\times\Omega$. Cet ensemble est en fait un peu trop gros : nous remarquerons que $j_t(\omega)$ est une incursion, et que $R_t(\omega)\geqq\zeta(j_t(\omega))$ (en fait on a $R_t(\omega)=\zeta(j_t(\omega))$, sauf si $D_t(\omega)=+\infty$, $\zeta(\omega)<\infty$). Nous prendrons donc

(3.9) $$\bar{E} = \{(r,x,\omega)\in\bar{\mathbb{R}}_+\times E\times\Omega : D(\omega)=+\infty,\ r=\zeta(\omega) \text{ ou } r=+\infty\}$$

(nous avons réduit l'espace d'états le plus possible). Notre but dans cet exposé est de montrer que (3.7) et (3.8) sont de bons processus de Markov, ce qui constitue le premier théorème important de MAISONNEUVE. Noter deux apports considérables de MAISONNEUVE à toute cette théorie : l'idée d'utiliser (R_t) au lieu de (a_t), processus traditionnellement employé, et doué de propriétés bien moins satisfaisantes ; l'idée des incursions employées <u>sans changements de temps</u>, alors que les processus dits traditionnellement " d'excursions" étaient toujours transformés au moyen d'un " temps local" de l'ensemble aléatoire M.

II. ETUDE DES PROCESSUS

Nous voulons considérer $(\bar{X}_t)$ comme un processus à valeurs dans $\bar{E}$. La première chose consiste naturellement à munir $\bar{E}$ d'une structure mesurable. Le choix est évident : la tribu trace de $\underline{\underline{B}}(\mathbb{R}_+)\times\underline{\underline{B}}(E)\times\underline{\underline{F}}^\circ$. Dans ces conditions, $\bar{X}_t$ est évidemment une v.a. $\underline{\underline{F}}_{D_t}$-mesurable. Mais cela sera loin de nous suffire. Si nous voulons avoir de bons processus, il nous faut une topologie sur l'espace d'états. Tout revient en fait à munir Ω d'une topologie raisonnable.

TOPOLOGIE SUR Ω . E est toujours un espace métrisable : il est supposé universellement mesurable dans E^1 métrique compact, et rien ne nous empêche de déclarer que ∂ est un point isolé de E^1. Choisissons alors une distance d sur E^1, et définissons une distance sur Ω en posant

(3.9) $\quad d(\omega,\omega') = \int_0^{\infty} d(X_t(\omega),X_t(\omega'))e^{-t}dt$

Autrement dit, la topologie sur Ω est celle de la <u>convergence en mesure</u> . Quelle est sa tribu borélienne ? Notons que la fonction $d(\omega,.)$ est $\underline{\underline{F}}^o$-mesurable, donc $\underline{\underline{B}}(\Omega)\subset\underline{\underline{F}}^o$. Mais inversement, les fonctions $\frac{1}{h}\int_t^{t+h} f\circ X_s(\omega)ds$, où $f\in\underline{\underline{C}}(E^1)$, sont continues, d'où il résulte lorsque $h\to 0$ que X_t est $\underline{\underline{B}}(\Omega)$-mesurable , et enfin que $\underline{\underline{B}}(\Omega)=\underline{\underline{F}}^o$.

L'ensemble de toutes les (classes d')applications mesurables de $\mathbb{R}_+$ dans E^1, muni de la convergence en mesure, est un espace polonais. Il n'est pas difficile de voir , en adaptant le raisonnement de la dernière proposition, Sém.V p.235, que l'ensemble des applications continues à droite est, dans cet espace, un complémentaire d'analytique (il faut se ramener au cas réel en considérant E^1 comme un compact de $[0,1]^{\mathbb{N}}$, puis remplacer dans ce raisonnement les lim $\genfrac{}{}{0pt}{}{\text{inf}}{\text{sup}}$ le long des rationnels par des lim ess $\genfrac{}{}{0pt}{}{\text{inf}}{\text{sup}}$ le long de $\mathbb{R}_+$, avec la remarque de WALSH, qu'une fonction essentiellement continue à droite est continue à droite (Sém.V, p.292)). Un raisonnement de projection montre alors que l'ensemble des applications continues à droite à valeurs dans E borélien dans E^1 (ou même seulement complémentaire d'analytique...) est un complémentaire d'analytique. Ainsi nous avons démontré que Ω <u>est plongeable dans un métrique compact comme complémentaire d'analytique</u>.

Maintenant, je dis que <u>le processus</u> (j_t) <u>à valeurs dans</u> Ω <u>est continu à droite</u> pour cette topologie.

i) Si t est dans un intervalle $[a,b[$, où $]a,b[$ est contigu à $M(\omega)$, et h est assez petit, on a

$$d(j_t(\omega),j_{t+h}(\omega)) = \int_0^{b-t-h} d(X_{t+s}(\omega),X_{t+s+h}(\omega))e^{-s}ds + \int_{b-t-h}^{b-t} d(X_{t+s}(\omega),\partial)e^{-s}ds$$

qui tend bien vers 0 avec h (même si $b=+\infty$!).

ii) Sinon c'est que $t\in M(\omega)$ et n'est pas isolé à droite, donc $j_t(\omega)=[\partial]$, et l'on peut écrire

$$d(j_t(\omega),j_{t+h}(\omega)) = \int_0^{\zeta(j_{t+h}(\omega))} d(X_{t+s+h}(\omega),\partial)e^{-s}ds$$

quantité que l'on peut majorer au moyen de la durée de vie de $j_{t+h}(\omega)$, durée de vie qui tend évidemment vers 0.

Si Ω est un espace d'applications pourvues de limites à gauche, on vérifie de même que les processus d'incursion ont des limites à gauche pour cette topologie (et si E est polonais, Ω se trouve alors être lusinien, au lieu de complémentaire d'analytique).

OPERATEUR DE TRANSLATION. Nous n'allons pas nous borner à vérifier que le processus $(\overline{X}_t)$ est markovien pour les lois P^μ, nous allons construire une <u>réalisation</u> de son semi-groupe. L'espace de base (portant les lois) en sera le sous-ensemble $\overline{\Omega}$ de $\overline{\mathbb{R}}_+\times\Omega$ formé des (r,ω) tels que $r\leq D(\omega)$, muni de la tribu induite $\underline{\underline{B}}(\mathbb{R}_+^+)\times\underline{\underline{F}}^\circ|_{\overline{\Omega}}$. Notre premier soin sera de le munir de l'opérateur de translation

(3.10) si $\overline{\omega} = (r,\omega)\in\overline{\Omega}$, $\overline{\Theta}_t\overline{\omega} = (r-t,\Theta_t\omega)\in\overline{\Omega}$ si $t<r$
$= (R_t(\omega),\Theta_t\omega)\in\overline{\Omega}$ si $t\geq r$

On rappelle que $R_t=D_t-t$. Il faut noter que la dernière parenthèse s'écrit aussi $(R_{t-r}(\Theta_r\omega),\Theta_{t-r}(\Theta_r\omega))$. Egalement, que $\overline{\Theta}_0$ n'est pas l'identité

(3.11) $\overline{\Theta}_0(r,\omega) = (r,\omega)$ si $r>0$, si $r=0$ c'est $(R(\omega),\omega)$

Calculons $\overline{\Theta}_s\overline{\Theta}_t(r,\omega)$: il y a quatre cas à distinguer

i) $s+t<r$: c'est $(r-t-s, \Theta_{s+t}\omega)$
ii) $t<r$, $s\geq r-t$: c'est $(R_s(\Theta_t\omega), \Theta_{s+t}\omega)$
iii) $t\geq r$, $s<R_t(\omega)$: c'est $(R_t(\omega)-s, \Theta_{s+t}\omega)$
iv) $t\geq r$, $s\geq R_t(\omega)$: c'est $(R_s(\Theta_t\omega), \Theta_{s+t}\omega)$

Les trois dernières expressions valent bien $(R_{s+t}(\omega),\Theta_{s+t}\omega)$, et on en déduit aussitôt l'égalité $\overline{\Theta}_s\overline{\Theta}_t=\overline{\Theta}_{s+t}$.

VARIABLES ALEATOIRES. Nous posons sur $\overline{\Omega}$

(3.12) $\overline{X}_0(r,\omega)=(r,X_r(\omega),k_r(\omega))\in\overline{E}$ si $r>0$,$(R(\omega),X_R(\omega),k_R(\omega))\in\overline{E}$ si $r=0$

et pour $t>0$

(3.13) $\overline{X}_t(r,\omega)=\overline{X}_0(\overline{\Theta}_t\overline{\omega}) = \begin{cases}(r-t,X_r(\omega),k_{r-t}\Theta_t\omega) \text{ si } t<r\\ (R_t(\omega),X_{D_t}(\omega),j_t(\omega)) \text{ si } t\geq r\end{cases}$

Définitions analogues pour $\hat{X}_t(r,\omega)$, constitué par les deux premières coordonnées de $\overline{X}_t(r,\omega)$. Ces fonctions sont continues à droite sur $[0,\infty[$ pour la topologie choisie sur $\overline{E}$: en toute rigueur, $\overline{X}_0$ devrait s'appeler $\overline{X}_{0+}$, avec

(3.14) [$\overline{X}_0(r,\omega) =(r,X_r(\omega),k_r(\omega))$ pour tout r, notation non utiutilisée dans la suite]

Soit $\overline{\underline{\underline{F}}}^*$ la complétion universelle de $\underline{\underline{B}}(\overline{\mathbb{R}}_+)\times\underline{\underline{F}}^\circ|_{\overline{\Omega}}$ qui est aussi celle de $\underline{\underline{B}}(\overline{\mathbb{R}}_+)\times\underline{\underline{F}}^*|_{\overline{\Omega}}$. Montrons que $\overline{X}_t$ est mesurable de $\overline{\underline{\underline{F}}}^*$ dans $\underline{\underline{B}}_u(\overline{E})$. Par complétion, il suffit de montrer que si h est borélienne sur $\overline{E}$, $h\circ\overline{X}_t$ est $\overline{\underline{\underline{F}}}^*$-mesurable. La tribu borélienne de $\overline{E}$ étant induite par $\underline{\underline{B}}(\overline{\mathbb{R}}_+)\times\underline{\underline{B}}(E)\times\underline{\underline{F}}^\circ$, nous pouvons supposer h de la forme $(r,x,\omega)\longmapsto a(r)b(x)c(\omega)$, et alors c'est évident :

$$h\circ\overline{X}_t(r,\omega) = a(r-t)b(X_r(\omega))c(k_{r-t}(\theta_t\omega))I_{\{t<r\}} + a(R_t(\omega))b(X_{D_t}(\omega))c(j_t(\omega))I_{\{t\geq r\}}$$

MESURES. Soit $(r,x,w)\in\overline{E}$. L'application $\omega\longmapsto(r,w/r/\omega)$ de Ω dans $\overline{\Omega}$[1] est mesurable pour les tribus $\underline{\underline{F}}^\circ$, $\underline{\underline{B}}(\overline{\mathbb{R}}_+)\times\underline{\underline{F}}^\circ$, donc aussi pour $\underline{\underline{F}}^*,\overline{\underline{\underline{F}}}^*$, d'où l'existence d'une loi image de P^x pour cette application, qu'on notera $\overline{P}^{r,x,w}$. Si $\varphi(r,\omega)$ est une fonction $\underline{\underline{B}}(\overline{\mathbb{R}}_+)\times\underline{\underline{F}}^\circ$-mesurable de la forme $a(r)c(\omega)$, on a

$$\overline{E}^{r,x,w}[\varphi] = a(r)E^x[c(w/r/.)]$$

fonction $\underline{\underline{B}}_u(\overline{E})$-mesurable ; cela s'étend par classes monotones et complétion au cas où φ est $\underline{\underline{F}}^*$-mesurable positive ou bornée sur $\overline{\Omega}$. En particulier, si f est $\underline{\underline{B}}_u(\overline{E})$-mesurable sur $\overline{E}$, cela s'applique à $\varphi = f\circ\overline{X}_t$, et la fonction

(3.16) $$\overline{P}_t(.,f) = \overline{E}^\cdot[f\circ\overline{X}_t]$$

est universellement mesurable sur $\overline{E}$: $\overline{P}_t$ est un noyau sur $\overline{E}$.

Cela se verra encore mieux sur l'expression explicite de $(\overline{P}_t)$, et d'une manière qui ne fait pas intervenir le caractère <u>universellement</u> progressivement mesurable de M : peut être ce caractère est il inutile ? On a

$$\overline{P}_t((r,x,w),f) = \overline{E}^{r,x,w}[f\circ\overline{X}_t] = E^x[f\circ\overline{X}_t(r,w/r/.)]$$

Si $t<r$, $\overline{X}_t(r,w/r/.) = (r-t,\ X_r(w/r/.),\hat{k}_{r-t}\circ\theta_t(w/r/.))$. Comme $r\geq\zeta(w)$, $\hat{k}_{r-t}\circ\theta_t(w/r/.)=\theta_t w$; $X_r(w/r/.)=X_0(.)$ si $r<\infty$, ∂ si $r=+\infty$.
Si $t\geq r$, $\overline{X}_t(r,w/r/.) = (R_t(w/r/.),X_{D_t}(w/r/.),\ j_t(w/r/.))$. Noter que r doit être fini, donc cela s'écrit $(R_{t-r}(.),X_{D_{t-r}}(.),j_{t-r}(.))$.
Ainsi

(3.17) Si $r<\infty$, $\overline{P}_t((r,x,w),f) = I_{\{t<r\}}E^x[f(r-t,X_0(.),\theta_t w)] + I_{\{t\geq r\}}E^x[f(R_{t-r},X_{D_{t-r}},j_{t-r})]$

Si $r=\infty$, $\overline{P}_t((\infty,x,w),f) = f(\infty,\partial,\theta_t w)$

1. Si $r=+\infty$, $w/r/\omega=w$ et $X_r(w/r/\omega)=\partial$

Si f ne dépend pas de w, mais seulement de (r,x), on constate que $\overline{P}_t(.,f)$ n'en dépend pas non plus. Aussi pose t'on sur $\hat{E}$

(3.18) Si $r<\infty$, $\hat{P}_t((r,x),f) = I_{\{t<r\}}E^x[f(r-t,X_0(.))] + I_{\{t\geq r\}}E^x[f(R_{t-r},X_{D_{t-r}})]$

Si $r=\infty$, $\hat{P}_t((r,x),f) = f(\infty,\partial)$.

TRIBUS. Faute d'une meilleure notation, nous noterons $\underline{\underline{\overline{F}}}^\times_t$ la tribu sur $\overline{\Omega}$ de la manière suivante : une fonction réelle $\varphi(r,\omega)$ est $\underline{\underline{\overline{F}}}^\times_t$-mesurable si et seulement si elle est $\underline{\underline{F}}^*$-mesurable , et

(3.19) Pour tout $r\leq t$, $\varphi(r,.)$ est $\underline{\underline{F}}^*_{D_t}$-mesurable

Pour tout $r>t$, $\varphi(r,.)$ est $\underline{\underline{F}}^o_{r+}$-mesurable

Cette famille est continue à droite, et le calcul fait plus haut montre que $\overline{X}_t$ est mesurable de $\underline{\underline{\overline{F}}}^\times_t$ dans $\underline{\underline{B}}(\overline{E})$. Si l'on identifie Ω à $\{0\}\times\Omega\subset\overline{\Omega}$, les notations (3.12-13) s'identifient aux notations (3.7-8), et la tribu trace de $\underline{\underline{\overline{F}}}^\times_t$ sur Ω est $\underline{\underline{F}}^*_{D_t}$.

Voici l'énoncé du théorème de MAISONNEUVE.

THEOREME 1. <u>Les noyaux</u> $(\overline{P}_t)$ <u>sur</u> $\overline{E}$ <u>forment un semi-groupe markovien. Pour toute loi</u> $\overline{P}^{r,x,w}$, <u>le processus</u> $(\overline{X}_t)$ <u>est fortement markovien par rapport à la famille</u> $(\underline{\underline{\overline{F}}}^\times_t)$, <u>avec</u> $(\overline{P}_t)$ <u>comme semi-groupe, et</u> $(\varepsilon_{(r,x,w)}\overline{P}_t$ <u>comme loi d'entrée. De même , les noyaux</u> $(\hat{P}_t)$ <u>forment un semi-groupe sur</u> $\hat{E}$, <u>et pour</u> $\overline{P}^{r,x,w}$ <u>le processus</u> $(\hat{X}_t)$ <u>est fortement markovien, avec</u> $(\hat{P}_t)$ <u>comme semi-groupe et</u> $(\varepsilon_{(r,x)}\hat{P}_t)$ <u>comme loi d'entrée</u>[1].

Compte tenu des dernières lignes précédant l'énoncé, ce théorème appliqué à $\overline{P}^{0,x,[\partial]}$ nous donne le caractère markovien de $(\overline{X}_t)$ et $(\hat{X}_t)$ sur Ω , pour la loi P^x, et par rapport à la famille $(\underline{\underline{F}}^*_{D_t})$. Nous laisserons de côté ici ce qui touche à $(\hat{X}_t)$, en signalant toutefois que MAISONNEUVE traite ce processus par une méthode directe, qui ne semble pas exiger que M soit <u>universellement</u> progressivement mesurable.

DEMONSTRATION. Soit S un temps d'arrêt de la famille $(\underline{\underline{\overline{F}}}^\times_t)$. Comme d'habitude, la possibilité de remplacer S par des temps d'arrêt S_A $(A\in\underline{\underline{\overline{F}}}^\times_S)$ rend inutile la manipulation d'espérances conditionnelles, et nous nous trouvons ramenés à prouver les deux égalités

1. C'est à dessein qu'on parle de loi d'entrée. On décrira plus tard ce qui se passe pour t=0. Il peut y avoir branchement .

(3.20) $\overline{E}^{r,x,w}[h\circ\overline{\Theta}_S I_{\{r\leqq S<\infty\}}]=\overline{E}^{r,x,w}[E^{\overline{X}_S}[h]I_{\{r\leqq S<\infty\}}]$

(3.21) $\overline{E}^{r,x,w}[h\circ\overline{\Theta}_S I_{\{S<r\}}] \quad =\overline{E}^{r,x,w}[E^{\overline{X}_S}[h]I_{\{S<r\}}]$

Nous pourrons toujours supposer que h est de la forme $h(s,\omega)=a(s)c(\omega)$ où c est $\underline{\underline{F}}^o$-mesurable, le cas général s'en déduisant par classes monotones et complétion. Nous laisserons au lecteur le cas où $r=+\infty$, qui est à peu près trivial, et supposons donc que $r=\zeta(w)<\infty$.

Commençons par (3.21). Il nous suffit de voir que pour tout $t<r$

(3.22) $\overline{E}^{r,x,w}[h\circ\overline{\Theta}_S I_{\{S<t\}}] = \overline{E}^{r,x,w}[\overline{E}^{\overline{X}_S}[h]I_{\{S<t\}}]$

Rappelons que $\overline{E}^{r,x,w}[\varphi] = E^x[\varphi(r,w/r/.)]$. L'ensemble $\{S<t\}$ est $\overline{\underline{\underline{F}}}^x_t$-mesurable, donc l'ensemble $\{S(r,.)<t\}$ est $\underline{\underline{F}}^o_{t+}$-mesurable : comme w/r/. et w sont égales jusqu'à l'instant r, la condition $S(r,w/r/.)<t$ équivaut à $S(r,w)<t$. Posons donc $S(r,w)=r'$: si $r'\geqq t$, (3.22) se réduit à l'égalité 0=0. Si $r'<t$, on a $S(r,w/r/.)=r'$, et elle s'écrit

$$E^x[h\circ\overline{\Theta}_{r'}(r,w/r/.)] \quad = \quad E^x[E^{\overline{X}_{r'}(r,w/r/.)}[h]]$$

Mais $\overline{\Theta}_{r'}(r,w/r/.) = (r-r',\Theta_{r'}(w/r/.))= (r-r',w'/r-r'/.)$, où $w'=\Theta_{r'}w$.
Le premier membre vaut donc

(3.23) $E^x[h(r-r', w'/r-r'/.)]$

Passons au second membre : $\overline{X}_{r'}(r,w/r/\omega) = (r-r', X_r(w/r/\omega), k_{r-r'}\Theta_{r'}(w/r/\omega)) = (r-r', X_0(\omega), k_{r-r'}w')$. Donc l'intégrale intérieure vaut

(3.24) $E^{X_0(\omega)}[h(r-r', k_{r-r'}w'/r-r'/.)]$

mais $k_{r-r'}w'/r-r'/. = w'/r-r'/.$, et d'autre part $E^x[\varphi]=E^x[E^{X_0(\cdot)}[\varphi]]$ (ici il est bon de rappeler que nos trajectoires sont continues à droite à l'instant 0, mais que l'on n'a pas nécessairement $P^x\{X_0=x\}=1$; la relation ci-dessus a été rajoutée dans nos hypothèses, p.2 de cet exposé)

Passons à (3.20), qui est moins facile. Nous avons vu plus haut que la relation $S(r,w/r/\omega)<t$ équivaut à $S(r,w)<t$. Faisant tendre t vers r, on voit que $S(r,w/r/.)\geqq r$ équivaut à $S(r,w)\geqq r$. Si cette propriété n'est pas satisfaite, (3.20) se réduit à l'égalité 0=0. Supposons donc $S(r,w)\geqq r$. Alors $S(r,w/r/\omega)\geqq r$ pour tout ω. <u>Je dis que</u>

(3.25) $\qquad U(\omega) = S(r,w/r/\omega)-r$

<u>est un temps d'arrêt de la famille</u> $(\underline{\underline{F}}^*_{D_t})$: nous démontrerons cela plus tard. Alors (prop.1), $T=D_U$ est un temps d'arrêt de la famille $(\underline{\underline{F}}_t)$, et la propriété de régénération a lieu à l'instant T . Démontrons alors (3.20), en posant pour abréger $S(r,w/r/\omega)=S(\omega)$

Que vaut $\overline{\Theta}_{S(\omega)}(r,w/r/\omega)$? Comme $S(\omega)\geq r$, c'est

$$(R_{S(\omega)}(w/r/\omega),\Theta_{S(\omega)}(w/r/\omega))=(R_{U(\omega)}(\omega),\Theta_{U(\omega)}(\omega))$$

Nous pouvons alors - compte tenu du fait que $h(.,.)=a(.)c(.)$ et que la condition $S(r,w/r/.)\geq r$ est automatiquement satisfaite - écrire le côté gauche de (3.20) sous la forme

(3.26) $$E^x[a(R_U)c(\Theta_U)I_{\{U<\infty\}}]$$

Passons au côté droit. Il s'écrit $E^x[\overline{E}^{X_{S(\omega)}(r,w/r/\omega)}[h]I_{\{S(\omega)<\infty\}}]$.

$$\overline{X}_{S(r,w/r/\omega)}(r,w/r/\omega)=(R_{U(\omega)}(\omega),X_{D_U(\omega)}(\omega),j_{U(\omega)}(\omega)$$

donc $\overline{E}^{\overline{X}_S}[h]$ s'écrit

$$E^{X_{D_U}(\omega)}[a(R_U(\omega))c(j_U(\omega)/R_U(\omega)/.)]$$

Posons $D_U=T$: il nous reste à vérifier

(3.27) $$E^x[a(R_U)c(\Theta_U)I_{\{U<\infty\}}]=E^x[a(R_U)I_{\{U<\infty\}}E^{X_T}[c(j_U/R_U/.)]$$

Or $a(R_U)I_{\{U<\infty\}}$ est $\underline{\underline{F}}_T$-mesurable. D'autre part, $\Theta_{U(\omega)}(\omega)= j_U(\omega)/ - R_U(\omega)/\Theta_{T(\omega)}(\omega)$, de sorte que $c\circ\Theta_U$ s'écrit $G(\omega,\Theta_{T(\omega)}(\omega))$, où

$$G(\omega,\omega') = c(j_U(\omega)/R_U(\omega)/\omega')$$

est $\underline{\underline{F}}_T\times\underline{\underline{F}}^o$-mesurable. D'après la formule (3.4) on a aussitôt (3.27), et le théorème est établi, à l'assertion sur les temps d'arrêt près. Pour celle ci, de quoi s'agit il ? de démontrer que

$$\{\ \omega : S(r,w/r/\omega)<r+t\} \in \underline{\underline{F}}^*_{D_t} \text{ pour tout } t.$$

Soit ψ l'application $\omega\mapsto w/r/\omega$ de Ω dans lui-même, et soit A l'ensemble $\{\omega : S(r,\omega)<r+t\}$, qui appartient à $\underline{\underline{F}}^*_{D_{r+t}}$ par hypothèse. Notons aussi que $D_{r+t} = r+D_t\circ\Theta_r$. Nous sommes ramenés à prouver le lemme suivant

LEMME. <u>Soit</u> S <u>un temps d'arrêt de la famille</u> $(\underline{\underline{F}}^*_t)$, <u>et soit</u> $T=r+S\circ\Theta_r$. <u>Alors si</u> $A\in\underline{\underline{F}}^*_T$ <u>on a</u> $\psi^{-1}(A)\in\underline{\underline{F}}^*_S$. [On rappelle que $r=\zeta(w)$]

DEMONSTRATION. Commençons par le cas où S est un t.d'a. de $(\underline{\underline{F}}^o_{t+})$, de sorte que T l'est aussi, et où $A\in\underline{\underline{F}}^o_{T+}$; ψ étant mesurable de $\underline{\underline{F}}^o$ dans $\underline{\underline{F}}^o$, il suffit (d'après COURREGE et PRIOURET) de vérifier que

$$w/r/\omega \in A\ ,\ S(\omega)<t\ ,\ \omega=\omega' \text{ sur } [0,t[\ \Rightarrow w/r/\omega'\in A$$

Or $T(w/r/\omega)= r+S(\omega)<r+t$, $w/r/\omega=w/r/\omega'$ sur $[0,r+t[$, et $A\in\underline{\underline{F}}^o_{T+}$. Cela entraîne ce qu'on désire.

Passons aux familles complétées. Soit P une loi sur E, et soit Q la loi $\psi(P)$. Choisissons un t.d'a. S' de $(\underline{\underline{F}}^o_{t+})$ égal à S P-p.s., et soit $T'=r+S'\circ\Theta_r$. On vérifie sans peine que T'=T Q-p.s.. Soit alors

$A'\in \underline{\underline{F}}^o_{T',+}$ égal à A Q-p.s. ; d'après ce qui précède on a $\psi^{-1}(A')\in \underline{\underline{F}}^o_{S',+}$, et $\psi^{-1}(A')=\psi^{-1}(A)$ P-p.s.. Le lemme est établi.

POINTS DE BRANCHEMENT . Cherchons les $(r,x,w)\in \overline{E}$ tels que l'on n'ait pas $\overline{P}^{r,x,w}$-p.s. $\overline{X}_0 = (r,x,w)$.

-Si $r=\infty$, on a $\overline{X}_0(\infty,\omega) = (\infty,\partial,\omega)$, et $\overline{P}^{\infty,x,w}\{\overline{X}_0=(\infty,x,w)\} = P^x\{(\infty,\partial,w)=(\infty,x,w)\}$. Ainsi, tous les (∞,x,w) tels que $x\neq\partial$ sont des points de branchement , tandis que les (∞,∂,w) sont des points de non branchement. La mesure $\overline{P}^{\infty,\partial,w}$ correspondante est $\varepsilon_{\infty,w}$

Nous choisirons comme " cimetière de $\overline{E}$" le point $\overline{\partial}=(\infty,\partial,[\partial])$.

- Si $0<r<\infty$, nous avons $r=\zeta(w)$, et

$$\overline{P}^{r,x,w}\{\overline{X}_0=(r,x,w)\}=P^x\{(r,X_r(w/r/.),k_r(w/r/.))=(r,x,w)\}$$
$$=P^x\{X_0(.)=x\}$$

Nous voyons donc apparaître les points de branchement (r,x,w), où $r>0$, et x est un point de branchement pour (X_t).

- Enfin, si $r=0$, la condition $r=\zeta(w)$ entraîne $w=[\partial]$, et on a

$$\overline{P}^{0,x,[\partial]}\{\overline{X}_0=(0,x,[\partial])\}=P^x\{(R(.),X_R(.),k_R(.)=(0,x,[\partial])\}$$
$$= P^x\{X_0=x,R=0\}$$

D'où les nouveaux points de branchement $(0,x,[\partial])$, où x est soit un point de branchement pour (X_t), soit tel que $P^x\{R=0\}<1$. Il se peut naturellement qu'on ait $P^x\{R=0\}<1$ pour <u>tout</u> x : cela signifie simplement que le processus $(\overline{X}_t)$ passe sa vie dans l'ensemble où $r\neq 0$, et n'a rien de surprenant.

Noter aussi les points de branchement (r,x) pour $(\hat{X}_t)$: les (∞,x), $x\neq\partial$; les (r,x), $r\geq 0$, x branchant pour (X_t) , enfin les $(0,x)$, $P^x\{R=0\}<1$.

LE PROCESSUS $\overline{X}_t$ EST IL DROIT ?

Nous venons de voir que le processus $(\overline{X}_t)$ est fortement markovien. Malheureusement, il n'existe pas de théorie approfondie des processus fortement markoviens, les hypothèses les plus faibles sous lesquelles on sait vraiment des choses précises étant les hypothèses droites. Nous allons montrer ici que <u>si</u> (X_t) <u>est un processus de Markov droit, il en est de même de</u> $(\overline{X}_t)$. Ce n'est pas du tout amusant, mais cela enlève tout souci pour la suite. Nous supposerons pour simplifier que l'espace d'états E est lusinien métrisable (alors que cette hypothèse, on l'a signalé dans l'exposé I, est un peu trop forte).

Nous avons deux questions à examiner : le caractère presque-borélien des fonctions p-excessives (qui entraîne leur continuité à droite sur les trajectoires) ; la possibilité de confiner le processus à des parties lusiniennes de l'espace d'états (cf. la remarque de MERTENS, exposé I p.11-12). Nous nous occupons d'abord de la première question.

<u>Caractère presque borélien</u> . Il nous suffit en fait de démontrer que si h est borélienne sur $\overline{E}$, positive et bornée, son p-potentiel est une fonction presque-borélienne. Il suffit d'ailleurs de prendre des h particulières, et de raisonner ensuite par classes monotones.

Nous commençons par traiter <u>le cas du processus</u> $(\hat{X}_t)$, h étant borélienne sur $\hat{E}$, de la forme a(r)b(x). Nous pouvons même nous borner au cas où $a(r)=e^{-\lambda r}$, $\lambda \geqq 0$. Dans ce cas

$$\hat{P}_t((r,x) ; h) = e^{-\lambda(r-t)}b(x)I_{\{r>t\}}+I_{\{r\leqq t\}}E^x[e^{-\lambda R_{t-r}}\, b\circ X_{D_{t-r}}]$$

La contribution du premier terme dans $\hat{U}_p((r,x) ; h)$ est

$$-b(x)\frac{e^{-\lambda r}- e^{-pr}}{\lambda-p}$$

C'est une fonction borélienne, et il est inutile de s'en préoccuper. Nous écrirons le second terme sous la forme $I_{\{r\leqq t\}}P_{t-r}(x,P_T^{\lambda}b)$, de sorte que sa contribution dans le potentiel est

$$e^{-pr}U_pg(x) \quad , \text{ où } g = P_T^{\lambda}b$$

Comme $(r,x)\mapsto e^{-pr}$ est déjà borélienne, il nous suffit de démontrer que <u>si</u> f (égale ici à U_pg) <u>est presque-borélienne pour</u> (X_t) , $(r,x) \mapsto f(x)$ <u>est presque-borélienne pour</u> $(\hat{X}_t)$. Démontrons un peu mieux : $(r,x,w)\mapsto f(x)$ est presque-borélienne pour $(\overline{X}_t)$.

En effet, soit μ une loi initiale sur $\overline{\Omega}$, et soit λ la loi image de μ par l'application $(r,x,\omega)\mapsto x$, et soit λ' la loi image de μ par $(r,x,\omega)\mapsto X_D(\omega)$. Comme f est presque-borélienne, nous pouvons l'encadrer entre f_1 et f_2, boréliennes, telles que les processus $(f_1\circ X_t)$ et $(f_2\circ X_t)$ soient indistinguables pour P^{λ} et $P^{\lambda'}$. Il en est alors de même pour les processus $(f_1\circ X_{D_t})$ et $(f_2\circ X_{D_t})$. Or nous avons en notant $\overline{f}$ la fonction $(r,x,w)\mapsto f(x)$

$$\overline{f}\circ\overline{X}_t(r,x,\omega) = f(x) \text{ si } t<r$$
$$= f(X_{D_{t-r}}(\omega)) \text{ si } t\geqq r$$

D'où il résulte aussitôt que les processus$(\overline{f}_1\circ\overline{X}_t)$ et $(\overline{f}_2\circ\overline{X}_t)$ sont $\overline{P}^{\mu}$-indistinguables, et donc que $\overline{f}$ est presque-borélienne.

Ceci étant dit, nous en déduisons aussi le cas de $(\overline{X}_t)$: nous prenons h(r,x,w) de la forme a(r)b(x)c(w) , c $\underline{\underline{F}}^o$-mesurable. Nous avons

$$\overline{P}_t((r,x,w)\ ;\ h\ ) = a(r-t)b(x)c(k_{r-t}\theta_t w)I_{\{t<r\}}$$
$$+E^x[\ a(R_{t-r})b(X_{D_{t-r}})c(j_{t-r})]I_{\{t\geq r\}}$$

Le premier terme est une fonction borélienne, nous ne nous en occupons pas. Nous écrivons le second $P_{t-r}(x,k)I_{\{t\geq r\}}$, où k est la fonction universellement mesurable $E^{\bullet}[a(R)b(X_D)c(j_0)]$; sa contribution dans le p-potentiel est donc $e^{-pr}U_pk(x)$, et le raisonnement précédent s'applique encore.

Propriétés de l'espace d'états. Il nous faut prendre garde ici au fait suivant : nous travaillons sur un processus fortement markovien à points de branchement. Si nous devons avoir un processus droit, ce ne peut être que $(\overline{X}_t)$ restreint à l'ensemble $\overline{D}$ des points de non-branchement de $\overline{E}$. Notre problème est donc le suivant : soit ν une loi initiale portée par $\overline{D}$. Peut on plonger $\overline{E}$ dans un lusinien métrisable H , de telle sorte (fin de l'exposé I) que le processus $(\overline{X}_t)$ reste $\overline{P}^{\nu}$-p.s. dans une partie borélienne A de H ? Nous savons

- que Ω se plonge dans un espace métrique compact $\overset{*}{\Omega}$, comme complémentaire d'analytique
- que si μ est une loi initiale sur E, il existe une partie Ω_{μ} de Ω, invariante par translation et meurtre, qui est un complémentaire d'analytique dans $\overset{*}{\Omega}$, qui porte P^{μ}, et telle que sur Ω_{μ} les v.a. $D_t, R_t\ldots$ soient $\underline{\underline{F}}^{\circ}$-mesurables (i.e. boréliennes).

Nous prendrons pour H l'espace lusinien $\overline{\mathbb{R}}_+\times E\times\overset{*}{\Omega}$, qui contient $\overline{E}$. Soit λ l'image de $\overline{P}^{\nu}$ sur $\overline{\Omega}$ par $(r,\omega)\mapsto X_r(\omega)$, soit λ' l'image de $\overline{P}^{\nu}$ par $(r,\omega)\mapsto X_D(\omega)$, et soit $\mu = (\lambda+\lambda')/2$; choisissons alors Ω_{μ} comme ci-dessus. Pour $\overline{P}^{\nu}$, le processus $(\overline{X}_t)$ reste confiné à

$$(\overline{\mathbb{R}}_+\times E\times\Omega_{\mu})\cap\overline{E}\cap\overline{D}$$

Ω_{μ} étant un complémentaire d'analytique dans $\overset{*}{\Omega}$, $\overline{\mathbb{R}}_+\times E\times\Omega_{\mu}$ est un complémentaire d'analytique dans H. D'après le théorème de capacitabilité, il existe une partie borélienne K de H, contenue dans $\overline{\mathbb{R}}_+\times E\times\Omega_{\mu}$, telle que $(\overline{X}_t)$ reste $\overline{P}^{\nu}$-p.s. dans K. Sur K, D est une fonction borélienne, donc $K\cap\overline{E} = \{(r,x,w)\ :\ D(w)=+\infty,\ r=\zeta(w)\text{ ou } r=+\infty\}$ est encore borélien. Reste à voir ce que dit la condition de non-branchement. Pour simplifier, nous supposerons que (X_t) est sans point de branchement. Alors $\overline{D}$ est réunion de trois ensembles : $\{(r,x,w)\in\overline{E}\ :\ r=+\infty\ ,\ x=\partial\ \}$ (borélien dans $\overline{E}$) ; $\{(r,x,w)\in\overline{E}\ :\ 0<r<\infty\}$ (borélien dans $\overline{E}$), enfin $\{(r,x,w)\in\overline{E}\ :\ r=0,\ P^x\{R=0\}=1\}$. Or l'ensemble $\{x\in E\ :\ P^x\{R=0\}=1\}$ est presque-borélien pour (X_t), donc il contient un ensemble borélien C dans E, qui n'en diffère que par un ensemble μ-polaire. Le troisième ensemble ne diffère alors que par un ensemble ν-polaire de l'ensemble borélien $\{(r,x,w) : r=0, x\epsilon C\}$ de $\overline{E}$, et le résultat cherché en résulte aussitôt.

COMMENTAIRE FINAL. Il faut comparer cette rédaction à la première présentation (de Maisonneuve) pour mesurer à quel point il a fallu travailler pour franchir l'étroit fossé séparant les processus fortement markoviens des processus droits. Nous savons maintenant que les processus d'incursion sont droits, et que " tout est permis". La technique peut être oubliée.

Université de Strasbourg
Séminaire de Probabilités 1972-73

ENSEMBLES ALEATOIRES MARKOVIENS HOMOGENES (IV)

par B. Maisonneuve et P.A. Meyer

Cet exposé est consacré à des applications des résultats de l'exposé III sur le caractère markovien droit du processus d'incursion. Nous commençons par des remarques qui permettent de "faire descendre" certaines fonctionnelles additives du processus d'incursion sur l'espace Ω. Ensuite, nous donnons le résultat essentiel de l'exposé : le système de LEVY du processus d'incursion permet de retrouver directement (sans transformations de Laplace) les résultats de GETOOR-SHARPE, et aussi de résoudre les questions laissées en suspens à la fin de l'exposé II. Nous obtenons donc une seconde démonstration de tous ces résultats. Un appendice est consacré à la question du <u>temps local</u> d'un ensemble régénératif . <u>Dans tout l'exposé, à l'exception de cet appendice, nous supposons que le processus</u> (X_t) <u>est markovien droit sans branchement</u>.

I. FONCTIONNELLES ADDITIVES

Rappelons quelques notations de l'exposé III : l'espace d'états $\overline{E}$ du processus d'incursions était l'ensemble des

$$(r,x,\omega) \text{ tels que } D(\omega)=+\infty,\ r=\zeta(\omega) \text{ ou } r=+\infty$$

et admettait comme " cimetière" le point $\overline{\delta}=(\infty,\partial,[\partial])$. Il admettait des points de branchements de deux sortes :

$\overline{B}_1$: les (∞,x,w) avec $x\neq\partial$; $\overline{B}_2$: les $(0,x,[\partial])$ où $P^x\{R=0\}<1$.

(il y avait d'autres points, correspondant aux points de branchement de (X_t) lui même, mais notre hypothèse simplificatrice les exclut). Nous noterons $\overline{D}$ l'ensemble des points de non-branchement, et F l'ensemble des x tels que $P^x\{R=0\}=1$.

Notre espace $\overline{\Omega}$ était formé des (r,ω) tels que $r\leqq D(\omega)$, avec l'opérateur de translation

$$\overline{\theta}_t(r,\omega) = (r-t,\theta_t\omega) \text{ si } t<r\ ,\ =(R_t(\omega),\theta_t\omega) \text{ si } t\geqq r$$

($\overline{\theta}_0$ n'est pas l'identité) et les variables aléatoires

$$\overline{X}_t(r,\omega)= (r-t,X_r(\omega),k_{r-t}\theta_t\omega) \text{ si } t<r\ ,\ (R_t(\omega),X_{D_t}(\omega),j_t(\omega)) \text{ si } t\geqq r$$

L'ensemble des $(r,\omega)\in\overline{\Omega}$ tels que $\overline{X}_t(\omega)\in\overline{D}$ pour tout t est alors formé des $(r,\omega)\in\overline{\Omega}$ tels que

$$\text{pour tout } t \text{ tel que } R_t(\omega)=0, \text{ on a } X_t(\omega)\in F$$

Nous noterons Ω' l'ensemble des ω possédant cette propriété, qui est stable par translation et meurtre et porte toutes les lois P^μ. Nous noterons $\overline{\Omega}'$ l'ensemble des $\overline{\omega}$ dont la trajectoire ne rencontre jamais les points de branchement, c'est à dire $\{(r,\omega)\in\overline{\Omega}, \omega\in\Omega'\}$: on peut réaliser le semi-groupe $(\overline{P}_t)$ sur $\overline{\Omega}'$, qui porte toutes les mesures $\overline{P}^\mu$. Dans toute la suite de ce paragraphe, nous réduisons $\overline{\Omega},\Omega$ à $\overline{\Omega}',\Omega'$.

Nous allons pouvoir alors utiliser la théorie des fonctionnelles additives, sans aucune difficulté : considérons par exemple la théorie de la représentation des fonctions excessives (on aurait des considérations tout à fait analogues pour le système de LEVY). Soit f une fonction p-excessive de la classe (D) sur $\overline{E}$. Nous regardons sa restriction à l'ensemble $\overline{D}$ des points de non-branchement. Construisons la réalisation continue à droite canonique $(\overline{W},\overline{\underline{G}}\ldots)$de $(\overline{P}_t)$ sur $\overline{D}$: la théorie de la représentation nous permet d'écrire, sur $\overline{D}$

$$f(x) = \overline{E}^x[\int_0^\infty e^{-ps}d\overline{\alpha}_s]$$

où $\overline{\alpha}$ est une fonctionnelle additive douée de toutes les qualités de la fin de l'exposé I (perfection...), et en outre prévisible par rapport aux tribus complétées. On a une application de $\overline{\Omega}'$ dans $\overline{W}$

$$\tau : \overline{\omega} \longmapsto \overline{X}_.(\omega) \in \overline{W}$$

et nous pouvons ramener $\overline{\alpha}$ sur $\overline{\Omega}'$ en posant

(4.1) $$\overline{A}_t(r,\omega) = \overline{\alpha}_t(\tau(r,\omega))$$

Notons les propriétés de $\overline{A}$:

a) Elle satisfait sans ensemble exceptionnel sur $\overline{\Omega}'$ à la croissance, la continuité à droite, la relation d'additivité.

b) La relation $\overline{X}_s(r,\omega)=\overline{X}_s(r',\omega')$ pour $s\leq t+h$ $(h>0)$ entraîne $\overline{A}_t(r,\omega) =\overline{A}_t(r',\omega')$. Comme $\tau=\tau\circ\overline{\Theta}_0$, on a $\overline{A}_t=\overline{A}_t\circ\overline{\Theta}_0$

c) On a $f(x)=\overline{E}^x[\int_0^\infty e^{-ps}d\overline{A}_s]$ pour $x\in\overline{D}$: mais en réalité cela vaut aussi pour $x\in\overline{E}$ tout entier , car si x est un point de branchement, et $\mu=\varepsilon_x\overline{P}_0$, on a $f(x)= \lim_t e^{-pt}\overline{P}_t f(x) = \lim_t e^{-pt}\overline{P}_0\overline{P}_t f(x) = \overline{P}_0 f(x) =\langle\mu,f\rangle = \overline{E}^\mu[\int e^{-ps}d\overline{A}_s]=\overline{E}^x[\int e^{-ps}d\overline{A}_s]$.

d) $\overline{A}$ est un processus prévisible pour toute $\overline{P}^\mu$-complétée de la famille naturelle de $(\overline{X}_t)$.

e) Toute v.a. $\overline{A}_t$ est universellement mesurable sur $\overline{\Omega}'$.

En fait, nous ne cherchons pas à travailler sur $\overline{\Omega}'$, mais sur Ω'. Nous " redescendons" donc sur Ω' en posant

(4.2) $\quad A_t(\omega) = \overline{A}_t(0,\omega)$

Nous avons alors

$$A_{s+t}(\omega)= \overline{A}_{s+t}(0,\omega)= \overline{A}_s(\theta,\omega)+\overline{A}_t(\overline{\theta}_s(0,\omega))= A_s(\omega)+\overline{A}_t(R(\theta_s\omega),\theta_s\omega)$$
$$= A_s(\omega) + \overline{A}_t(\overline{\theta}_0(0,\theta_s\omega))= A_s(\omega)+\overline{A}_t(0,\theta_s\omega)=A_s(\omega)+A_t(\theta_s\omega)$$

Nous avons donc affaire à une fonctionnelle additive brute sur Ω'. En ce qui concerne l'adaptation, la famille de tribus naturelle de $(\overline{X}_t)$ sur $\overline{\Omega}$ est contenue dans la famille $(\underline{\underline{F}}_t^{\times})$ (cf. exposé III, formule (3.19)), et en revenant à la définition de cette famille on voit que $A_t=\overline{A}_t(0,.)$ est $\underline{\underline{F}}^*_{D_t}$-mesurable. On a même

si $X_s(\omega)=X_s(\omega')$ pour $0\leq s\leq D_t(\omega)+h$ $(h>0)$, alors $A_t(\omega)=A_t(\omega')$.

On a donc construit une fonctionnelle additive brute (A_t), adaptée à la famille $(\underline{\underline{F}}^*_{D_t})$. On a

(4.3) $\quad f(0,x,[\partial]) = E^x[\int_0^\infty e^{-ps}dA_s]$ pour tout $x\in E$

En ce qui concerne la prévisibilité, nous ferons la remarque suivante. Soit un processus prévisible élémentaire de la famille $(\underline{\underline{F}}^*_{D_t})$ sur $]0,\infty[$

$$Z_t(\omega) = Z(\omega)I_{]u,\infty[}(t) \quad \text{où } Z \text{ est } \underline{\underline{F}}^*_{D_u}\text{-mesurable}$$

Alors le processus $Z_{\ell_t} = ZI_{\{\ell_t>u\}} = ZI_{\{D_u<t\}}$ est continu à gauche, et adapté à la famille $(\underline{\underline{F}}^*_t)$, donc prévisible pour cette famille. Noter qu'il est important de travailler sur $]0,\infty[$, car les processus prévisibles élémentaires du type $Z_t=ZI_{\{0\}}(t)$ sur $[0,\infty[$, avec Z $\underline{\underline{F}}^*_{D_0}$-mesurable, ne donnent rien de bon. Par classes monotones et passage aux processus indistinguables, on voit que <u>le processus (A_{ℓ_t}) est prévisible par rapport à toute tribu complétée</u> $(\underline{\underline{F}}^{\mu}_t)$. Le cas le plus important où l'on applique ce résultat est celui où les processus (A_t) et (A_{ℓ_t}) sont indistinguables, c'est à dire, où dA de charge aucun intervalle $]g,D_g]$. Cela se produit en particulier lorsque A est <u>continue et portée par M</u>.

Ceci conduit à une bonne théorie du temps local de M dans des cas où (X_t) n'est pas un processus de Markov droit : nous verrons cela en appendice. Nous allons plutôt examiner ici les applications aux processus droits.

II. SYSTEME DE LEVY DU PROCESSUS D'INCURSION

Rappelons un peu la théorie du noyau de LEVY d'un processus droit, telle qu'elle a été développée par BENVENISTE et JACOD sans hypothèse de continuité absolue. Considérons d'abord la réalisation canonique d'un processus droit $(\overline{Y}_t)$, à valeurs dans un espace d'états $\overline{D}$. Le théorème de BENVENISTE-JACOD affirme l'existence d'une fonctionnelle additive continue $(\overline{\alpha}_t)$, possédant toutes les propriétés de perfection désirables et ayant un 1-potentiel borné, et d'autre part d'un noyau N sur $\overline{E}$, tel que $N(x,\{x\})=0$ pour tout x, et que pour toute loi initiale μ, la projection duale prévisible de la mesure aléatoire

$$(4.4)\qquad \sum_{\substack{\text{sauts tot.}\\ \text{inacces.}}} f(\overline{Y}_{t-},\overline{Y}_t)\varepsilon_t(ds)$$

où f est borélienne positive sur $\overline{D}\times\overline{D}$, et où la somme sera expliquée dans un instant, est la mesure aléatoire

$$(4.5)\qquad (\int N(\overline{Y}_s\,,dy)f(\overline{Y}_s,y))\,d\overline{\alpha}_s$$

Que signifie la somme (4.4) ? Nous remarquons que l'ensemble des sauts du processus $(\overline{Y}_t)$, i.e. des instants t où, ou bien $\overline{Y}_{t-}$ n'existe pas, ou bien $\overline{Y}_{t-}$ existe et est différent de $\overline{Y}_t$, est une réunion dénombrable de graphes de temps d'arrêt. Nous partageons ceux-ci en leurs parties totalement inaccessibles (T_n^i), et leurs parties accessibles (T_n^a) relativement à la mesure $\overline{P}^\mu$, et nous sommons seulement sur les (t,ω) de la réunion des graphes $[T_n^i]$. En fait, aux instants T_n^i la limite $\overline{Y}_-$ existe toujours, et la somme (4.4) a bien un sens.

Si maintenant nous avons affaire, non pas à la réalisation canonique, mais simplement à un processus de Markov continu à droite sur un espace $\overline{\Omega}'$, mettons $(\overline{X}_t)$, admettant ce semi-groupe de transition et la loi initiale μ , relativement à une famille de tribus $(\underline{\underline{F}}_t)$. Nous avons comme plus haut une application τ de $\overline{\Omega}'$ dans l'espace canonique, associant à $\omega\in\overline{\Omega}'$ la trajectoire $\overline{X}_.(\omega)$, et nous remontons $\overline{\alpha}_t$ en $\overline{A}_t=\overline{\alpha}_t\circ\tau$. Dans ces conditions, la projection duale prévisible de

$$(4.6)\qquad \sum_{\substack{\text{sauts tot.}\\ \text{inacces.}}} f(\overline{X}_{t-},\overline{X}_t)\varepsilon_t(ds)$$

relativement à la famille $(\underline{\underline{F}}_t)$ est

$$(4.7)\qquad (\int N(\overline{X}_s,dy)f(\overline{X}_s,y)d\overline{A}_s$$

Ce passage n'est pas absolument évident, à cause du rôle de la famille de tribus. Par exemple, en (4.6), l'inaccessibilité <u>paraît</u> dépendre de la famille de tribus choisie, et non seulement du processus $(\overline{X}_t)$: en fait, il n'en est rien, comme on peut le voir en utilisant une compactification de RAY (les sauts totalement inaccessibles sont ceux pour lesquels la limite à gauche dans le compactifié de RAY n'est pas un point de branchement). De même, la notion de processus prévisible dépend de la famille $(\underline{\underline{F}}_t)$: on commence par établir le résultat pour la famille naturelle de $(\overline{X}_t)$, et on l'étend à $(\overline{\underline{\underline{F}}}_t)$ au moyen du théorème de projection.

Ceci étant rappelé, nous l'appliquons au processus d'incursion, et d'abord sur $\overline{\Omega}'$. Quels sont les sauts de $\overline{X}_.(r,\omega)$? Nous en avons d'abord un à l'instant r, mais celui-ci sera toujours prévisible pour toute loi $\overline{P}^{r,x,w}$ (ce saut n'existe pas si r=0, bien sûr). Ensuite, nous avons tou les instants $t\geq r$ appartenant à $M^{\rightarrow}$, et un instant de réflexion montre que nous épuisons ainsi les sauts de la première et de la troisième composante de $\overline{X}_t$. Reste la seconde, X_{D_t} , et nous voyons apparaître tous les $t\in M$, qui ne sont isolés ni à droite ni à gauche et pour lesquels $X_{t-}\neq X_t$. Nous reverrons cela dans un instant, mais voici la conséquence importante pour tout de suite : considérons la première composante de $\overline{X}_t$:

$$\rho_t(r,\omega) = \begin{matrix} r-t \text{ si } t<r \\ R_t(\omega) \text{ si } t\geq r \end{matrix}$$

L'ensemble prévisible $\{\rho_{t-}=0\}$ contient les sauts, donc porte la mesure aléatoire (4.6) ; il porte donc aussi sa projection prévisible (4.7), et nous pouvons supposer, sans restreindre la généralité, qu'il porte la fonctionnelle additive continue $(\overline{A}_t)$; $\overline{A}_.(r,\omega)$ <u>est donc nulle sur</u> [0,r], <u>et constante dans les intervalles contigus à</u> M(ω).

Redescendons maintenant sur Ω', et posons $A_t(\omega)=\overline{A}_t(0,\omega)$ comme en (4.2) : on a $A_t=A_{\ell_t}$ identiquement, et nous avons vu dans ce cas que (A_t) est une vraie fonctionnelle additive de la famille $(\underline{\underline{F}}_t)$ sur Ω'. Nous allons démontrer le résultat plus explicite suivant

THEOREME 1. <u>Il existe une fonctionnelle additive continue</u> (A_t) <u>sur</u> Ω[(1)], <u>adaptée à la famille</u> $(\underline{\underline{F}}_t)$, <u>portée par</u> M, <u>ayant un 1-potentiel borné</u>, <u>et un noyau</u> M <u>sur</u> $\overline{D}$ (<u>tel que</u> $M(\overline{x},\{\overline{x}\})=0$ <u>et que</u> $M(\overline{x},.)$ <u>soit</u> σ-<u>finie</u>

(1) En fait, nous raisonnons sur Ω', mais nous écrivons Ω dans les énoncés pour ne pas dérouter un lecteur n'ayant pas lu tout ce qui précède : étant donné le sens usuel de l'expression fonctionnelle additive (parfaite), autorisant un ensemble exceptionnel, cela revient exactement au même puisque Ω' porte toutes les P^{μ}.

<u>pour tout</u> $\overline{x}\in\overline{D}$), <u>tels que pour toute loi</u> P^{μ}, <u>toute fonction borélienne positive</u> f <u>sur</u> $\overline{D}$, <u>la projection duale prévisible par rapport à la famille</u> $(\underline{\underline{F}}_{D_t})$ <u>de la mesure aléatoire</u>

(4.8) $$\sum_{g\in M_{\pi}^{\rightarrow}} f(\overline{X}_{g-},\overline{X}_g)\varepsilon_g(dt)$$

<u>soit la mesure</u>

(4.9) $$(\int M(\overline{X}_t,d\overline{y})f(\overline{X}_t,\overline{y})).dA_t$$

DEMONSTRATION. Nous notons N un noyau de LEVY pour le processus d'incursion ; rappelons la notation $\overline{X}_t = (R_t, X_{D_t}, j_t)$. On a vu les sauts du processus d'incursion : Nous avons d'abord tous les $t\in M^{\rightarrow}$, car on y a $j_{t-}=[\partial]$, tandis que $j_t\neq[\partial]$. Nous avons ensuite tous les points $t\in M\setminus M^{\rightarrow}$ où X_{t-} n'existe pas, ou bien où $X_{t-}\neq X_t$. Les sauts des deux types sont faciles à différencier , les premiers étant caractérisés par la condition $R_t>0$. Parmi ceux-ci, les $t\in M_{\pi}^{\rightarrow}$ sont caractérisés par les conditions $R_{t-}=0$, $X_t\in F$ (condition qui s'écrit aussi $X_0(j_t)\in F$). Considérons donc les sous-ensembles de $\overline{D}$

$$\overline{B} = \{(r,x,w):r=0\} \qquad , \overline{C} = \{(r,x,w) : r>0,\ X_0(w)\in F\}$$

nous avons

$$\sum_{\substack{g \text{ tot.inacc.}\\ g\in M_{\pi}^{\rightarrow}}} f(\overline{X}_{g-},\overline{X}_g)\varepsilon_g = \sum_{g \text{ tot.in.}} I_{\overline{B}}(\overline{X}_{g-})f(\overline{X}_{g-},\overline{X}_g)I_{\overline{C}}(\overline{X}_g)\varepsilon_g \qquad (4.10)$$

et ceci se calcule par le système de LEVY : posons $M(x,dy) = N(x,dy)$. $I_{\overline{C}}(y)$, le processus $I_{\overline{B}}\circ\overline{X}_{t-}$ est prévisible[1] pour la famille $(\underline{\underline{F}}_{D_t})$, et la projection prévisible du second membre s'écrit

$$(\int M(\overline{X}_t,d\overline{y})f(\overline{X}_t,\overline{y}))I_{\overline{B}}\circ\overline{X}_{t-}dA_t$$

Mais A est continue, portée par M, donc on a $I_{\overline{B}}\circ\overline{X}_{t-}=1$ A-presque partout, et on peut enlever ce facteur, de sorte que la projection duale prévisible du premier membre de (4.10) est bien (4.9). Reste à voir si ce premier membre est égal à (4.8). Comme $M_{\pi}^{\rightarrow}$ est une réunion de graphes de temps d'arrêt de la famille $(\underline{\underline{F}}_{D_t})$, tout revient à montrer que ces t.d'a. sont totalement inaccessibles : ou encore, qu'un temps d'arrêt prévisible T de la famille $(\underline{\underline{F}}^{\mu}_{D_t})$ ne passe P^{μ}-p.s. pas dans $M_{\pi}^{\rightarrow}$. Or soit (T_n) une suite annonçant T . On sait que D_{T_n} est un temps d'arrêt de $(\underline{\underline{F}}^{\mu}_t)$. Sur l'ensemble où $T\in M_{\pi}^{\rightarrow}$, T est point d'accumulation à gauche de points de M, donc la relation $T_n<T$ entraîne $D_{T_n}<T$, et donc aussi $D_{T_n}\uparrow T$. Soit $T' = \lim_n D_{T_n}$, temps d'arrêt de $(\underline{\underline{F}}^{\mu}_t)$: sur $\{T\in M_{\pi}^{\rightarrow}\}$ nous avons aussi $T'\in M_{\pi}^{\rightarrow}$ P^{μ}-p.s. , et comme ce dernier ensemble est P^{μ}-négligeable par définition de $M_{\pi}^{\rightarrow}$, il en est de même du premier. Le théorème est établi.

---

1. Si $\overline{X}_{t-}$ n'existe pas, on convient que ce processus vaut 0 .

Regardons de plus près ce résultat : si $g\in \vec{M}_\pi$, nous avons $\bar{X}_{g-} = (0,X_{g-},[\partial])$, et $\bar{X}_g=(R_g,X_{D_g},j_g)$. De plus, comme il ne passe dans $\vec{M}_\pi$ aucun graphe de temps d'arrêt de $(\underline{\underline{F}}_t)$, nous avons $X_{g-}=X_g$. Introduisons donc le noyau (de mesures σ-finies) de E dans $\bar{D}$

(4.11) $$n(x,d\bar{y}) = M((0,x,[\partial]), d\bar{y})$$

Nous avons

THEOREME 2. <u>Soit f une fonction borélienne positive sur $E\times\bar{D}$. La projection prévisible par rapport à</u> $(\underline{\underline{F}}_{D_t})$ <u>de</u>

(4.12) $$\sum_{g\in\vec{M}_\pi} f(X_{g-},\bar{X}_g)\varepsilon_g(dt)$$

<u>est</u>

(4.13) $$(\int n(X_t,d\bar{y})f(X_t,d\bar{y})).\, dA_t$$

<u>De plus</u>, (4.13) <u>est aussi projection duale bien-mesurable et prévisible de</u> (4.12) <u>par rapport à la famille</u> $(\underline{\underline{F}}_t)$

DEMONSTRATION. Le résultat relatif à $(\underline{\underline{F}}_{D_t})$ n'est que la traduction du théorème 1. La mesure aléatoire (4.13) est sa propre projection duale prévisible par rapport à $(\underline{\underline{F}}_t)$ (elle a une densité adaptée par rapport à un processus croissant adapté continu), donc elle est aussi la projection prévisible de (4.12) par rapport à $(\underline{\underline{F}}_t)$. Soit (Z_t) un processus bien-mesurable par rapport à $(\underline{\underline{F}}_t)$, positif, et soit (Z'_t) sa projection prévisible. Il est bien connu que Z et Z' ne diffèrent que sur une réunion dénombrable de graphes de temps d'arrêt de $(\underline{\underline{F}}_t)$: ils coincident donc presque partout pour chacune des mesures aléatoires (4.12) et (4.13), et le résultat relatif à la projection bien-mesurable en découle aussitôt.

APPLICATION AUX CALCULS DE LA FIN DE L'EXPOSE II

Nous allons maintenant revenir sur les calculs de projections bien-mesurables faits à la fin de l'exposé II. Nous allons voir que l'existence des mesures $n(x,d\bar{y})$, qui nous sont données " toutes cuisinées" par le système de LEVY du processus d'incursion, nous permet de retrouver directement les résultats de GETOOR-SHARPE, sans avoir à passer par les lois d'entrée. C'est avantageux, car nous pourrons alors pousser les calculs un peu plus loin , et vérifier la conjecture de l'avant dernière remarque de l'exposé II.

Nous commençons par remarquer que la fonctionnelle additive (K_t) de l'exposé II peut être prise égale à la fonctionnelle (A_t) de celui-ci, et que le facteur $I_F\circ X_t$ est inutile, (A_t) étant portée par M, donc par F. Soit c positive, $\underline{\underline{F}}^o$-mesurable sur Ω. On voudrait calculer la projection duale bien-mesurable de la mesure aléatoire

(4.14) $\sum_{g\in M_\pi^{\to}} c\circ\Theta_g \varepsilon_g(dt)$

par rapport à la famille $(\underline{\underline{F}}_t)$. Pour ce faire, on peut commencer par calculer sa projection duale bien-mesurable par rapport à la famille $(\underline{\underline{F}}_{D_t})$, ce qui est facile, car $M_\pi^{\to}$ est réunion dénombrable de graphes de temps d'arrêt disjoints T_n de cette famille. Or si T est un temps d'arrêt de $(\underline{\underline{F}}_{D_t})$, comment calculons nous $E[c\circ\Theta_T|\underline{\underline{F}}_{D_T}]$? Posons successivement

(4.15)
$$S=D_T$$
$$\Phi(w,r,\omega)=c(w/r/\omega)$$
$$\varphi(r,x,w)=E^x[\Phi(w,r,.)]$$

Nous avons $\Theta_T(\omega)=j_T(\omega)/R_T(\omega)/\Theta_S(\omega)$, et $c\circ\Theta_T(\omega)=\Phi(j_T(\omega),R_T(\omega),\Theta_S(\omega))$. Donc $E[c\circ\Theta_T|\underline{\underline{F}}_S]=\varphi(R_T,X_{D_T},j_T)=\varphi\circ\overline{X}_T$, d'après la propriété de Markov forte du processus (X_t). Si le graphe de T passe dans $M_\pi^{\to}$, nous avons p.s. $X_0(j_T)=X_T\in F$, et nous obtenons comme projection intermédiaire

(4.16) $\sum_{g\in M_\pi^{\to}} \varphi(\overline{X}_g)\varepsilon_g(dt)$

et maintenant nous appliquons (4.13), ce qui nous donne comme compensatrice (projection duale) bien-mesurable par rapport à $(\underline{\underline{F}}_t)$

(4.17) $(\int n(X_t,d\overline{y})\varphi(\overline{y}))dA_t$

La comparaison avec les résultats de l'exposé II nous amène à définir, pour $x\in F$, une mesure $\hat{P}^x$ sur Ω (espérances $\hat{E}_P^x$) par la formule

(4.18) $\hat{E}_P^x[c] = \int_{\overline{D}} n(x,d\overline{y})\varphi(d\overline{y})$

On ignore a priori si cette mesure est σ-finie, mais comme n(x,dy) est somme d'une suite de mesures bornées, il en est de même pour $\hat{P}^x$, et cela suffit pour justifier les applications du th. de Fubini, etc.

Nous avons établi le résultat suivant

PROPOSITION 1. La projection duale bien-mesurable (pour $(\underline{\underline{F}}_t)$ de la mesure aléatoire (4.14) est

(4.19) $\hat{E}_P^{X_t}[c]dA_t$

Nous abordons maintenant l'étude des propriétés des mesures $\hat{P}^x$. La présente rédaction (empruntée à un exposé de MAISONNEUVE) remplace une rédaction qui avait deux défauts : dépendre en partie de la théorie de l'exposé II, et être fausse. Celle ci n'utilise plus les formules de p-balayage, ni la transformation de Laplace.

PROPOSITION 2. Pour A-presque tout $x\in F$

1) $\zeta>0$ et $D>0$ $\hat{P}^x$-p.s.
2) $\hat{E}^x_P[1-e^{-D}]<\infty$ et $\hat{P}^x\{D>t\}<\infty$ pour tout $t>0$ (de sorte que $\hat{P}^x$ est σ-finie).

DEMONSTRATION. Explicitons la proposition 1 : si Z est un processus positif, bien-mesurable par rapport à toute famille $(\underline{\underline{F}}^\mu_t)$; si c est $\underline{\underline{F}}^o$-mesurable positive sur Ω, on a pour toute loi μ

$$(4.20)\qquad E^\mu[\sum_{g\in \vec{M}_\pi} c\circ\theta_g . Z_g] = E^\mu[\int Z_s \hat{E}_P^{X_s}[c]\, dA_s]$$

La restriction à $\underline{\underline{F}}^o$ est un peu gênante : si c est seulement $\underline{\underline{F}}^*$-mesurable, comme $\vec{M}_\pi$ se laisse représenter comme une réunion dénombrable de graphes de v.a. positives, nous pouvons encadrer c entre deux v.a. c' et c" positives, $\underline{\underline{F}}^o$-mesurables, telles que pour P^μ-presque tout ω on ait $c'(\theta_g\omega)=c''(\theta_g\omega)$ pour tout $g\in\vec{M}_\pi(\omega)$. On en déduit (4.20) pour c.

Prenons Z=1, $c=I_{\{\zeta=0\}}$; remarquons que $\zeta\notin\vec{M}_\pi$, et de même pour tout $t>\zeta$. Le côté gauche est donc nul, et le côté droit aussi par conséquent. De même avec $c=I_{\{D=0\}}$. Cela prouve 1).

Appliquons (4.20) avec $Z_s=e^{-s}$, $c=1-e^{-D}$. Le premier membre vaut

$$E^\mu[\sum_{g\in\vec{M}_\pi}\int_g^{D_g} e^{-u}du] \leqq 1$$

d'où aussitôt 2).

PROPOSITION 3. Pour A-presque tout $x\in F$, on a $\hat{P}^x\{X_0\neq x\}=0$.

DEMONSTRATION. Nous aurons besoin de l'extension suivante de (4.20) : si h est une fonction $\underline{\underline{F}}^o\times\underline{\underline{F}}^o$-mesurable positive sur Ω×Ω on a, k désignant un opérateur de meurtre[1]

$$(4.21)\qquad E^\mu[\sum_{g\in\vec{M}_\pi} Z_g(\omega)h(k_g(\omega),\theta_g\omega)]=E^\mu[\int Z_s(\omega)\hat{E}_P^{X_s(\omega)}[h(k_s\omega,.)]dA_s(\omega)]$$

Le résultat est immédiat lorsque h(ω,ω') s'écrit u(ω)v(ω'), mais il faut prendre garde au raisonnement par classes monotones, les mesures n'étant pas bornées. La méthode consiste à établir la formule pour la fonction $h(\omega,\omega')\wedge(n.(1-e^{-R(\omega')}))$ en procédant par classes monotones sur h , puis à faire tendre n vers +∞ .

Ceci étant établi, on prend Z=1, h(ω,ω')= 1 si $X_{\zeta-}(\omega)\neq X_0(\omega')$ (et en particulier si $X_{\zeta-}(\omega)$ n'existe pas) , et 0 sinon. Comme les points de $\vec{M}_\pi$ sont des points de continuité, le côté gauche est nul. Du côté

---

1. (4.21) vaut aussi avec un opérateur d'arrêt.

droit, on voit apparaître $\hat{P}^{X_s(\omega)}\{X_{\zeta-}(k_s\omega)\neq X_0(.)\}$: mais A est portée par F et est continue, donc ne charge ni $[\zeta,\infty[$, ni l'ensemble des discontinuités de ω ; on peut donc remplacer cette fonction par $\hat{P}^{X_s(\omega)}\{X_s(\omega)\neq X_0(.)\}$. La fonction $x\longmapsto\hat{P}^x\{X_0(.)\neq x\}$ est donc A-négligeable.

Nous démontrons maintenant un lemme, avant de passer au théorème principal.

LEMME 1. <u>Soient</u> $u>0$, a <u>une fonction</u> $\underline{\underline{F}}^o_{u+}$<u>-mesurable positive</u>, b <u>une fonction</u> $\underline{\underline{F}}^o$<u>-mesurable positive</u>, Z <u>un processus bien-mesurable positif</u>. <u>On a alors</u>

$$(4.22)\qquad E^{\bullet}\Big[\sum_{g\in M_\pi^{\to}} Z_g(a.b\circ\theta_u)\circ\theta_g\Big] = E^{\bullet}\Big[\sum_{g\in M_\pi^{\to}} Z_g(a.E^{X_u}[b])\circ\theta_g\Big]$$

DEMONSTRATION. Soit $\varepsilon\in]0,u[$, et soit $]G^\varepsilon_n,D^\varepsilon_n[$ le n-ième intervalle contigu à M de longueur $>\varepsilon$: $G^\varepsilon_n+\varepsilon$ est un temps d'arrêt de $(\underline{\underline{F}}_t)$, et il en est de même de $T^\varepsilon_n=G^\varepsilon_n+u$. La v.a. $Z_{G^\varepsilon_n}\, a\circ\theta_{G^\varepsilon_n} I_{\{X_{G^\varepsilon_n}\in F\}}$ est $\underline{\underline{F}}_{T^\varepsilon_n}$-mesurable, et la propriété de Markov forte de (X_t) donne alors

$$E^{\bullet}\Big[\sum Z_{G^\varepsilon_n} a\circ\theta_{G^\varepsilon_n} I_{\{X_{G^\varepsilon_n}\in F\}}\, b\circ\theta_{G^\varepsilon_n+u}\Big]=E^{\bullet}\Big[\sum Z_{G^\varepsilon_n}.a\circ\theta_{G^\varepsilon_n} I_{\{X_{G^\varepsilon_n}\in F\}} E^{X_{T^\varepsilon_n}}[b]\Big]$$

Il ne reste plus qu'à faire tendre ε vers 0 .

THEOREME 3. <u>Pour</u> A-<u>presque tout</u> x, <u>la mesure</u> $\hat{P}^x$ <u>est celle d'un processus fortement markovien pour</u> $t>0$, <u>admettant</u> (P_t) <u>comme semi-groupe de transition</u>.

DEMONSTRATION. Nous voulons dire par là : si T est un temps d'arrêt de la famille $(\underline{\underline{F}}^*_t)$, partout >0, si a est $\underline{\underline{F}}^*_T$-mesurable, si b est $\underline{\underline{F}}^o$-mesurable, nous avons $\hat{E}^x_P[a.b\circ\theta_T]=\hat{E}^x_P[a.B\circ X_T]$, où $B=E^{\bullet}[b]$.

Commençons par remplacer $\hat{P}^x$ par 0 pour tous les x qui ne satisfont pas à la prop.2. Comme D est un temps d'arrêt de la famille $(\underline{\underline{F}}^*_t)$, nous avons $\hat{P}^x\{D=0\}=0$, et il nous suffit de démontrer que pour tout n

$$\hat{E}^x[a.b\circ\theta_T I_{\{D\wedge T>1/n\}}]=\hat{E}^x[a.B\circ X_T.I_{\{D\wedge T>1/n\}}]$$

Mais la mesure $I_{\{D>1/n\}}.\hat{P}^x$ est <u>bornée</u> (Prop.2), et nous voulons démontrer que pour cette mesure le processus $(X_t)_{t>1/n}$ est fortement markovien, avec (P_t) comme semi-groupe de transition. Mais ce processus est continu à droite, et (P_t) est un semi-groupe droit. La propriété de Markov forte est alors une conséquence de la propriété de Markov simple, et il suffit même devérifier celle-ci sur les rationnels.

En définitive, il nous suffit de vérifier que pour tout n , pour tout u rationnel $> 1/n$, pour toute a $\underline{\underline{F}}^o_u$-mesurable, toute b $\underline{\underline{F}}^o$-mesurable, on a pour A-presque tout x

$$\hat{E}^x[I_{\{D>1/n\}}a.b\circ\Theta_u] = \hat{E}^x[I_{\{D>1/n\}}a.E^{X_u}[b]] \quad (\{D>1/n\}\in\underline{\underline{F}}^*_u)$$

Mais la mesure en question est <u>bornée</u> , et on peut donc faire un raisonnement par classes monotones : on fait parcourir à a une algèbre dénombrable engendrant $\underline{\underline{F}}^o_u$, pour tout u rationnel ; à b, une algèbre dénombrable engendrant $\underline{\underline{F}}^o$, et le lemme 1 nous dit qu'on a l'égalité pour A-presque tout x. Hors de la réunion des ensembles A-négligeables correspondants, la propriété désirée a lieu.

COROLLAIRE . <u>Pour</u> A-<u>presque tout</u> $x\in F$, <u>la mesure</u> $\hat{P}^x$ <u>est non bornée</u>.
DEMONSTRATION. Nous remarquons que la proposition 3 est aussi valable pour la topologie de RAY sur E(1). Soit alors un x satisfaisant à la fois aux propositions 2 et 3, et au th.3 . Si la mesure $\hat{P}^x$ était bornée, la loi d'entrée (η^x_t) du processus $(X_t)_{t>0}$ admettrait une limite vague η^x_0 dans le compactifié de RAY, et on aurait $\eta^x_t=\eta^x_0P_t$. Mais la proposition 3 nous donne $\eta^x_0=\varepsilon_x$: donc $\hat{P}^x$ serait proportionnelle à P^x. Comme $x\in F$, on aurait $\hat{P}^x\{R>0\}=0$, en contradiction avec la prop.2 .

THEOREME 4 . <u>Posons pour toute fonction</u> f, $\underline{\underline{F}}^o$-<u>mesurable positive</u>

(4.23) $$\hat{E}^x_Q[f] = \hat{E}^x_P[f\circ k_R]$$

<u>et notons</u> $\hat{Q}^x$ <u>la mesure correspondante</u>. <u>Posons aussi</u>, <u>si</u> g <u>est positive sur</u> E

(4.24) $$q^x_t[g] = \hat{E}^x_Q[g\circ X_t]$$

<u>Alors , pour</u> A-<u>presque tout</u> $x\in F$

1) $\hat{Q}^x$ <u>est une mesure non bornée</u>, <u>pour laquelle</u> (X_t) <u>est un processus de Markov admettant</u> (Q_t) <u>comme semi-groupe de transition</u>, (q^x_t) <u>comme loi d'entrée</u>.
2) <u>On a</u> $\hat{E}^x_Q[\int_0^\infty I_E\circ X_u e^{-u}du]<\infty$, <u>et</u> $q^x_t(1)<\infty$ <u>pour</u> $t>0$.
3) <u>Soit</u> C <u>une fonction</u> $\underline{\underline{F}}^*$-<u>mesurable positive</u>, <u>et soit</u> $c=C\circ k_D$. <u>La projection duable bien-mesurable de la mesure aléatoire</u> $\sum_{g\in M^{\rightarrow}_\pi} c\circ\Theta_g\varepsilon_g(dt)$ <u>est la mesure</u> $\hat{E}^{X_t}_Q[c].dA_t$

DEMONSTRATION. 3) résulte de (4.20) et de la définition même de $\hat{Q}^x$.
1) résulte du th.3, et le fait que $\hat{Q}^x$ soit non bornée se démontre comme le résultat analogue pour $\hat{P}^x$. La première quantité de l'assertion 2) est égale à $\hat{E}^x_P(1-e^{-D})$, elle est finie d'après la prop.2 .

---

(1). Plus généralement, on peut munir E d'une topologie rendant une fonction p-excessive f continue, et la prop.3 nous dit alors que pour A-presque tout x $f\circ X_t \rightarrow f(x)$ $\hat{P}^x$-p.s. lorsque $t\rightarrow 0$.

Enfin, la fonction $q_{\cdot}^{x}(1)$ est décroissante : le fait que sa transformée de Laplace soit finie entraîne qu'elle l'est elle même.

COMMENTAIRE. L'utilisation du système de LEVY du processus d'incursion nous a donné tous les résultats de la fin de l'exposé II, avec des compléments sur le comportement en 0 des processus. Nous n'avons pas essayé de passer de là, en sens inverse, aux résultats de conditionnement (exposé II, th.4).

Prolongeons les mesures hors de F , en notant $\hat{Q}^x$, pour $x\in F^c$, la loi du processus de Markov admettant (Q_t) comme semi-groupe de transition et ε_x comme loi initiale. Posons d'autre part

sur E : $v(x) = \hat{E}_Q^x[1-e^{-\zeta}]$

$$\hat{E}_Q^{x/v}[c] = \frac{1}{v(x)}\hat{E}_Q^x[\int_0^\infty e^{-u}c\circ k_u du] \quad \text{si } v(x)\neq 0$$

alors nous transformons les mesures non bornées $\hat{Q}^x$, pour $x\in F$, en mesures bornées, de vrais processus de Markov (y compris en 0) admettant la loi initiale ε_x , et un semi-groupe de transition qui est un v-transformé du semi-groupe $(e^{-t}Q_t)$. Les lois $\hat{Q}^{x/v}$ apparaissent alors sur F comme des limites des lois correspondantes sur F^c. C'est un point de vue très intéressant, utilisé par DYNKIN, et qui est développé de manière approfondie dans un travail à paraître de KAROUI et REINHARD.

III. DECOMPOSITION DE LA RESOLVANTE

Les résultats de ce paragraphe devraient, en toute logique, se placer à la fin de l'exposé II, car il s'agit en fait de conséquences des résultats de GETOOR-SHARPE. Nous ne les mettons ici que parce que leurs démonstrations ci-dessous sont empruntées au travail de MAISONNEUVE.

Nous travaillons ici sous les hypothèses suivantes

1) $M_a^{\rightarrow} = \emptyset$
2) M est parfait (donc $M=\overline{\rho_F}$, et F est finement parfait)

Rappelons alors les formules de GETOOR-SHARPE : soit (K_t) une fonctionnelle additive continue, portée par F, telle que toutes les

$d\tilde{I}^p_s(h)$ soient absolument continues par rapport à dK_s ; de même (H_t) continue telle que toutes les $d\tilde{\tilde{\delta}}^p_s(h)$ soient absolument continues par rapport à dH_s ((2.38) à (2.40)). On construit alors les lois d'entrée $(\hat{Q}_t(x,.))$, $x \in F$, le noyau Π, tels que l'on ait la formule (2.42), simplifiée par la disparition de $M^{\rightarrow}_a$

(4.28) $d\tilde{\tilde{A}}^p_t(h) = I_F \circ X_t h \circ X_t dt + \Pi V_p h \circ X_t dH_t + \hat{V}_p(X_t,h) dK_t$

Nous commençons par vérifier que cette fonctionnelle est portée par M, donc par F. Soit $Z_s = I_{\{0<s\leq D\}}$, processus prévisible. On a $E[\int_0^\infty Z_s d\bar{A}^p_s(h)] = 0$, car $D \notin M^{\rightarrow}$ du fait que M est parfait. Par projection on a $E[\int Z_s d\tilde{\tilde{A}}^p_s(h)] = 0$. On en déduit sans peine que $d\tilde{\tilde{A}}^p(h)$ ne charge aucun intervalle contigu à M, et enfin qu'elle est portée par M.

Nous introduisons maintenant le 1-temps local de M (ou de F), c'est à dire

(4.29) $\Lambda_t = \tilde{\tilde{A}}^1_t(1)$

Nous pouvons prendre, dans les formules précédentes, $H_t = K_t = \Lambda_t$. Posons

(4.30) $\hat{W}_p = \Pi V_p + \hat{V}_p$

(4.31) $I_F \circ X_t dt = j \circ X_t d\Lambda_t$

(pour voir qu'une telle densité existe, prendre h=1, p=1 dans (4.28))

Nous avons alors

(4.32) $d\tilde{\tilde{A}}^p_t(h) = (h \circ X_t j \circ X_t + \hat{W}_p(X_t,h)) d\Lambda_t$

Pour tout x, $(\hat{W}_p(x,.))$ est une transformée de Laplace de loi d'entrée pour (Q_t). En faisant p=1, h=1, on arrive à la condition de normalisation

(4.33) $j(x) + \hat{W}_1(x,1) = 1 \quad \Lambda\text{-p.p.}$

Intégrons maintenant, par rapport aux deux mesures aléatoires (4.32), le processus prévisible e^{-pt} : du côté gauche, par définition de la balayée prévisible , nous pouvons remplacer $\tilde{\tilde{A}}$ par $\bar{A}$

$$\int e^{-ps} d\bar{A}^p_s(h) = \int_M e^{-ps} h \circ X_s ds + \sum_{g \in M^{\rightarrow}} e^{-ps} . e^{ps} \int_{]g,D_g]} e^{-pu} h \circ X_u du$$

$$= \int_D^\infty e^{-pu} h \circ X_u du$$

Du côté droit, nous introduisons l'opérateur

(4.34) $R^p f = E^{\cdot}[\int_0^\infty e^{-ps} f \circ X_s d\Lambda_s]$

dont nous donnerons l'interprétation dans un instant. Alors (4.32) nous donne la décomposition suivante de la résolvante (U_p) de (P_t), qui n'est autre que la forme intégrée des "last exit decompositions" de GETOOR-SHARPE

(4.35) $U_p h - V_p h = R^p[jh+\hat{W}_p h]$

Pour comprendre ce qu'est R^p, introduisons le changement de temps (c_t) inverse du temps local (Λ_t) : un tel changement de temps nous ramène sur F, et nous avons pour tout $p\geq 0$ un semi-groupe sur E, à points de branchements

(4.36) $C_t^p f = E^{\cdot}[\, e^{-pc_t} f\circ X_{c_t}]$

dont R^p est le 0-potentiel : attention, ces semi-groupes ne forment pas une famille du type $e^{-pt}C_t$, et les R^p ne forment pas une résolvante ! On les appelle les semi-groupes sur la frontière, et en fait il suffit de les connaître sur F, car si $x\in E$ on a $C_t^p = C_0^p C_t^p$, et les mesures $C_0^p(x,.)= P_F^p(x,.)$ (mesures p-harmoniques) sont portées par F.

Noter que si h est nulle sur F^c, la formule se réduit à $U^p h = R^p(jh)$. Cette formule est intéressante, car tous les termes en ont une signification probabiliste : $\hat{W}_p$ décrit la manière d'"entrer dans F^c" en venant de F ; R^p se décompose en sa restriction à F (qui est le potentiel du p-semi-groupe induit sur F) et le noyau de mesure p-harmonique $C_0^p = P_F^p$. Dans les descriptions classiques de formules de ce genre, en théorie des chaînes ou des diffusions, on ne dispose pas des $\hat{W}_p$ a priori, et il faut les construire, par exemple en cherchant les limites à la frontière de rapports de la forme $V_p(x,h)/V_1(x,1)$. C'est une question d'ailleurs fort intéressante par elle même.

APPENDICE A L'EXPOSE IV

Dans cet appendice, nous considérons le cas d'un système régénératif de type général (non nécessairement markovien), et nous faisons sur M les deux hypothèses suivantes

1) M est parfait
2) Pour toute loi initiale μ, toute suite $T_n \uparrow T$ de temps d'arrêt de la famille $(\underline{\underline{F}}_t^\mu)$, on a $D_{T_n} \uparrow D_T$ P^μ-p.s.

Nous nous proposons dans cet appendice de développer , d'après MAISONNEUVE, la théorie du temps local de M. Ou plutôt, nous en indiquerons les idées fondamentales , en laissant les détails au lecteur.

La première conséquence que MAISONNEUVE tire de ces hypothèses, et que nous ne démontrerons pas, est la suivante : l'hypothèse 2) s'étend à une suite de temps d'arrêt T_n de la famille $(\underline{\underline{F}}^{\mu}_{D_t})$.

Nous introduisons maintenant la réalisation du semi-groupe $(\hat{X}_t)$ sur $\overline{\Omega}$ qui a été définie dans l'exposé III : la première coordonnée du processus est

$$\hat{X}^1_t(r,\omega) = r-t \text{ si } t<r \text{ , } R_t(\omega) \text{ si } t\geqq r$$

Le temps d'entrée du processus $(\hat{X}_t)$ dans l'ensemble $\{0\}\times E$ vaut donc

$$\hat{D}(r,\omega) = D(\omega)$$

D'où la fonction p-excessive $\hat{\varphi}_p(r,x)=\frac{1}{p}\overline{E}^{r,x,w}[e^{-p\hat{D}}]$ (ici, w est arbitraire tel que $(r,x,w)\in\overline{E}$) ; cette quantité vaut $E^x[\exp(-pD(w/r/.)]$. Il est clair que si $r<D(\omega)$ on a $D(w/r/\omega)=D(\omega)$, du fait que $D(w)=+\infty$ et des propriétés " algébriques" de M. Si $r=D(\omega)$, on a $D(w/r/\omega)=D(\omega)$, car $\theta_r(w/r/\omega)=\theta_r\omega$ et $D(\theta_r\omega)=0$ du fait que M est un ensemble parfait. Ainsi, si l'on pose $\varphi_p(x) = \frac{1}{p}E^x[e^{-pD}]$, on a tout simplement $\hat{\varphi}_p(r,x)=\varphi_p(x)$.

L'étape suivante peut consister à démontrer que cette fonction p-excessive est <u>régulière</u> : pour toute suite bornée $T_n\uparrow T$ de temps d'arrêt de la famille $(\overline{\underline{F}}^{\times}_t)$ (exposé III, formule (3.19)), pour tout (r,x,ω), $\overline{E}^{r,x,w}[\hat{\varphi}_p\circ\hat{X}_{T_n}] \rightarrow \overline{E}^{r,x,w}[\hat{\varphi}_p\circ\hat{X}_T]$. Cela se ramène à la propriété signalée plus haut, pour les temps d'arrêt de la famille $(\underline{\underline{F}}_{D_t})$.

Dans ces conditions, il existe une fonctionnelle additive continue et parfaite $(\overline{A}_t)$, dont le p-potentiel est $\hat{\varphi}_p$: ce point n'est pas évident, car la théorie de la représentation des fonctions excessives n'a été développée que pour les processus droits, alors qu'ici le processus $(\hat{X}_t)$ est seulement fortement markovien (avec points de branchement). Cette représentation vient d'être étendue aux processus qui nous occupent par BENVENISTE et JACOD, et nous n'insisterons pas sur ce point (qui peut aussi se traiter au moyen d'une compactification de RAY de l'ensemble des points de non-branchement, au moyen d'une famille de fonctions contenant la fonction $\hat{\varphi}_p$). En posant $A_t(\omega)=\overline{A}_t(0,\omega)$ comme au début de cet exposé, on a alors le temps local désiré.

Il faut noter qu'il s'agit ici d'une fonctionnelle additive continue <u>du processus</u> $(\hat{X}_t)$: au moyen des procédés de la fin de l'exposé I, nous pouvons la choisir " algébriquement adaptée" à la famille naturelle de ce processus, continue, portée par M. On a donc $A_t=A_{\ell_t}$. On en déduit que

si $M(\omega)\cap[0,t[\ = M(\omega')\cap[0,t[$, $X_.(\omega)=X_.(\omega')$ sur $M(\omega)\cap[0,t[$, alors $A_t(\omega)=A_t(\omega')$

L'existence d'un temps local possédant cette propriété (i.e. ne dépendant que du comportement du processus <u>sur M</u> , et non des excursions hors de M) n'est pas évidente, même lorsque X est un processus droit ordinaire.

Université de Strasbourg
Séminaire de Probabilités 1972-73

ENSEMBLES ALEATOIRES MARKOVIENS HOMOGENES (V)

par P.A.Meyer

§ I. APPLICATION AUX CHAINES DE MARKOV "STANDARD"

La théorie des chaînes de Markov à temps continu a fourni les premiers exemples non triviaux de " last exit decompositions", qui ont fourni des modèles aux travaux de PITTENGER-SHIH et de GETOOR-SHARPE. Il est tout naturel de se demander si la théorie générale traitée dans les exposés I-IV est assez bonne pour entraîner les résultats fins connus sur les chaînes de Markov. Nous verrons que c'est le cas. Cela sera une bonne occasion d'exposer, à l'usage des auditeurs strasbourgeois qui n'ont pas assisté au cours de CHUNG de 1967-68, les questions relatives aux chaînes de Markov. Nos références renvoient au petit livre de CHUNG qui en est la rédaction : Lectures on boundary theory for Markov chains, Annals of Math. Studies, Princeton 1970.

DEFINITIONS .

I est un ensemble dénombrable discret. (P_t) est un semi-groupe markovien[1] sur I : il suffit naturellement de se donner les coefficients

(1) $$p_t(i,j) = P_t(i,\{j\})$$

sur lesquels nous ferons les hypothèses

(2) $$\lim_{t\to 0} \frac{1-p_t(i,i)}{t} = \pi_i < \infty \text{ pour tout } i$$

(3) si l'on pose pour $i\neq j$ $\lim_{t\to 0} \frac{p_t(i,j)}{t} = \pi_{ij}$, on a $\sum_{j\neq i} \pi_{ij}=\pi_i$

On peut montrer que les limites π_i, π_{ij} existent pour tout semi-groupe markovien sur I . Quelle est la signification des hypothèses (2) et (3) ? Prenons n'importe quelle compactification de RAY E de I relativement à (P_t), et le processus de RAY (X_t) à valeurs dans E. Alors soit

(4) $$\tau(\omega) = \inf \{ t : X_{t-}(\omega)\in I^c\}$$

Pour la mesure P^i, $i\in I$, on a p.s. $\tau>0$; le processus (X_t) est p.s. continu à droite et pourvu de limites à gauche dans I sur l'intervalle $[0,\tau[$, de sorte qu'il ne présente qu'une infinité dénombrable de sauts successifs $\tau_1,\tau_2 \dots \tau_n \uparrow \tau$. Si $\pi_i=0$, l'état i est absorbant.

1. S'il ne l'est pas, on commence par le rendre markovien en adjoignant un nouvel état absorbant Δ , qu'on traite comme un état ordinaire

Sinon, on a les interprétations probabilistes suivantes des coefficients π_i, π_{ij}

(5) $P^i\{\tau_1>t\} = e^{-\pi_i t}$

(6) $P^i\{X_{\tau_1}=j\} = \pi_{ij}/\pi_i$

La propriété de Markov forte nous permet alors de reconstruire, connaissant les coefficients π_i,π_{ij} , toute l'évolution du processus jusqu'à l'instant τ . Celle ci se fait entièrement dans I, elle est gouvernée par le semi-groupe minimal sur I , semi-groupe sous-markovien sur I déterminé par les π_i,π_{ij}

(7) $Q_t(x,f) = E^x[f\circ X_t,\ t<\tau]$ $(x\in I,\ f \geqq 0$ sur I)

Nous noterons $q_t(i,j)$ les coefficients $Q_t(i,\{j\})$. C'est le premier élément de notre "démontage" du processus (X_t). A l'instant τ , sur l'ensemble $\{\tau<\infty\}$, il y a accumulation de sauts, explosion, et notre problème consiste à décrire l'évolution de (X_t) juste avant τ, et par la suite.

COMPACTIFICATION

Pour décrire (X_t), nous devons maintenant compactifier I. Plusieurs telles compactifications ont été décrites, citons par exemple celle de DOOB(*). Nous voudrions ici rattacher cette compactification à la théorie classique de RAY.

Avant toute chose, remarquons que nous voulons "démonter" (P_t) en éléments plus simples. Une compactification de RAY n'est pas un tel élément, puisqu'on ne peut la construire sans avoir à sa disposition le semi-groupe (P_t) tout entier ! La compactification ne peut donc avoir qu'une valeur d'étape intermédiaire.

Notons U_p (coefficients $u_p(i,j)$) la résolvante de (P_t), V_p (coefficients $v_p(i,j)$) la résolvante de (Q_t). Il est bien connu que les fonctions U_pf-V_pf ($f\geqq 0$ bornée) sont p-excessives pour (P_t). Nous noterons R_p le noyau U_p-V_p sur I (coefficients $r_p(i,j)$).

Nous noterons $\underline{\underline{S}}$ le plus petit cône convexe $\wedge$-stable, stable par tous les noyaux U_p et R_p , contenant la constante 1 et les fonctions $u_p(.,j)$ et $r_p(.,j)$. Nous noterons $\overline{E}$ la compactification de I relativement à $\underline{\underline{S}}$: un raisonnement identique à celui que l'on fait pour la compactification de RAY classique montre que $\underline{\underline{S}}$ est séparable pour la convergence uniforme, donc $\overline{E}$ est compact métrisable, et I y est dense. Comme dans le cas classique, on peut prolonger U_p et R_p en des noyaux de FELLER

(*)Compactification of the discrete state space of a Markov chain . Z.f.W. 10, 1968, p.236-251.

sur $\overline{E}$. On pose aussi $V_p = U_p - R_p$ sur $\overline{E}$. Il est bien connu que les noyaux U_p forment une résolvante sur $\overline{E}$, mais ici on a le même résultat pour (V_p), qui forme une résolvante subordonnée à (U_p).
On vérifie enfin que si $f \in \underline{\underline{S}}$, et si $\overline{f}$ est le prolongement de f à $\overline{E}$, il existe un p>0 tel que $\overline{f}$ soit p-surmédiane par rapport à (U_p) ; les $\overline{f}$ séparant $\overline{E}$, nous avons construit une compactification de RAY de I relativement à (P_t). Mais d'autre part, la fonction $\overline{f}$ est p-surmédiane relativement à (V_p), donc notre compactification satisfait aux propriétés de RAY pour (V_p) aussi. Nous avons une double compactification, et cela présentera quelques avantages.
Nous notons E l'ensemble des $x \in \overline{E}$ tels que pour tout p (ou pour un p) la mesure $U_p(x,.)$ soit portée par I. Il en est alors de même de la mesure $V_p(x,.)$. Si nous notons encore (P_t), (Q_t) les semi-groupes de RAY sur $\overline{E}$ correspondant aux résolvantes (U_p),(V_p) respectivement, les mesures $P_t(x,.)$, $Q_t(x,.)$ sont alors portées par I pour presque tout t, et les mesures

$$\gamma_t(dy) = \int_0^t P_s(x,dy)ds$$

sont portées par I, et y satisfont à la relation $\gamma_{s+t} - \gamma_t = \gamma_s P_t$. La proposition 2 de CHUNG, p.4, entraîne l'existence d'une loi d'entrée sur I, $P'_t(dy)$, telle que $\gamma_t = \int_0^t P'_s ds$. Soit $f \in \underline{\underline{S}}$, et soit $\overline{f}$ son prolongement par continuité à $\overline{E}$. La fonction $t \mapsto \langle P_t(x,.),\overline{f}\rangle$ est continue à droite ; la fonction $t \mapsto e^{-pt}\langle P'_t, f\rangle = e^{-pt}\langle P'_t,\overline{f}\rangle$ (où p est choisi assez grand pour que f soit p-surmédiane) est s.c.i. à droite et décroissante, donc continue à droite. L'égalité des transformées de Laplace de ces deux fonctions entraîne alors leur égalité pour tout t, et il en résulte que

pour tout $x \in E$, la mesure $P_t(x,.)$ est portée par I pour tout t>0.
On posera $p_t(x,i) = P_t(x,\{i\})$. On a bien entendu le même résultat pour $Q_t(x,.)$.
L'ensemble E est le véritable espace d'états des processus : si l'on construit le processus de RAY (X_t) associé à (P_t), et si l'on prend comme loi initiale ε_x, $x \in E$, ni le processus (X_t) ni le processus (X_{t-}) ne rencontrent E^c : il suffit de poser $g = U_p I_{E^c}$; la surmartingale $(e^{-pt} g \circ X_t)$ est continue à droite, nulle pour t=0, donc identiquement nulle. Raisonnement analogue pour la surmartingale $(e^{-pt} g \circ X_{t-})$, qui est continue à gauche du fait que g est un p-potentiel.

Tout ce qui précède est adapté , de manière plus ou moins servile, de l'article de DOOB cité plus haut (et qui a fait beaucoup pour le développement de la théorie des résolvantes de RAY !), bien que DOOB utilise une autre compactification. Il faut signaler, d'ailleurs, que les résultats qui suivent sont inspirés par un autre article de DOOB " the structure of a Markov chain" , paru dans le volume III du 6-th Berkeley Symposium, p.131-141.

LA PREMIERE DECOMPOSITION

Le temps d'arrêt τ est <u>prévisible</u> . On a d'autre part $X_{\tau-}\notin I$ sur $\{\tau<\infty\}$, donc $P^x\{\tau=t\} \leq P^x\{X_{\tau-}\notin I\}=0$ pour tout $x\in E$. Nous en déduisons

(8) $$P_t(x,f)= E^x[f\circ X_t] = E^x[f\circ X_t,\ t<\tau] + E^x\{f\circ X_t,\ t>\tau]$$
$$= Q_t(x,f) + E^x[P_{t-\tau}(X_\tau,f)I_{\{t>\tau\}}]$$

Soit $A(x\ ;\ ds,dy\ )$ la loi du couple $(\tau,X_\tau\ )$ dans $\mathbb{R}_+\times E$: nous pouvons écrire cela sous la forme d'une décomposition

(9) $$p_t(i,j) = q_t(i,j) + \int_{]0,t[\times E} A(x\ ;\ ds,dy\ )p_{t-s}(y,j)$$

décomposition imparfaite à deux égards : E est un espace défini à partir de (P_t), non du semi-groupe minimal (Q_t) ; $(p_t(y,.))$ est une loi d'entrée relative à (P_t), non à (Q_t). Nous allons réduire successivement ces deux difficultés.

APPLICATION DE GETOOR-SHARPE

Définissons le temps terminal parfait exact τ sur l'espace Ω de la réalisation canonique du processus (X_t) en posant

(10) $$\tau(\omega) = \inf\ \{\ t>0\ :\ X_{t-}(\omega)\notin I\ \}$$

Lorsque $i\in I$, cette définition coincide P^i-p.s. avec la définition de τ donnée précédemment. Le semi-groupe (Q_t) coincide avec le semi-groupe $(\overline{Q}_t)$ obtenu en tuant (P_t) à l'instant τ , sur l'ensemble $D\cap E$ des points de non-branchement qui appartiennent à E. Il nous suffit en effet de vérifier que pour tout $y\in D\cap E$, toute $f\in\underline{\underline{S}}$, on a $Q_t(y,f)=\overline{Q}_t(y,f)$ pour tout t. Ces deux fonctions étant continues à droite, il suffit de vérifier que $V_p(y,f)=\overline{V}_p(y,f)$ pour tout p . Or la première fonction est continue sur E en y , la seconde finement continue, et elles sont égales sur I (auquel y est finement adhérent). Elles sont donc égales en y.

Appliquons alors la théorie de GETOOR-SHARPE : il existe pour tout $y\in D\cap E$ une loi d'entrée $\hat{q}_t(y,dz)$ pour (Q_t) - non nécessairement bornée, mais portée par I en vertu d'arguments vus plus haut - d'autre part une mesure aléatoire homogène $d\Gamma_s$ pour (P_t), telle que l'on puisse écrire

(11) $$p_t(y,i) = q_t(y,i)+ E^y[\int_{]0,t[} \hat{q}_{t-s}(X_s,i)d\Gamma_s]$$

(exposé II, formule 2.45 : le terme du milieu, correspondant à $\tau=t$, y est nul). Définissons une mesure $B(y\ ;\ ds,dz)$ sur $\mathbb{R}_+\times(E\cap D)$ par

(12) $\int B(y\ ;\ ds,dz)g(s,z) = E^y[\int g(s,X_s)d\Gamma_s]$

Nous avons alors pour $y \in D\cap E$

(13) $p_t(y,i) = q_t(y,i) + \int_{]0,t[\times(D\cap E)} B(y;ds,dz)\hat{q}_{t-s}(z,i)$

Cette représentation n'est pas satisfaisante, car elle fait intervenir l'espace $D\cap E$, qui dépend de (P_t). Considérons donc l'espace F_e de toutes les lois d'entrée, bornées ou non, $(\kappa_t)_{t>0}$ pour (Q_t), telles que la mesure $\int_0^\infty e^{-t}\kappa_t dt$ soit de masse 1, et __extrémales__ . Si $\kappa=(\kappa_t)\in F_e$, nous noterons $\overline{q}_t(\kappa,i)=\kappa_t(i)$. Pour tout $z\in D\cap E$, la loi d'entrée $q_t(z,.)$ admet une représentation intégrale au moyen des éléments extrémaux

(14) $\hat{q}_t(z,.) = \int_{F_e} H(z,du)\overline{q}_t(u,.)$

D'autre part, $q_t(y,.)$ est une loi d'entrée extrémale, puisque y n'est pas un point de branchement pour (P_t) : la mesure $\varepsilon_y Q_0$ ne peut être que ε_y ou 0 . Nous pouvons donc écrire

(15) $q_t(y,.) = c(y)\varepsilon_{h(y)}\quad ,\ h(y)\in F_e$

Considérons alors les mesures sur $\mathbb{R}_+\times F_e$

(16) $\beta(y\ ;\ dr,du) = c(y)\varepsilon_0(dr)\otimes \varepsilon_{h(y)}(du) + \int B(y\ ;\ ds,dz)\varepsilon_r(ds)\otimes H(z,du)$

nous pouvons alors écrire (13) sous la forme "intrinsèque" suivante, qui ne fait intervenir pour y fixé que des éléments relatifs au semi-groupe minimal (mais dont l'interprétation probabiliste nous échappe complètement)

(17) $p_t(y,j) = \int_{[0,t[\times F_e} \beta(y\ ;\ dr,du)\overline{q}_{t-r}(u,j)$

Il nous reste maintenant à faire disparaître le paramètre $y\in D\cap E$, au profit d'un paramètre intrinsèque.

UTILISATION DU CARACTERE PREVISIBLE DE τ

Nous revenons à (9), en utilisant la propriété de Markov forte "à gauche" au temps d'arrêt prévisible τ : soit $\alpha(i\ ;\ ds,dz)$ la loi du couple $(\tau,X_{\tau-})$ lorsque Ω est muni de P^i ; nous avons pour la loi de $(\tau\ ,X_\tau)$

(18) $A(i\ ;\ ds,dv) = \int \alpha(i\ ;\ dr,du)\varepsilon_r(ds)\otimes P_0(u,dv)$

Nous pouvons alors récrire (9) sous la forme suivante : posons pour $x \in E$

(19) $\delta(x\ ,\ ds,du) = \int P_0(x,dz)\beta(z\ ;\ ds,du\ )$

Alors

(20) $p_t(i,j)=q_t(i,j) + \int_{]0,t[\times E} \alpha(i\ ;\ dr,dx)\int_{[0,t-r[\times F_e} \delta(x\ ;\ ds,du)\overline{q}_{t-r-s}(u,j)$

le seul terme gênant est maintenant $\alpha(i,.)$, qui est un noyau de I dans l'espace E, construit à partir de (P_t) et non du semi-groupe minimal. La dernière étape (et la plus longue) permet de l'éliminer.

UTILISATION DE LA FRONTIERE DE MARTIN

Nous notons ρ la fonction $P^{\cdot}\{\tau<\infty\}$ sur I, et I_ρ l'ensemble $\{\rho>0\}$. C'est une fonction Q-excessive et Q-harmonique, ce qui signifie que $E^{\cdot}[\rho\circ X_{\tau_n}]=\rho$ pour tout n . Elle est d'autre part Q-purement excessive, ce qui signifie que $Q_t\rho \to 0$ lorsque $t\to\infty$.

Nous choisissons une mesure bornée n sur I, qui charge tous les points de I, et telle que $\langle n,\rho\rangle=1$; nous appelons <u>espace de sortie</u> pour (Q_t) l'ensemble F_s de toutes les fonctions y sur I, Q-purement excessives et Q-harmoniques <u>extrémales</u> telles que $\langle n,y\rangle=1$. Nous munirons F_s de la topologie de la convergence simple. Nous adopterons la notation habituelle qui consiste à distinguer le "point" $y\in F_s$ et la "fonction excessive k_y sur I qui lui correspond" (et qui bien entendu n'est rien d'autre que y !). Comme $\langle n,k_y\rangle=1$, k_y est partout finie sur I.

<u>Dans la fin de ce paragraphe, l'espace Ω désigne l'ensemble de toutes les applications continues à droite et pourvues de limites à gauche ω de $\mathbb{R}_+$ dans le compactifié d'Alexandrov $I\cup\{\partial\}$ de I , absorbées en ∂ , à durée de vie $\tau(\omega)$, telles que $\omega(t-)\in I$ pour $t<\tau(\omega)$.</u>
<u>Les applications coordonnées sont notées X_t , les tribus sont notées de la manière usuelle , la notation P^i représente la loi du processus de Markov issu de i, admettant (Q_t) comme semi-groupe de transition.</u>

Si u est une fonction excessive pour (Q_t), finie sur I, nous noterons $P^{i/u}$ la loi sur Ω correspondant au processus issu de i , admettant $Q_t^u(x,dy)= \frac{1}{u(x)}Q_t(x,dy)u(y)$ comme semi-groupe de transition. Comme d'habitude, il y a une difficulté si $u(i)=0$: nous conviendrons qu'alors $P^{i/u}=\varepsilon_{[\partial]}$. Nous avons en particulier la notation $P^{i/y}$, correspondant à la fonction $k_y\in F_s$. Nous rappelons maintenant une liste de propriétés liées aux u-processus et à la théorie de Martin.

PROPRIETE 1. Si $A\in\underline{F}^{\circ}$, on a $\rho(i)P^{i/\rho}[A] = P^i[A,\tau<\infty]$

PROPRIETE 2. La fonction harmonique purement excessive ρ admet une représentation intégrale au moyen des éléments extrémaux

(21) $\rho(i) = \int_{F_s} k(i,y)\Theta(dy)$

où Θ est une mesure de probabilité sur F_s, et où l'on a posé $k(i,y)= k_y(i)$.

PROPRIETE 3. On a alors pour $A\in\underline{\underline{F}}^o$

(22) $P^i[A,\tau<\infty] = \rho(i)P^{i/\rho}[A] = \int_{F_s} k(i,y)P^{i/y}[A]\Theta(dy)$

PROPRIETE 4. Soit $A\in\underline{\underline{F}}^o$ possédant la propriété suivante

(22) si $t<\tau(\omega)$, $I_A(\omega)=I_A(\Theta_t\omega)$; $A\subset\{\tau<\infty\}$

et soit $a = P^{\cdot}[A]$. La fonction a est alors Q-harmonique et Q-purement excessive, et on a

(23) $A = \{ \lim_{t\uparrow\tau} a\circ X_t=1 \}$, $A^c= \{ \lim_{t\uparrow\tau} a\circ X_t=0 \}$ P^i-p.s. pour tout i

PROPRIETE 5. Soit A comme ci-dessus, et soit $y\in F_s$. Alors , ou bien $P^{i/y}[A] = 0$ pour tout i tel que $k(i,y)>0$, ou bien $P^{i/y}[A]=1$ pour tout i tel que $k(i,y)>0$.

Notre énumération est achevée, et il n'est pas mauvais de préciser la place de chacune de ces propriétés dans la théorie : 2 est purement analytique, c'est le théorème de représentation intégrale de CHOQUET. 1 et 3 sont des calculs élémentaires sur les u-processus. 4 n'est pas autre chose que le théorème de convergence des martingales. Enfin , 5 est la manière dont s'exprime l'<u>extrémalité</u> de k_y , qui n' est pas utilisée, en fait, pour la démonstration de (22).

Maintenant nous commençons à travailler. Nous remarquons d'abord que $P^{i/\rho}[\tau<\infty]=1$ pour tout i tel que $\rho(i)>0$, du fait que ρ est purement Q-excessive (ou de la propriété 1) ; de même, $P^{i/y}[\tau<\infty]=1$ pour tout y et tout i tel que $k_y(i)>0$.

Revenons pour un instant aux processus admettant (P_t) pour semi-groupe de transition : nous savons que la limite $X_{\tau-}$ existe p.s., et appartient à E, sur l'ensemble $\{\tau<\infty\}$. Passant à l'espace Ω, nous voyons que

(24) $P^i\{ X_{\tau-}$ existe, $\tau<\infty \} = P^i\{\tau<\infty\}$

où " $X_{\tau-}$ existe" est une abréviation pour " $X_{\tau-}$ existe dans E, pour la topologie définie au début de l'exposé" . Au moyen de la propriété 1, on écrit cela

(25) $P^{i/\rho}\{\tau<\infty, X_{\tau-}$ existe$\} = 1$ si $i\in I_\rho$

et par conséquent, d'après les propriétés 3 et 5 : pour Θ-pr. tout y

(26) $k_y(i) > 0 \Rightarrow P^{i/y}[\tau<\infty , X_{\tau-}$ existe $] = 1$

Nous noterons F_s' l'ensemble des $y\in F_s$ qui possèdent cette propriété, et nous appliquons la propriété 5 : si $y\in F_s'$, la loi de $X_{\tau-}$ pour une loi $P^{i/y}$, où i est tel que $k(i,y)>0$, est nécessairement dégénérée. Il existe donc un point $\varphi(y)\in E$ tel que l'on ait

(27) Pour tout i tel que $k_y(i)>0$, $P^i\{X_{\tau-}=\varphi(y)\} = 1$

Dans ces conditions, nous savons calculer les mesures $\alpha(i\ ;\ dr,dx\ )$:

$$\alpha(i\ ;\ J\times A) = P^i\{\tau\in J, X_{\tau-}\in A\} = \int k(i,y)P^{i/y}\{\tau\in J, X_{\tau-}\in A\}\Theta(dy)$$
$$= \int_{F_s'} k(i,y)P^{i/y}\{\tau\in J\}I_A\circ\varphi(y)\Theta(dy)$$

Pour finir, posons alors , sur $\mathbb{R}_+\times F_s$, et non plus $\mathbb{R}_+\times E$

(28) $\overline{\alpha}(\ i,\ J\times B) = \int_B k(i,y)P^{i/y}\{\tau\in J\}\Theta(dy)$

et d'autre part, pour $y\in F_s$, et non plus E

(29) $\overline{\delta}(y\ ;\ ds,du\ ) = \delta(\varphi(y)\ ;\ ds,du)$ (mesures sur $\mathbb{R}_+\times F_e$)

si $y\in F_s'$, et dans le cas contraire $\overline{\delta}(y\ ;\ ds,du)=0$. Nous pouvons alors récrire la formule de décomposition (20) sous une forme où n'apparaissent plus que des espaces F_e,F_s, des lois d'entrée... relatifs au semi-groupe minimal (Q_t) :

(30) $$p_t(i,j) = q_t(i,j)+\int_{]0,t[\times F_s}\overline{\alpha}(i\ ;\ dr,dx)\int_{[0,t-r[\times F_e}\overline{\delta}(x\ ;\ ds,du)\overline{q}_{t-r-s}(u,j)$$

Malheureusement, cette décomposition n'a guère de signification probabiliste immédiate, ce qui lui enlève beaucoup de charme par rapport aux décompositions données dans le livre de CHUNG.

§ 2. DECOMPOSITIONS POUR UNE FONCTIONNELLE MULTIPLICATIVE QUELCONQUE

Les résultats des exposés II et IV peuvent s'interpréter de la manière suivante : étant donné un semi-groupe (P_t) markovien sur $E\cup\{\partial\}$, un semi-groupe subordonné (Q_t) associé à un temps terminal parfait exact R, le processus (X_t) admettant (P_t) comme semi-groupe peut se construire en créant continuellement de la masse dans le processus (Y_t) admettant (Q_t) comme semi-groupe, pour compenser la destruction à l'instant R. Nous nous posons dans ce paragraphe le problème suivant : peut on faire la même chose lorsque (Q_t), au lieu d'être associé à un temps terminal, est associé à une fonctionnelle multiplicative quelconque.

Ce problème vient d'être résolu par GETOOR-SHARPE, dans un remarquable article intitulé " balayage and multiplicative functionals" (à paraître). Comme le titre l'indique, la méthode utilisée est une généralisation de celle du balayage (exposé II). Nous allons présenter ici une méthode tout à fait différente, consistant à associer à la fonctionnelle un véritable ensemble régénératif.

Les notations $P_t, X_t, \Omega, \underline{\underline{F}}_t, \ldots$ auront dans ce paragraphe la même signification que dans les exposés précédents. Nous noterons (H_t) une fonctionnelle multiplicative ≤ 1, parfaite, parfaitement exacte[1], dont le semi-groupe associé sera noté (Q_t). Les notations $V_p, F, \ldots$ auront le même sens que dans les exposés précédents, relativement à (Q_t).

En revanche, <u>nous n'utiliserons pas les notations relatives au processus d'incursion</u>, et les précieuses notations $\overline{\Omega}, \overline{X}_t \ldots$ seront donc disponibles pour d'autres usages.

CONSTRUCTION DE CERTAINS PROCESSUS DE RENOUVELLEMENT

Nous désignons par W l'ensemble de toutes les applications de $\mathbb{R}_+$ dans $\mathbb{R}_+$, en dents de scie <u>ascendantes</u> continues à droite. Si

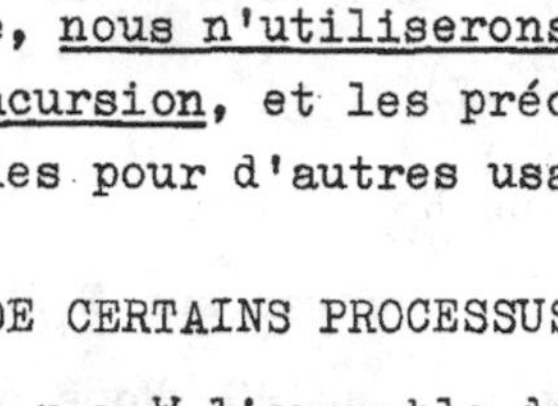

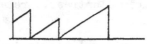

$w \in W$, nous poserons $A_t(w) = w(t)$ [la notation   de l'exposé I servait à noter une fonction continue à gauche, c'est pourquoi elle n'est pas reprise ici]. Nous munirons W de sa tribu naturelle $\underline{\underline{J}}^{o}$, engendrée par toutes les v.a. A_t, et nous aurons de même des tribus $\underline{\underline{J}}^{o}_{st}$ sur W : $\underline{\underline{J}}^{o}_{st} = \underline{\underline{T}}(A_r,\ s \leq r \leq t)$, et en particulier $\underline{\underline{J}}^{o}_{s\infty} = \underline{\underline{T}}(A_r, s \leq r < \infty)$, $\underline{\underline{J}}^{o}_{s} = \underline{\underline{J}}^{o}_{0s}$. On pose $D_t(w) = \inf\{s > t, A_s(w) = 0\}$, $R_t(w) = D_t(w) - t$.

Nous nous donnons, pour tout couple (s,t) de nombres réels ≥ 0 tels que $s \leq t$, un nombre $m_{st} \in [0,1]$, en exigeant les propriétés suivantes :

(31) La fonction $m_{s.}$ est décroissante et continue à droite sur $[s, \infty]$, la fonction $m_{.t}$ est croissante et continue à droite sur $[0,t[$.

(32) Pour $s \leq t \leq u$ on a $m_{st} m_{tu} = m_{su}$ (en particulier, $m_{ss} = 0$ ou 1).

Disons tout de suite que dans les applications, nous aurons $m_{st} = H_{t-s}(\theta_s \omega)$.

Nous allons construire des processus non homogènes sur $\mathbb{R}_+$:

THEOREME 1 . <u>Il existe des lois</u> Π^x_s $(x \in \mathbb{R}_+, s \in \mathbb{R}_+)$ <u>sur</u> $(W, \underline{\underline{J}}^{o}_{s\infty})$ <u>possédant les propriétés suivantes</u> :

1 aussi adaptée à la famille $\underline{\underline{F}}^{\infty}_{t+}$. Cf. la fin de l'exposé I.

1) Elles constituent un processus de Markov non homogène : si $s\leqq t$, $A\in\underline{\underline{J}}^o_{st}$, $B\in\underline{\underline{J}}^o_{t\infty}$, on a

$$(33)\qquad \Pi_s^x(A\cap B) = \int_A \Pi_s^x(dw)\Pi_t^{A_t(w)}(B)\ .$$

2) Si $m_{ss}=1$, $\Pi_s^x\{A_s=x\}=1$. Si $m_{ss}=0$, $\Pi_s^x\{A_s=0\}=1$

3) $\Pi_s^x\{D_s>a\} = m_{sa}$ pour tout $a\geqq s$.

Les processus non homogènes considérés sont fortement markoviens, et les mesures Π_s^x sont uniquement caractérisées par ces propriétés.

PREMIERE ETAPE. Considérations sur la propriété de Markov forte.

Dans cette partie, nous allons démontrer que si nous savons construire un processus markovien satisfaisant aux propriétés ci--dessus, ce processus est fortement markovien.

On sait que les processus markoviens non homogènes se ramènent aux homogènes de la manière suivante : on prend ici comme espace d'états le produit $\mathbb{R}_+\times\mathbb{R}_+$, comme processus issu du point $y=(s,x)$ le processus $Y_t=(s+t,A_{s+t})$ pour la loi Π_s^x . Le semi-groupe correspondant est

$$P_t((s,x),f)=E_s^x[f(s+t,A_{s+t})]\qquad (f\geqq 0 \text{ sur } \mathbb{R}_+\times\mathbb{R}_+)$$

On sait que la propriété de Markov forte dépend de l'existence de suffisamment de fonctions f telles que, pour tout t, la martingale $P_{t-s}(Y_s,f)$ soit continue à droite sur l'intervalle $[0,t[$. Ici, cela s'énonce de la manière suivante : posons pour $s\in[0,t[$

$$P_{t-s}((s,x),f) = F(s,t)=E_s^x[f(t,A_t)]$$

Appelons voisinages fins du point (s,x) les ensembles qui contiennent un triangle

$$\Delta^\varepsilon_{s,x} = \{(t,y)\ :\ s\leqq t\leqq s+\varepsilon,\ x\leqq y\leqq x+\varepsilon\}\qquad (\varepsilon>0)$$

Les éléments de W sont des fonctions finement continues. Nous allons d'abord montrer que

Si f est bornée uniformément continue dans $\mathbb{R}_+\times\mathbb{R}_+$, la fonction F(s,x) est finement continue dans $J=\{(s,x):\ 0\leqq s<t\ ,\ x\geqq 0\ ,\ m_{ss}=1 \text{ ou } x=0\}$.

Nous supposerons f bornée par 1.

1) Nous faisons d'abord une comparaison verticale , en évaluant la différence $|F(s,x+\varepsilon)-F(s,x)|$ - pour simplifier les notations prenons s=0. Si $m_{00}=0$, cette différence est nulle. Si $m_{00}=1$, Π_0^x est portée par l'ensemble $\{D_0>0\}$, et $\Pi_0^{x+\varepsilon}$ est l'image de Π_0^x par l'application φ suivante de W dans W : le graphe de $\varphi(w)$ s'obtient à partir

du graphe de w en translatant verticalement de ε la partie du graphe correspondant à l'intervalle $[0,D_0[$, sans toucher au reste. Ainsi, dans tous les cas on a $|A_t(\varphi(w))-A_t(w)|\leq\varepsilon$. La fonction f étant uniformément continue, on en déduit

Quel que soit $a>0$, il existe $\varepsilon>0$ tel que $|x-x'|<\varepsilon$ entraîne $|F(s,x)-F(s,x')|<a$ (ε ne dépend pas de s, mais seulement du module de continuité uniforme de f).

2) Appliquons la propriété de Markov simple entre les instants s et $s+\varepsilon$:

$$\begin{aligned} F(s,x) &= E_s^x[f(t,A_t)] = \int \Pi_s^x(dw)E_{s+\varepsilon}^{A_{s+\varepsilon}(w)}[f(t,A_t)] \\ &= F(s+\varepsilon,x+\varepsilon)\Pi_s^x\{D_s>s+\varepsilon\} + \text{un terme complémentaire} \\ &= F(s+\varepsilon,x+\varepsilon)m_{s,s+\varepsilon} + \text{un terme plus petit que } 1-m_{s,s+\varepsilon} \end{aligned}$$

Ainsi $|F(s,x)-F(s+\varepsilon,x+\varepsilon)|\leq 2(1-m_{s,s+\varepsilon})$. Si $m_{ss}=1$, c'est une propriété de continuité uniforme qui montre aussitôt, avec la propriété 1) cidessus, que

F est finement continue en tout point (s,x) tel que $m_{ss}=1$.

3) Il nous faut montrer que F est finement continue en un point $(s,0)$, où $m_{ss}=0$. Pour alléger les notations, nous supposerons que $s=0$.

Nous commençons par remarquer que si s est tel que $m_{ss}=0$

$\Pi_0^0\{A_s=0\} = \int \Pi_0^0(dw)\Pi_s^{A_s(w)}\{A_s=0\} = 1$

S'il existe un intervalle $[0,c[$ sur lequel $m_{ss}\equiv 0$, la fonction $A_.(w)$ s'annule Π_0^0-p.s. en tout point rationnel de $[0,c[$, donc sur l'intervalle par continuité à droite. Si s est dans l'intervalle, nous avons

$$F(0,0) = \int \Pi_0^0(dw)E_s^{A_s(w)}[f(t,A_t)] = F(s,0)$$

et cela prouve la continuité fine en $(0,0)$, car F est constante le long des verticales.

Supposons ensuite qu'il n'existe pas de tel intervalle. Donnons nous un nombre $a>0$, prenons le nombre ε du 1), et choisissons un $s<\varepsilon$ tel que $m_{ss}=1$. Notons Δ le triangle formé des (r,x) tels que $r\leq s$, $x\leq s$: le processus issu d'un point de Δ reste entièrement dans Δ avant l'instant s. D'autre part, si $(r,x)\in\Delta$

$$F(r,x) = E_r^x[f(t,A_t)]=\int \Pi_r^x(dw)E_s^{A_s(w)}[f(t,A_t)]$$

L'espérance intérieure vaut $F(s,A_s(w))$, et $A_s(w)$ est entre 0 et s, de sorte que $F(s,A_s(w))$ diffère de $F(s,0)$ de moins de a. Donc aussi $F(r,x)$ diffère de $F(s,0)$ de moins de a, et $F(r,x)$ diffère de moins de 2a de $F(0,0)$. Δ étant voisinage fin de $(0,0)$, c'est fini.

Nous n'avons pas encore achevé la démonstration de la propriété de Markov forte, car nous n'avons prouvé la continuité fine de $F(s,t)$ que sur J : il reste à voir que les trajectoires du processus restent dans J, i.e. ne rencontrent pas l'ensemble des (s,x) avec $m_{ss}=0$, $x>0$. C'est très facile : soit $G=\{s : m_{ss}=0\}$, ensemble fermé à droite, et soit D un ensemble dénombrable dense dans G pour la topologie droite. Nous avons vu plus haut que presque toutes les trajectoires du processus sont nulles sur D. Par continuité à droite, elles sont aussi nulles sur G, et donc restent dans J.

DEUXIEME ETAPE. <u>Construction du processus lorsque</u> $m_{0t}>0$ <u>pour</u> $t\in\mathbb{R}_+$

Alors on a aussi $m_{st}>0$ pour tout t fini $\geq s$. Nous construisons explicitement la mesure Π_s^x de la manière suivante. Nous prenons un espace probabilisé auxiliaire $(T,\underline{\underline{T}},\mu)$, sur lequel existe une suite (S_n) de v.a. indépendantes, de même loi exponentielle de paramètre 1. Pour $\tau\in T$, nous posons

$$Z_1(\tau) = \inf \{ u>s : -\log m_{su} > S_1(\tau)\}$$

$$Z_2(\tau) = \inf \{ u>Z_1(\tau) : -\log m_{Z_1(\tau),u} > S_2(\tau) \} \quad \text{etc.}$$

Ensuite, nous définissons une application de T dans W de la manière suivante. Etant donné x, il existe une et une seule fonction de W qui à l'instant 0 vaut $(x-s)^+$, et dont les zéros sont exactement les points $Z_i(\tau)$ et le point s-x si $s\geq x$ (faire un petit dessin). Notons la $h_s^x(\tau)$. Alors par définition Π_s^x <u>sera l'image de la loi</u> μ <u>sur</u> T <u>par l'application mesurable</u> h_s^x <u>de</u> T <u>dans</u> $\underline{\underline{J}}^o_{s\infty}$.

Comment est faite cette loi ? Regardons par exemple Π_0^x . Elle est portée par l'ensemble des $w \in W$ n'admettant sur $\mathbb{R}_+^* =]0,\infty[$ que des zéros isolés $R_1,R_2,..R_n$..tendant vers l'infini (il n'est pas exclu, si $m_{0\infty}>0$, que tous les R_n soient égaux à $+\infty$ à partir d'un certain rang). Cet ensemble W' porte aussi toutes les lois Π_s^x, et nous nous restreindrons dans le reste de cette étape. Les R_i sont des temps d'arrêt de la famille $(\underline{\underline{J}}^o_{0t})$, et nous avons sur W'

$$\underline{\underline{J}}^o_{0t} = \underline{\underline{T}}(A_0,R_1^t,\dots R_n^t..) \quad (R_i^t=R_i \text{ si } R_i\leq t, +\infty \text{ si } R_i>t)$$

$$\Pi_0^x\{R_n>a|A_0,R_1,\dots R_{n-1}\} = m_{R_{n-1}a} \quad \text{sur } \{R_{n-1}<\infty\}$$

La seconde condition caractérise uniquement la loi du système $R_1,\ldots,$ $R_n\ldots$ et, avec la condition $\Pi_0^x\{A_0=x\}=1$, la loi Π_0^x sur $\underline{\underline{J}}^o_{0\infty}$.

Fixons t, et notons R_1' le premier zéro >t . Calculons $\Pi_0^x\{R_1'>t+a|\underline{\underline{J}}^o_{0t}\}$. Soit B_i l'événement $\{R_{i-1}\leqq t, R_i>t\}$ (pour i=1, simplement $\{R_1>t\}$) qui appartient à $\underline{\underline{J}}^o_{0t}$. Cette probabilité conditionnelle vaut $\sum_i \Pi_0^x\{R_i>t+a, B_i|\underline{\underline{J}}^o_{0t}\}I_{B_i}$. Mais sur B_i la tribu $\underline{\underline{J}}^o_{0t}$ coïncide avec $\underline{\underline{H}}_i=\underline{\underline{T}}(A_0,R_1\ldots R_{i-1})$, de sorte que sur B_i

$$\Pi_0^x\{R_i>t+a,B_i|\underline{\underline{J}}^o_{0t}\}= \frac{\Pi_0^x\{R_i>t+a,B_i|A_0,\ldots R_{i-1}\}}{\Pi_0^x(B_i|A_0,\ldots,R_{i-1})} = \frac{m_{R_{i-1},t+a}}{m_{R_{i-1},t}}$$
$$= m_{t,t+a}$$

En sommant sur i, il vient

$$\Pi_0^x\{R_1'>t+a|\underline{\underline{J}}^o_{0t}\}= m_{t,t+a} = \Pi_t^{A_t}\{R_1'>t+a\}$$

Si l'on appelle R_2', R_3' ..les sauts suivants, qui sont des temps d'arrêt de la famille $(\underline{\underline{J}}^o_{0t})$, il n'y a aucune difficulté à démontrer de même que la loi conditionnelle du système $(A_t, R_1',\ldots R_n')$ pour Π_0^x , connaissant $\underline{\underline{J}}^o_{0t}$, est la même que la loi absolue de ce système pour $\Pi_t^{A_t}$. On a donc établi la propriété de Markov .

L'unicité des mesures est ici très facile : la propriété de Markov entraîne, nous l'avons vu, la propriété de Markov forte. Compte tenu de la propriété 3) de l'énoncé, nous avons la loi de R_1. La propriété de Markov forte nous donne alors la loi de R_2 connaissant R_1, puis celle de R_3 connaissant $R_1,R_2\ldots$ toutes les mêmes que celles que nous avons construites plus haut. Et finalement, nous savons que les lois de A_0 et des R_i (sachant que $R_i \to +\infty$ p.s. avec i) déterminent la loi du processus.

TROISIEME ETAPE. <u>Construction du processus lorsque</u> $m_{st}>0$ <u>pour</u> s>0,t>0

Cette condition est un peu plus faible que la précédente, puisqu'elle permet que $m_{00}=0$. Naturellement, seul ce cas nous intéresse, et nous <u>supposons</u> $m_{00}=0$ maintenant. La construction précédente nous permet de construire les lois Π_s^x pour s>0, et il nous faut seulement construire Π_0^0 . Nous posons $\varepsilon_n=1/n$.

Nous notons m^n_{st} la fonction ainsi définie

- Pour $s\geqq\varepsilon_n, t\geqq\varepsilon_n$, $m^n_{st} = m_{st}$
- Pour $s<\varepsilon_n, t\leqq\varepsilon_n$, $m^n_{st} = 1$, et pour $t\geqq\varepsilon_n$, $m^n_{st}=m_{\varepsilon_n t}$.

Cette fonction satisfait aux conditions de la seconde étape, d'où des mesures Π^x_{ns} (il faut bien mettre le n quelque part !) qui coïncident d'ailleurs avec Π_s^x pour $s \geqq \varepsilon_n$.

Soit W_0 l'ensemble des applications en dents de scie ascendantes, nulles en 0. W_0 peut être identifié à l'ensemble des fermés de $\mathbb{R}_+$ contenant 0 (en associant à $w \in W_0$ l'ensemble $F(w)=\{s:A_s(w)=0\}$, qui contient 0 et détermine uniquement w), ou encore à l'ensemble des compacts de $\overline{\mathbb{R}}_+$ contenant 0 et $+\infty$. Cet ensemble est compact pour la topologie naturelle sur les compacts de $\overline{\mathbb{R}}_+$. Si l'on transporte cette topologie sur W_0 par l'identification précédente, on voit que <u>l'on peut extraire de la suite des mesures Π_{n0}^0 une suite qui converge étroitement vers une loi Π_0^0</u>. Quitte à changer le sens de la notation ε_n, nous pouvons supposer que la suite (Π_{n0}^0) toute entière converge.

Soit D l'ensemble (dénombrable) des t tels que pour un $s<t, m_{s.}$ ne soit pas continue en t. Pour $t>0, t\notin D$ on a $\Pi_0^0\{A_t=0\}=0$. En effet $\{A_t>0\}$ est contenu dans $\{ w : F(w)\cap]t-\varepsilon,t+\varepsilon[\neq\emptyset\}$, qui est ouvert pour la topologie de W_0. Par conséquent, pour tout $\varepsilon>0$

$$\Pi_0^0\{A_t=0\} \leqq \liminf_n \Pi_{n0}^0\{A_. \text{ s'annule entre } t-\varepsilon \text{ et } t+\varepsilon\}$$

Evaluons cette dernière quantité par la propriété de Markov : c'est

$$\int \Pi_{n0}^0(dw)\Pi_{nt-\varepsilon}^{A_{t-\varepsilon}(w)}\{D_{t-\varepsilon}<t+\varepsilon\}$$

qui vaut $1-m_{t-\varepsilon,t+\varepsilon}$ dès que $t>\varepsilon_n+\varepsilon$, et ceci tend vers 0 avec ε.

Ensuite, nous remarquons que pour tout $t>0, t\notin D$, la fonction $A_t(.)$ est continue pour la topologie de W_0, en tout point w tel que $A_t(w) \neq 0$ - <u>donc presque partout pour la mesure</u> Π_0^0. Soient $f_1, f_2 \ldots f_k$ des fonctions bornées uniformément continues sur $\mathbb{R}_+$, $0<t_1 \ldots <t_k$ des instants $\in D^c$, g_k la fonction $x \longmapsto E_{t_{k-1}}^x[f_k \circ A_{t_k}]$ - nous avons vu dans la première étape qu'elle est uniformément continue sur $\mathbb{R}_+$. Pour $\varepsilon_n<t_1$, la propriété de Markov nous dit que

$$E_{n0}^0[f_1 \circ A_{t_1} \ldots f_k \circ A_{t_k}] = E_{n0}^0[f_1 \circ A_{t_1} \ldots f_{k-1} \circ A_{t_{k-1}} g_k \circ A_{t_{k-1}}]$$

Cela passe à la limite lorsque $n \to \infty$ et nous donne la propriété de Markov de Π_0^0 sur D^c. L'extension à $\mathbb{R}_+$ est facile (cf.1e étape).

Ceci étant, la fonction de transition de ce processus est déterminée au point (0,0) par l'étape n°1 : si f est continue, $E_0^0[f \circ A_t]$ est limite fine de $E_s^x[f \circ A_t]$ au point (0,0). Comme il existe un seul processus de Markov admettant cette fonction de transition et issu de 0 à l'instant 0, nous avons l'unicité de la loi Π_0^0.

QUATRIEME ETAPE. C'est très court : nous remarquons que seule la structure d'ordre de $\mathbb{R}_+$ a été utilisée : de sorte que si nous avons seulement in intervalle $[a,b[$, avec la propriété que $m_{st}>0$ pour

$a<s\leq t<b$, nous saurons construire les mesures Π_s^x pour $a\leq s<b$, sur les tribus $\underline{\underline{J}}^o_{sb-}$.

CINQUIEME ETAPE : Cas général.

Nous notons M_o l'ensemble formé de 0 si $m_{00}=0$, et des $t>0$ tels que $m_{st}=0$ pour tout $s<t$. Il est fermé dans $\mathbb{R}_+$. Nous énumérerons l'ensemble (dénombrable) de ses intervalles contigus - ils sont de la forme $]a_i,b_i[$, sauf peut être le premier, qui est de la forme $[0,d[=[a_0,b_0[$ si $m_{00}=1$, $]0,d[$ si $m_{00}=0$. Nous supposerons par exemple $m_{00}=1$.

Pour tout i, soit W_i l'ensemble des applications en dents de scie ascendants sur l'intervalle $[a_i,b_i[$; si $i\neq 0$ nous leur imposerons d'être nulles en 0, mais nous laisserons libre la valeur initiale de w si i=0. Nous avons une application φ de $\prod_i W_i$ dans W, qui est une bijection de $\prod_i W_i$ sur l'ensemble des $w\in W$ nulles sur M_o : elle associe à $(w_i)_{i\in I}$ l'unique $w\in W$ nulle sur M_o, qui coïncide avec w_i sur $[a_i,b_i[$

Munissons W_i de la mesure $\Pi^0_{a_i}$ sur $\underline{\underline{J}}^o_{a_i b_i -}$ construite dans la 4e étape - sauf pour i=0, où nous prendrons Π^x_0 . Puis prenons sur $\prod_i W_i$ la mesure produit, et envoyons le tout dans W par φ . La mesure image est alors la mesure Π^x_0 du processus définitif. On procède de même pour les Π^x_s , mais ici nous laisserons les vérifications finales au lecteur.

CONSTRUCTION D'UN ENSEMBLE REGENERATIF ASSOCIE A (H_t)

Nous revenons maintenant à nos processus de Markov sur E, mais nous allons changer de notations . En effet, les idées que nous allons appliquer sont celles de JACOD, exposées dans ce volume sous le titre "noyaux multiplicatifs". Plus exactement, nous n'allons pas du tout utiliser les résultats de cet exposé, car celui-ci vise à construire un noyau multiplicatif, ce que nous venons justement de faire, mais simplement le langage de JACOD.

Ainsi, nous reprenons nos notations des exposés précédents

$$E,(P_t),\Omega,\underline{\underline{F}}^o,X_t,P^\mu....$$

et nous les affublons de barres :

$$\overline{E},(\overline{P}_t),\overline{\Omega},\underline{\underline{\overline{F}}}^o,\overline{X}_t, \overline{P}^\mu... \quad (\text{ sauf } \theta_t)$$

De même, nous avons notre fonctionnelle multiplicative (H_t). Il est inutile de l'écrire $(\overline{H}_t)$, mais nous noterons $(\overline{Q}_t),(\overline{V}_p)$ le semi-groupe et la résolvante subordonnés correspondants, $\overline{F}$ l'ensemble des points non-permanents pour (H_t).

Soit W l'ensemble des fonctions en dents de scie ascendantes , avec les applications coordonnées A_t, les tribus $\underline{\underline{J}}^o,\underline{\underline{J}}^o_t=\underline{\underline{J}}^o_{0t}$.

Nous poserons $\Omega=\overline{\Omega}\times W$, avec les tribus $\underline{\underline{F}}^o=\overline{\underline{\underline{F}}}^o\times\underline{\underline{J}}^o$, $\underline{\underline{F}}_t^o=\overline{\underline{\underline{F}}}_t^o\times\underline{\underline{J}}_t^o$, et les variables aléatoires $X_t=(\overline{X}_t,A_t)$ à valeurs dans $E=\overline{E}\times\mathbb{R}_+$.

Il nous reste à définir les mesures sur Ω. Pour tout $\overline{\omega}\in\overline{\Omega}$, nous avons une fonction du type considéré dans le paragraphe précédent

$$m_{st}(\overline{\omega}) = H_{t-s}(\Theta_s\overline{\omega}) \qquad (s\leq t)$$

et par conséquent des mesures $\Pi_s^a(\overline{\omega},.)$ sur W. La première chose que nous remarquons, c'est que si $A\in\underline{\underline{J}}^o$ nous avons $\Theta_s^{-1}(A)\in\underline{\underline{J}}_{s\infty}^o$ et

(34) $$\Pi_s^a(\overline{\omega},\Theta_s^{-1}(A))=\Pi_0^a(\Theta_s\overline{\omega},A)$$

Ensuite, nous avons la dépendance en $\overline{\omega}$. Ici il faudrait reprendre la construction du paragraphe précédent, en étudiant sa mesurabilité en $\overline{\omega}$. On peut démontrer que

(35) Si $A\in\underline{\underline{J}}_t^o$, $(a,\overline{\omega})\longmapsto\Pi_0^a(\overline{\omega},A)$ est $\underline{\underline{B}}(\mathbb{R}_+)\times\overline{\underline{\underline{F}}}_{t+}^{oo}$ -mesurable

ceci, en vertu de l'adaptation de la fonctionnelle à la famille $(\overline{\underline{\underline{F}}}_{t+}^{oo})$.

Nous posons ensuite, si $x=(\overline{x},a)\in E$

(36) $$M^x(\overline{\omega},.) = \varepsilon_{\overline{\omega}}(.)\otimes\Pi_0^a(\overline{\omega},.) \quad \text{sur } \Omega$$

et (35) nous donne la propriété suivante (classes monotones)

(37) Si $A\in\underline{\underline{F}}_t^o$, $(x,\overline{\omega})\longmapsto M^x(\overline{\omega},A)$ est $\underline{\underline{B}}(E)\times\underline{\underline{F}}_{t+}^{oo}$-mesurable

tandis que la propriété de Markov non homogène s'écrit

(38) Si $A\in\underline{\underline{F}}_s^o$,$B\in\underline{\underline{F}}^o$, $M^x(\overline{\omega},A\cap\Theta_s^{-1}(B))=\int_A M^x(\overline{\omega},d\upsilon)M^{X_s(\upsilon)}(\Theta_s\overline{\omega},B)$

Dans ces conditions nous posons, toujours pour $x=(\overline{x},a)$

(39) $$P^x(d\omega) = \int_{\Omega} P^{\overline{x}}(d\overline{\upsilon})M^x(\overline{\upsilon},d\omega)$$

et nous avons le théorème suivant :

THEOREME 2. <u>Le système</u> $(\Omega,X_t,\underline{\underline{F}}_t^o,P^x)$ <u>est une réalisation d'un semi-groupe markovien droit</u>[1] (P_t) <u>sur</u> E, <u>au dessus de</u> $(\overline{P}_t)$.

DEMONSTRATION. Nous utilisons les notations de l'article sur les noyaux multiplicatifs, en particulier, nous introduisons aussi les tribus $\overline{\underline{\underline{F}}}_t^o$ <u>sur</u> Ω , engendrées par les applications $\overline{X}_t$ où $\overline{X}_t(\overline{\omega},w)=\overline{X}_t(\overline{\omega})$, et les tribus $\underline{\underline{G}}_t^o=\overline{\underline{\underline{F}}}^o\vee\underline{\underline{F}}_t^o$ sur Ω .

Nous commençons par démontrer

<u>Soit</u> g $\underline{\underline{F}}^o$-<u>mesurable positive</u>. <u>Alors pour tout</u> x <u>et tout</u> s

(40) $$E^x[g\circ\Theta_s|\underline{\underline{G}}_s^o] = M^{X_s(\omega)}(\Theta_s\overline{\omega},g)$$

(où $\overline{\omega}$ est la projection de ω sur $\overline{\Omega}$).

En effet, nous commençons par remarquer que (38) est vraie pour $A\in\underline{\underline{G}}_s^o$ (c'est une formule vraie pour $\overline{\omega}$ fixé quelconque).

[1] ...dmettant les points de branchement $(\overline{x},a)$ où $\overline{x}$ est non-permanent pour (H_t) et $a>0$.

Nous prenons f $\underline{\underline{G}}^{o}_{s}$-mesurable , de la forme $\bar{u}.v\circ a_s$, où $\bar{u}$ est $\underline{\underline{F}}^{o}$-mesurable et v $\underline{\underline{F}}^{o}$-mesurable - toutes deux positives - et a_s est l'opérateur d'arrêt à s. Alors

$$E^x[\bar{u}.v\circ a_s.g\circ\theta_s]= \bar{E}^{\bar{x}}[\bar{u}.M^x(\bar{\omega},v\circ a_s.g\circ\theta_s)]$$
$$= \bar{E}^{\bar{x}}[\bar{u}.M^x(\bar{\omega},v\circ a_s.M^{X_s}(\theta_s\bar{\omega},g))]$$
$$= E^x[\bar{u}.v\circ a_s.M^{X_s}(\theta_s\bar{\cdot},g)]$$

Ensuite nous démontrons la <u>propriété de Markov simple</u>. Soit g $\underline{\underline{F}}^{o}$-mesurable positive, et soit $G(x)=E^x[g]$. Avons nous $E^x[g\circ\theta_s|\underline{\underline{F}}^{o}_{s}]=G\circ X_s$? Nous savons que

$$E^x[g\circ\theta_s|\underline{\underline{F}}^{o}_{s}]=E^x[g\circ\theta_s|\underline{\underline{G}}^{o}_{s}|\underline{\underline{F}}^{o}_{s}] = E^x[M^{X_s(\omega)}(\theta_s\bar{\omega},g)|\underline{\underline{F}}^{o}_{s}]$$

Soit une fonction positive h sur $\bar{\Omega}\times\mathbb{R}_+$, et soit H la fonction sur $E=\bar{E}\times\mathbb{R}_+$ définie par

$$H(\bar{x},a)= \bar{E}^{\bar{x}}[h(\bar{\omega},a)]$$

Nous allons prouver

$$(41)\qquad E^x[h(\theta_s\bar{\omega},A_s(\omega))|\underline{\underline{F}}^{o}_{s}] = H(X_t)$$

et cela nous donnera ce que nous cherchons, car lorsque $h(\bar{\omega},a) = M^{X_0(\bar{\omega}),a}(\bar{\omega},g)$ nous avons $H(\bar{x},a)=G(\bar{x},a)$. Il nous suffit de raisonner dans <u>le</u> cas où $h(\bar{\omega},a)= j(\bar{\omega})k(a)$, de sorte que $H(\bar{x},a)=J(\bar{x})k(a)$, où $J(\bar{x})=\bar{E}^{\bar{x}}[j]$. Nous avons si u est $\underline{\underline{F}}^{o}_{s}$-mesurable positive

$$E^x[u(\omega)h(\theta_s\bar{\omega},A_s(\omega))] = \bar{E}^{\bar{x}}[M^x(\bar{\omega},u.h(\theta_s\bar{\cdot},A_s(.))]$$
$$= \bar{E}^{\bar{x}}[M^x(\bar{\omega},u.j(\theta_s\bar{\cdot})$$
$$= \bar{E}^{\bar{x}}[M^x(\bar{\omega},u.k\circ A_s).j(\theta_s\bar{\omega})]$$

Seulement, la fonction $M^x(.,u.k\circ A_s)$ est $\underline{\underline{\bar{F}}}^{o}_{s}$-mesurable, et la propriété de Markov simple du processus $(\bar{X}_t)$ nous permet de remplacer $j\circ\theta_s$ par $J\circ\bar{X}_s$. Il ne reste plus qu'à remonter les calculs.

Les raisonnements que nous avons faits pour la propriété de Markov simple s'étendent sans difficulté à la démonstration de la propriété de Markov <u>forte</u> : seules les notations se compliquent un peu.

Enfin, le semi-groupe (P_t) transforme les fonctions boréliennes sur E en fonctions $\underline{\underline{B}}_e(\bar{E})\times\underline{\underline{B}}(\mathbb{R}_+)$-mesurables, et un raisonnement simple de classes monotones montre que ces fonctions sont presque-boréliennes pour le processus (X_t). Le théorème est établi.

Nous allons maintenant appliquer cette construction à la décomposition des semi-groupes subordonnés sur $\bar{E}$.

DECOMPOSITION DU SEMI-GROUPE RELATIVEMENT A (H_t)

Nous notons $\mathbb{F}$ l'ensemble des points non-permanents pour (H_t) (i.e., pour le semi-groupe $(\overline{Q}_t)$ associé), et $\mathbb{F}^c$ le complémentaire de $\mathbb{F}$ <u>relativement à $\overline{E}$</u> .

Nous considérons sur Ω l'ensemble aléatoire progressif fermé dans $\mathbb{R}_+^*$

(42) $$M=\{(t,\omega) : t>0,\ A_t(\omega)=0\}$$

le temps terminal R correspondant, les temps D_t, R_t considérés dans l'exposé II. Les points réguliers (non-permanents) pour R sont exactement - si l'on néglige les points de branchement $(\overline{x},a), x\in\overline{\mathbb{F}}$, $a>0$ - les points de $\mathbb{F}\times\{0\}=\mathbb{F}$.

Pour chaque $\omega=(\overline{\omega},w)$, $M(\omega)$ se compose de deux sortes de points.

1) Les points " fixes" , dépendant seulement de $\overline{\omega}$, qui forment un ensemble fermé M_o

(43) $$M_o=\{(t,\omega) : t>0,\ \forall s<t\ H_{t-s}(\Theta_s\overline{\omega})=0\}$$

Comme M_o ne dépend que de $\overline{\omega}$, nous le considérerons aussi (sans changer de notation) comme ensemble aléatoire sur $\overline{\Omega}$. D'autre part, nous avons

2) Les points "mobiles" , qui forment un ensemble M_m contenu dans les intervalles contigus à M_o .

Soit $[R_1,U_1[, [R_2,U_2[,\ldots$ la suite des intervalles contigus à M_o de longueur $>\varepsilon$. On sait que les v.a. U_i et $T_i=R_i+\varepsilon$ sont des temps d'arrêt, et il est facile de représenter au moyen de temps d'arrêt les points de M_m situés entre T_i et U_i (ils forment un ensemble bien-ordonné). On en déduit que $M_m\subset M_b^{\rightarrow}$.

L'ensemble $M_\pi^{\rightarrow}$ est donc contenu dans M_o, donc dans $M_{o\pi}^{\rightarrow}$. Mais il n'y a pas identité entre ces deux ensembles en général. En effet, pour P^x-presque tout $\omega=(\overline{\omega},w)$, la relation $t\in M_{o\pi}^{\rightarrow}(\overline{\omega})$ entraîne $A_t(w)=0$ (donc $t\in M(\omega)$), $\overline{X}_t(\overline{\omega})\in\overline{\mathbb{F}}$ (donc $X_t(\omega)\in F$), autrement dit $t\in M_\pi^{\rightarrow}(\omega)$ <u>si l'on a</u> $t\in M^{\rightarrow}(\omega)$, ce qui a lieu si $H_0(\Theta_t\overline{\omega})=1$, mais non si $H_0(\Theta_t\overline{\omega})=0$ - car alors des points de $M_m(\omega)$ viennent s'accumuler à droite de t.

Le point important pour nous est le fait que $M_\pi^{\rightarrow}(\omega)$ <u>ne dépende</u> que de $\overline{\omega}$. Nous avons en effet le lemme suivant

LEMME 1. <u>La compensatrice bien-mesurable de la mesure aléatoire</u>

(44) $$\sum_{g\in M_\pi^{\rightarrow}} \varepsilon_g(dt)$$

<u>est la même</u> (<u>pour toute loi</u> P^λ), <u>que l'on projette sur</u> $(\underline{\underline{F}}_t^\lambda)$ <u>ou</u> $(\overline{\underline{\underline{F}}}_t^\lambda)$.

DEMONSTRATION. Notons μ cette mesure aléatoire - si le lecteur a peur des mesures non bornées, il remplacera $\mu(\omega,dt)$ par $e^{-t}\mu(\omega,dt)$. Rappelons que si Z est un processus mesurable positif sur Ω on pose (pour λ fixée) $<\mu,Z> = E^{\lambda}[\int\mu(\omega,dt)Z_t(\omega)]$. Nous notons

$Z \mapsto Z^1$ l'opérateur de projection bien-mesurable sur la famille constante $\underline{\underline{H}}_t=\underline{\underline{\overline{F}}}$

$Z \mapsto Z^2$ l'opérateur de projection bien-mesurable sur $(\underline{\underline{F}}_t^{\lambda})$

$Z \mapsto Z^3$ l'opérateur de projection bien-mesurable sur $(\underline{\underline{\overline{F}}}_t^{\lambda})$

Nous utilisons les mêmes exposants pour noter les projections duales correspondantes de mesures aléatoires.

Nous remarquons d'abord que $Z^3=Z^{21}$ (*). Nous ne donnerons pas les détails, mais formellement cela signifie que pour tout t, si z est une v.a. $\underline{\underline{F}}_t^o$-mesurable, $E[z|\overline{F}^o]$ est $\underline{\underline{\overline{F}}}_t^o$-mesurable, ce qui revient à (37) - après quoi on étudie les continuités à droite, etc.

Ensuite, le fait que μ ne dépende que de $\overline{\omega}$ entraîne que $\mu=\mu^1$: μ se décompose en effet en une somme de mesures portées par des temps d'arrêt de la famille (H_t).

Alors le lemme est facile : $<\mu^3,Z> = <\mu,Z^3> = <\mu,Z^{21}> = <\mu^1,Z^2> = <\mu,Z^2> = <\mu^2,Z>$. cqfd.

Nous nous reportons maintenant au théorème 2 et à la proposition 4 de l'exposé II, que nous appliquons sur E à l'ensemble aléatoire M. Nous savons déjà que $F=\overline{F}\times\{0\}$. Le lemme 1 nous dit que nous pouvons prendre comme fonctionnelle (K_t) une fonctionnelle <u>dépendant seulement de $\overline{\omega}$</u> (par ex. $\tilde{I}^1(1)$). Il nous reste à regarder quelles sont les lois d'entrée qui interviennent : pour $(\overline{x},0)\in F$ nous avons une loi d'entrée pour le semi-groupe

(45) $$Q_t((y,a),.) = \overline{Q}_t(y,.)\otimes\varepsilon_{a+t}(.)$$

qui est d'ailleurs la loi d'entrée correspondant à une mesure $\hat{Q}^{\overline{x}a}$, non bornée, pour laquelle (X_t) est markovien avec (Q_t) comme s.g. et $X_0=(\overline{x},0)$ p.s.. La composante temporelle étant une pure translation, la loi d'entrée est tout simplement

(46) $$\hat{Q}_t((\overline{x},0),.) = \hat{\overline{Q}}_t(\overline{x},.)\otimes\varepsilon_t(.)$$

où $(\hat{\overline{Q}}_t(\overline{x},.)$ est une loi d'entrée pour $(\overline{Q}_t)$, correspondant à une mesure sur $\overline{\Omega}$, etc, etc.

(*) On a aussi $Z^3=Z^{12}$.

Nous avons identifié les divers éléments entrant dans les décompositions de GETOOR-SHARPE. Introduisons la mesure aléatoire homogène

(47) $$d\Gamma_s = I_F \circ X_s \, dK_s + \sum_{g\in \overleftarrow{M}_0} \varepsilon_g(ds)$$

et sa projection duale $d\overline{\Gamma}_s$ sur la famille $(\overline{\underline{\mathcal{F}}}_s)$, qui est aussi une mesure aléatoire homogène ayant un 1-potentiel borné. Ecrivons le corollaire 1 du th.3 de l'exposé II au point $(\overline{x},0)$ de E, avec une fonction h sur E

(48) $$P_u((\overline{x}_0),h) = Q_u((\overline{x}_0),h) + E^{\overline{x}0}[h\circ X_u I_M(u)] + E^{\overline{x}0}[\int_{]0,u[} \hat{Q}_{u-s}(X_s,h)d\Gamma_s]$$

Prenons une fonction h <u>qui ne dépend que de</u> $\overline{x}$. Dans ce cas, les différents termes s'interprètent bien

- $P_u((\overline{x},0),h)$ et $Q_u((\overline{x},0),h)$ valent simplement $\overline{P}_u(\overline{x},h),\overline{Q}_u(\overline{x},h)$
- Le troisième terme s'écrit
$$E^{\overline{x}0}[\int_{]0,u[} \hat{Q}_{u-s}(\overline{X}_s,h)d\Gamma_s] = E^{\overline{x}}[\int_{]0,s[} \hat{\overline{Q}}_{u-s}(\overline{X}_s,h)d\overline{\Gamma}_s]$$
et ici aussi le processus auxiliaire a complètement disparu.
- Le terme le plus nouveau est le second. Pour tout u et tout $\overline{\omega}$, nous définissons $\Delta_u(\overline{\omega})$ de la manière suivante
  1) si $u\in M_0(\overline{\omega})$, $\Delta_u(\overline{\omega})=1$
  2) sinon, nous prenons un s tel que $H_{u-s}(\Theta_s\overline{\omega})>0$, et nous posons

(49) $$\Delta_u(\overline{\omega}) = 1 - \frac{H_{u-s}(\Theta_s\overline{\omega})}{H_{(u-s)-}(\Theta_s\overline{\omega})} \quad (\text{ indépendant de } s\ )$$

Alors un petit calcul sur les processus du renouvellement du début montre que
$$M^x(\overline{\omega}\ ,\{A_u(w)=0\}) = \Delta_u(\overline{\omega})$$
et nous aboutissons finalement à la formule de décomposition générale.

(50) $$\overline{P}_u(\overline{x},h) = \overline{Q}_u(\overline{x},h) + E^{\overline{x}}[h\circ\overline{X}_u\Delta_u] + E^{\overline{x}}[\int_{]0,u[} \hat{\overline{Q}}_{t-s}(\overline{X}_s,h)d\overline{\Gamma}_s]$$

Université de Strasbourg
Séminaire de Probabilités 1972/73

LES TRAVAUX D'AZEMA SUR LE RETOURNEMENT DU TEMPS

par P.A.Meyer

On doit à AZEMA la découverte de la forme "duale" de la théorie générale des processus. On sait que celle-ci est l'étude de la structure déterminée, sur un espace probabilisé, par la donnée d'une famille croissante $(\underline{\underline{F}}_t)_{t\geq 0}$ de tribus, $\underline{\underline{F}}_t$ représentant le passé à l'instant t : on étudie alors les diverses classes de processus adaptés à $(\underline{\underline{F}}_t)$, les divers types de temps d'arrêt, les théorèmes de projection et de section. On étudie d'autre part les divers types de mesures (processus croissants) correspondant aux types de processus considérés. Un trait de cette théorie est le fait qu'elle utilise seulement la structure d'ordre de $\mathbb{R}_+$, mais non sa structure additive. On a longtemps cherché à introduire une famille décroissante $(\underline{\underline{G}}_t)$ de tribus, en quelque sorte complémentaire de $(\underline{\underline{F}}_t)$, et représentant le futur à chaque instant t, mais cette direction s'est avérée tout à fait infructueuse jusqu'à maintenant. L'idée d'AZEMA est différente : s'inspirant de la théorie du retournement du temps pour les processus de Markov (HUNT, NAGASAWA...), AZEMA a pris comme notion duale de celle de processus adapté à $(\underline{\underline{F}}_t)$ la notion de processus homogène pour une famille donnée d'opérateurs de translation, les classes usuelles de processus adaptés (bien-mesurables, prévisibles...) correspondant à des classes naturelles de processus homogènes, les temps d'arrêt aux temps de retour, etc. Ainsi, de manière curieuse, c'est la structure additive de $\mathbb{R}_+$ qui intervient cette fois.

Le travail d'AZEMA est orienté vers la théorie des processus de Markov : nous allons au contraire essayer, dans cet exposé, d'en mettre en évidence les aspects "généraux". En particulier, nous avons essayé de nous débarrasser de la durée de vie ζ.

Les questions de terminologie ont une très grande importance : nous aurons affaire à quatre types de processus au moins, liés entre eux par des relations de dualité (que l'on exprime au moyen du préfixe co-), et en plus aux types correspondants de mesures aléatoires (processus croissants). Voici nos principaux écarts de la terminologie usuelle :

- Un temps est une v.a. à valeurs dans $[0,+\infty]$.
- Le mot bien-mesurable refuse le préfixe co- : nous le remplaçons systématiquement par le mot optionnel de CHUNG et DOOB.
- Nous introduisons dans cet exposé une classe de processus optionnels

ou prévisibles indépendante de la loi de probabilité utilisée : ceux qu'AZEMA appelle algébriquement optionnels ou prévisibles. Nous les appellerons simplement optionnels, ou prévisibles , tandis que les processus optionnels ou prévisibles usuels, notions relatives à une mesure de base μ, seront appelés μ-optionnels, μ-prévisibles. Cette terminologie est très naturelle, et le lecteur s'y habituera sans peine.

I. OPERATEURS DE MEURTRE

Nous nous donnons un espace mesurable $(\Omega,\underline{\underline{F}}^{o})$ sur lequel nous faisons l'hypothèse suivante (satisfaite par tous les espaces " canoniques " usuels

HYPOTHESE 1. La tribu $\underline{\underline{F}}^{o}$ est séparable, et ses atomes sont les points de Ω. Pour toute loi μ sur $(\Omega,\underline{\underline{F}}^{o})$, il existe un ensemble $\Omega_\mu \in \underline{\underline{F}}^{o}$ portant μ, tel que la tribu trace $\underline{\underline{F}}^{o}|_{\Omega_\mu}$ soit une tribu de BLACKWELL.

Le point essentiel ici est le théorème de BLACKWELL : si $\underline{\underline{G}}$ est une tribu de BLACKWELL, si $\underline{\underline{H}}$ est une sous-tribu séparable de $\underline{\underline{G}}$, f une fonction réelle $\underline{\underline{G}}$-mesurable, alors

(f est $\underline{\underline{H}}$-mesurable) <=> (f est constante sur tout atome de $\underline{\underline{H}}$)

Pour plus de détails, voir Meyer, Probabilités et potentiels, chap.III, n^{os}15-17.

DEFINITION 1. On appelle famille d'opérateurs de meurtre (ou simplement opérateur de meurtre) une famille $(k_t)_{t>0}$ d'applications de Ω dans Ω possédant les propriétés suivantes

$$(1.1)\quad \begin{cases} (1.1.1) & k_s \circ k_t = k_{s\wedge t} \\ (1.1.2) & (t,\omega)\mapsto k_t\omega \text{ est mesurable de } \underline{\underline{B}}(\mathbb{R}_+^*)\times\underline{\underline{F}}^{o} \text{ dans } \underline{\underline{F}}^{o} \\ (1.1.3) & (k_s\omega=k_s\omega' \text{ pour tout } s<t) \Rightarrow (k_t\omega=k_t\omega'). \end{cases}$$

La troisième propriété est ce qui fait (en l'absence d'une durée de vie dans nos axiomes) que nous appelions (k_t) opérateur de 'meurtre' plutôt que "d'arrêt" par exemple.

Nous introduisons maintenant les notations suivantes

- $\underline{\underline{F}}_t^{o} = k_t^{-1}(\underline{\underline{F}}^{o})$ $(t>0)$. D'après (1.1.1) c'est aussi $\underline{\underline{T}}(k_s, s\leq t)$, et la famille $(\underline{\underline{F}}_t^{o})$ est croissante. On peut donc définir les tribus $\underline{\underline{F}}_{t-}^{o}$ pour $t>0$, $\underline{\underline{F}}_{t+}^{o}$ pour $t\geq 0$.
  Noter que (d'après (1.1.3)) $\underline{\underline{F}}_t^{o}$ et $\underline{\underline{F}}_{t-}^{o}$ sont séparables et ont les mêmes atomes : d'après le th. de BLACKWELL elles induisent la même

tribu sur tout espace de BLACKWELL, donc ont même complétée (hyp.1).
- Si μ est une loi sur $(\Omega,\underline{\underline{F}}^o)$, $\underline{\underline{F}}^\mu$ est la complétée de $\underline{\underline{F}}^o$, et $\underline{\underline{F}}^*$ la complétée universelle $\cap_\lambda \underline{\underline{F}}_\lambda$. $\underline{\underline{F}}^\mu_t$ $(t\geq 0)$ est engendrée par $\underline{\underline{F}}^o_{t+}$ et tous les ensembles μ-négligeables de $\underline{\underline{F}}^\mu$: cette famille satisfait donc aux "conditions habituelles" de la théorie générale des processus.

PROCESSUS OPTIONNELS, ETC

Les définitions suivantes ne font pas intervenir directement l'opérateur de meurtre, mais seulement les tribus $\underline{\underline{F}}^o_t$. L'adjectif algébriquement sera généralement supprimé , mais nous le conserverons dans les abréviations : a.o., a.p. par opposition à μ-o., μ-p..

DEFINITION 2. La tribu $\underline{\underline{O}}^o$ des processus (algébriquement) optionnels (a.o.) est engendrée sur $\mathbb{R}_+\times\Omega$ par les processus $(Z_t)_{t\geq 0}$ adaptés à la famille $(\underline{\underline{F}}^o_{t+})$, dont les trajectoires sont continues à droite et pourvues de limites à gauche .

La tribu $\underline{\underline{P}}^o$ des processus (algébriquement) prévisibles (a.p.) est engendrée sur $\mathbb{R}^*_+\times\Omega$ par les processus $(Z_t)_{t>0}$ adaptés à la famille $(\underline{\underline{F}}^o_t)$ et à trajectoires continues à gauche .

Un processus est dit μ-optionnel (μ-prévisible) s'il est μ-indistinguable d'un processus a.o. (a.p.).

Cette définition appelle tout de suite une remarque : les deux tribus ne sont pas définies ici sur le même ensemble. La tribu optionnelle concerne $\mathbb{R}_+\times\Omega$, la tribu prévisible $\mathbb{R}^*_+\times\Omega$. Naturellement, on peut restreindre $\underline{\underline{O}}^o$ à $\mathbb{R}^*_+\times\Omega$, ou définir $\underline{\underline{P}}^o$ sur $\mathbb{R}_+\times\Omega$ en imposant en 0 une simple condition d'adaptation à $\underline{\underline{F}}^o_{0+}$. Mais il y a là quelque chose d'artificiel et cette distinction entre les deux ensembles de temps deviendra essentielle pour la théorie duale.
On sait que la tribu $\underline{\underline{P}}^o$ est aussi engendrée par les processus prévisibles élémentaires

(1.2) $$Z_t(\omega)= I_{]a,\infty[}(t)I_A(\omega) \quad , A\in\underline{\underline{F}}^o_{a-}$$

d'où les conséquences suivantes : $\underline{\underline{P}}^o$ est séparable ; $B(\mathbb{R}^*_+)\times\underline{\underline{F}}^o_{0+} \subset \underline{\underline{P}}^o \subset \underline{\underline{O}}^o|_{\mathbb{R}^*_+\times\Omega}$.

DEFINITION 3. Un temps T est dit a.o. si l'intervalle $[T,\infty[$ est un ensemble a.o., a.p. si $T>0$ partout, et si $[T,\infty[$ est a.p..

Noter que T est alors $\underline{\underline{F}}^o$-mesurable.

PROPOSITION 1. Les processus optionnels pour la famille $(\underline{\underline{F}}^{\mu}_t)$ - au sens usuel - sont exactement les processus μ-optionnels. De même pour les processus prévisibles au sens usuel.

Tout temps d'arrêt de la famille $(\underline{\underline{F}}^{\mu}_t)$ est μ-p.s. égal à un temps a.o., et tout temps d'arrêt prévisible T de la famille $(\underline{\underline{F}}^{\mu}_t)$ est μ-p.s. égal sur $\{T>0\}$ à un temps a.p..

DEMONSTRATION. Deux résultats sont évidents : d'abord celui qui concerne les processus prévisibles de $(\underline{\underline{F}}^{\mu}_t)$: les processus prévisibles élémentaires de cette famille sont évidemment μ-indistinguables de processus de la forme (1.2). Ensuite, celui qui concerne les temps d'arrêt T de $(\underline{\underline{F}}^{\mu}_t)$: on sait en effet que T est égal μ-p.s. à un temps d'arrêt S de la famille $(\underline{\underline{F}}^{o}_{t+})$, et l'intervalle $[S,\infty[$ a une indicatrice adaptée à $(\underline{\underline{F}}^{o}_{t+})$, continue à droite et pourvue de limites à gauche.

Pour traiter le cas des processus optionnels de $(\underline{\underline{F}}^{\mu}_t)$, il suffit d'examiner les indicatrices d'intervalles $[T,\infty[$, où T est un temps d'arrêt de $(\underline{\underline{F}}^{\mu}_t)$: nous venons de traiter ce cas.

Enfin, soit T un t.d'a. prévisible de $(\underline{\underline{F}}^{\mu}_t)$, et soit (T_n) une suite de temps d'arrêt de $(\underline{\underline{F}}^{\mu}_t)$ annonçant T. Remplaçons par des t.d'a. R_n de la famille $(\underline{\underline{F}}^{o}_{t+})$ égaux μ-p.s. aux T_n. Puis définissons par récurrence $S_1(\omega)=\inf\{R_n(\omega)\}$, $S_n(\omega)=\inf\{R_k(\omega) : R_k(\omega)>S_{n-1}(\omega)\}$. Puis posons $T'(\omega)=\lim\limits_n S_n(\omega)$ sur l'ensemble $\{\forall n,\ S_n(\omega)<S_{n+1}(\omega)\}$, $T'(\omega)=+\infty$ sinon. Alors $T'=T$ μ-p.s. sur $\{T>0\}$, et il est facile de voir que si l'on pose $L_n=S_n$ si $S_n<S_{n+1}$, $+\infty$ sinon, $[T',\infty[$ est l'intersection des $]L_n,\infty[$, d'où il résulte que T' est un temps a.p..

La proposition suivante donne des caractérisations " algébriques" de certaines propriétés de mesurabilité, à la manière de COURREGE et PRIOURET

PROPOSITION 2. Soit $(Z_t)_{t>0}$ un processus a.o.. On a les propriétés

(1.3.1) $(t,\omega)\longmapsto Z_t(\omega)$ est $\underline{\underline{B}}(\mathbb{R}^*_+)\times\underline{\underline{F}}^o$-mesurable .

(1.3.2) $\forall t>0\ \forall s>t\ \forall\omega\forall\omega'\ (k_s\omega=k_s\omega') \Rightarrow (Z_t(\omega)=Z_t(\omega'))$

équivalente à

(1.3.2') $\forall t>0\ \forall s>t\ \forall\omega$ on a $Z_t(\omega)=Z_t(k_s\omega)$.

De même, si (Z_t) est a.p., on a (1.3.1) et

(1.3.3) $\forall t>0\ \forall\omega\forall\omega'\ (k_t\omega=k_t\omega') \Rightarrow (Z_t(\omega)=Z_t(\omega'))$

équivalente à

(1.3.3') $\forall t>0\ \forall\omega$ on a $Z_t(\omega)=Z_t(k_t\omega)$.

Inversement, si (Z_t) satisfait à (1.3.1) et (1.3.3), il est μ-prévisible pour toute loi μ (prévisible si Ω est un espace de BLACKWELL).

DEMONSTRATION. Il n'y a pas lieu d'insister sur (1.3.1), ni sur l'équivalence de (1.3.2-2'), (1.3.3-3'), qui provient de la relation $k_s = k_s \circ k_s$. Pour prouver (1.3.2') , posons $Z_t(\omega)=a$, $H=\{Z_t \in A\}$, ensemble $\underline{\underline{F}}^o_{t+}$-mesurable qui contient ω . On a $H \in \underline{\underline{F}}^o_s$, donc $H=k_s^{-1}(H)$ et $k_s(\omega) \in H$, donc $Z_t(k_s\omega)=Z_t(\omega)=a$. De même pour (1.3.3).

Pour la fin de l'énoncé, supposons d'abord que $(\Omega,\underline{\underline{F}}^o)$ soit un espace de BLACKWELL. Alors il en est de même de $(\bar{\Omega},\bar{\underline{\underline{F}}})=(\mathbb{R}_+^* \times \Omega, \underline{\underline{B}}(\mathbb{R}_+^*) \times \underline{\underline{F}}^o)$. La tribu $\underline{\underline{P}}^o \subset \bar{\underline{\underline{F}}}$ est séparable, et (t,ω), (t',ω') appartiennent au même atome de $\underline{\underline{P}}^o$ si et seulement si $t=t'$, $k_t\omega=k_t\omega'$ (regarder les processus prévisibles élémentaires). La condition (1.3.3) signifie alors que Z est $\bar{\underline{\underline{F}}}$-mesurable, constant sur les atomes de $\underline{\underline{P}}^o$, donc $\underline{\underline{P}}^o$-mesurable. Si $(\Omega,\underline{\underline{F}}^o)$ n'est pas un espace de BLACKWELL, se restreindre à l'espace de BLACKWELL Ω_μ de l'hypothèse 1, qui porte μ.

PROPOSITION 3. <u>Un temps</u> T <u>est a.o. si et seulement si</u> T <u>est</u> $\underline{\underline{F}}^o$-<u>mesurable et si</u>

(1.4.1) $(t>T(\omega)$ <u>et</u> $k_t\omega=k_t\omega') \Rightarrow (T(\omega)=T(\omega'))$

<u>Si</u> T <u>est a.p., on a</u>

(1.4.2) $(t>0,\ t\geq T(\omega)$ <u>et</u> $k_t\omega=k_t\omega') \Rightarrow (T(\omega)=T(\omega'))$

<u>Inversement, si</u> T <u>est</u> $\underline{\underline{F}}^o$-<u>mesurable et satisfait à</u> (1.4.2), T <u>est</u> μ-<u>p. pour toute loi</u> μ .

DEMONSTRATION. La partie directe résulte aussitôt de la prop.2, de même que l'assertion finale. Seul le fait que (1.4.1) entraîne que T soit a.o. est nouveau. Or soit $H=\{T<t\} \in \underline{\underline{F}}^o$; (1.4.1) entraîne que H est saturé pour la relation $(k_t\omega=k_t\omega')$; comme $k_t \circ k_t = k_t$, on a $k_t^{-1}(H) = H$; or $k_t^{-1}(H) \in \underline{\underline{F}}^o_t$, et T est donc un temps d'arrêt de $(\underline{\underline{F}}^o_{t+})$, donc un temps a.o..

COMMENTAIRE . AZEMA introduit dans sa définition des opérateurs de meurtre une variable aléatoire partout finie, la <u>durée de vie</u> ζ , telle que $\zeta \circ k_t = \zeta \wedge t$. Les familles de tribus dépendent de l'opérateur de meurtre et de ζ , et les temps a.o., a.p. se voient imposer des conditions différentes de comparaison avec 0 et ζ. Il s'agit là d'établir une symétrie avec la théorie des temps cooptionnels et coprévisibles, qu'on va développer au paragraphe II. Je ne vois pas pourquoi on devrait exiger la symétrie : $\mathbb{R}_+^*$, muni de sa structure additive, a une droite et une gauche, et on ne peut espérer une symétrie complète que sur $\mathbb{R}$.

Un exemple simple : si l'on prend les axiomes des opérateurs de meurtre sans durée de vie, $(k_{u+t})_{t>0}$ est un opérateur de meurtre, dont la famille de tribus associée est $(\underline{\underline{F}}^o_{u+t})_{t>0}$. Mais si on prend les axiomes avec durée de vie, je ne vois pas comment fabriquer la nouvelle durée de vie ! La durée de vie apparaît donc comme une complication de l'algèbre des opérateurs de meurtre.

PROCESSUS CROISSANTS

Soit (A_t) un processus croissant adapté à la famille $(\underline{\underline{F}}^\mu_t)$. Choisissons pour tout t rationnel une v.a. B_t égale μ-p.s. à A_t, puis posons pour t réel $C_t = \sup B_s$, s parcourant les rationnels $<t$, puis $D_t = C_{t+}$, et enfin $E_t = D_t - D_0$ si $D_0 < \infty$, $E_t = 0$ si $D_0 = +\infty$. Nous obtenons un processus croissant a.o. indistinguable de (A_t).

Supposons que (A_t) soit prévisible pour la famille $(\underline{\underline{F}}^\mu_t)$. Il en est de même de (E_t), qui se décompose en une somme du type

$$E_t = E^c_t + \sum_n c_n I_{\{t \geqq T_n\}}$$

où les c_n sont des constantes, les T_n des temps μ-prévisibles, et E^c est la partie continue de (E_t). Remplaçons chaque T_n par un temps a.o. qui lui est μ-p.s. égal, et posons

$$A'_t = E^c_t + \sum_n c_n I_{\{t \geqq S_n\}}$$

C'est un processus croissant a.p., mais il n'est pas <u>tout à fait</u> continu à droite : il est continu à droite sur tout intervalle $[0,t[$ tel que $A'_t < \infty$, mais il peut présenter une discontinuité en un unique instant r tel que $A_r < \infty$, $A_{r+} = +\infty$. Du point de vue des mesures, c'est tout de même un processus <u>droit</u>, car il représente la mesure d'un intervalle de la forme $]0,t]$ pour une certaine mesure (non nécessairement finie, mais somme d'une suite de mesures bornées).

II. OPERATEURS DE TRANSLATION

Nous considérons maintenant, sur $(\Omega,\underline{\underline{F}}^o)$, une famille d'opérateurs de translation (ou plus simplement,"un opérateur de translation" $(\theta_t)_{t\geqq 0}$)

DEFINITION 4 .<u>Un opérateur de translation</u> $(\theta_t)_{t\geqq 0}$ <u>est une famille d'applications de</u> Ω <u>dans</u> Ω <u>possédant les propriétés suivantes</u>

(2.1)
(2.1.1) $\theta_s \circ \theta_t = \theta_{s+t}$ ($s \geqq 0$, $t \geqq 0$)
(2.1.2) $(t,\omega) \mapsto \theta_t\omega$ <u>est mesurable de</u> $(\mathbb{R}^*_+ \times \Omega, \underline{\underline{B}}(\mathbb{R}^*_+) \times \underline{\underline{F}}^o)$ <u>dans</u> $(\Omega, \underline{\underline{F}}^o)$

(2.1.3) $(\theta_s\omega=\theta_s\omega'$ pour tout $s>t$) => $(\theta_t\omega=\theta_t\omega')$

θ_0 n'est pas toujours l'identité, mais c'est le cas le plus fréquent

Un processus $(Z_t)_{t>0}$ ou $(Z_t)_{t\geq 0}$ est dit homogène si l'on a identiquement $Z_{s+t}=Z_t\circ\theta_s$ ($s\geqq 0$, $t>0$ ou $\geqq 0$ suivant le cas).

DEFINITION 5. On appelle tribu (algébriquement) coprévisible (a.$\hat{p}$.) la tribu sur $\mathbb{R}_+\times\Omega$ engendrée par les processus $(Z_t)_{t\geqq 0}$ homogènes, $\underline{\underline{B}}(\mathbb{R}_+)\times\underline{\underline{F}}^\circ$-mesurables, à trajectoires continues à droite.

On appelle tribu (algébriquement) cooptionnelle (a.$\hat{o}$.) sur $\mathbb{R}_+^*\times\Omega$ la tribu engendrée par les processus $(Z_t)_{t>0}$ homogènes, $\underline{\underline{B}}(\mathbb{R}_+)\times\underline{\underline{F}}^\circ$-mesurables, dont les trajectoires sont continues à gauche et pourvues de limites à droite sur $\mathbb{R}_+^*$.

La tribu a.$\hat{p}$. sera notée $\hat{\underline{\underline{P}}}^\circ$, la tribu a.$\hat{o}$. $\hat{\underline{\underline{O}}}$. Il y aura aussi des processus μ-$\hat{p}$. et μ-$\hat{o}$. (μ-indistinguables d'a.$\hat{p}$. ou a.$\hat{o}$.).

On peut naturellement définir la tribu a.$\hat{p}$. aussi sur $\mathbb{R}_+^*\times\Omega$, en exigeant seulement la continuité à droite : notons la provisoirement $\hat{\underline{\underline{P}}}^*$, et montrons que $\hat{\underline{\underline{P}}}^*$ est la tribu trace de $\hat{\underline{\underline{P}}}^\circ$ sur $\mathbb{R}_+^*\times\Omega$. Notons celle-ci $\hat{\underline{\underline{P}}}^{**}$, évidemment contenue dans $\hat{\underline{\underline{P}}}^*$. Soit $(Z_t)_{t>0}$ homogène et continu à droite sur $]0,\infty[$: le processus $(Z_{s+t})_{t\geqq 0}$ est, pour tout $s>0$, homogène et continu à droite sur $[0,\infty[$, et lorsque $s\downarrow 0$ il converge vers (Z_t) sur $]0,\infty[$; (Z_t) est donc $\hat{\underline{\underline{P}}}^{**}$-mesurable. Il n'y a aucun inconvénient à noter $\hat{\underline{\underline{P}}}^\circ$ la tribu a.$\hat{p}$. sur $]0,\infty[$ aussi : nous venons de voir que

LEMME 1. Pour tout processus $(Z_t)_{t>0}$, a.$\hat{p}$. sur $\mathbb{R}_+^*\times\Omega$, il existe une v.a. Z_0 $\underline{\underline{F}}^\circ$-mesurable telle que $(Z_t)_{t\geqq 0}$ soit a.$\hat{p}$. sur $\mathbb{R}_+\times\Omega$.[1]

Une conséquence immédiate :

LEMME 2. Soit $(Z_t)_{t>0}$ ou $(Z_t)_{t\geq 0}$ un processus a.$\hat{p}$.. Alors la relation $\theta_t\omega=\theta_{t'}\omega'$ ($t,t'>0$ dans le premier cas, ≥ 0 dans le second) entraîne $Z_t(\omega)=Z_{t'}(\omega')$.

(En effet, $Z_t(\omega)=Z_0(\theta_t\omega)$).

Nous verrons plus loin que dans les cas usuels, un processus a.$\hat{o}$. qui n'est pas a.$\hat{p}$. ne peut se prolonger en 0 de manière à rester homogène.

TEMPS COOPTIONNELS

Nous allons rechercher maintenant les intervalles stochastiques a.$\hat{o}$. ou a.$\hat{p}$. : cela nous donnera les notions "duales" de celles de temps a.o. ou a.p.

---

1. Voir aussi l'appendice

Nous commençons par le cas a.ô., qui est plus simple :

DEFINITION 6 . Un temps L est dit a.ô. s'il est $\underline{\underline{F}}^{\circ}$-mesurable, et si l'intervalle stochastique $]0,L]$ de $\mathbb{R}_+^*\times\Omega$ est a.ô.

Par exemple, 0 est a.ô.. L'intervalle $]0,L]$ ayant une indicatrice continue à gauche et pourvue de limites à droite, dire qu'il est a.ô. revient à dire qu'il est homogène, et cela s'écrit

(2.2) $$L\circ\theta_t = (L-t)^+ \text{ pour tout } t\geqq 0 \text{ [en particulier, } L=L\circ\theta_0]$$

Les temps a.ô. sont donc presque exactement les temps de retour de la théorie des processus de Markov - à cela près que ceux ci ne sont en général pas supposés $\underline{\underline{F}}^{\circ}$-mesurables. Avant de commenter ce point, voici quelques faits élémentaires sur les temps cooptionnels : si L et L' sont a.ô., il en est de même de $L\wedge L'$ et $L\vee L'$. Si L est a.ô., $(L-t)^+$ l'est aussi pour tout t. Si des temps L_n sont a.ô. , lim inf L_n et lim sup L_n sont a.ô. Enfin, si L est a.ô., la v.a. obtenue en remplaçant L par 0 sur $\{L=\infty\}$ est aussi a.ô..

Voici le commentaire sur les temps de retour mentionné plus haut.

DIGRESSION. Soit L une v.a. F^*-mesurable satisfaisant à (2.2). Nous allons montrer comment la méthode des limites essentielles de WALSH permet de se ramener - sur un espace un peu réduit - à de vrais temps cooptionnels $\underline{\underline{F}}^{\circ}$-mesurables auxquels s'applique la théorie d'AZEMA.

Soit μ une loi sur Ω, et soit λ la mesure $\int_0^\infty e^{-t}\theta_t(\mu)dt$. Soit M un temps $\underline{\underline{F}}^{\circ}$-mesurable tel que L=M λ-p.s.. Posons

(2.3) $$\overline{L}(\omega) = \lim_{s\downarrow\downarrow 0} \operatorname{sup\,ess} M(\theta_s\omega)$$

C'est un temps $\underline{\underline{F}}^{\circ}$-mesurable. D'autre part, $M\circ\theta_s=L\circ\theta_s$ μ-p.s. pour presque tout s donc (Fubini) pour presque tout ω nous avons $M(\theta_.\omega)$ $=L(\theta_.\omega)$ p.p. sur $\mathbb{R}$, donc aussi pour tout s $M(\theta_{s+t}\omega)=L(\theta_{s+t}\omega)$ pour presque tout t. Pour un tel ω nous avons quel que soit s

$$\begin{aligned}\overline{L}(\theta_s\omega) &= \lim_{t\downarrow\downarrow 0} \operatorname{sup\,ess} M(\theta_{s+t}\omega) = \lim_{t\downarrow\downarrow 0} \operatorname{sup\,ess} L(\theta_{s+t}\omega)\\ &= \lim\ (L(\omega)-(s+t))^+ = (L(\omega)-s)^+ = L(\theta_s\omega)\end{aligned}$$

Soit alors $\overline{\Omega}$ l'ensemble des ω tels que $\overline{L}(\theta_s\omega)=(\overline{L}(\omega)-s)^+$ pour tout s. Nous venons de voir que cet ensemble porte μ. Il est stable par les θ_t, il est $\underline{\underline{F}}^*$-mesurable (c'est même un complémentaire d'ensemble $\underline{\underline{F}}^{\circ}$-analytique) et satisfait donc à l'hypothèse 1. Sur cet ensemble, $\overline{L}$ est un vrai temps a.ô., et on obtient des résultats sur L en appliquant la théorie d'AZEMA à $\overline{L}$.

TEMPS COPREVISIBLES

On a une notion de temps a.p̂. en considérant les temps L tels que l'intervalle $]0,L]$ de $\mathbb{R}_+^*\times\Omega$ soit a.p̂. : cette notion n'est pas sans intérêt, mais nous ne l'étudierons pas ici, car ce n'est pas la vraie notion de temps a.p̂. Pour trouver celle-ci, nous remarquerons que les temps a.ô. apparaissent naturellement comme les fins d'ensembles homogènes dans $\mathbb{R}_+^*\times\Omega$: si H est un tel ensemble, et F est sa fin

$$F(\omega) = \sup \{ t : (t,\omega)\in H \} \qquad (\sup \emptyset=0)$$

le fait que $F(\omega)=0$ a une seule signification, le fait que la coupe $H(\omega)$ est vide. En revanche, si H est une partie de $\mathbb{R}_+\times\Omega$, le fait que $F(\omega)=0$ peut signifier, soit que $H(\omega)$ est vide, soit que $H(\omega)=\{0\}$. AZEMA évite cette difficulté en posant $\sup \emptyset = -\infty$, mais ce n'est pas très joli. Je préfère dédoubler le point 0 en deux points 0 et 0_- avec les règles

$$\left| \begin{array}{l} 0_-<0 \\ \text{pour tout } x\in\overline{\mathbb{R}}_+,\ \text{tout } t\in\mathbb{R}_+ ,\ (x-t)^+=x-t \text{ si } t<x,\ 0 \text{ si } t=x, \\ \qquad\qquad\qquad\qquad 0_- \text{ si } t>x \end{array}\right.$$

et $(0_- -t)^+ = 0_-$ si $t\geq 0$. Dans ces conditions, on posera $\sup\emptyset=0_-$, et cela présentera bien des avantages. Par exemple, si F est la fin d'un ensemble homogène H de $\mathbb{R}_+\times\Omega$ fermé pour la topologie gauche, nous avons avec les conventions ci-dessus $F\circ\theta_t =(F-t)^+$.

DEFINITION 7. Une v.a. L à valeurs dans $\{0_-\}\cup\overline{\mathbb{R}}_+$ est un temps coprévisible précisé (a.p̂.p.) si l'intervalle stochastique $[0,L]$ de $\mathbb{R}_+\times\Omega$ est un ensemble a.p̂. (naturellement, $[0,0_-]=\emptyset$).

Cela entraîne que L est F°-mesurable, et satisfait à la relation $L\circ\theta_t=(L-t)^+$ avec les conventions ci-dessus.[1]

On définit de manière évidente le graphe de L dans $\mathbb{R}_+\times\Omega$, qu'on note $[L]$: il ne détermine pas uniquement L, car sa coupe par ω est vide si $L(\omega)=+\infty$, et aussi si $L(\omega)=0_-$. Mais en fait la v.a. égale à L sur $\{L<\infty\}$, à 0_- sur $\{L=\infty\}$, est un a.p̂.p. qui admet le même graphe que L : on peut donc se borner, pour l'étude des graphes, aux temps a.p̂.p. finis, et lever l'ambiguité ci-dessus.

Si L est un temps a.p̂.p., la variable aléatoire obtenue en posant $\underline{L}(\omega)=L(\omega)$ si $L(\omega)\neq 0_-$, $\underline{L}(\omega)=0$ si $L(\omega)=0_-$ est un temps a.p̂. - c'est à dire, une v.a. telle que $]0,\underline{L}]$ soit a.p̂. dans $\mathbb{R}_+^*\times\Omega$. Inversement, on peut montrer grâce au lemme 1 que tout temps a.p̂. $\underline{L}$ peut être "précisé en 0", i.e. qu'il existe au moins un temps a.p̂.p. L égal à $\underline{L}$ sur $\{\underline{L}>0\}$, et égal à 0 ou 0_- sur $\{\underline{L}=0\}$.

1. Nous étudierons la réciproque plus loin.

Voici quelques propriétés élémentaires des temps a.ô. et a.p̂.p..

PROPOSITION 4. a) <u>Pour qu'un temps</u> M $\underline{\underline{F}}^{\circ}$<u>-mesurable soit a.ô., il faut et il suffit qu'il possède la propriété</u>

(2.4) $\forall t\geq 0\ \forall t'>0\ \forall \omega\ \forall \omega'\quad (t<M(\omega),\ \Theta_t\omega=\Theta_{t'}\omega') \Rightarrow (M(\omega)-t=M(\omega')-t')$

b) <u>Si</u> M <u>est a.p̂.p., il possède la propriété</u>

(2.5) $\forall t\geq 0\ \forall t'\geq 0\ \forall \omega\ \forall \omega'\quad (t=M(\omega),\ \Theta_t\omega=\Theta_{t'}\omega') \Rightarrow (M(\omega')=t')$.

DEMONSTRATION. a) Supposons que M soit a.ô.. La relation $\Theta_t\omega=\Theta_{t'}\omega'$ entraîne $(M(\omega)-t)^+=(M(\omega)-t')^+$; comme $t<M(\omega)$, ces deux quantités sont >0, d'où $(M(\omega)-t')^+=M(\omega)-t'$ et (2.4).

Pour la réciproque, montrons d'abord que $M(\Theta_0 w)=M(w)$ pour tout w. Si $0<M(w)$, appliquer (2.4) avec $\omega=w$, $\omega'=\Theta_0\omega$, $t=t'=0$. Si $0<M(\Theta_0 w)$ appliquer (2.4) avec $\omega=\Theta_0 w$, $\omega'=w$, $t=t'=0$. Enfin, si $0=M(w)=M(\Theta_0 w)$...

La relation $M(\Theta_r w)=(M(w)-r)^+$ résulte de (2.4) si $r<M(w)$ (prendre $\omega=w$, $t=r$, $t'=0$, $\omega'=\Theta_r w$). Supposons $r\geq M(w)$ et montrons qu'il est absurde de supposer $M(\Theta_r w)>0$: cela permet en effet d'appliquer (2.4) avec $\omega=\Theta_r w$, $t=0$, $t'=r$, $\omega'=w$, d'où $M(\Theta_r w)=M(w)-r$, et $M(w)>r$ contrairement à l'hypothèse.

b) ne fait qu'exprimer le lemme 2 appliqué au processus a.p̂. $I_{[M]}=I_{[0,M]}\setminus I_{[0,M[}$.

LE RETOURNEMENT DU TEMPS

Nous fixons un temps a.ô. L, <u>partout fini</u> : ce n'est pas une perte de généralité, car on peut remplacer L par 0 sur l'ensemble $\{L=+\infty\}$.

DEFINITION 8. <u>Soit</u> $(Z_t)_{t>0}$ [<u>resp.</u> $(Z_t)_{t\geq 0}$] <u>un processus réel</u> . <u>On appelle processus retourné de</u> Z <u>à</u> L , <u>et on note</u> ${}^L\hat{Z}$, <u>le processus</u>

(2.6) $({}^L\hat{Z}_t)_{t\geq 0}\quad :\quad {}^L\hat{Z}_t(\omega) = Z_{L(\omega)-t}(\omega)I_{[0,L(\omega)[}(t)$

<u>resp.</u>

(2.7) $({}^L\hat{Z}_t)_{t>0}\quad :\quad {}^L\hat{Z}_t(\omega) = Z_{L(\omega)-t}(\omega)I_{]0,L(\omega)]}(t)$

On omettra le plus souvent le L de la notation ${}^L\hat{Z}$. Noter l'effet du double retournement : sur $(Z_t)_{t>0}$ cela donne $(Z_tI_{]0,L]}(t))_{t>0}$, et sur $(Z_t)_{t\geq 0}$ on obtient $(Z_tI_{[0,L[}(t))_{t\geq 0}$.

DEFINITION 9. <u>On pose pour tout</u> $t>0$

(2.8) $${}^L\hat{k}_t(\omega) = \Theta_{(L(\omega)-t)^+}(\omega)$$

LEMME 3. <u>La famille</u> $({}^L\hat{k}_t)$ <u>est une famille d'opérateurs de meurtre sur</u> Ω. <u>On notera</u> $({}^L\hat{\underline{\underline{F}}}{}^{\circ}_t)$, $({}^L\hat{\underline{\underline{F}}}{}^{\mu}_t)$ <u>les familles de tribus correspondantes</u> . <u>Soit</u> $A\in\underline{\underline{F}}^{\circ}$. <u>Alors</u>

(2.9) $(A\in{}^L\hat{\underline{\underline{F}}}{}^{\circ}_{t+}) \iff (A=\Theta_0^{-1}(A)$ <u>et</u> $\forall s>0\ A\cap\{L>s+t\}=\Theta_s^{-1}(A)\cap\{L>s+t\}$).

DEMONSTRATION. Nous omettrons L de la notation lorsque cela ne prêtera pas à confusion.

La vérification de la mesurabilité de $(t,\omega)\mapsto \hat{k}_t\omega$ est purement de routine. Celle de (1.1.3) s'écrit ainsi : si $t>0$ et

(2.10) $\theta_{(L(\omega)-s)^+}(\omega) = \theta_{(L(\omega')-s)^+}(\omega')$ pour tout $s<t$

alors on a la même égalité pour $s=t$. Appliquons la fonction L aux deux membres de (2.10), il vient

$$(L(\omega)-(L(\omega)-s)^+)^+=(L(\omega')-(L(\omega')-s)^+)^+ \text{, soit } s\wedge L(\omega)=s\wedge L(\omega')$$

pour $s<t$ (donc aussi pour $s=t$). Supposons d'abors $t\leqq L(\omega)$. La relation $t\wedge L(\omega)=t\wedge L(\omega')$ entraîne $t\leqq L(\omega')$. Posons $L(\omega)=r$, $L(\omega')=r'$ et supposons par exemple $r'\geqq r$. (2.10) s'écrit

$$\theta_{r-s}\omega = \theta_{r'-s}\omega' = \theta_{r-s}\theta_{r'-r}\omega' \text{ pour } s<t$$

donc d'après (2.1.3) $\theta_{r-t}\omega = \theta_{r-t}\theta_{r'-r}\omega'$, l'égalité cherchée. Puis supposons $t>L(\omega)$, $t>L(\omega')$: la relation $t\wedge L(\omega)=t\wedge L(\omega')$ donne $L(\omega)=L(\omega')$, et la relation à démontrer s'écrit $\theta_0\omega = \theta_0\omega'$. Mais dans (2.10) nous pouvons prendre $s=L(\omega)=L(\omega')< t$, et cette égalité est bien satisfaite .

La vérification de $\hat{k}_s\hat{k}_t=\hat{k}_{s\wedge t}$ sera seulement esquissée

1) si $L(\omega)\leqq s\wedge t$, $\hat{k}_t\omega=\theta_0\omega$, $L(\hat{k}_t\omega)=L(\omega)$, $\hat{k}_s\hat{k}_t\omega=\theta_0\theta_0\omega=\theta_0\omega=\hat{k}_{s\wedge t}(\omega)$,

2) $s\leqq L(\omega)\leqq t$, $\hat{k}_t\omega=\theta_0\omega$, $L(\hat{k}_t\omega)=L(\omega)$, $\hat{k}_s\hat{k}_t\omega=\theta_{L(\omega)-s}\theta_0\omega =\theta_{L(\omega)-s}\omega=\hat{k}_s\omega = \hat{k}_{s\wedge t}(\omega)$,

3) $t\leqq L(\omega)\leqq s$, $\hat{k}_t\omega=\theta_{L(\omega)-t}(\omega)$, $L(\hat{k}_t\omega)= t$, $\hat{k}_s\hat{k}_t\omega = \theta_{(t-s)^+}\hat{k}_t\omega = \theta_0\hat{k}_t\omega= =\hat{k}_t\omega = \hat{k}_{s\wedge t}(\omega)$

4) $L(\omega) \geqq s\vee t$, $\hat{k}_t\omega=\theta_{L(\omega)-t}(\omega)$, $L(\hat{k}_t\omega)=t$, $\hat{k}_s\hat{k}_t\omega= \theta_{(t-s)^+}\hat{k}_t(\omega) = \theta_{(t-s)^++(L(\omega)-t}(\omega)= \theta_{L(\omega)-(s\wedge t)}\omega =\hat{k}_{s\wedge t}\omega$

Ceci montre bien que nous avons une famille d'opérateurs de meurtre sur Ω. Nous vérifierons (2.9) seulement pour $t=0$: pour passer au cas général, appliquer cela à $L'=(L-t)^+$, ce qui remplace l'opérateur de meurtre $(\hat{k}_s)_{s>0}$ par $(\hat{k}'_s)=(\hat{k}_{s+t})$, et $\hat{\underline{F}}^o_{0+}$ par $\hat{\underline{F}}'^o_{0+} =\hat{\underline{F}}^o_{t+}$.

Que signifie $A\in\hat{\underline{F}}^o_{0+}$? Compte tenu de la relation $k_r\circ k_r=k_r$, cela peut s'écrire $A\in\underline{F}^o$, $A= \hat{k}_r^{-1}(A)$ pour tout $r>0$, ou encore

$$(\omega\in A) \iff (\theta_{(L(\omega)-r)^+}(\omega) \in A) \text{ pour tout } r>0$$

Lorsque $r\geqq L(\omega)$, cette relation s'écrit $A=\theta_0^{-1}(A)$. Lorsque $r=L(\omega)-s$, $0<s<L(\omega)$, elle s'écrit $(\omega\in A\cap\{L>s\})\iff(\omega\in\theta_s^{-1}(A)\cap\{L>s\})$, et cela achève la démonstration.

Nous arrivons maintenant au lemme crucial sur le retournement : c'est lui qui nous permet, lorsqu'il y a suffisamment de temps a.ô. de ramener la théorie " duale" de la théorie générale des processus à la théorie ordinaire. Nous omettons le L de la notation $L_{\hat{k}}$, et les mots a.p., a.o. sont pris au sens de cet opérateur de meurtre.

PROPOSITION 5. a) Soit $(Z_t)_{t>0}$ un processus $\underline{\underline{B}}(\mathbb{R}_+^*)\times\underline{\underline{F}}^\circ$-mesurable , tel que $Z_t=Z_t\circ\Theta_0$ identiquement pour tout t . Alors le processus $(Z_tI_{\{t\geq L\}})$ est a.o., et le processus $(Z_tI_{\{t>L\}})$ est a.p.. En particulier, L est un temps a.o..

b) Soit $(Z_t)_{t>0}$ un processus $\underline{\underline{B}}(\mathbb{R}_+^*)\times\underline{\underline{F}}^\circ$-mesurable, nul sur $]L,\infty[$. Pour que $(Z_t)_{t>0}$ soit a.ô., il faut et il suffit que son retourné $(\hat{Z}_t)_{t\geq 0}$ soit a.o..

c) Soit $(Z_t)_{t\geq 0}$ un processus $\underline{\underline{B}}(\mathbb{R}_+)\times\underline{\underline{F}}^\circ$-mesurable, nul sur $[L,\infty[$. Pour que $(Z_t)_{t\geq 0}$ soit a.p̂., il faut et il suffit que son retourné $(\hat{Z}_t)_{t>0}$ soit a.p..

DEMONSTRATION. a) Vérifions que $(Z_tI_{\{t\geq L\}})$ est adapté à $(\hat{\underline{\underline{F}}}^\circ_{t+})$. Comme $Z_t=Z_t\circ\Theta_0$, cela s'écrit

$$\forall s>0,\ Z_tI_{\{t\geq L\}}I_{\{L>s+t\}} = Z_t\circ\Theta_sI_{\{t\geq L\circ\Theta_s\}}I_{\{L>s+t\}}$$

Mais $\{L>s+t\}\Leftrightarrow\{L\circ\Theta_s>t\}$, les deux membres sont donc nuls.

La tribu $\underline{\underline{B}}(\mathbb{R}_+^*)\times\underline{\underline{F}}^\circ$ est engendrée par des processus J_t de la forme $I_{[a,\infty[}(t)I_M(\omega)$ $(a>0,\ M\in\underline{\underline{F}}^\circ)$, dont les trajectoires sont continues à droite et limitues à gauche. Posons $Z_t=J_t\circ\Theta_0$; le processus $Z_tI_{\{t\geq L\}}$ est continu à droite et limitu à gauche, adapté à la famille $(\hat{\underline{\underline{F}}}^\circ_{t+})$ d'après ce qui précède, donc a.o.. L'énoncé s'en déduit pour le cas a.o., et le cas a.p. se traite de même.

b) Soit $(Z_t)_{t>0}$ un générateur de la tribu a.ô. : il est homogène, continu à gauche, limitu à droite sur $]0,\infty[$; son retourné $(\hat{Z}_t)$ est alors nul sur $[L,\infty[$, continu à droite, limitu à gauche sur $]0,L[$, et il est évident d'après (2.9) qu'il est adapté à la famille $(\hat{\underline{\underline{F}}}^\circ_{t+})$. Or d'habitude la continuité à droite seule, avec l'adaptation, ne suffit pas à entraîner qu'un processus est a.o., mais seulement qu'il est μ-o. pour toute loi μ (cf. [ ], chap.VIII, n°16, remarque c)). Mais ici, la limite à gauche ne peut manquer que pour un seul instant, et la récurrence transfinie de la démonstration citée s'arrête à un ordinal fixe. Le processus est donc bien a.o.. On passe de là aux processus a.ô. quelconques.

Inversement, soit $(Z_t)_{t\geq 0}$ un générateur de la tribu a.o. : adapté, continu à droite, limitu à gauche. Alors son retourné $(\hat{Z}_t)_{t>0}$ est homogène, continu à gauche, limitu à droite (y compris en 0 !). Seule l'homogénéité demande une démonstration. L'adaptation entraîne d'abord que $Z_t \circ \Theta_0 = Z_t$, d'où le même résultat pour $\hat{Z}$. Ensuite, vérifions que $\hat{Z}_{t+s} = \hat{Z}_t \circ \Theta_s$ pour $t>0$, $s>0$. Les deux membres sont nuls sur l'ensemble $\{L \leqq t+s\} = \{L \circ \Theta_s \leqq t\}$, et leur égalité sur $\{L>t+s\} = \{L \circ \Theta_s > t\}$ est simplement l'adaptation. On étend cela aux processus a.o. quelconques, à partir du cas des générateurs.

Pour voir maintenant que si $(Z_t)_{t>0}$ est nul sur $[L,\infty[$, et $(\hat{Z}_t)_{t \geqq 0}$ est a.o., alors $(Z_t)_{t>0}$ est a.ô., on procède par double retournement, car $Z = \hat{\hat{Z}}$.

c) Même démonstration, un tout petit peu plus simple.

APPLICATIONS

Nous allons passer en revue la traduction, grâce à la prop.5, des principaux théorèmes de la théorie générale des processus. La loi μ reste fixée sur Ω, et si A est une partie de $\mathbb{R}_+ \times \Omega$ ou de $\mathbb{R}_+^* \times \Omega$, nous notons $\overline{\mu}(A)$ la probabilité extérieure, pour μ, de la projection de A.

PROPOSITION 6. a) La tribu trace de $\hat{\underline{\underline{P}}}^o$ sur l'intervalle stochastique (a.p̂.) $[0,L[$ de $\mathbb{R}_+ \times \Omega$ ou de $\mathbb{R}_+^* \times \Omega$ est séparable, et la seconde est contenue dans la tribu trace de $\hat{\underline{\underline{O}}}^o$ sur $]0,L[$.

b) Soient (t,ω) et (t',ω') deux points de l'intervalle $[0,L[$ de $\mathbb{R}_+ \times \Omega$. Alors ces deux points appartiennent au même atome[1] de $\hat{\underline{\underline{P}}}^o$ si et seulement si $\Theta_t \omega = \Theta_{t'} \omega'$.

DEMONSTRATION. a) La tribu trace de $\hat{\underline{\underline{P}}}^o$ sur $[0,L[$ s'identifie par retournement à la tribu a.p. de l'intervalle stochastique (prévisible) $]0,L]$ pour l'opérateur $(\hat{k}_t)$. Elle est donc séparable, et on a le même résultat sur l'intervalle ouvert.

Dire que (t,ω) et (t',ω') appartiennent au même atome de $\hat{\underline{\underline{P}}}^o$ revient à dire que $(L(\omega)-t,\omega)$ et $(L(\omega')-t',\omega')$ appartiennent au même atome de la tribu $\underline{\underline{P}}^o$ de l'opérateur de meurtre $(\hat{k}_s)$. Cela revient à dire que $L(\omega)-t$ et $L(\omega')-t'$ ont une valeur commune u, et que $\hat{k}_u(\omega) = \hat{k}_u(\omega')$. Mais $\hat{k}_u(\omega) = \Theta_t \omega$, $\hat{k}_u(\omega') = \Theta_{t'} \omega'$, et d'autre part l'égalité $\Theta_t \omega = \Theta_{t'} \omega'$ entraîne $L(\Theta_t \omega) = L(\Theta_{t'} \omega')$, soit ici $L(\omega)-t = L(\omega')-t'$. Cela prouve b).

Reste la dernière partie de a) : notons que $]0,L[$ est réunion d'intervalles $]0,(L-t)^+]$, donc a.ô.. Soit A un élément de la tribu trace $\hat{\underline{\underline{P}}}^o|_{]0,L[}$; A est trace d'un élément B de $\hat{\underline{\underline{P}}}^o$ contenu dans $[0,L[$. Le retourné $\hat{B}$ de B est dans $\underline{\underline{P}}^o$ pour (k_s), contenu dans $]0,L]$; $\hat{B}$ est alors a.o., et le reste si on le considère comme sous-ensemble de $[0,L]$, i.e. comme processus défini pour $t \geq 0$, nul pour $t=0$. Soit alors C le retourné de $\hat{B}$: c'est un ensemble de $\hat{\underline{\underline{O}}}^o$, et sa trace sur $]0,L[$ est A.

1. Une conséquence : si X est $\underline{\underline{F}}^o$-mesurable, le processus $X \circ \Theta_t$ est constant sur les atomes de $\hat{\underline{\underline{P}}}^o$, donc coprévisible sur $[0,L[$.

PROPOSITION 7. a) Soit T un temps $\underline{\underline{F}}^{o}$-mesurable. Alors T est a.o. pour l'opérateur de meurtre $(\hat{k}_t)$ si et seulement si le temps

(2.11) $\hat{T} = (L-T)^+ \quad [\, L-T$ si $T \leq L$, 0 si $T \geqq L\,]$

est a.ô..

b) Soit T un temps $\underline{\underline{F}}^{o}$-mesurable, partout >0. Alors T est a.p. pour l'opérateur de meurtre $(\hat{k}_s)$ si et seulement si le temps

(2.11') $\hat{T} = (L-T)^+$ dans $\{0_-\} \cup \mathbb{R}_+ \; [\, L-T$ si $T \leqq L$, 0_- si $T \geqq L\,]$

est un temps a.p̂. précisé.

DEMONSTRATION. Pour éviter au lecteur une crise aux conséquences imprévisibles, on fait remarquer tout de suite que les propositions 5 et 7 n'ont pas exactement la même forme : 5 donne des conditions pour que quelque chose soit a.ô., a.p̂., et 7 des conditions pour que quelque chose soit a.o., a.p.. Par exemple, un processus a.p. est tout naturellement défini pour $t>0$ (et nul sur $]L,\infty[$) alors qu'un processus a.p̂. est tout naturellement défini pour $t \geqq 0$ (et nul sur $[L,\infty[$).

Ceci dit, il n'y a aucun problème pour le temps T_A, où $A=\{T \geqq L\}$ dans le premier cas, $\{T>L\}$ dans le second cas, et il suffit de considérer T_{A^c} . On applique alors la prop.5 au graphe.

PROPOSITION 8. a) Soit M un temps a.p̂. précisé, tel que $M<L$ partout (en particulier, $M=0_-$ sur $\{L=0\}$). Il existe alors une suite décroissante (M_n) de temps a.ô. (dépendant de la mesure μ), tels que l'on ait partout $M_n \leqq L$, partout $M_n > M_{n+1}$ sur $\{M_n>0\}$, et

$$M_n>0 \text{ pour tout } n, \ \lim_n M_n = M \ \ \mu\text{-p.p. sur } \{M \geqq 0\}.$$

b) Soit M une v.a. $\underline{\underline{F}}^{o}$-mesurable à valeurs dans $\{0_-\} \cup \mathbb{R}_+$, telle que $M<L$ partout, et que $M \circ \theta_t = (M-t)^+$ identiquement (le $^+$ étant pris dans $\{0_-\} \cup \mathbb{R}_+$). Alors M est égale μ-p.p. à un temps a.p̂. précisé.

[Ces propriétés peuvent aussi s'appliquer , avec quelques changements, à des temps ordinaires, mais nous laisserons cela].

DEMONSTRATION. a) Nous posons $T=L-M$ si $M \geqq 0$, $T=+\infty$ si $M=0_-$; alors T est partout >0, c'est un temps a.p. partout >0, et il existe une suite ↑ (T_n) de temps a.o., partout >0, tels que $T_n<T_{n+1}$ sur $\{T_n<\infty\}$, et que $\lim_n T_n = T$ μ-p.p.. Posons maintenant

$$M_n = L-T_n \text{ si } T_n \leqq L \quad , \ M_n=0 \ \text{ si } T_n>L$$

Les M_n répondent à la question. Nous laisserons b) de côté : on se ramène à la prop.2 par retournement. Grâce à la méthode des limites essentielles, on a d'ailleurs des résultats analogues pour des temps $\underline{\underline{F}}^{*}$-mesurables.

Nous en arrivons maintenant aux théorèmes de section et de projection.

PROPOSITION 9. a) Soit A un ensemble a.ô. contenu dans $]0,L]$ et soit $\varepsilon>0$. Il existe un temps a.ô. partout fini M tel que

1) $M(\omega)>0 \Rightarrow (M(\omega),\omega)\in A$ (donc $M(\omega)\leqq L(\omega)$)

2) $P\{M>0\} \geqq \overline{\mu}(A)-\varepsilon$.

b) Si A est a.p̂. contenu dans $[0,L[$, il existe un temps a.p̂. précisé partout fini M tel que

1) $M(\omega)\geqq 0 \Rightarrow (M(\omega),\omega)\in A$ (donc $M(\omega)<L(\omega)$)

2) $P\{M\geqq 0\} \geqq \overline{\mu}(A)-\varepsilon$.

DEMONSTRATION. Nous ne donnerons aucun détail : par retournement du temps, c'est le théorème de section usuel (à cela près qu'il faut choisir des temps algébriquement optionnels et prévisibles pour les sections : ce n'est pas difficile).

PROPOSITION 10. a) Soit $(Z_t)_{t>0}$ un processus $\underline{\underline{B}}(\mathbb{R}_+^*)\times\underline{\underline{F}}^o$-mesurable borné. Il existe alors un processus $(Z'_t)_{t>0}$, unique à μ-évanescence près, tel que

1) (Z'_t) soit a.ô., porté par $]0,L]$

2) Pour tout temps a.ô. M tel que $M\leqq L$, on ait

(2.12) $\quad E_\mu[Z_M I_{\{M>0\}}] = E_\mu[Z'_M I_{\{M>0\}}]$

b) Soit $(Z_t)_{t\geqq 0}$ un processus $\underline{\underline{B}}(\mathbb{R}_+)\times\underline{\underline{F}}^o$-mesurable borné. Il existe un processus $(Z''_t)_{t\geqq 0}$ unique à évanescence près, tel que

1) (Z''_t) soit a.p̂. et porté par $[0,L[$

2) Pour tout temps a.p̂. précisé M partout $<L$, on ait

(2.12') $\quad E_\mu[Z_M I_{\{M\geqq 0\}}] = E_\mu[Z''_M I_{\{M\geqq 0\}}]$

La démonstration se fait par retournement, à partir du th. de projection classique. Si le processus $(Z_t)_{t>0}$ est continu à gauche (resp. $(Z_t)_{t\geqq 0}$, à droite) , le processus (Z'_t) est μ-indistinguable de continu à gauche (resp. (Z''_t), à droite) : quitte à se réduire à un ensemble Θ-stable portant μ, on peut se ramener à des projections satisfaisant à ces propriétés sans restriction.

REMARQUE. J'ignore tout à fait si l'on peut avoir des résultats intéressants pour les processus a.p̂. indexés par $\mathbb{R}_+^*$ et les temps a.p̂..

HYPOTHESE DE TRANSIENCE

Nous dirons que l'opérateur de translation $(\Theta_t)_{t\geqq 0}$ est transient s'il existe des temps a.ô. L_n , partout finis, tels que $\sup_n L_n = +\infty$. Si ce sup est seulement μ-p.s. égal à $+\infty$, on dira que l'opérateur est μ-transient , mais on se ramène aussitôt au cas transient en se restreignant à un ensemble Θ-stable qui porte μ .

On peut naturellement se ramener au cas où les L_n croissent. Un argument très simple permet alors d'étendre la proposition 9 (théorème de section) à un ensemble A a.ô. dans $\mathbb{R}_+^*\times\Omega$, ou a.p̂. dans $\mathbb{R}_+\times\Omega$. De même, un argument simple de recollement permet d'étendre le th. de projection, sans condition de support pour les projections, de sorte que les relations (2.12) et (2.12') aient lieu pour des temps a.ô., a.p̂.p finis quelconques.

Nous ferons dans toute la suite l'hypothèse de transience

Les processus $(Z_t^!)_{t>0}$, $(Z_t^{"})_{t\geq 0}$ construits par recollement à partir de la prop.10 sont appelés respectivement, dans ce cas, la projection cooptionnelle et la projection coprévisible de (Z_t). Nous les désignerons dans toute la suite par les notations $(Z_t^{\hat{o}})$, $(Z_t^{\hat{p}})$, et nous utiliserons les notations correspondantes (Z_t^o), (Z_t^p) pour les projections classiques relatives à une famille de tribus.

REMARQUE. Dans la théorie d'AZEMA, un temps a.ô. partout fini ζ joue un rôle particulier, on ne s'intéresse qu'aux processus a.ô. à support dans $]0,\zeta]$, aux processus a.p̂. à support dans $[0,\zeta[$. En fait, lorsque ζ est vraiment la durée de vie d'un processus de Markov canonique, l' hypothèse de transience n'est pas satisfaite, car aucun temps a.ô. partout fini ne peut dépasser ζ. Cependant, dans le cas markovien, il est facile de se ramener au cas transient, en remplaçant le point ∂ par une demi-droite sur laquelle les particules défuntes se translatent uniformément pour l'éternité. Une construction analogue vaut dans la situation indiquée par AZEMA.
Soit Ω_1 l'ensemble $\{\zeta>0\}$, et soit $\Omega_2=\{\zeta=0\}$. Formons l'ensemble $\overline{\Omega} = (\Omega_1\times\{0\})\cup(\Omega_2\times\mathbb{R}_+)$, muni de sa tribu $\overline{\underline{F}}^o$ évidente. Soit $\overline{\mu}$ la mesure image de μ par l'application $\omega\mapsto(\omega,0)$. Nous posons

$$\overline{\Theta}_t(\omega,s) = (\Theta_t\omega\ ,\ s+(t-\zeta(\omega))^+)$$

Il est très facile de voir que c'est un opérateur de translation. En outre, pour tout $r\geq 0$, le temps $L_r(\omega,s) = \zeta(\omega)+(r-s)^+$ est un temps a.ô. partout fini, aussi grand qu'on veut, et l'opérateur $(\overline{\Theta}_t)$ est donc transient. On peut alors retrouver la théorie d'AZEMA en appliquant la théorie que nous développons ici, et en se restreignant à $]0,L_0]$ ou $[0,L_0[$.

III. FONCTIONNELLES ADDITIVES

Nous allons maintenant passer du point de vue des processus au point de vue "dual" des mesures aléatoires, et commencer par une assez longue digression dans la théorie générale des processus sous sa forme traditionnelle.

PROJECTIONS DE MESURES

Soient μ une loi fixe sur Ω, et λ une mesure σ-finie sur $\mathbb{R}_+\times\Omega$ ou $\mathbb{R}_+^*\times\Omega$. Nous dirons que λ et μ sont <u>compatibles</u> si λ ne charge pas les ensembles μ-évanescents. Dans les quelques explications qui suivent, nous supposons que λ est bornée, et compatible avec μ.

Il est tout naturel de caractériser une mesure λ sur $\mathbb{R}_+^*\times\Omega$ au moyen du processus croissant $(A_t)_{t\geq 0}$, où A_t est la densité de la mesure $B\mapsto\lambda(]0,t]\times B)$ par rapport à μ. Le procédé canonique pour construire une bonne version de cette densité est le suivant : on commence par prendre une version $\underline{\underline{F}}^o$-mesurable arbitraire de cette densité pour t rationnel (soit A_t^1). On la rend croissante en prenant $A_t^2 = \sup A_r^1$ (r rationnel < t) , continue à droite en prenant $A_t^3=A_{t+}^2$, enfin, on construit $A_.(\omega)$ en remplaçant $A_.^3(\omega)$ par 0 si $A_{0+}^3(\omega)\neq 0$. Si l'on veut construire une mesure sur $\mathbb{R}_+\times\Omega$, on utilise un processus croissant analogue, continu à droite, mais sans exiger que $A_0=0$: A_0 représente alors la densité de $B\mapsto\lambda(\{0\}\times B)$, et A_t celle de $B\mapsto\lambda([0,t]\times B)$.

Mais il importe de remarquer qu'on peut tout aussi bien définir λ au moyen du processus croissant continu <u>à gauche</u> (A_t), qui représente la densité de $B\mapsto\lambda(]0,t[\times B)$ dans le premier cas, de $\lambda([0,t[\times B)$ dans le second. Le procédé qui permet d'en construire de bonnes versions est même un peu plus simple, et le seul défaut de ce procédé est de n'être pas usuel.

Dans toutes les situations, le point à retenir est le fait que l'on représente λ au moyen d'une désintégration : $\lambda=\int\mu(d\omega)\lambda_t\otimes\varepsilon_\omega$, où λ_t est une mesure sur $\mathbb{R}_+^*$ ou $\mathbb{R}_+$. Le processus croissant n'est qu'un moyen de décrire la mesure $d\lambda_t(\omega)= dA_t(\omega)$, et pour cette représentation on peut utiliser, soit le processus croissant continu à droite ("droit") , soit le continu à gauche ("processus croissant gauche").

Munissons $(\Omega,\underline{\underline{F}}^o)$ d'une famille de tribus $(\underline{\underline{F}}_t^o)$, associée par exemple à un opérateur de meurtre (k_t), et que nous complèterons et rendrons continue à droite de la manière usuelle. Le fait que la projection de λ sur Ω soit absolument continue par rapport à μ nous permet de définir $<Z,\lambda>$, où Z est une classe de processus indistinguables pour μ. Cela nous permet de définir les <u>projections</u> d'une mesure λ, soit sur $\mathbb{R}_+^*\times\Omega$, soit sur $\mathbb{R}_+\times\Omega$:

<u>Projection prévisible</u>, définie pour tout processus Z borné par

$$<\lambda^p,Z> = <\lambda,Z^p> ,$$

<u>Projection optionnelle</u>, définie de même par $<\lambda^o,Z> = <\lambda,Z^o>$.

Une mesure λ est dite <u>prévisible</u> (<u>optionnelle</u>) si $\lambda=\lambda^p$ (λ^o), i.e. si elle commute à la projection correspondante. Il est bien connu que λ est prévisible (optionnelle) si et seulement si le processus croissant droit correspondant est μ-prévisible (resp. μ-optionnel, ce qui signifie simplement adapté à la famille ($\underline{\underline{F}}_t^\mu$)). Nous avons vu plus haut comment on peut alors en construire des versions a.p. ou a.o..

Le processus croissant droit associé à la projection prévisible (optionnelle) de λ, associée elle même au processus croissant droit A, <u>n'est pas</u> la projection prévisible A^p (optionnelle A^o) de A : celle-ci n'est pas un processus croissant. Nous l'appellerons la <u>compensatrice</u> prévisible (optionnelle) de A, notée $\tilde{A}^p$, $\tilde{A}^o$ (dans le livre de DELLACHERIE, le mot employé est <u>projection duale</u>). On a des considérations analogues pour les processus croissants gauches.

MESURES ALEATOIRES HOMOGENES, FONCTIONNELLES ADDITIVES

Nous passons maintenant à la situation d'un espace $(\Omega,\underline{\underline{F}}^o)$ muni d'un opérateur de translation <u>que nous supposerons transient</u> . Soit μ une loi sur Ω, qui reste fixée pour l'instant. Comme nous ne savons parler que de la projection cooptionnelle d'un processus $(Z_t)_{t>0}$, de la projection coprévisible d'un processus $(Z_t)_{t\geq 0}$, une mesure bornée λ compatible avec μ n'a jamais qu'<u>une seule</u> projection :

- Si λ est une mesure sur $\mathbb{R}_+^*\times\Omega$, une projection <u>cooptionnelle</u> $\lambda^{\hat{o}}$ définie par $<Z,\lambda^{\hat{o}}>=<Z^{\hat{o}},\lambda>$ (et λ est dite cooptionnelle si $\lambda=\lambda^{\hat{o}}$)
- Si λ est une mesure sur $\mathbb{R}_+\times\Omega$, une projection <u>coprévisible</u> $\lambda^{\hat{p}}$ définie par $<Z,\lambda^{\hat{p}}> = < Z^{\hat{p}},\lambda >$ (et λ est dite coprévisible si $\lambda=\lambda^{\hat{p}}$).

Cette terminologie n'est pas absolument correcte : le fait d'être coprévisible, par exemple, n'est pas vraiment une propriété de λ, mais une propriété <u>du couple</u> (μ,λ).

Nous allons décrire maintenant les désintégrations de mesures cooptionnelles ou coprévisibles. Pour comprendre bien la situation, il faut penser, non pas en termes de processus croissants, mais en termes de mesures aléatoires. Précisons la terminologie : une <u>mesure aléatoire bornée</u> sur $\mathbb{R}_+$ ou $\mathbb{R}_+^*$ est un noyau borné de $(\Omega,\underline{\underline{F}}^o)$ dans $\mathbb{R}_+$ ou $\mathbb{R}_+^*$ muni de sa tribu borélienne (la positivité est sous entendue). une <u>mesure aléatoire</u> est un noyau de $(\Omega,\underline{\underline{F}}^o)$ dans $\mathbb{R}_+$ ou $\mathbb{R}_+^*$, $\omega\mapsto\lambda(\omega,dt)$, qui peut s'écrire comme une somme dénombrable de noyaux bornés. C'est toujours le cas si la mesure aléatoire est <u>finie</u> (masse totale finie pour tout ω) . L'<u>intégrale</u> de la mesure aléatoire est la mesure, compatible avec μ

$$< Z,\lambda > = \int\mu(d\omega)\int Z_s(\omega)\lambda(\omega,ds)$$

λ n'est pas nécessairement bornée, mais elle est somme dénombrable de mesures bornées, et à ce titre elle admet une projection (coprévisible ou cooptionnelle suivant le cas).

Les définitions d'homogénéité suivantes sont empruntées à BENVENISTE et JACOD.

DEFINITION 10. Une mesure aléatoire $\omega \mapsto \lambda(\omega,dt)$ est dite homogène si l'on a pour tout ω et tout $t \geq 0$

dans le cas de $\mathbb{R}_+^*$: $\int_{]0,\infty[} f(s)\lambda(\theta_t\omega,ds) = \int_{]t,\infty[} f(s-t)\lambda(\omega,ds)$

dans le cas de $\mathbb{R}_+$: $\int_{[0,\infty[} f(s)\lambda(\theta_t\omega,ds) = \int_{[t,\infty[} f(s-t)\lambda(\omega,ds)$

Lorsque la mesure aléatoire est finie, on peut la caractériser au moyen du processus croissant droit[1] (gauche) associé, et l'homogénéité se traduit par la propriété d'additivité du processus croissant A, la même dans les deux cas :

$$A_{t+s}(\omega) = A_t(\omega) + A_s(\theta_t\omega)$$

C'est cette identité de forme dans les deux cas qui fait l'intérêt du processus croissant gauche. Hélas ! AZEMA a ici confondu les deux mains appelant fonctionnelles additives gauches celles qui sont continues à droite.

Voici le théorème fondamental d'AZEMA sur les mesures. Nous l'établissons sous hypothèse de transience.

PROPOSITION 11. Soit λ une mesure bornée compatible avec μ sur $\mathbb{R}_+^*\times\Omega$ ($\mathbb{R}_+\times\Omega$). Pour que λ soit cooptionnelle (coprévisible), il faut et il suffit que λ admette une désintégration homogène.

DEMONSTRATION. Traitons par exemple le cas coprévisible. Soit L un temps a.ô. partout fini : nous allons supposer d'abord que λ est portée par $[0,L[$, et utiliser le retournement du temps.

Définissons une mesure $\hat{\lambda}$ sur $\mathbb{R}_+^*\times\Omega$ de la manière suivante : si (Z_t) $(t>0)$ est un processus $\underline{\underline{B}}(\mathbb{R}_+^*)\times\underline{\underline{F}}^\circ$-mesurable, nous notons $(\hat{Z}_t)_{t\geq 0}$ son retourné (nul sur $[L,\infty[$) qui est aussi mesurable, et posons

$$< Z,\hat{\lambda}> = <\hat{Z},\lambda>$$

Cette mesure $\hat{\lambda}$ est portée par $]0,L]$. Dire que λ (portée par $[0,L[$) commute avec la projection coprévisible équivaut à dire que $\hat{\lambda}$ commute avec la projection prévisible de l'opérateur $(\hat{k}_t)$ (prop.9 et 10), donc que $\hat{\lambda}$ admet une désintégration $\hat{\lambda}(\omega,dt)$ possédant la propriété suivante :

---

1. En général, nous appellerons processus droit le processus $\lambda(\omega,]0,.]$ processus gauche $\lambda(\omega,[0,.[)$, qui ne sont pas nécessairement continus à droite (à gauche) si λ n'est pas finie.

$\hat{\lambda}$ est une somme de mesures $\hat{\lambda}_n$ finies, dont les processus droits $\hat{A}^n$ associés sont algébriquement prévisibles pour $(\hat{k}_t)$ (cf. la fin du § 1).

Comme $\hat{\lambda}$ est portée par $]0,L]$, ensemble a.p. pour $(\hat{k}_t)$, on peut supposer aussi que $\hat{A}^n_\infty = \hat{A}^n_L$ identiquement.

Si $t \geq L(\omega)$, on a $L(\Theta_t\omega)=0$, donc $\hat{A}^n_\infty(\omega)=0$. Si $t<L(\omega)$, soit $s=L(\omega)-t$. On a en utilisant la propriété a.p.

$$\hat{A}^n_\infty(\Theta_t\omega) = \hat{A}^n_L(\Theta_t\omega) = \hat{A}^n_{L(\omega)-t}(\Theta_t\omega) = \hat{A}^n_s(\Theta_t\omega) = \hat{A}^n_s(\hat{k}_s\Theta_t\omega) = \hat{A}^n_s(\hat{k}_s\omega) = \hat{A}^n_s(\omega)$$

Cela montre que le processus $(\hat{A}^n_\infty \circ \Theta_t)$ est continu à gauche sur $]0,L[$, avec une limite à gauche en L nulle, qu'il est nul sur $[L,\infty[$, et décroissant. Le processus $A^n_t = A^n_\infty - A^n_\infty \circ \Theta_t$ est alors croissant, nul pour $t=0$, continu à gauche sur $]0,\infty[$. On vérifie aussitôt que $A^n_\infty = \hat{A}^n_\infty$, et la propriété d'additivité.

Pour avoir la désintégration homogène cherchée, on somme les $d\hat{A}^n_\cdot$ en n . Ceci règle le cas où λ est portée par $[0,L[$. Pour passer au cas général, on utilise l'hypothèse de transience : on coupe λ en mesures $\lambda.I_{[L_n,L_{n+1}[}$ qui commutent avec la projection coprévisible, et on somme à nouveau.

IV. APPLICATIONS AUX PROCESSUS DE MARKOV

Les résultats de ce paragraphe sont vraiment des applications très frappantes de la théorie générale qui précède. Mais il faut aussi que le lecteur ait le plaisir de lire AZEMA lui-même. Je vais donc présenter ces applications avec un minimum d'indications de démonstrations.

Nous allons considérer un processus de Markov droit (X_t) à valeurs dans un espace d'états E, dont nous désignerons par F un compactifié de RAY. Nous changerons d'emblée la topologie de E et sa tribu borélienne, en les remplaçant par la topologie et la tribu héritées de F. L'espace Ω de la réalisation sera celui des applications de $\mathbb{R}_+$ dans E continues à droite, admettant des limites à gauche dans $E \cup B$ (B est l'ensemble des points x de $F \setminus E$ telles que $\varepsilon_x P_0$ soit portée par E). On supposera que pour toute loi α (sur E) l'opérateur (Θ_t) est P^α-transient au sens donné à ce terme au § 2 .

COMMUTATION DE PROJECTIONS

Recopions quelques résultats plus ou moins connus de la théorie des processus de Markov.

A) Soit $(Z_t)_{t>0}$ ou $(Z_t)_{t\geq 0}$ un processus mesurable positif. Alors ses projections optionnelle et prévisible pour la mesure P^α sont indépendantes de la loi initiale α, et données par des noyaux.

Rappelons comment on fait cela (formule de DAWSON). Formons pour chaque t la fonction $(\omega,\omega')\mapsto Z_t(\omega/t/\omega')$ [notation expliquée dans l'exposé " ensembles aléatoires markoviens homogènes III"], puis les fonctions

(4.1) $F(\omega,t,x) = E^x[Z_t(\omega/t/.)]$ $x\in E$

(4.2) $G(\omega,t,x) = \int P_0(x,dy)F(\omega,t,y)$ $x\in E\cup B$

alors les projections cherchées sont les processus

(4.3) $Z_t^o(\omega) = F(\omega,t,X_t(\omega))$, $Z_t^p(\omega) = G(\omega,t,X_{t-}(\omega))$.

B) Supposons que $(Z_t)_{t\geqq 0}$ soit a.p̂.. Alors $Z_t=Z_0\circ\theta_t$, et la projection optionnelle $(Z_t^o)_{t\geqq 0}$ est le processus $(f\circ X_t)_{t\geqq 0}$, où $f=E^{\cdot}[Z_0]$ est borélienne. Deux conséquences :

- cette projection est encore coprévisible,
- si $(Z_t)_{t\geqq 0}$ est à la fois a.p̂. et a.o., il est indistinguable - pour toute loi P^α - d'un processus de la forme $(f\circ X_t)_{t\geqq 0}$.

Ce n'est pas sous cette forme que nous utiliserons le théorème : étant donné un processus mesurable positif (Z_t), et une loi $\mu=P^\alpha$, nous formerons la projection coprévisible $(Z_t^{\hat{p}})$ de (Z_t) pour μ, puis la projection optionnelle $(Z_t^{\hat{p}o})$ de $(Z_t^{\hat{p}})$: nous obtiendrons alors une classe de processus μ-indistinguables, parmi lesquels figurent des processus $(f\circ X_t)_{t\geqq 0}$, f étant définie à un ensemble α-négligeable et α-polaire près.

C) Supposons que $(Z_t)_{t>0}$ soit cooptionnel. Alors la projection prévisible $(Z_t^p)_{t>0}$ est encore un processus cooptionnel (à l'inverse de B), on ne peut affirmer qu'il soit de la forme $(f\circ X_{t-})$, mais seulement qu'il existe f telle que les processus (Z_t^p) et $(f\circ X_t)$ ne diffèrent que sur un ensemble à coupes dénombrables).

Ici le raisonnement est un peu plus délicat : on part du cas où Z est l'indicatrice d'un intervalle $]0,L]$, où L est a.ô.. Soit c la fonction excessive $P^{\cdot}\{L>0\}$. La projection optionnelle de $I_{]0,L[}$ est le processus $(c\circ X_t)_{t\geqq 0}$, d'où l'on déduit que la projection prévisible de $I_{]0,L]}$ est $((c\circ X_t)_-)_{t>0}$: c'est un processus cooptionnel.

D) Du côté des fonctionnelles additives, on a un résultat classique, qui revient à la théorie de la représentation des fonctions excessives :

<u>Soit</u> (A_t) <u>une fonctionnelle additive brute telle que</u> $E^{\cdot}[A_\infty]$ <u>soit partout finie</u>. <u>Il existe alors une fonctionnelle additive prévisible</u> (B_t), <u>qui est compensatrice prévisible de</u> (A_t) <u>pour toute loi</u> P^α.

AZEMA, en s'appuyant sur la théorie de la représentation des fonctions surmédianes régulières (adaptée d'un travail de MERTENS) a montré que de même :
Si (A_t) est une fonctionnelle additive brute gauche, telle que $E^{\cdot}[A_{\infty}]$ soit finie, il existe une fonctionnelle gauche (B_t) qui est compensatrice optionnelle de (A_t) pour toute loi P^{α}.

Il est curieux que GETOOR-SHARPE aient utilisé un troisième théorème du même genre, relatif à la compensatrice optionnelle d'une fonctionnelle brute droite. Cela suggère que le quatrième (compensatrice prévisible d'une fonctionnelle gauche) est vrai aussi. Ces théorèmes n'ont pas d'applications immédiates dans cet exposé.

REMARQUE. En B) et C), il faut se méfier : si $(Z_t)_{t>0}$ est a.p̂., il est prolongeable d'après le lemme 1 en un processus $(Z_t)_{t\geq 0}$ a.p̂.. Soit $f=E^{\cdot}[Z_0]$; la projection prévisible de $(Z_t)_{t>0}$ est le processus $(g\circ X_{t-})_{t>0}$, où $g=P_0 f$. Mais ce processus, bien qu'homogène, n'est pas nécessairement a.p̂.. Ainsi, on n'a pas quatre théorèmes, mais deux . C'est pour cela que, dans le théorème ci-dessous, seules les projections croisées (relatives au même ensemble de temps) commutent.

THEOREME. Soit $(Z_t)_{t>0}$ un processus $\underline{\underline{B}}(\mathbb{R}_+^*)\times\underline{\underline{F}}^{\circ}$-mesurable borné, et soit μ une mesure de la forme P^{α}. Alors - les projections cooptionnelles étant relatives à μ - on a $Z^{p\hat{o}}= Z^{\hat{o}p}$. De même, pour un processus $(Z_t)_{t\geq 0}$ on a $Z^{\hat{p}o}=Z^{o\hat{p}}$.

DEMONSTRATION. $Z^{p\hat{o}}$ est par définition un processus a.ô., tandis que $Z^{\hat{o}p}$ est a.ô. en tant que projection prévisible d'un processus a.ô. (propriété (B)). D'après le théorème de section, il suffit de montrer que pour tout temps a.ô. L on a $E^{\alpha}[Z_L^{\hat{o}p}]=E^{\alpha}[Z_L^{p\hat{o}}]$. Mais l'intégration sur le graphe de L est l'intégration par rapport à une fonctionnelle additive brute (droite) (A_t), c'est une mesure cooptionnelle λ. Soit (B_t) sa compensatrice prévisible (B_t) - cf. (D) plus haut - et soit $\lambda^p(U)=E^{\mu}[\int_{\mathbb{R}_+^*} U_s dB_s]$, la projection prévisible de λ. Nous avons

$$
\begin{aligned}
E^{\alpha}[Z_L^{\hat{o}p}] &= \langle Z^{\hat{o}p},\lambda\rangle = \langle Z^{\hat{o}},\lambda^p\rangle && \text{par définition de } \lambda^p \\
&= \langle Z,\lambda^p\rangle && \text{car } \lambda^p \text{ est donnée par une fonct. add., i.e. est cooptionnelle} \\
&= \langle Z^p,\lambda\rangle && \text{par définition de } \lambda^p \\
&= \langle Z^{p\hat{o}},\lambda\rangle && \text{car } \lambda \text{ est cooptionnelle} \\
&= E^{\alpha}[Z_L^{p\hat{o}}] && \text{cqfd .}
\end{aligned}
$$

L'APPLICATION AU RETOURNEMENT DU TEMPS

C'est le but principal du travail d'AZEMA, mais nous n'en donnerons qu'une esquisse. Une analogie va nous guider. Connaissant la mesure $\mu=P^{\alpha}$, comment pouvons nous construire directement les mesures P^x, sans passer par la construction du semi-groupe, etc ? Nous regardons une v.a. $h \geqq 0$ $\underline{F}^{\circ}$-mesurable , le processus $(Z_s)=(h \circ \theta_s)$, sa projection optionnelle (Z_s^o) . Celle-ci est de la forme $(H \circ X_s)$, où H est est une fonction sur E, définie à un ensemble α-négligeable et α-polaire près. L'application $h \longmapsto H$ peut se relever en un noyau N de E dans Ω, et alors $N(x,.)=P^x$, sauf pour des x qui forment un ensemble α-négligeable et α-polaire.

Nous allons faire la construction dans l'autre sens : partons d'une v.a. $\underline{F}^{\circ}$-mesurable $h \geqq 0$, et construisons le processus optionnel (même prévisible) $(h \circ k_s)_{s \geqq 0}$, puis sa projection coprévisible $(Z_s^{\bar{p}})$ pour μ. Elle est comme ci-dessus de la forme $(H \circ X_s)$, nous construisons $\bar{N}$ donnant l'application $h \longmapsto H$ par relèvement, et nous posons $\bar{N}(x,.)=\bar{P}^x$.

Fixons maintenant un temps de retour fini L quelconque, et construisons le processus $(\hat{X}_t)$ retourné de (X_t) à L : alors (sauf pour des x qui forment un ensemble α-négligeable et α-polaire) le processus continu à gauche $(\hat{X}_t)$ est modérément markovien pour $\bar{P}^x$: les mesures " retournées" des $\bar{P}^x$ sont les mesures $\hat{P}^x$ du processus retourné. Cela fournit une démonstration très claire du théorème de CHUNG et WALSH sur le retournement du temps, et du même coup une parfaite explication du rôle de la "topologie cofine" dans les questions de retournement.

UNE APPLICATION A LA REPRESENTATION DES MESURES

Ici encore, laissons nous guider par une analogie : supposons que nous soyons sous des hypothèses de dualité, avec αU comme mesure de référence. Si β est une mesure qui ne charge pas les ensembles polaires (qui sont aussi les ensembles α-polaires, puisque αU est de référence !), son potentiel de Green $U\beta$ sera de la classe (D) s'il est fini, et sera donc engendré par une fonctionnelle additive (droite, même prévisible) B . On sait montrer que $U(f\beta)=U_{fB}$ pour toute $f \geqq 0$. Alors

(4.4) $\quad <\beta,f> = < \alpha,U(f\beta)> = E^{\alpha}[\int_0^{\infty} f \circ X_s dB_s]$

Ceci ne fait plus intervenir le noyau de Green : c'est une représentation de la mesure β par une intégrale sur les trajectoires du processus issu de α. On va essayer de faire la même chose sans dualité.

THEOREME. Soient α et β deux mesures bornées, telles que β ne charge pas les ensembles α-négligeables et α-polaires. Il existe alors une fonctionnelle additive gauche[1] (A_t) telle que

(4.5) $$<\beta,f> = E^{\alpha}[\int_{[0,\infty[} f\circ X_s dA_s]$$

On a alors, pour toute v.a. $h\geq 0$ sur Ω

(4.6) $$E^{\beta}[h] = E^{\alpha}[\int_{[0,\infty[} h\circ\Theta_s dA_s] .$$

Deux fonctionnelles satisfaisant à (4.5) sont α-indistinguables.

DEMONSTRATION. Soit $\mu=P^{\alpha}$. Nous définissons une mesure λ sur $\mathbb{R}_+\times\Omega$ de la manière suivante : à tout processus mesurable positif $(Z_t)_{t\geq 0}$ nous associons le processus $(Z_t^{o\hat{p}})_{t\geq 0}$ calculé pour μ - c'est en fait une classe de processus μ-indistinguables, qui contient des processus de la forme $(f\circ X_t)_{t\geq 0}$, où f est définie à un ensemble α-négligeable et α-polaire près. Nous pouvons alors poser $<\lambda,Z> = <\beta,f>$. λ est une mesure compatible avec μ, qui est à la fois optionnelle et coprévisible d'après le théorème de commutation de projections. Il existe donc une fonctionnelle gauche adaptée (A_t) telle que

(4.7) $$\lambda(Z) = E^{\alpha}[\int_{[0,\infty[} Z_s dA_s] \text{ pour tout } Z$$

Prenant $Z_s=f\circ X_s$, nous avons $Z^{o\hat{p}}=Z$, et $<\lambda,Z>=<\beta,f>$, d'où (4.5).

Maintenant, supposons en sens inverse que $\bar{A}$ soit une fonctionnelle adaptée gauche satisfaisant à (4.5). Soit Z un processus mesurable positif, et soit f définie par $Z_t^{o\hat{p}}=f\circ X_t$. Comme la mesure $\bar{\lambda}$: $Z\longmapsto E^{\alpha}[\int_{[0,\infty[} Z_s d\bar{A}_s]$ commute avec la projection $Z\longmapsto Z^{o\hat{p}}$, on a $\bar{\lambda}(Z) = E^{\alpha}[\int_{[0,\infty[} f\circ X_s d\bar{A}_s] = <\beta,f> = \lambda(Z)$, donc $\bar{\lambda}=\lambda$, et les deux fonctionnelles $\bar{A}$ et A sont indistinguables pour μ.

Nous allons maintenant chercher à remplacer la fonctionnelle gauche par une fonctionnelle droite. Pour cela nous avons besoin de quelques remarques sur les fonctionnelles gauches. Toute fonctionnelle gauche se décompose en une partie continue (qui est aussi une fonctionnelle droite) et une somme de fonctionnelles gauches , dont les sauts sont minorés par un $\varepsilon>0$ (de sorte qu'il n'y en a qu'un nombre fini dans tout intervalle fini). Soit (H_t) une telle fonctionnelle. Soit h une fonction presque-borélienne telle que pour toute loi P^x, $H_{0+}=h\circ X_0$ p.s..

1. Il est intéressant de noter que dA ne charge pas ζ si $\beta(\{\partial\})=0$.

Alors les processus (H_t) et $(\sum_{0\leqq s<t} h\circ X_t)$ sont indistinguables. Comme (H_t) est finie, et h est (ou peut être choisie) $\geqq\varepsilon$ sur $\{h>0\}$, l'ensemble $S_H=\{h>0\}$ est semi-polaire, et même mieux : presque toute trajectoire le rencontre suivant un ensemble discret.

Nous pouvons maintenant revenir au problème précédent.

THEOREME. Soit β une mesure bornée qui ne charge pas les ensembles α-polaires. Il existe alors une fonctionnelle additive (adaptée) droite (B_t) telle que pour toute $f\geqq 0$

(4.8) $$<\beta,f> = E^{\alpha}[\int_0^{\infty} f\circ X_s dB_s]$$

On peut en outre affirmer que la partie discontinue de B est de la forme

(4.9) $$B_t^d = \sum_{0<s\leqq t} b\circ X_s$$ où b est presque-borélienne positive, nulle hors d'un ensemble semi-polaire[1].

DEMONSTRATION. Nous partons de la représentation de β au moyen d'une fonctionnelle gauche (A_t) vue plus haut, et nous décomposons A en une partie continue - qui est aussi une fonctionnelle droite - et une somme de fonctionnelles à sauts bornés inférieurement, du type considéré avant l'énoncé. Il suffit évidemment d'établir que pour chacune d'elles - notons la (H_t) comme plus haut - il existe une fonctionnelle droite (K_t) telle que pour toute f

$$E^{\alpha}[\int_{[0,\infty[} f\circ X_s dH_s] = E^{\alpha}[\int_0^{\infty} f\circ X_s dK_s]$$

Notons $\eta(f)$ le premier membre. Notons aussi ξ une mesure bornée équivalente à la mesure

$$f\mapsto E^{\alpha}[\sum_{s>0} I_{S_H}\circ X_s f\circ X_s]$$

une partie ξ-négligeable de S_H est α-polaire (non nécess^t α-néglig.). Posons maintenant, avec les notations employées juste avant le théorèm

$$K_t^1 = \sum_{0<s\leqq t} h\circ X_s \quad , \eta^1 = h.\alpha$$

K^1 est une fonctionnelle droite majorée par H, et nous avons

1. Sous les hypothèses de dualité usuelles, l'hypothèse (B) de HUNT entraîne que les temps totalement inaccessibles ne passent pas dans les semi-polaires : donc B est accessible (cf. La frontière de Martin, p. 121). Si $\beta(\{\partial\})=0$, B ne charge pas ζ. Cette classe de fonctionnelles est intéressante.

$$\eta(f)=E^{\alpha}[\int_{[0,\infty[} f\circ X_s dH_s] = E^{\alpha}[\int_0^{\infty} f\circ X_s dK_s^1] + \eta^1(f)$$

η^1 est une mesure qui ne charge pas les ensembles α-négligeables et α-polaires, elle admet donc une représentation

$$\eta^1(f) = E^{\alpha}[\int_{[0,\infty[} f\circ X_s dH_s^1]$$

au moyen d'une fonctionnelle gauche, portée par S_H , donc de la forme $\sum_{0\leq s<t} h^1\circ X_s$, où h^1 est positive et nulle hors de S_H. Posons

$$K_t^2 = \sum_{0<s\leq t} h^1\circ X_s \quad , \ \eta^2 = h^1.\alpha$$

η^2 ne charge pas les ensembles α-négligeables et α-polaires, etc. On voit là l'amorce d'une récurrence transfinie. Il arrivera dans cette récurrence un premier ordinal dénombrable ρ tel que

$k=\sum_{\sigma\leq\rho} h^{\sigma}$ soit borne supérieure essentielle pour ξ de toutes les sommes analogues

Soit $K_t=\sum_{0<s\leq t} k\circ X_s$, fonctionnelle droite. Ecrivons

$$<\eta,f> = E^{\alpha}[\int_{[0,\infty[} f\circ X_s dH_s]=E^{\alpha}[\int_0^{\infty} f\circ X_s \, dK_s] + \eta'(f)$$

η' se représente comme $E^{\alpha}[\int_{[0,\infty[} f\circ X_s dH'_s]$, et H'_t s'écrit $\sum_{0\leq s<t} h'\circ X_s$, mais cette fois le caractère maximal de ρ entraîne que h' est ξ-négligeable, donc α-polaire. Si β ne charge pas les α-polaires, h' est nulle et le théorème est démontré : mais en fait nous avons prouvé mieux :

COROLLAIRE (de la démonstration). Si β ne charge pas les ensembles α-négligeables et α-polaires, il existe une fonctionnelle droite K, du type envisagé dans l'énoncé précédent, et une fonction positive h nulle hors d'un ensemble α-polaire, telle que

(4.10) $\quad \beta = \alpha U_K + h.\alpha$.

BIBLIOGRAPHIE

J.AZEMA. Une remarque sur les temps de retour, trois applications. Séminaire de Prob. Strasbourg VI. Lect. Notes vol.258, 1972.

J.AZEMA. Le retournement du temps. A paraître aux Annales E.N.S.

APPENDICE

Nous allons maintenant revenir à la situation générale des paragraphes II et III, pour tenter de voir si la construction de fonctionnelles additives droites qui vient de servir à la représentation des mesures sur un processus de Markov a une signification plus générale. Nous aurons besoin pour cela d'un mot nouveau : nous dirons que $A\in\underline{\underline{F}}^{o}$ est polaire (μ-polaire, si la précision est utile) si le processus $(I_A\circ\theta_t)_{t>0}$ est μ-évanescent, évanescent si le processus $(I_A\circ\theta_t)_{t\geq 0}$ est μ-évanescent. Il arrive que les deux notions coïncident (cas des processus de Markov : mesures P^{α} où α est p-excessive ; en théorie classique du potentiel mesures P^{α} où α ne charge pas les ensembles polaires classiques). Le lemme 1 (§ 2) nous dit que tout processus coprévisible $(Z_t)_{t>0}$ est prolongeable en un processus coprévisible $(Z_t)_{t\geq 0}$, et il est évident que Z_0 est définie à un ensemble polaire près.

Soit λ une mesure positive bornée sur $\mathbb{R}_+\times\Omega$, compatible avec μ, et coprévisible (i.e., donnée par une fonctionnelle additive brute gauche). Construisons par récurrence transfinie

$$\lambda_1 = I_{\mathbb{R}_+^*\times\Omega}.\lambda \qquad , \ \lambda'_1 = (I_{\{0\}\times\Omega}.\lambda)^{\hat{p}} \text{ (proj. coprévisible)}$$

puis, si α est un ordinal dénombrable

$$\lambda_{\alpha+1}=I_{\mathbb{R}_+^*\times\Omega}.\lambda'_\alpha \qquad , \ \lambda'_{\alpha+1}=(I_{\{0\}\times\Omega}.\lambda'_\alpha)^{\hat{p}}$$

Si α est un ordinal limite, d'autre part

$$\lambda_\alpha = 0 \ , \qquad \lambda'_\alpha = \inf_{\beta<\alpha} \lambda'_\beta$$

Posons aussi pour tout ordinal α , $\Lambda_\alpha=\sum_{\beta\leqq\alpha}\lambda_\beta$. Pour tout α , Λ_α est une mesure portée par $\mathbb{R}_+^*\times\Omega$, donnée par une fonctionnelle additive brute droite, et $\lambda=(\Lambda_\alpha)^{\hat{p}} + \lambda'_\alpha$. La suite des masses totales des Λ_α est stationnaire à partir d'un ordinal dénombrable, et il existe donc un premier ordinal γ tel que $\lambda_{\gamma+1}=0$. Posons $\Lambda_\gamma=\Lambda$, $\lambda'_\gamma=\lambda^o$: λ^o est une mesure coprévisible, et le fait que $\lambda_{\gamma+1}=0$ entraîne que λ^o est portée par $\{0\}\times\Omega$. Rien n'est plus facile que d'écrire la fonctionnelle gauche correspondante : $A^o_t = f.I_{\{t\geq 0\}}$, où f est positive, intégrable, nulle hors d'un ensemble polaire. Ainsi :

THEOREME. Si λ est coprévisible, il existe une fonctionnelle brute droite (B_t), une fonction f positive nulle hors d'un ensemble polaire, telles que pour tout processus $(Z_t)_{t\geq 0}$

$$\langle\lambda,Z\rangle = E^{\mu}[\int_0^{\infty} Z_s^{\hat{p}}dB_s] + E^{\mu}[f.Z_0^{\hat{p}}]$$

UNE NOTE SUR LA COMPACTIFICATION DE RAY

par P.A.Meyer

Les auteurs de l'article Quelques applications des résolvantes de Ray (Invent. Math. 14,1971) se sont mis à deux pour déclarer (bas de la page 154) que rien ne permet d'affirmer que E soit universellement mesurable dans (son compactifié de RAY) F . Effectivement, ces Messieurs avaient raison de ne pas affirmer ce qu'ils ne savaient pas démontrer ! Voici une démonstration de ce fait. Plus précisément, J.F. MERTENS dans un article récent , a montré que E est presque-borélien dans F, mais sa démonstration est plus compliquée.

D'abord, soit μ une mesure bornée sur E : μ est portée par un ensemble A_μ borélien dans E (donc lusinien métrisable) sur lequel toutes les fonctions f_n définissant la compactification sont boréliennes. D'après le th. de Lusin, A_μ (image d'un lusinien par une injection borélienne) est borélien dans F. Alors μ a une mesure image $\overline{\mu}$ dans F, portée par A_μ , donc par E, et E est $\overline{\mu}$-mesurable.

Ensuite, soit λ une mesure bornée sur F , et soit G un borélien de F, contenant E et de mesure minimale pour λ. Alors tout borélien H de E est trace d'un borélien H' de F, et $\lambda(G\cap H')=\mu(H)$ ne dépend que de H, non du choix de H' : μ est une mesure sur E. Il existe alors comme ci-dessus A_μ borélien dans E et dans F portant μ , donc $\lambda(A_\mu)=\mu(A_\mu)=\mu(E)=\lambda(G)$, $G\setminus A_\mu$ est λ-négligeable, et E est λ-mesurable.

(Cette démonstration est empruntée à un travail non publié de L. SCHWARTZ sur les mesures de Radon).

Université de Strasbourg
Séminaire de Probabilités 1972/73

NOYAUX MULTIPLICATIFS

par P.A.Meyer

L'exposé qui suit est inspiré par un remarquable travail de J. JACOD, qui étudie la structure d'un processus de Markov de la forme (X_t,Y_t) à valeurs dans un espace produit $E\times F$, et dont la première composante (X_t) est déjà à elle seule un processus de Markov. Le résultat principal de JACOD peut se résumer ainsi : la structure du processus (X_t,Y_t) est décrite par un "noyau multiplicatif" , qui est une sorte de fonctionnelle multiplicative du processus (X_t), à valeurs dans l'ensemble des noyaux sur F . Conditionnellement au processus (X_t), le processus (Y_t) est une sorte de processus de Markov non homogène dans le temps, dont la fonction de transition est donnée par le noyau multiplicatif. Malheureusement, les ensembles exceptionnels de mesure nulle sont placés de façon désagréable, de telle façon que nous avons dû, par deux fois, utiliser l'expression "une sorte de" dans la phrase précédente.

Une comparaison éclairera un peu la situation : la théorie de JACOD contient comme cas particulier (nous le verrons au § 3) la vieille théorie des semi-groupes subordonnés à un semi-groupe (P_t). Elle est alors assez bonne pour redonner l'existence de la fonctionnelle multiplicative correspondante, ainsi que sa propriété de Markov forte, mais non l'existence d'une version parfaite de la fonctionnelle.

Nous nous proposons ici d'exposer les résultats de JACOD dans une situation un peu plus générale (à peine : simplement nous remplaçons le produit $E\times F$ par un espace quelconque "au dessus" de E , mais les deux situations se ramènent l'une à l'autre). Nous essayons de construire la meilleure version possible du noyau multiplicatif, et cela nous entraîne dans des détails techniques pénibles. L'exposé est donc plus fatigant que celui de JACOD, dont la lecture est vivement recommandée.

I. LA THEORIE GENERALE : CAS DES PROCESSUS DE RAY

Nous considérons deux espaces <u>métriques compacts</u> E et $\overline{E}$, et une application <u>continue</u> p de E dans $\overline{E}$. Comme d'habitude en théorie des processus de Markov, nous distinguons dans les espaces d'états des points notés respectivement ∂ et $\overline{\partial}$, et nous faisons ici l'hypothèse que $p(\partial)=\overline{\partial}$.

Nous désignons par (P_t) et $(\overline{P}_t)$ deux semi-groupes de RAY markoviens sur E et $\overline{E}$ respectivement, admettant ∂ et $\overline{\partial}$ comme points absorbants. Nous supposons que (P_t) est "au dessus" de $(\overline{P}_t)$ au sens suivant

(1) Pour toute f sur $\overline{E}$, tout $x \in E$, $P_t(x, f \circ p) = \overline{P}_t(p(x), f)$.

L'hypothèse de RAY ne joue qu'un petit rôle : elle intervient surtout pour des questions de mesurabilité. Mais par ailleurs elle ne restreint pratiquement pas la généralité (cf. § 2).

Nous réalisons maintenant les deux semi-groupes sur deux espaces d'applications continues à droite de $\mathbb{R}_+$ dans E et $\overline{E}$ respectivement, à durée de vie. Avec les notations usuelles,

$$\Omega, \underline{\underline{F}}^o, X_t, \underline{\underline{F}}^o_t, \zeta, P^{\cdot}, \ldots \quad ; \quad \overline{\Omega}, \underline{\underline{\overline{F}}}^o, \overline{X}_t, \underline{\underline{\overline{F}}}^o_t, \overline{\zeta}, \overline{P}^{\cdot}, \ldots$$

sur lesquels nous faisons les hypothèses suivantes

- $(\Omega, \underline{\underline{F}}^o)$ et $(\overline{\Omega}, \underline{\underline{\overline{F}}}^o)$ sont des espaces lusiniens[1],
- pour tout $\omega \in \Omega$, l'application $p(\omega)$: $t \mapsto p \circ X_t(\omega)$ appartient à $\overline{\Omega}$,
- $\Omega, \overline{\Omega}$ sont stables par les opérateurs de translation et de meurtre

(nous noterons ceux-ci θ_t, k_t sur les deux espaces).

Nous utiliserons systématiquement les notations suivantes : chaque fois que l'on rencontre dans une formule un point de E et un point de $\overline{E}$ désignés par une même lettre : x et $\overline{x}$ par exemple, il est entendu que $\overline{x} = p(x)$. De même pour les mesures, μ et $\overline{\mu}$ dans une formule sous-entendent que $\overline{\mu}$ est l'image $p(\mu)$ de μ. De même pour ω et $\overline{\omega}$ dans Ω et $\overline{\Omega}$. Si f est une fonction sur $\overline{E}$ (resp. $\overline{\Omega}$) nous notons aussi f (sauf danger de confusion) la fonction $f \circ p$ sur E (resp. $\overline{\Omega}$). En particulier, nous avons sur Ω des v.a. $\overline{X}_t \circ p$ notées $\overline{X}_t$, qui engendrent des tribus naturelles notées aussi $\underline{\underline{\overline{F}}}^o_t$, contenues dans les $\underline{\underline{F}}^o_t$: cela sera très commode[2].

Avec ces notations, la formule (1) s'écrit $\overline{P}_t(\overline{x}, f) = P_t(x, f)$, ou simplement "$P_t f = \overline{P}_t f$ sur E", mais cette dernière manière est vraiment trop concise.

Soulignons que les réalisations sont continues à droite, y compris en 0 : si x est un point de branchement, la loi de X_0 pour P^x est $\varepsilon_x P_0$. Noter que si x appartient à $\underline{\underline{D}}$, l'ensemble des points de non branchement de E, on a $\overline{x} \in \underline{\underline{\overline{D}}}$

On déduit immédiatement de l'hypothèse (1) la propriété plus forte

(2) Pour tout $x \in E$, l'image par p de P^x est $\overline{P}^{\overline{x}}$.

---

[1] Il semble que la bonne hypothèse serait que ce soient des complémentaires d'analytiques, mais je n'ai pas eu le courage d'écrire les détails.

[2] Dans des notations comme $\overline{P}^{\overline{\mu}}$, nous écrivons simplement $P^{\overline{\mu}}$ (mais $\overline{P}^{\cdot}$, $\overline{E}^{\cdot}$).

CONSTRUCTION D'UNE DESINTEGRATION BRUTE

L'espace $(\Omega,\underline{\underline{F}}^o)$ étant supposé lusinien, il peut se plonger comme sous-ensemble borélien dans un espace métrique compact $\check{\Omega}$. En fait, nous utiliserons un peu plus loin un espace compact bien défini, que nous allons décrire à présent.

Soit $\underline{\underline{C}}_0(E)$ l'ensemble des fonctions f continues sur E, nulles au point ∂, et soit $\underline{\underline{H}}$ l'ensemble des fonctions de la forme

$$(3) \qquad I_{f,s,t}(\omega) = \int_s^t f\circ X_u(\omega)du \qquad f\varepsilon\underline{\underline{C}}_0(E),\ s\leq t$$

Cet ensemble est séparable pour la convergence uniforme, stable par les opérateurs de translation ($I_{f,s,t}\circ\theta_r = I_{f,s+r,t+r}$) et de meurtre ($I_{f,s,t}\circ k_r = I_{f,s\wedge r,t\wedge r}$). Nous noterons $\underline{\underline{U}}_0$ l'algèbre engendrée par $\underline{\underline{H}}$, et $\underline{\underline{U}}$ l'algèbre à unité $\mathbb{R}.1+\underline{\underline{U}}_0$. Leurs fermetures pour la convergence uniforme sont notées $\underline{\underline{U}}_0^-$, $\underline{\underline{U}}^-$. Noter les propriétés suivantes

- $\underline{\underline{U}}_0,\underline{\underline{U}}\ldots$ sont séparables pour la convergence uniforme, séparent Ω, sont stables pour les opérateurs de translation et de meurtre
- Si $g\varepsilon\underline{\underline{U}}^-$, les applications $t\mapsto g\circ\theta_t$, $t\mapsto g\circ k_t$ sont continues sur $\mathbb{R}_+$ pour la convergence uniforme, et convergent vers g uniformément lorsque $t\to 0$ et $t\to\infty$ respectivement.

<u>Nous notons</u> $\check{\Omega}$ <u>le compactifié de</u> Ω <u>relativement à</u> $\underline{\underline{U}}$. D'après le théorème de STONE, la trace de $\underline{\underline{C}}(\check{\Omega})$ sur Ω est $\underline{\underline{U}}^-$. La tribu induite sur Ω par $\underline{\underline{B}}(\check{\Omega})$ est $\underline{\underline{F}}^o_v$, et le caractère lusinien de Ω entraîne que Ω est borélien dans $\check{\Omega}$.

La théorie de la désintégration des mesures nous donne directement le résultat suivant:

PROPOSITION 1. <u>Pour tout couple</u> $(x,\overline{w})$, <u>on peut choisir une mesure</u> $M^x(\overline{w},.)$ <u>sur</u> Ω, <u>de telle sorte que les propriétés suivantes soient satisfaites</u>

1) $M^x(\overline{w},.)$ <u>est une loi de probabilité</u>, <u>ou</u> $M^x(\overline{w},.) = 0$. <u>Pour tout</u> $\overline{w}$ <u>elle est portée par</u> $\{\ \omega : \overline{\omega}=\overline{w}\ \}$.
2) <u>L'application</u> $(x,\overline{w})\mapsto M^x(\overline{w},f)$ <u>est</u> $\underline{\underline{B}}(E)\times\overline{\underline{\underline{F}}}^o$<u>-mesurable pour toute</u> f $\underline{\underline{F}}^o$<u>-mesurable positive</u>.
3) <u>On a pour tout</u> x

$$(4) \qquad P^x(d\omega) = \int_{\overline{\Omega}} M^x(\overline{w},d\omega)\overline{P}^x(d\overline{w})$$

En fait, nous ne travaillerons guère sur $\overline{\Omega}$, mais plutôt sur Ω. Aussi poserons nous pour $\omega\varepsilon\Omega$, conformément à nos notations

$$(5) \qquad M^x(\omega,.) = M^x(\overline{\omega},.)$$

La fonction $(x,\omega)\longmapsto M^x(\omega,.)$ est $\underline{\underline{B}}(E)\times\underline{\underline{F}}^\circ$-mesurable sur Ω. Dans tous les cas, les espérances par rapport à $M^x(\omega,.)$, $M^x(\bar\omega,.)$ seront notées $M^x_\omega[\dots]$, $M^x_{\bar\omega}[\dots]$.

Une autre notation :

(6) $$N(\omega,d\omega') = M^{X_0(\omega)}(\omega,d\omega')$$

C'est un noyau de $(\Omega,\underline{\underline{F}}^\circ_0\vee\overline{\underline{\underline{F}}}^\circ)$ dans $(\Omega,\underline{\underline{F}}^\circ)$. Pour tout ω, la mesure $N(\omega,.)$ est portée par $\{ w : \bar w=\bar\omega \}$. Enfin, pour toute loi initiale μ et toute f $\underline{\underline{F}}^\circ$-mesurable positive

(7) $$E^\mu[f|\underline{\underline{F}}^\circ_0\vee\overline{\underline{\underline{F}}}^\circ] = N(.,f) \quad P^\mu\text{-p.s.}$$

La proposition suivante contient les deux propriétés fondamentales de la désintégration.

PROPOSITION 2. a) *Si* c *est* $\underline{\underline{F}}^\circ_t$*-mesurable positive, on a pour toute loi initiale* μ

(8) $$E^\mu[c|\underline{\underline{F}}^\circ_0\vee\overline{\underline{\underline{F}}}^\circ_t] = N(.,c) \quad P^\mu\text{-p.s.}$$

autrement dit, $N(.,c)$ *est* P^μ*-p.s. égale à une fonction* $\underline{\underline{F}}^\circ_0\vee\overline{\underline{\underline{F}}}^\circ_t$*-mesurable.*

b) *Si* c *est* $\underline{\underline{F}}^\circ$*-mesurable positive, et* T *est un temps d'arrêt de la famille* $(\underline{\underline{F}}^\circ_{t+})$, *on a* P^μ*-p.s. sur* $\{T<\infty\}$

(9) $$E^\mu[c\circ\theta_T|\underline{\underline{F}}^\circ_{T+}\vee\overline{\underline{\underline{F}}}^\circ] = N(\theta_T.,c) \quad P^\mu\text{-p.s.}$$

[la propriété b) est plus importante que a)].

DEMONSTRATION. Il nous suffit de démontrer (8) lorsque μ est de la forme ε_x, où x n'est pas un point de branchement : (8) s'écrit alors, $\underline{\underline{F}}^\circ_0$ étant dégénérée

(10) $$E^x[c|\overline{\underline{\underline{F}}}^\circ_t] = E^x[c|\overline{\underline{\underline{F}}}^\circ] \quad P^x\text{-p.s.}$$

Notons m le premier membre : il s'agit de vérifier que pour toute fonction h $\overline{\underline{\underline{F}}}^\circ$-mesurable positive on a $E^x[ch]=E^x[mh]$. Par classes monotones on se ramène au cas où h est de la forme $a.b\circ\theta_t$, où a est $\overline{\underline{\underline{F}}}^\circ_t$-mesurable et b est $\underline{\underline{F}}^\circ$-mesurable. Soit B la fonction $\bar E^{\cdot}[b]$ sur $\bar E$, ou sur E suivant nos conventions de notations. L'hypothèse fondamentale sous la forme (2) entraîne que

$$\text{sur } \Omega \quad E[b\circ\theta_t|\underline{\underline{F}}^\circ_t]=E^{X_t}[b]=\bar E^{\bar X_t}[b]= B\circ\bar X_t, \text{ fonction } \underline{\underline{F}}^\circ_t\text{-mesurable}$$

Alors la vérification de (10) s'écrit

$$\begin{aligned} E^x[ch] &= E^x[c.a.b\circ\theta_t]=E^x[c.a.E^{X_t}[b]] \text{ puisque } ac \text{ est } \underline{\underline{F}}^\circ_t\text{-mesurable} \\ &= E^x[a.B\circ\bar X_t.c]=E^x[a.B\circ\bar X_t.m] \text{ puisque } a.B\circ\bar X_t \text{ est } \overline{\underline{\underline{F}}}^\circ_t\text{-mesurable} \\ &= E^x[a.m.B\circ\bar X_t]=E^x[a.m.b\circ\theta_t] \text{ puisque } am \text{ est } \underline{\underline{F}}^\circ_t\text{-mesurable} \\ &= E^x[mh] \text{ (cqfd).} \end{aligned}$$

Passons à (b). Notons $\underline{\underline{H}}$ la tribu $\underline{\underline{F}}^o_{T+} \vee \Theta_T^{-1}(\overline{\underline{\underline{F}}}^o)$; je dis qu'elle contient $\underline{\underline{F}}^o_{T+} \vee \overline{\underline{\underline{F}}}^o$. Comme elle contient $\underline{\underline{F}}^o_{T+}$ il suffit de voir que les v.a. $\overline{X}_t$ sur Ω sont $\underline{\underline{H}}$-mesurables. Or $\overline{X}_{T+t}$ est $\underline{\underline{H}}$-mesurable pour tout t. Par continuité à droite, on en déduit le même résultat pour $\overline{X}_{T+U}$, où U est $\underline{\underline{H}}$-mesurable positive. Comme T est $\underline{\underline{F}}^o_{T+}$-mesurable, c'est vrai pour $\overline{X}_{T\vee t}$, tandis que $\overline{X}_{T\wedge t}$ est $\underline{\underline{F}}^o_{T+}$-mes., donc $\underline{\underline{H}}$-mes. Finalement, $\overline{X}_t$ est $\underline{\underline{H}}$-mesurable. D'autre part, $\overline{X}_t \circ \Theta_T = \overline{X}_{T+t}$ est mesurable p.r. à $\underline{\underline{F}}^o_{T+} \vee \overline{\underline{\underline{F}}}^o$, d'où l'inclusion inverse : les deux tribus sont donc identiques.

N(.,c) est $\underline{\underline{F}}^o_0 \vee \overline{\underline{\underline{F}}}^o$-mesurable, donc $N(\Theta_T.,c)$ est $\underline{\underline{H}}$-mesurable. Il reste à vérifier que si h est $\underline{\underline{H}}$-mesurable positive, on a (en posant N(.,c)=n

$$(11) \qquad E^\mu[c\circ\Theta_T.h] = E^\mu[n\circ\Theta_T.h]$$

Par classes monotones on se ramène au cas où h est de la forme $a.b\circ\Theta_T$ où a est $\underline{\underline{F}}^o_{T+}$-mesurable, b $\overline{\underline{\underline{F}}}^o$-mesurable. Mais alors, en conditionnant par rapport à $\underline{\underline{F}}^o_{T+}$ grâce à la propriété de Markov forte de (X_t), la vérification de (11) se réduit à

$$(12) \qquad E^\bullet[bc] = E^\bullet[bn]$$

Comme b est $\overline{\underline{\underline{F}}}^o$-mesurable, cela résulte de (7).

NOYAUX MULTIPLICATIFS

Indiquons rapidement comment la proposition 2 permet de retrouver (à de légers raffinements près) l'existence des noyaux multiplicatifs selon JACOD . Pour toute fonction f borélienne bornée sur E, posons

$$(13) \qquad q_t^x(\overline{\omega},f) = M^x(\overline{\omega},f\circ X_t) \qquad (\overline{\omega} \in \overline{\Omega})$$

Nous avons alors les propriétés suivantes

a) $(x,\overline{\omega}) \longmapsto q_t^x(\overline{\omega},f)$ est $\underline{\underline{B}}(E)\times\overline{\underline{\underline{F}}}^o$-mesurable,
l'application $t \longmapsto q_t^x(\overline{\omega},.)$ est étroitement continue à droite.

b) Pour toute mesure P^x , $q_t^x(\overline{\omega},f) = E^x[f\circ X_t|\overline{\underline{\underline{F}}}^o] = E^x[f\circ X_t|\overline{\underline{\underline{F}}}^o_t]$ P^x-p.s.
Pour toute mesure P^μ , $q_t^{X_0(\omega)}(\overline{\omega},f) = E^\mu[f\circ X_t|\overline{\underline{\underline{F}}}^o \vee \underline{\underline{F}}^o_0]$
$= E^\mu[f\circ X_t|\overline{\underline{\underline{F}}}^o_t \vee \underline{\underline{F}}^o_0]$ P^μ-p.s.

c) Pour tout couple (t,x), toute f bornée sur E , $q_t^x(.,f)$ est égale $P^{\overline{x}}$-p.s. à une fonction $\overline{\underline{\underline{F}}}^o_t$-mesurable [C'est la première formule de b), c.à.d. la formule (10) : noter qu'elle ne se réduit pas tout à fait à la seconde formule, lorsque x est un point de branchement].

d) Pour tout couple (t,u) de nombres réels positifs, pour tout x, on a $P^{\overline{x}}$-p.s. sur $\overline{\Omega}$

(14) $$q^x_{t+u}(\overline{\omega},dy) = \int_E q^x_t(\overline{\omega},dz)q^z_u(\Theta_t\overline{\omega},dy)$$

La formule peut être ainsi écrite en termes de mesures, du fait que $\underline{\underline{B}}(E)$ est une tribu séparable. L'ensemble de mesure nulle peut être rendu indépendant de u, grâce à la continuité à droite pour la convergence étroite sur E, mais il continuera à dépendre de t et x.

e) Dans la formule (14), t peut être remplacé par un temps d'arrêt de la famille $(\overline{\underline{\underline{F}}}^o_{t+})$.

COMMENTAIRE. Nous consacrerons la suite de l'exposé à l'amélioration de ces résultats. Les noyaux multiplicatifs de JACOD satisfont à une propriété d'adaptation meilleure que c) : nous nous occuperons aussi de cela plus tard. Pour l'instant, il s'agit seulement de présenter rapidement cette notion.

REGULARISATION DE LA PROPRIETE MULTIPLICATIVE

LEMME 1. <u>Quel que soit</u> x, <u>on a pour</u> $P^{\overline{x}}$-<u>presque tout</u> $\overline{\omega}$ <u>la propriété suivante</u> : <u>il existe un ensemble</u> $G(x,\overline{\omega})\subset\mathbb{R}_+$ <u>portant la mesure de Lebesgue</u> dt, <u>tel que pour</u> $t\in G(x,\overline{\omega})$ <u>on ait</u>

(15) $$\forall g\in\underline{\underline{U}}\quad M^x_{\overline{\omega}}[g\circ\Theta_t|\underline{\underline{F}}^o_t] = M^{X_t(.)}_{\Theta_t\overline{\omega}}[g]$$

DEMONSTRATION. $\underline{\underline{F}}^o_t$ est engendrée par l'algèbre des fonctions $f\circ a_t$, où f parcourt $\underline{\underline{U}}$ et a_t est l'opérateur d'arrêt. Comme $\underline{\underline{U}}$ est séparable pour la convergence uniforme, il suffit de démontrer que pour f,g fixes on a pour presque tout $\overline{\omega}$, p.p. sur $\mathbb{R}_+$

(16) $$M^x_{\overline{\omega}}[g\circ\Theta_t.f\circ a_t] = M^x_{\overline{\omega}}[N(\Theta_t.,g).f\circ a_t]$$

(en effet, $M^x_{\overline{\omega}}$ est portée par $\{w : \overline{w}=\overline{\omega}\}$, et sur cet ensemble on a $M^{X_t(w)}(\Theta_t\overline{\omega},.)=N(\Theta_t w,.)$). Or soit H l'ensemble des $(t,\overline{\omega})$ tels que (16) n'ait pas lieu ; H est $\underline{\underline{B}}(\mathbb{R}_+)\times\overline{\underline{\underline{F}}}^o$- mesurable, et pour tout t sa coupe est $P^{\overline{x}}$-négligeable : en effet, si l'on note $m^x(\overline{\omega},t)$ et $n^x(\overline{\omega},t)$ les deux membres de (16), la formule (9) nous dit que, pour toute fonction c $\overline{\underline{\underline{F}}}^o$-mesurable bornée, on a $E^{\overline{x}}[m^x(.,t)c]=E^{\overline{x}}[n^x(.,t)c]$. On applique maintenant le théorème de Fubini : pour $P^{\overline{x}}$-presque tout $\overline{\omega}$, la coupe de H par $\overline{\omega}$ est négligeable pour la mesure de Lebesgue. C'est le résultat cherché.

LEMME 2. Soit Ω' l'ensemble des $w \in \Omega$ possédant la propriété suivante

(17) $\forall g \in \underline{\underline{U}}$, $\forall t \in \mathbb{R}_+$, $\lim\limits_{s\downarrow\downarrow t} \text{ess } M^{X_s(w)}(\theta_s \overline{w}, g)$ existe .

Alors Ω' est universellement mesurable (complémentaire d'analytique) et porte toutes les mesures P^μ. En particulier

(18) pour tout x, M^x_{ϖ} est portée par Ω' pour $\overline{P}^x$ presque tout ϖ.

DEMONSTRATION. $\underline{\underline{U}}$ étant séparable pour la convergence uniforme, nous pouvons nous borner à démontrer les résultats analogues pour une fonction $g \in \underline{\underline{U}}$ fixée . Les fonctions $(t,w) \longmapsto \lim\limits_{s\downarrow\downarrow t} \genfrac{}{}{0pt}{}{\sup}{\inf} \text{ ess } N(\theta_s w, g)$

[car c'est bien ainsi que s'écrit l'expression compliquée (17) !) sont $\underline{\underline{B}}(\mathbb{R}_+)\times\underline{\underline{F}}^o$-mesurables (WALSH [2]), donc l'ensemble des (t,w) où la lim ess n'existe pas est borélien dans le produit, et sa projection $(\Omega')^c$ est analytique.

Nous allons montrer directement (18) : l'assertion relative aux P^μ s'en déduit par intégration en ϖ pour $\overline{P}^x$, puis en x pour μ. Soit une ϖ qui satisfait aux propriétés du lemme 1. Soit (Y_t) la projection bien-mesurable du processus $(g \circ \theta_t)$ sur la famille $(\underline{\underline{F}}^o_{t+})$, pour la mesure M^x_{ϖ} : comme les tribus $\underline{\underline{F}}^o_t$ et $\underline{\underline{F}}^o_{t+}$ n'ont des complétions différentes que pour une infinité dénombrable de valeurs de t, le lemme 1 nous dit que

pour presque tout t , on a $Y_t = N(\theta_t ., g)$ M^x_{ϖ}-p.s.

Fubinisons : il vient que pour M^x_{ϖ}-presque tout w on a

(19) $\quad Y_t(\omega) = N(\theta_t w, g)$ p.p. sur $\mathbb{R}_+$, donc $\lim \genfrac{}{}{0pt}{}{\sup}{\inf} \text{ ess } Y_.(w) \equiv \lim \genfrac{}{}{0pt}{}{\sup}{\inf} \text{ ess } N(\theta_. w, g)$

Il ne reste plus qu'à se rappeler que pour $g \in \underline{\underline{U}}$ le processus $(g \circ \theta_t)$ est continu , et que la projection bien-mesurable d'un processus continu à droite est continue à droite.

Nous avons démontré un résultat supplémentaire, que nous énoncerons à présent : mais il nous faut des notations.

DEFINITION. Quels que soient $\overline{\omega} \in \overline{\Omega}$, $w \in \Omega$, $g \in \underline{\underline{U}}$, nous posons

(20) $\quad \mathring{S}^w(\overline{\omega}, g) = \lim\limits_{t\downarrow\downarrow 0} \text{ess } M^{X_t(w)}(\theta_t \varpi, g)$ si cette limite existe pour toutes les fonctions de $\underline{\underline{U}}$

$= 0$ dans le cas contraire.

$\mathring{S}^w(\varpi, .)$ est une forme positive sur $\underline{\underline{U}}$, i.e. une mesure positive (de masse 1 ou 0) sur $\check{\Omega}$. Nous posons

(21) $\quad S^w(\overline{\omega}, .) = \mathring{S}^w(\overline{\omega}, .)$ si cette mesure est portée par Ω

$= 0$ dans le cas contraire.

LEMME 3. a) Soit $\underline{\underline{G}}_t$ la tribu $\underline{\underline{F}}_t \times \overline{\underline{\underline{F}}}^{\circ}$ sur $\Omega \times \overline{\Omega}$. L'application $(w,\overline{w}) \mapsto S^w(\overline{w},.)$ est un noyau de $(\Omega \times \overline{\Omega}, \underline{\underline{G}}_{0+})$ dans $(\Omega, \underline{\underline{F}}^{\circ})$.

b) Soit Ω^* l'ensemble des $w \in \Omega'$ possédant la propriété suivante

(22) pour tout t, $S^{\Theta_t w}(\Theta_t \overline{w}\ ,.)$ est une loi de probabilité.

Alors Ω^* est un complémentaire d'analytique, et porte toutes les mesures P^{μ}.

c) Soit $x \in E$. Alors $P^{\overline{x}}$-presque tout $\overline{w}$ possède la propriété suivante

(23) $M^x_{\overline{w}}$ est portée par Ω^* ; pour toute $g \geq 0$ $\underline{\underline{F}}^{\circ}$-mesurable, le processus $S^{\Theta_{\cdot} w}(\Theta_{\cdot} \overline{w}\ ,g)$ est projection bien-mesurable du processus $(g \circ \Theta_t)$ sur la famille $(\underline{\underline{F}}^{\circ}_{t+})$, pour la mesure $M^x_{\overline{w}}$.

DEMONSTRATION. a) est évidente. Pour établir b) et c), nous transcrivons (19) : pour P^x-presque tout $\overline{\omega}$, pour $g \in U$

| le processus $S^{\Theta_t w}(\Theta_t \overline{w},g)$ est projection bien-mesurable de $(g \circ \Theta_t)$ pour $M^x_{\overline{\omega}}$.

Un raisonnement de classes monotones donne alors que, pour toute $g \geq 0$ borélienne sur $\check{\Omega}$, le processus $S^{\Theta_t w}(\Theta_t \overline{\omega},g)$ est projection bien-mesurable de $((g|_{\Omega}) \circ \Theta_t)$. Prenant en particulier pour g l'indicatrice de Ω dans $\check{\Omega}$, il vient que $M^x_{\overline{\omega}}$ -presque tout w appartient à Ω^*, et l' assertion (23).

Quant au fait que Ω^* soit un complémentaire d'analytique, il se démontre par un argument de projection, comme pour Ω'.

NOTATION. De même que nous avions posé $N(\omega,.)=M^{X_0(\omega)}(\overline{\omega},.)$, nous poserons $S(\omega,.)=S^{\omega}(\overline{\omega},.)$. C'est un noyau de $(\Omega, \underline{\underline{G}}_{0+})$ dans $(\Omega, \underline{\underline{F}}^{\circ})$, et le lemme 3 s'écrit aussi : (le lemme 4 n'existe pas)

LEMME 5. Si g est une fonction $\underline{\underline{F}}^{\circ}$-mesurable bornée, le processus $(Sg \circ \Theta_t)$ est, pour toute mesure P^{μ}, projection bien-mesurable du processus $(g \circ \Theta_t)$ sur la famille $(\underline{\underline{G}}_{t+})$.

DEMONSTRATION. Il suffit de traiter le cas où $g \in \underline{U}$ (classes monotones). Nous savons que le processus $Sg \circ \Theta_t$ est, pour toute loi P^{μ}, indistinguable d'un processus continu à droite, et adapté à la famille $(\underline{\underline{G}}_{t+})$. Il nous suffit donc de vérifier que pour chaque t, $E^{\mu}[g \circ \Theta_t | \underline{\underline{G}}_t]$ $E^{\mu}[Sg \circ \Theta_t | \underline{\underline{G}}_t]$ P^{μ}-p.s. , ou encore que si φ est $\overline{\underline{\underline{F}}}^{\circ}$-mesurable, $f \in \underline{U}$ on a $E^{\mu}[\varphi.Sg \circ \Theta_t.f \circ a_t] = E^{\mu}[\varphi.g \circ \Theta_t.f \circ a_t]$ (a_t est un opérateur d'arrêt). On passe des E^{μ} aux E^x, on désintègre les E^x suivant les $M^x_{\overline{\omega}}$, et on est ramené à voir si pour P^x-presque tout $\overline{\omega}$ (après suppression du coefficient $\varphi(\overline{\omega})$)

(24) $M^x_{\overline{\omega}}[f\circ a_t g\circ \Theta_t] = M^x_{\overline{\omega}}[f\circ a_t Sg\circ\Theta_t]$

Mais $M^x_{\overline{\omega}}$ est portée par $\{w : \overline{w}=\overline{\omega}\}$, sur lequel la fonction $S(\Theta_t w,g)$ est égale à $S^w(\Theta_t\overline{\omega},g)$, et la formule (24) se réduit à (23).

Nous notons une conséquence immédiate de (24), lorsque $t=0, f=1$

COROLLAIRE. <u>On a</u>

(25) <u>pour</u> P^x<u>-presque tout</u> $\overline{\omega}$, $M^x(\overline{\omega},dw)=\int M^x(\overline{\omega},du)S(u,dw)$

(26) <u>pour toute loi</u> μ , $P^\mu(dw)=\int P^\mu(du)S(u,dw)$. <u>Si</u> T <u>est un temps d'arrêt de la famille</u> $(\underline{\underline{G}}_{t+})$, <u>on a sur</u> $\{T<\infty\}$

$$E^\mu[g\circ\Theta_T|\underline{\underline{G}}_{T+}] = S(\Theta_T.,g) \quad P^\mu\text{-}\underline{p.s.}$$

Ici encore, la dernière propriété ("de Markov forte") se réduit à (23) : on désintègre P^μ suivant les P^x, puis les $M^x_{\overline{\omega}}$; pour $\overline{\omega}$ fixé, T est égal $M^x_{\overline{\omega}}$-p.s. à un temps d'arrêt de la famille $\underline{\underline{F}}^o_{t+}$, et c'est la propriété de projection bien-mesurable [ou bien utiliser l'approximation usuelle par des t.d'a. étagés et la continuité à droite de $Sg\circ\Theta_t$ sur Ω^* : cela revient au même].

Noter la différence avec la prop.2 : là bas, la propriété de Markov forte était relative à un temps d'arrêt T de la famille $(\underline{\underline{F}}^o_{t+})$, ici d'un temps de la forme $T(\omega)=S(\overline{\omega},\omega)$, où $S(\overline{w},\omega)$ est une fonction mesurable du couple qui, <u>pour chaque</u> $\overline{w}$ <u>fixé</u>, est un t.d'a. de$(\underline{\underline{F}}^o_{t+})$.

REMARQUE. Soit une fonction $\gamma(\omega,\overline{w})$ $\underline{\underline{F}}^o\times\overline{\underline{\underline{F}}}^o$-mesurable bornée sur $\Omega\times\overline{\Omega}$, et soit $g(\omega)=\gamma(\omega,\overline{\omega})$. Le lemme 5 nous dit que la projection bien-mesurable du processus $(g\circ\Theta_t)$ est le processus $(Sg\circ\Theta_t)$. Mais d'autre part un raisonnement par classes monotones à partir du cas où γ s'écrit $a(\omega)b(\overline{\omega})$ montre que cette projection vaut aussi $(h\circ\Theta_t)$, où $h(\omega) = \int S(\omega,du)\gamma(u,\overline{\omega})$. Les processus $(Sg\circ\Theta_t)$ et $(h\circ\Theta_t)$ sont donc indistinguables.

Prenons en particulier $\gamma(\omega,\overline{w})=I_{\{\overline{\omega}=\overline{w}\}}$. Alors $g=1$, et la projection bien-mesurable vaut 1. D'autre part, $h(\omega)$ ne peut valoir 1 que si $S(\omega,.)$ est portée par le "pinceau" $\Omega(\overline{\omega})=\{w : \overline{w}=\overline{\omega}\}$. D'où la conséquence suivante :

si nous remplaçons $S(\omega,.)$ par 0 lorsque cette mesure n'est pas portée par $\Omega(\overline{\omega})$, la fonction obtenue possède encore les mêmes propriétés.

Nous ferons cette transformation dans la suite, sans changer de notation.

REMARQUE. Nous avons besoin maintenant d'un résultat technique, dont nous ne voulons pas donner d'énoncé formel. Rappelons que la projection bien-mesurable d'un processus continu à droite est indistinguable d'un processus continu à droite. Nous partons des fonctions $g\in\underline{\underline{U}}$, et savons que les processus $(Sg\circ\Theta_.)$ sont (indistinguables de) continus à droite. Nous formons alors les processus

(27) $\qquad h\circ\Theta_.$, où $h = f\circ a_t g\circ\Theta_t$, ou $f\circ a_t . Sg\circ\Theta_t$, $f\in\underline{\underline{U}}, g\in\underline{\underline{U}}, t\in\mathbb{Q}$

ils sont indistinguables de continus à droite, donc les processus $(Sh\circ\Theta_.)$ sont eux aussi indistinguables de continus à droite. Nous désignons par Ω^{**} l'ensemble des ω tels que

(28) __Pour toute__ $h\in\underline{\underline{U}}$, __toute__ h __de la forme__ (27), __la fonction__ $S(\Theta_.\omega,h)$ __soit continue à droite__.

Ω^{**} est un complémentaire d'analytique, stable par translation, qui porte toutes les mesures P^{μ}. Nous prouvons maintenant

LEMME 6. __Soit__ Ω^{***} __l'ensemble des__ $\omega\in\Omega^{**}$ __tels que, pour tout__ t, __la mesure__ $S(\Theta_t,.)$ __soit portée par__ Ω^{**}. __Alors__ Ω^{***} __est un complémentaire d'analytique__, __stable par translation, qui porte toutes les lois__ P^{μ}.

DEMONSTRATION. Le fait que Ω^{***} soit un complémentaire d'analytique se ramène, par passage au complémentaire, au suivant : si A est un ensemble analytique (ici $A^c=\Omega^{**}$), S est noyau borélien sur Ω, alors l'ensemble $\{\omega : \exists t, S(\Theta_t\omega,A)>0\}$ est analytique. Par projection, on se ramène à démontrer que l'ensemble $\{(t,\omega) : S(\Theta_t\omega,A)>0\}$ est analytique dans $\mathbb{R}_+\times\Omega$. Soit $H=\mathbb{R}_+\times\Omega$, et soit le noyau Z de H dans H ainsi défini : si $y=(t,\omega)\in H$, $Z(y,.)=\varepsilon_t\otimes S(\omega,.)$. Soit V le cylindre projetant A sur Ω, analytique dans H. On est ramené à montrer que

__si__ H __est lusinien__, Z __un noyau borélien sur__ H, V __analytique dans__ H, $\{y : Z(y,V)>0\}$ __est analytique dans__ H

Sous cette forme, le th. est démontré dans le séminaire VII, p.158-159. Mais c'est en fait un cas particulier de résultats bien plus généraux de MOKOBODZKI sur les capacités fonctionnelles.

Montrons ensuite que Ω^{***} porte toutes les mesures P^{μ}. Reprenons l'ensemble A, complémentaire de Ω^{**} : du fait que Ω^{**} est stable par translation et porte P^{μ}, le processus $(I_A\circ\Theta_t)$ est P^{μ}-évanescent, autrement dit le temps d'entrée du processus $(\Theta_t\omega)$ dans A est P^{μ}-p.s. infini. Mais A est analytique, donc il existe un ensemble $\underline{\underline{F}}^o$-mesurable B contenant A (dépendant de μ) et possédant la même propriété . Le processus $(I_B\circ\Theta_t)$ étant P^{μ}-évanescent, il en est de même de sa projection bien-mesurable $(SI_B\circ\Theta_t)$, et a fortiori du processus $(SI_A\circ\Theta_t)$. C'est juste ce qu'on voulait.

Nous arrivons maintenant au résultat principal de cette première partie :

THEOREME 1. <u>Il existe dans</u> Ω <u>un complémentaire d'analytique</u> $\Omega^{\times}$, <u>stable par translation et portant toutes les mesures</u> P^{μ}, <u>tel que</u>

1) <u>Pour tout</u> $\omega\in\Omega^{\times}$, <u>pour tout</u> $g\in\underline{\underline{U}}$, <u>la fonction</u> $S(\Theta_{.}\omega,g)$ <u>soit continue à droite</u>.
2) <u>Pour tout</u> $\omega\in\Omega^{\times}$, <u>la mesure</u> $S(\omega,.)$ <u>soit une loi de probabilité portée par</u> $\Omega^{\times}$, <u>et par l'ensemble</u> $\{w : \overline{w}=\overline{\omega}\}$
3) <u>Pour tout</u> $\omega\in\Omega^{\times}$ <u>on ait identiquement en</u> $t\in\mathbb{R}_{+}, f\in\underline{\underline{U}}, g\in\underline{\underline{U}}$.

(29) $$S(\omega,f\circ a_t g\circ\Theta_t) = S(\omega,f\circ a_t.Sg\circ\Theta_t)$$

On rappelle de plus que

(30) $$P^{\mu}(d\omega) = \int_{\Omega^{\times}} P^{\mu}(dw)S(w,d\omega)$$

DEMONSTRATION. Nous avons pour tout t fixe, pour P^{μ}-presque tout ω

(31) $$S(\omega,f\circ a_t g\circ\Theta_t) = S(\omega,f\circ a_t.Sg\circ\Theta_t) \qquad \forall f\in\underline{\underline{U}}, g\in\underline{\underline{U}}$$

En effet, le premier membre vaut $E^{\mu}[f\circ a_t g\circ\Theta_t|\underline{\underline{G}}_{0+}]$, et le second $E^{\mu}[f\circ a_t g\circ\Theta_t|\underline{\underline{G}}_{t+}|\underline{\underline{G}}_{0+}]$.

Soit L_t l'ensemble des ω tels que (31) ait lieu, et soit L l'intersection des L_t pour t rationnel . Soit L' l'ensemble des ω tels que $\Theta_r\omega\in L$ pour <u>presque tout</u> r, un ensemble borélien, stable par translation, qui porte toutes les mesures P^{μ}. Soit $\Omega^{\times}=L'\cap\Omega^{***}$, complémentaire d'analytique <u>stable par translation</u>. Si $\omega\in\Omega^{\times}$, on a pour des r aussi voisins que 0 que l'on veut, puisqu'appartenant à un ensemble de mesure pleine au sens de Lebesgue

$$S(\Theta_r\omega, f\circ a_t g\circ\Theta_t)= S(\Theta_r\omega,f\circ a_t Sg\circ\Theta_t)$$

Faisons tendre r vers 0 : comme ω appartient à Ω^{**} , nous avons par (28), pour t rationnel

$$S(\omega, f\circ a_t g\circ\Theta_t) = S(\Theta_r\omega, f\circ a_t.Sg\circ\Theta_t)$$

Mais $\omega\in\Omega^{***}$, donc la mesure $S(\omega,.)$ est portée par Ω^{**}, et les deux membres sont des fonctions continues à droite en t, d'où la relation (29) identiquement.

Malheureusement, la condition 2) n'est pas encore satisfaite. Qu'à cela ne tienne : au lieu de $\Omega^{\times}$, notons $\Omega_1^{\times}$ l'ensemble qui vient d'être construit. Comme il est contenu dans Ω^{*}, $S(\omega,.)$ est une loi de probabilité (cf.(22)). Construisons par récurrence

$$\Omega_{n+1}^{\times} = \{ \omega\in\Omega_n^{\times} : \text{pour tout } t, S(\omega,.) \text{ est portée par } \Omega_n^{\times}\}$$

La démonstration du lemme 6 nous montre que ces ensembles sont des complémentaires d'analytiques qui portent toutes les mesures P^{μ}. Nous prenons pour $\Omega^{\times}$ leur intersection, et le théorème est établi.

COMMENTAIRE. Le contenu intuitif du théorème de JACOD était, on l'a dit au début, que conditionnellement à $\varpi\in\overline{\Omega}$, la loi du processus (X_t) est celle d'un processus de Markov à valeurs dans E, non homogène, dont la fonction de transition est donnée par le " noyau multiplicatif". Ici, munissons Ω d'une mesure P^x. Pour $\overline{P}^x$-presque tout ϖ, la loi M^x_{ϖ} est portée par l'ensemble des w tels que $\overline{w}=\varpi$ d'une part, d'autre part par $\Omega^{\times}$, et enfin telle que

$$M^x_{\varpi}(dw) = \int_{\Omega^{\times}} M^x_{\varpi}(du)S(u,dw)$$

(formule (28)). Appelons <u>espace des germes</u> l'espace mesurable $(\Omega,\underline{\underline{F}}^{\circ}_{0+})$ - c'est un horrible espace , non séparable - , et notons ξ_0 l'application identique de $(\Omega,\underline{\underline{F}}^{\circ})$ dans l'espace des germes, ξ_t l'application $\xi_0\circ\theta_t$. Alors le théorème 1 nous dit que pour un ϖ du type ci-dessus, pour la mesure M^x_{ϖ} , <u>le processus</u> (ξ_t) <u>à valeurs dans l'espace des germes</u> est fortement markovien, avec la loi initiale M^x_{ϖ} restreinte à $\underline{\underline{F}}^{\circ}_{0+}$, et une fonction de transition donnée par le noyau S. Cela correspond intuitivement à l'absence de " loi de tout ou rien" pour les processus conditionnels.

<u>Cependant, il arrive dans certains cas intéressants que le comportement de w conditionnellement à ϖ soit assez " localement déterministe" pour que S^w_{ϖ} dépende seulement de ϖ et</u> $X_0(w)$. Dans ces cas là, on aura de vrais processus de Markov conditionnels. En voici deux exemples.

1) E est un espace produit $\overline{E}\times I$, et p est la projection sur $\overline{E}$; Ω est $\overline{\Omega}\times D$, ou D est l'ensemble de toutes les applications de $\mathbb{R}_+$ dans I, continues à droite et <u>en escalier</u> . Il est alors clair, en suivant la construction de $S^w(\varpi,.)$, que celle-ci ne dépend de w que par l'intermédiaire de $X_0(w)$. JACOD avait d'ailleurs déjà signalé la possibilité de construire des noyaux multiplicatifs parfaits pour un espace E du type précédent, avec I <u>dénombrable</u>.

2) On trouvera dans ce séminaire une étude détaillée des <u>processus d'incursions</u>. Voici ce que nous aurons besoin d'en savoir. Nous avons un bon processus de Markov $\overline{\Omega},\overline{\underline{\underline{F}}},\dots$ à valeurs dans $\overline{E}$, et un <u>ensemble fermé homogène</u>, progressivement mesurable, M, de début D. D'autre part, nous nous donnons un autre espace d'états J qui importe peu ici, avec un point distingué Δ, et un espace de trajectoires à valeurs dans

J, à durée de vie, admettant des opérateurs de translation. L'espace E est une partie de $\overline{E}\times W$, p la projection de E sur $\overline{E}$. Enfin Ω est un espace d'applications $\omega : t \longmapsto (\overline{X}_t(\omega), j_t(\omega))$ à valeurs dans E, possédant les propriétés suivantes

- $\overline{\omega} : t \longmapsto \overline{X}_t(\omega)$ appartient à $\overline{\Omega}$;
- pour tout t,ω , $j_t(\omega)\in W$ est <u>tuée</u> à l'instant $D(\theta_t\overline{\omega})$; en particulier, si t n'est pas dans un intervalle $[a,b[$ contigu à $M(\overline{\omega})$, on a $j_t(\omega)=[\Delta]$;
- dans tout intervalle $[a,b[$ contigu à M, le comportement de $j_t(\omega)$ est déterministe : $j_t(\omega)=\theta_{t-a}j_a(\omega)$

Dans ces conditions le calcul de $S(\omega,.)$ que nous avons indiqué montre que cette mesure <u>ne dépend que de</u> $\overline{\omega}$ <u>et de</u> $j_0(\omega)$ dans l'ensemble $\{\omega : D(\overline{\omega})>0\}$, et y est une fonction $\overline{\underline{\underline{F}}}^o\vee\underline{\underline{F}}^o$-mesurable. En revanche, dans l'ensemble $\{D=0\}$, $j_0(\omega)$ vaut $[\Delta]$ et je ne sais rien dire.

Il serait très intéressant de savoir calculer les mesures $S(\omega,.)$ au moyen des quantités introduites par GETOOR-SHARPE.

II. EXTENSION. LIEN AVEC LES F.M. ORDINAIRES

Ce petit paragraphe est une pause entre deux paragraphes techniques. Il ne contient rien de spécialement important.

SUPPRESSION DE CERTAINES HYPOTHESES

Nous avons supposé au début que E et $\overline{E}$ étaient des espaces métriques compacts, que p était continue, que (P_t) et $(\overline{P}_t)$ étaient des semi-groupes de RAY, que Ω et $\overline{\Omega}$ étaient lusiniens. Ces hypothèses sont bien commodes pour les démonstrations, mais on ne les rencontre pas souvent dans la nature. Nous allons présenter ici une méthode de compactification qui permet de ramener à ces hypothèses des cas beaucoup plus généraux.

Considérons deux espaces F et $\overline{F}$, homéomorphes à des parties universellement mesurables d'espaces métriques compacts, et une application universellement mesurable p de F dans $\overline{F}$. Ces deux espaces sont munis de semi-groupes droits (P_t) et $(\overline{P}_t)$, absorbés en des points ∂, $\overline{\partial}$ tels que $p(\partial)=\overline{\partial}$. On suppose que l'hypothèse (1) est satisfaite.

Deux remarques sont nécessaires : le mot <u>processus droit</u> , lorsque l'espace d'états est seulement supposé universellement mesurable, suppose la validité de la condition de MERTENS (voir le dernier paragraphe de " ensembles aléatoires I", dans ce volume). D'autre part, nous excluons la présence de points de branchement : si les processus en possédaient, nous commençons par les enlever.

Maintenant, nous procédons de la manière suivante : nous nous donnons un espace vectoriel $\wedge$-stable $\overline{\underline{\underline{H}}}$ de fonctions bornées sur $\overline{F}$, contenant les constantes, stable pour la résolvante de $(\overline{P}_t)$, séparant les points , séparable pour la convergence uniforme, tel que toute fonction $h\in\overline{\underline{\underline{H}}}$ soit différence de deux fonctions r-excessives (pour un $r>0$ dépendant de h). Nous notons $\overline{E}$ le compactifié de RAY de $\overline{F}$ relativement à $\overline{\underline{\underline{H}}}$. Si f sur $\overline{E}$ est r-excessive pour $(\overline{P}_t)$, $f\circ p$ est r-excessive pour (P_t) : nous pouvons donc construire sur E un espace analogue contenant les fonctions $h\circ p$, $h\in\overline{\underline{\underline{H}}}$. Notons le $\underline{\underline{H}}$, et F le compactifié de RAY de E relativement à $\underline{\underline{H}}$. Il est alors très facile de voir que p se prolonge en une application continue de F dans $\overline{F}$, qui satisfait à (1) relativement aux deux semi-groupes de RAY construits sur F et $\overline{F}$.

Nous utilisons maintenant les espaces canoniques Ω et $\overline{\Omega}$ d'applications c.à d.l.à g. de $\mathbb{R}_+$ dans $F,\overline{F}$, dont le point initial n'est pas un point de branchement (on ne peut pas leur imposer de rester dans l'ensemble des points de branchement sans perdre le caractère lusinien), et on applique toute la théorie du § 1 , ce qui fournit, pour une trajectoire donnée $\omega\in\Omega$, une loi $S(\omega,.)$ sur Ω qui donne la répartition conditionnelle du processus connaissant le germe de ω en 0, et la trajectoire $\overline{\omega}$ en bas.

La réalisation initiale du semi-groupe (P_t) nous apparaît comme un sous-ensemble W de Ω, portant toutes les lois P^μ (μ sur E), formé de trajectoires continues à droite à valeurs dans E, stable par translation . De même pour $(\overline{P}_t)$, un certain sous-ensemble $\overline{W}$ de $\overline{\Omega}$. Si nécessaire, on restreint W de manière que $p(W)\subset\overline{W}$. Le problème consiste alors à voir si l'on peut encore restreindre W à un sous-ensemble W_1 , stable par translation et portant toutes les mesures P^μ, tel que pour $w\in W_1$ la mesure $S(w,.)$ soit portée par W_1. Le lecteur doit commencer à être familier avec ce genre de raisonnements ! Il s'agit de trouver des complémentaires d'analytiques portant les mesures et contenus dans W... Faut-il en dire plus ?

LIEN AVEC LA THEORIE CLASSIQUE

Considérons un espace $\overline{E}$ muni d'un semi-groupe droit $(\overline{P}_t)$ - prenons le markovien pour fixer les idées - et d'un semi-groupe subordonné exact $(\overline{Q}_t)$, que nous ne rendons pas markovien. Nous savons qu'on peut représenter $(\overline{Q}_t)$ sous la forme

(31) $$\overline{Q}_t(\overline{x},f) = E^{\overline{x}}[f\circ X_t M_t]$$

où (M_t) est une fonctionnelle multiplicative parfaite. Posons maintenant $E=\overline{E}\times\{0,1\}$, et définissons un semi-groupe markovien (P_t) sur E par les formules

(32) $$P_t((\overline{x},1),A\times\{1\}) = \overline{P}_t(\overline{x},A) \ , \ P_t((\overline{x},1),A\times\{0\})=0$$
$$P_t((\overline{x},0),A\times\{1\})=\overline{P}_t(\overline{x},A)-\overline{Q}_t(\overline{x},A), \ P_t((\overline{x},0),A\times\{0\})=\overline{Q}_t(\overline{x},A)$$

alors (P_t) est un semi-groupe markovien au dessus de $(\overline{P}_t)$ (l'application p du § 1 étant la projection de E sur le facteur $\overline{E}$). Intuitivement, (31) nous donne une manière de réaliser $(\overline{Q}_t)$ au moyen de $(\overline{P}_t)$, en envoyant la trajectoire au point $\overline{\delta}$ à partir d'un certain instant aléatoire ; (32) est une construction analogue, mais au moyen d'une maison à un étage : au lieu d'être tuée, la particule quitte le rez de chaussée et monte au premier, où elle continue à évoluer suivant $(\overline{P}_t)$ sans plus jamais redescendre . $(\overline{Q}_t)$ représente alors ce que voient d'elle les habitants du rez de chaussée.

Il est extrêmement facile, dans ce cas particulier, d'expliciter le noyau multiplicatif :

(33)
$$\text{si } y=(x,1) \quad q_t^y(\overline{\omega},f) = f(\overline{X}_t(\overline{\omega}),1)$$
$$\text{si } y=(x,0) \quad q_t^y(\overline{\omega},f) = f(\overline{X}_t(\overline{\omega}),0)M_t(\overline{\omega})+f(\overline{X}_t(\overline{\omega}),1)(1-M_t(\overline{\omega}))$$

Ce qu'il faut remarquer, c'est que la première partie du § 1, la construction " grossière" des mesures $M_{\overline{\omega}}^x$ par simple désintégration, donne directement la théorie des fonctionnelles multiplicatives et leur propriété de Markov forte, tandis que la partie techniquement compliquée du § 1 correspond à la régularisation de WALSH au moyen des limites essentielles.

III. REGULARISATION QUANT A L'ARRET

Nous nous posons ici le problème suivant : dans la proposition II, nous avons vu que si c est $\underline{\underline{F}}_t^o$-mesurable positive, alors pour toute mesure μ, la fonction $\omega \longmapsto N(\omega,c) = M_{\overline{\omega}}^{X_0(\omega)}[c]$ est P^μ-p.s. égale à une fonction $\underline{\underline{F}}_0^o \vee \overline{\underline{\underline{F}}}_t^o$-mesurable : cela correspond à la propriété d'adaptation de la fonctionnelle multiplicative. Peut on supprimer les "P^μ-p.s." ?

Du point de vue logique, ce paragraphe devrait s'insérer <u>avant</u> la partie technique du § 1 : on régularise d'abord quant à l'arrêt, puis quant à la perfection, la seconde régularisation ne détruisant pas l'effet de la première. En fait, il s'agit d'une question moins importante, et c'est pourquoi nous la présentons en dernier.

Nous ferons les hypothèses du début : $E,\overline{E}$ métriques compacts, p continue, $(P_t)(\overline{P}_t)$ semi-groupes de RAY. Mais de plus, nous ferons un choix spécifique de Ω et $\overline{\Omega}$:

Ω ($\overline{\Omega}$) est l'ensemble de toutes les applications continues à droite de $\mathbb{R}_+$ dans E ($\overline{E}$) , à durée de vie ζ ($\overline{\zeta}$), admettant des limites à gauche sur l'intervalle $]0,\zeta[$ ($\overline{\zeta}$) .

La possibilité d'une "explosion" à l'instant ζ tient à une propriété de limites projectives dont nous aurons besoin. Nous en reparlerons.

Nous commençons par une remarque. Notons $(P^1_t),(\overline{P}^1_t)$ les semi-groupes obtenus en "tuant" (P_t) et $(\overline{P}_t)$ au moyen d'une même v.a. exponentielle de paramètre 1 (et en envoyant la trajectoire en ∂, resp. $\overline{\partial}$). Il est clair que (P^1_t) est au dessus de $(\overline{P}^1_t)$, et qu'ils sont réalisables sur $\Omega,\overline{\Omega}$: le fait que ce ne soient pas des s.g. de RAY est sans importance. Les espérances correspondantes seront notées $E^x_1,E^{\overline{x}}_1$.

Nous avons les formules sur Ω (et de même sur $\overline{\Omega}$)

(34) $\quad E^x_1[f] = E^x[\int_0^\infty f\circ k_r e^{-r}dr\ ]$ si f est $\underline{\underline{F}}^o$-mesurable positive

et si f est $\underline{\underline{F}}^o_t$-mesurable

(35) $\quad E^x_1[fI_{\{t<\zeta\}}] = e^{-t}E^x[f]$.

Nous construisons maintenant les mesures $M^x_1(\overline{\omega},.)$ relatives à ce couple de semi-groupes. Nous avons

LEMME 7. La désintégration $M^x_1(\overline{\omega},.)$ convient aussi au couple (P_t), $(\overline{P}_t)$, sauf pour $\overline{\omega}=[\overline{\partial}]$.

DEMONSTRATION. Soit $\overline{g}$ une fonction de $\underline{\underline{U}}_0$ (ce n'est pas la fermeture de $\underline{U}_0$, mais l'espace $\underline{\underline{U}}_0$ sur $\overline{\Omega}$: cf. le début de l'exposé), donc nulle au point $[\overline{\partial}]$. Soit f une fonction de $\underline{\underline{U}}$. Nous avons

$$E^x_1[\overline{g}\circ k_t f] = E^x_1[\overline{g}\circ k_t . M^x_1(.,f)]$$

Mais $\overline{g}\circ k_t = \overline{g}\circ k_t I_{\{t<\zeta\}}$; nous appliquons (35) et supprimons les e^{-t}

$$E^x[\overline{g}\circ k_t f] = E^x[\overline{g}\circ k_t . M^x_1(.,f)]$$

Le premier membre est aussi égal à $E^x[\overline{g}\circ k_t . M^x(..f)]$. Faisant tendre t vers $+\infty$, il vient

$$E^x[\overline{g}.M^x(.,f)]=E^x[\overline{g}.M^x_1(.,f)]$$

On en déduit que $M^x(.,f)=M^x_1(.,f)$ $P^{\overline{x}}$-p.s. dans le complémentaire de $[\overline{\partial}]$: si le semi-groupe en bas n'a pas de point de branchement, $P^{\overline{x}}$ ne charge d'ailleurs pas $[\overline{\partial}]$ si $\overline{x}\neq\overline{\partial}$.

LEMME 8. Pour tout $r>0$, toute f $\underline{\underline{F}}^o$-mesurable bornée, tout x, on a

(36) Pour $\overline{P}^x_1$-presque tout $\overline{\omega} \in \overline{\Omega}$, la fonction $M^x_1(k_.\overline{\omega}, f\circ k_r)$ est p.p. (mesure dt) égale à une constante sur $]r,\infty[$.

Le même résultat vaut aussi pour la loi $\overline{P}^x$.

DEMONSTRATION. Il suffit de le démontrer pour $f\in\underline{\underline{U}}$. Nous avons alors $f\circ k_r = \lim_{t\uparrow r} f\circ k_t$, et d'après la proposition 2,a) appliquée au semi-groupe (P^1_t) il existe une fonction g, $\underline{\underline{F}}^o_{r-}$-mesurable, égale à $M^x_1(.,f\circ k_r)$ $\overline{P}^x_1$-p.s.. D'après la formule (34), cela nous donne

(37) pour presque tout s , $g\circ k_s(\overline{\omega}) = M^x_1(k_s\overline{\omega}, f\circ k_r)$ $\overline{P}^x$-p.s.

D'autre part, g étant $\underline{\underline{F}}^o_{r-}$-mesurable, $g\circ k_s(\overline{\omega}) = g(\overline{\omega})$ pour $s<r$. Le théorème de Fubini nous donne alors la dernière phrase de l'énoncé, relative à $\overline{P}^x$. Pour établir le même résultat pour $\overline{P}^x_1$, nous regardons la mesure

$$E^x_2[f] = E^x_1[\int_0^\infty f\circ k_s e^{-s} ds]$$

Cette loi sur Ω est absolument continue par rapport à P^x_1, donc la relation $M^x_1(.,f\circ k_r) = g$ P^x_1-p.s. entraîne le même résultat P^x_2-p.s.. Mais alors le même raisonnement donne la première phrase de l'énoncé.

REDEFINITION DES MESURES

Dans cette section, nous allons fixer x , choisir une fois pour toutes la loi $M^x([\partial],.)$, et nous occuper de redéfinir les mesures $M^x_1(\overline{\omega},.)$ (aussi notées $M^x_1(\omega,.)$, conformément à nos notations générales). Lorsque nous aurons ainsi nos nouvelles mesures $\hat{M}^x_1(\omega,.)$, nous définirons les nouvelles mesures $\hat{M}^x_1(\omega,.)$ en posant

(38) $\hat{M}^x(\overline{\omega},.) = \hat{M}^x_1(\overline{\omega},.)$ si $\overline{\omega} \neq [\partial]$

et en ne changeant pas la valeur $M^x([\partial],.)$ choisie plus haut.

Nous dirons que ω est cohérente jusqu'à u (il s'agit en fait d'une propriété de $\overline{\omega}$) si, quelle que soit $f\in\underline{\underline{U}}$, quel que soit $r<u$, l'ensemble des couples (s,t) d'éléments de $]r,u[$ tels que $M^x_1(k_s\omega, f\circ k_r) \neq M^x_1(k_t\omega, f\circ k_r)$ est négligeable pour la mesure de Lebesgue plane. Nous désignons par $J(\omega)$ le sup des nombres $u>0$ tels que ω soit cohérente jusqu'à u ($\sup \emptyset = 0$). Il est clair que ω est cohérente jusqu'à $J(\omega)$.

Comme $\underline{\underline{U}}$ est séparable pour la convergence uniforme, on peut se borner à vérifier la condition précédente pour une partie dénombrable dense de $\underline{\underline{U}}$. Si $f\in\underline{\underline{U}}$, d'autre part, l'application $r \mapsto f\circ k_r$ est continue pour la convergence uniforme : il suffit donc de vérifier la condition pour r rationnel. On en déduit sans peine que l'ensemble des ω cohérentes jusqu'à u est $\overline{\underline{\underline{F}}}^{\circ}$-mesurable, et que J(ω) est une fonction $\overline{\underline{\underline{F}}}^{\circ}$-mesurable.

Si ω est cohérente jusqu'à u, et r<u, la fonction $M_1^x(k_. \omega, f\circ k_r)$ ($f \in \underline{\underline{U}}$) est p.p. égale à une constante sur l'intervalle]r,u[. Cette constante vaut $\frac{1}{u-r}\int_r^u M^x(k_s\omega, f\circ k_r)ds$, de sorte que c'est une <u>mesure</u> en f. Elle vaut d'autre part

$$\lim_{s\downarrow\downarrow r} \text{ess } M^x(k_s\omega,\ f\circ k_r)$$

ce qui montre qu'elle ne dépend que de la restriction de ω à l'intervalle [0,r+ε[, quel que soit ε>0.

Enfin, le lemme 8 signifie que pour P_1^x-presque tout ω, ω est cohérente jusqu'à +∞, avec (d'après (37))

(39) $$\lim_{s\downarrow\downarrow r} \text{ess } M_1^x(k_s\omega, f\circ k_r) = M_1^x(\omega, f\circ k_r) \qquad \begin{matrix} f\in\underline{\underline{U}} \\ r \text{ rationnel} \end{matrix}$$

on a alors la même propriété pour tout r réel, par convergence uniforme.

Nous avons tout ce qu'il nous faut : nous redéfinissons les mesures de la manière suivante :

1) Si J(ω)=0, alors $\hat{M}_1^x(\omega,f) = 0$ pour toute f.

2) Supposons J(ω)=j>0. Pour tout r<j, toute $f\in\underline{\underline{U}}$, posons

(40) $$\hat{M}_1^x(\omega, f\circ k_r) = \lim_{s\downarrow\downarrow r} \text{ess } \hat{M}_1^x(k_s\omega, f\circ k_r)$$

limite qui est aussi la "vraie valeur" de cette fonction sur l'intervalle]r,j[. Les fonctions $f\circ k_r$, $f\in\underline{\underline{U}}$, forment une algèbre qui engendre la tribu $\underline{\underline{F}}^{\circ}_{r-}$, et le calcul de la vraie valeur comme intégrale montre que l'expression (40) se prolonge en une mesure sur la tribu $\underline{\underline{F}}^{\circ}_{r-}$. Lorsque r augmente, ces mesures forment un système projectif. D'autre part, <u>le choix que l'on a fait de l'espace Ω</u> , <u>avec la condition sur l'absence possible d'une limite à gauche en</u> ζ, permet de montrer qu'il existe une mesure $\hat{M}^x(\omega,.)$ sur $(\Omega,\underline{\underline{F}}^{\circ}_{j-})$, unique, portée par l'ensemble {ζ≤j}, et induisant les mesures données sur les tribus $\underline{\underline{F}}^{\circ}_{r-}$, r<j . Si j=+∞ , la construction est achevée. Sinon, nous prolongeons cette mesure à $\underline{\underline{F}}^{\circ}$ par la formule

(41) $$\hat{M}_1^x(\omega,f) = \hat{M}_1^x(\omega, f\circ k_j) .$$

Nous passons de là aux $\hat{M}^x(\omega,f)$ par (38). On a maintenant les propriétés suivantes, dont nous n'indiquerons pas la démonstration ennuyeuse.

PROPOSITION 3. <u>L'application</u> $(x,\bar{\omega}) \mapsto \hat{M}^x(\bar{\omega},.)$ <u>est</u> $\underline{\underline{B}}(E)\times\bar{\underline{\underline{F}}}^o$-<u>mesurable et l'on a pour tout</u> x

$$P^x(d\omega) = \int \hat{M}^x(\bar{w},d\omega)\bar{P}^x(d\bar{w})$$

<u>La mesure</u> $\hat{M}^x(\bar{\omega},.)$ <u>est portée par l'ensemble des</u> w <u>tels que</u>

pour tout $t<\zeta(w)$, on a $\bar{X}_t(w)=\bar{X}_t(\omega)$

<u>Enfin on a identiquement, pour toute</u> f $\underline{\underline{F}}^o$-<u>mesurable, tout</u> x , <u>tout couple</u> (r,s) <u>tel que</u> $r \leqq s$

$$\hat{M}^x(\bar{\omega},f\circ k_r) = \hat{M}^x(k_s\bar{\omega},f\circ k_r)$$

[Il en résulte que si f est $\underline{\underline{F}}^o_{t+}$-mesurable, $\hat{M}^x(.,f)$ est $\bar{\underline{\underline{F}}}^o_{t+}$-mesurable]

Il est évident que l'espace que nous avons utilisé, avec sa propriété bizarre à l'instant ζ, est assez inhabituel. Je pense qu'au bout du compte, on peut l'éliminer au moyen des méthodes du paragraphe 1, mais je ne veux pas noircir des pages et des pages pour une question qui ne me paraît pas d'un intérêt... Voici le principe

Nous travaillons sur Ω tel qu'il a été utilisé jusqu'à maintenant dans ce paragraphe, et nous notons Ω_0 le sous-ensemble de Ω formé des trajectoires ayant une limite à gauche à l'instant ζ. De même avec des $^-$ pour le semi-groupe en bas. Nous construisons le noyau

$$\hat{N}(\omega,.) = \hat{M}^{X_o(\omega)}(\bar{\omega},.) \text{ sur } \Omega$$

Maintenant nous faisons la construction du § 1 : nous avons un ensemble $\Omega^\times$, complémentaire d'analytique stable par translation, tel que pour $\omega\in\Omega^\times$ $S(\omega,dw)$ soit une loi de probabilité portée par $\Omega^\times$, donnée pour $f\in\underline{\underline{U}}$ par

$$S(w,f) = \lim_{t\to 0} \text{ess}\ \hat{N}(\theta_t\omega,f)$$

Soient r,s avec r<s. Si $f\in\underline{\underline{U}}$ on a $f\circ k_r\in\underline{\underline{U}}$ et

$$S(k_s\omega,f\circ k_r) = \lim_{t\to 0} \text{ess}\ \hat{N}(\theta_t k_s\omega,f\circ k_r) = \lim_{t\to 0} \text{ess}\ \hat{N}(k_{s-t}\theta_t\omega,f\circ k_r)$$

$$= \lim_{t\to 0} \text{ess}\ \hat{N}(\theta_t\omega,f\circ k_r) \quad (s-t>r \text{ pour } t \text{ assez petit})$$

$$= S(\omega,f\circ k_r)$$

On retrouve d'ailleurs le même résultat pour s=r, en remplaçant r par r-ε et en faisant tendre ε vers 0. Ainsi la régularisation quant à la propriété multiplicative ne détruit pas l'effet de la régularisation quant à l'arrêt.

Nous savons d'autre part que le processus $(S(\theta_t.,f))$ est , pour toute fonction $f\geqq 0$, projection bien-mesurable (pour toute loi P^μ)

du processus $(f\circ\theta_t)$ sur la famille $(\underline{\underline{G}}_{t+})$. Prenant pour f l'indicatrice de Ω_0, on voit que l'ensemble des ω tels que $S(\theta_. \omega,\Omega_0)=1$ porte toutes les mesures P^μ... Le procédé de démonstration du théorème 1 nous permet alors de trouver un Ω^{xx} complémentaire d'analytique, <u>contenu dans</u> Ω_0 , possédant toutes les propriétés du théorème 1 . En particulier, pour $\omega\in\Omega^{xx}$, $S(\theta_t\omega,.)$ est portée par Ω_0 pour tout t, et nous avons complètement éliminé la difficulté à l'instant ζ.

Croyez vous qu'on en ait fini ? Ω^{xx} est bien invariant par translation, mais qu'en est il des opérateurs de meurtre ? C'est une question que nous avons laissée de côté au paragraphe 1, puisque nous ne savions rien sur les $M^x_{\underline{\omega}}$ à cet égard, et que maintenant il faudrait reprendre après la régularisation qui donne les $\hat{M}^x_{\underline{\omega}}$! L'exemple des fonctionnelles multiplicatives ordinaires me donne à penser que tout marche bien, mais j'en ai plus qu'assez des noyaux multiplicatifs.

Université de Strasbourg
Séminaire de Probabilités 1972/73

UNE REPRESENTATION DE SURMARTINGALES

par P.A. Meyer

Soit $(\Omega,\underline{\underline{F}},P,\underline{\underline{F}}_t)$ un espace probabilisé muni d'une famille de tribus satisfaisant aux conditions habituelles, et soit (X_t) le potentiel engendré par un processus croissant intégrable prévisible (B_t). On sait que (X_t) peut être borné sans que (B_t) le soit, l'inégalité $X_t \leq c$ pour tout t entraînant seulement que $E[B_t^k] \leq k!c^k$ pour k entier positif. GARSIA a posé le problème suivant : existe t'il un processu croissant non nécessairement adapté (C_t) tel que l'on ait pour tout temps d'arrêt T $X_T=E[C_\infty - C_T|\underline{\underline{F}}_T]$, et qui soit borné ? Un tel problèm paraît inabordable à première vue, car on ne connaît aucun procédé permettant de choisir raisonnablement un processus croissant non adapté parmi tous ceux qui engendrent X. Il se trouve cependant que le problème admet une réponse affirmative, le processus croissant en question s'obtenant comme sous-produit d'une formule explicite qui traîne dans l'article [1]. Il apparaît aussi, après coup, que le pro blème est étroitement lié à celui des décompositions multiplicatives des surmartingales.

Une remarque avant de commencer : si l'on perd l'adaptation, il n'y a aucune raison d'écrire $X_T=E[C_\infty - C_T|\underline{\underline{F}}_T]$; il est beaucoup plus simple d'introduire le processus décroissant $(D_t)=(C_\infty - C_t)$, et de se demander si toute surmartingale positive bornée est projection bien-mesurable d'un processus décroissant (non adapté) borné .

RESOLUTION DU PROBLEME

PROPOSITION. Soit (X_t) une surmartingale continue à droite, positive et majorée par 1 . Soit $(\dot{X}_t)$ la projection prévisible de (X_t), et soit (B_t) le processus croissant prévisible engendrant (X_t)*. Alors (X_t) est projection bien-mesurable du processus décroissant non adapté suivant, majoré par 1

$$(1) \qquad D_t = 1 - \exp\left(- \int_t^\infty \frac{dB_s^c}{1-\dot{X}_s} \right) \prod_{t<s\leq+\infty} \left(1 - \frac{\Delta B_s}{1-\dot{X}_s}\right)$$

où (B_t^c) est la partie continue de (B_t) .

---

* On ne suppose pas que X est un potentiel, et on fait les convention usuelles : $X_\infty=0$, $X_{\infty-} = \lim X_t$, $\dot{X}_\infty=0$, $B_\infty - B_{\infty-} = X_{\infty-}$, qui permettent d'avoir la formule usuelle $X_t=E[B_\infty - B_t|\underline{\underline{F}}_t]$

DEMONSTRATION. Nous allons d'abord supposer que (X_t) est majoré par $1-\varepsilon$ $(\varepsilon>0)$. Dans ce cas, il n'y a aucune difficulté d'intégrabilité quant à $\int_u^v \frac{dB_s}{1-\dot{X}_s}$, et nous introduirons le processus croissant prévisible intégrable

(2) $$A_t = \int_0^t \frac{dB_s}{1-\dot{X}_s}$$

Si T est un temps d'arrêt prévisible, nous savons que $\Delta B_T = X_{T-} - E[X_T|\underline{\underline{F}}_{T-}] = X_{T-}-\dot{X}_T \leq 1-\varepsilon-\dot{X}_T$, d'où l'on tire $\Delta A_T \leq 1-\varepsilon$. Comme les sauts de (A_t) peuvent être épuisés par des temps d'arrêt prévisibles, on a identiquement $\Delta A_t \leq 1-\varepsilon$, et aussi $\Delta A_t \leq \Delta B_t/\varepsilon$. On peut donc introduire le processus décroissant suivant, où le produit infini est convergent et ne comporte que des termes strictement positifs

(3) $$M_t = \exp(-A_t^c)\prod_{s\leq t}(1-\Delta A_s)$$

On a $M_0=1$, (M_t) ne s'annule jamais, et (M_t) est prévisible : pour le voir, décomposer (A_t) en (A_t^c) et une somme de processus croissants prévisibles à un seul saut. (M_t) est solution de l'équation différentielle $dM_s/M_{s-} = -dA_s$. Nous posons enfin

(4) $$C_t = M_\infty\left(\frac{1}{M_t} - 1\right) \quad , \; D_t = C_\infty - C_t = 1 - \frac{M_\infty}{M_t}$$

Le processus (D_t) est celui qui est donné par la formule (1). Incidemment, le raisonnement précédent montre, lorsque (X_t) est seulement majoré par 1, que tous les facteurs du produit infini de (1) sont positifs (mais certains peuvent être nuls, ceux pour lesquels $X_{s-}=1$, $\dot{X}_s<1$).

Nous vérifions que (X_t) est projection bien-mesurable de (D_t). Pour alléger les notations, nous montrerons seulement que $X_0 = E[D_0|\underline{\underline{F}}_0] = E[1-M_\infty|\underline{\underline{F}}_0]$. Nous écrivons

(5) $$E[1-M_\infty|\underline{\underline{F}}_0] = E[\int_0^\infty -dM_s|\underline{\underline{F}}_0] = E[\int_0^\infty M_{s-}dB_s - \dot{X}_s dM_s|\underline{\underline{F}}_0]$$

où nous avons utilisé la formule $dM_s = -M_{s-}dA_s$, ou $(1-\dot{X}_s)dM_s = -M_{s-}dB_s$. Le processus $(B_\infty - B_t)$ admet $(\dot{X}_t)$ comme projection prévisible ; le processus (M_t) étant prévisible, le dernier membre de (5) est égal à

$$E[\int_0^\infty M_{s-}dB_s - (B_\infty - B_s)dM_s|\underline{\underline{F}}_0] = E[\int_0^\infty d(M_sB_s) - B_\infty dM_s|\underline{\underline{F}}_0]$$
$$= E[M_\infty B_\infty - B_\infty(M_\infty - 1)|\underline{\underline{F}}_0] = E[B_\infty|\underline{\underline{F}}_0] = X_0 \quad \text{(cqfd).}$$

Cela achève le cas où X est majoré par $1-\varepsilon$. Pour passer au cas général, nous prenons $\lambda \in]0,1[$ et nous appliquons le résultat qui précède à λX, qui nous apparaît comme projection bien-mes. de

(6) $$D_t^\lambda = 1 - \exp\left(-\int_t^\infty \frac{\lambda dB_s^c}{1-\lambda \dot{X}_s}\right) \prod_{s>t} \left(1 - \frac{\lambda \Delta B_s}{1-\lambda \dot{X}_s}\right)$$

Lorsque $\lambda \uparrow 1$, D_t^λ , processus décroissant continu à droite, croît vers un processus décroissant continu à droite. Une interversion d'inf montre que ce processus décroissant n'est autre que (D_t), et la proposition est établie.

REMARQUE . (X_t) est aussi projection bien-mesurable de $\frac{1}{\lambda} D_t^\lambda \neq D_t$. On constate bien l'absence d'unicité.

UNE VARIANTE DU PROBLEME

Considérons un processus croissant (B_t) adapté et continu à gauche , tel que $B_{0-}=0$ (mais pouvant comporter un saut en 0). Considérons la surmartingale non continue à droite (X_t) telle que

(7) $$X_T = E[B_\infty - B_T | \underline{\underline{F}}_T] \quad \text{pour tout temps d'arrêt } T$$

(c'est une surmartingale " régulière" : $T_n \uparrow T \Rightarrow E[X_{T_n}] \downarrow E[X_T]$). Supposons (X_t) bornée par 1 : est ce que (X_t) est projection bien-mesurable d'un processus décroissant continu à gauche borné par 1 , analogue à (1) ? La réponse est affirmative, et nous donnerons simplement la formule :

(8) $$D_t = 1 - \exp\left(\int_t^\infty \frac{dB_s^c}{1-X_s}\right) \prod_{s \geqq t} \left(1 + \frac{\Delta B_s}{1-X_s}\right)^{-1}$$

GENERALISATION DU PROBLEME DE GARSIA

Nous nous posons maintenant le problème suivant : soit (X_t) une surmartingale positive engendrée par (B_t), et soit $X^* = \sup_t X_t$. Existe t'il un processus décroissant non adapté (D_t) dont la projection bien-mesurable soit X, <u>et qui soit majoré par</u> X^* ? Nous allons établir ce résultat , en commençant par un calcul formel beaucoup plus général.

Soit (L_t) un processus quelconque, mais mesurable et positif, dont la projection prévisible $(\dot{L}_t)$ majore (X_{t-}), pour t>0 : il suffit bien entendu que (L_t) lui même majore (X_{t-}). Posons, à la manière du début de cet exposé

(9) $$A_t = \int_0^t \frac{dB_s}{\dot{L}_s - \dot{X}_s} \quad \text{processus croissant prévisible}$$

de sorte que $\Delta A_t = (X_{t-} - \dot{X}_t)/(\dot{L}_t - \dot{X}_t) \leqq 1$ sur tout graphe prévisible. Puis

(10) $$M_t = \exp(-A_t^c) \prod_{s \leqq t} (1 - \Delta A_s) \quad \text{processus décroissant prévisible}$$

et enfin

(11) $$D_t = \frac{1}{M_t}\int_t^{\infty} -L_s dM_s$$

processus non adapté, qui (M étant prévisible) a même projection bien-mesurable que

(12) $$D'_t = \frac{1}{M_t}\int_t^{\infty} -\dot{L}_s dM_s .$$

Un calcul formel en tout point semblable à celui du paragraphe 1 montre que la projection bien-mesurable de (D'_t) – et donc de (D_t)- est (X_t), sous réserve que (9) soit fini et que ses sauts soient <1. D'autre part , nous avons en intégrant par parties

$$D_t = \frac{1}{M_t}[M_tL_t - M_{\infty}L_{\infty} + \int_t^{\infty} M_{s-}dL_s]$$

Si $L_t = L$, une v.a. constante, ce processus est décroissant, et majoré par L.

Nous appliquons alors, comme dans la première partie, ces résultats à la v.a. $L=X^*$, et au processus λX , $0<\lambda<1$. Le processus $(\dot{L}_s)$ majore le processus $X^*_{s-} = \sup_{u<s} X_u$. Le processus $(Y_t)=(X^*_t - \lambda X_t)$ a des trajectoires c.à d.l.à g. : pour tout intervalle $[0,t]$, il existe donc un point u tel que $Y_u(\omega)$ ou $Y_{u-}(\omega)$ soit égal à la borne inférieure b de $Y(\omega)$ sur $[0,t]$. Cette borne inférieure n'est donc nulle que si $X^*_u(\omega)$ ou $X^*_{u-}(\omega)=0$, ce qui ne peut avoir lieu que si $X_0(\omega)=0$, donc $B_{\infty}(\omega)=0$ (car $X_0 = E[B_{\infty}|\underline{\underline{F}}_0]$). De sorte que le processus (A_t) est bien un vrai processus croissant, à sauts <1, et que le calcul peut se justifier rigoureusement. On fait ensuite tendre λ vers 1.

LIEN AVEC LES DECOMPOSITIONS MULTIPLICATIVES

Revenons au problème initial. Au lieu de porter notre attention sur la surmartingale positive (X_t) bornée par 1, portons la sur la <u>sous</u>martingale positive $1-X_t=Y_t$, projection bien-mesurable du processus croissant $H_t=1-D_t$, continu à droite. Le processus croissant prévisible (B_t) est caractérisé par le fait que $B_0=0$, et que Y_t-B_t est une martingale, mais ici nous n'avons plus de convention agréable relative à $+\infty$, et nous conviendrons que $B_{\infty}=B_{\infty-}$. Le dernier facteur du produit (1) s'écrit $1-X_{\infty-} = Y_{\infty-}$ (que nous écrirons simplement Y_{∞}). Dans ces conditions, nous avons

(13) $$H_t = \exp\left(-\int_t^{\infty}\frac{dB^c_s}{Y_s}\right)\prod_{t<s<\infty}\left(1-\frac{\Delta B_s}{Y_s}\right).Y_{\infty}$$

Sous cette forme, le fait que (Y_t) soit majorée par 1 n'apparaît plus du tout. Noter qu'en un temps prévisible T $1-\frac{\Delta B_T}{Y_T} = \frac{Y_{T-}}{Y_T} =$

$(1+\frac{\Delta B_T}{Y_{T-}})^{-1}$, de sorte que l'on a aussi

$$H_t = \exp(-\int_t^{\infty}\frac{dB^c_s}{Y_{s-}})\prod_{t<s}(1+\frac{\Delta B_s}{Y_{s-}})^{-1}.Y_{\infty}$$

Introduisons le processus décroissant (prévisible)

$$\overline{K}_t = \exp(-\int_0^t\frac{dB^c_s}{Y_{s-}})\prod_{s\leq t}(1+\frac{\Delta B_s}{Y_{s-}})^{-1} \tag{14}$$

Un raisonnement fait plus haut (remplacement de Y_t par $Y_t+\varepsilon$, puis $\varepsilon\downarrow 0$) montre que (H_t) est toujours continu à droite : la limite d'une suite décroissante de processus croissants continus à droite est continue à droite. D'autre part, le produit $H_t\overline{K}_t$ ne dépend pas de t, il garde une valeur constante U : si l'on pose $K_t=\overline{K}_{t+}$, on a encore $H_tK_t=U$, et $U\leq Y_{\infty}$: si (Y_t) est uniformément intégrable, on a alors

$$+\infty > E[U|\underline{\underline{F}}_t] = E[H_tK_t|\underline{\underline{F}}_t] = K_tE[H_t|\underline{\underline{F}}_t] = K_tY_t$$

d'où, formellement, la décomposition multiplicative $Y_t=K_t^{-1}E[U|\underline{\underline{F}}_t]$ de la sousmartingale (Y_t) en un produit d'une martingale et d'un processus croissant (décomposition formelle, car on ignore si K_t peut s'annuler, et ce qui arrive alors : cela mérite certainement d'être étudié). Cette décomposition des <u>sous</u>-martingales positives a la même forme que celle qui figure dans [2] pour les <u>sur</u>martingales positives.

LIEN AVEC LES FONCTIONNELLES MULTIPLICATIVES

Revenons au cas où (X_t) est une surmartingale positive majorée par 1, mais prenons la d'une forme spéciale : soit ξ_t un processus de Markov droit à valeurs dans un espace d'états E, et soit f une fonction excessive (potentiel de la classe (D)) majorée par 1. Nous prendrons $X_t=f\circ\xi_t$, et (B_t) sera une fonctionnelle additive prévisible. La projection $\dot{X}_t$ pourra s'expliciter de la manière suivante : on désigne par $\overline{E}$ un compactifié de RAY de E, par (P_t) le semi-group de RAY correspondant, par ξ_{t-} les limites à gauche prises dans $\overline{E}$. Alors pour t>0 on a $\dot{X}_t = P_0f\circ\xi_{t-}$. Dans ces conditions, lorsque f est majorée par $1-\varepsilon$, le processus (M_t) de la formule (3) est une fonctionnelle multiplicative , et la représentation de (X_t) que nous avons obtenue est de la forme $f=P_R1$, où R est le temps terminal associé à (M_t) ; quant au processus décroissant non adapté (D_t), il est continu à droite et <u>homogène</u> , i.e. coprévisible au sens d' AZEMA . Lorsque f est seulement majorée par 1, la représentation $f=P_R1$ et le caractère coprévisible de (D_t) restent valables (cf.[1], dont les restrictions bizarres ont été levées dans les pages précédentes).

BIBLIOGRAPHIE

[1]. P.A.Meyer. Quelques résultats sur les processus de Markov. Invent. Math. 1, 1966, p.101-115.

[2]. -- . On the multiplicative decomposition of positive supermartingales. Markov processes and potential theory, edited by J.Chover. Wiley New York 1967, p. 103-116.

Université de Strasbourg
Séminaire de Probabilités

CONSTRUCTION de PROCESSUS de MARKOV sur R^n

par Pierre PRIOURET

1. INTRODUCTION.

Désignant par C_k^2 l'espace des fonctions de classe C^2 à support compact sur R^n, on définit pour $u \in C_k^2$, l'opérateur W,

$$(1)\quad Wu(x) = \sum_{i,j} a_{ij}(x) D_{i,j} u(x) + \sum_i b_i(x) D_i u(x) + c(x)u(x)$$

$$+ \int \{u(y) - \Psi(|x-y|)(u(x) + \langle y-x, \nabla_u(x)\rangle\} s(x,dy) = P(x) + S(x)$$

où

- la matrice $(a_{ij}(x))$ est non négative,
- $s(x,dy)$ est une mesure de Radon sur $R^n - \{x\}$ telle que

$$\int \frac{|x-y|^2}{1+|x-y|^2} s(x,dy) < +\infty,$$

- Ψ est une fonction de classe C^∞ telle que $\Psi(y) = 1$ si $|y| \le 1$, $\Psi(y) = 0$ si $|y| \ge 2$,
- $W1(x) = c(x) + \int (1-\Psi(|x-y|)s(x,dy)) \le 0$.

On sait que les générateurs infinitésimaux des processus de Markov sur R^d sont de la forme de W sur C_k^2 (voir par exemple [1]). Le problème auquel on va s'intéresser ici est, W donné (avec les hypothèses de régularité), de construire un processus de Markov de semi-groupe P_t tel que

$$(2)\qquad \text{quelle que soit } u \in C_k^2,\ P_t u - u = \int_0^t P_s W u\, ds.$$

On va également établir l'unicité de ce processus.

La méthode utilisée pour construire un tel processus est en général, après Ito, celle des équations différentielles stochastiques (voir Skorokhod [7], Maizenberg [6]). La méthode présentée ici est analytique, s'inspirant de celle de [1] pour les variétés compactes ; on obtiendra également des renseignements sur la régularité des solutions du problème de Dirichlet associé à W . (Voir Maizenberg [5] pour un traitement du problème de Dirichlet par les équations différentielles stochastiques).Nous allons présenter ici les grandes lignes de cette construction.

2. Soit U un ouvert borné régulier (∂U de classe C^3 par exemple) et $0<\alpha<1$. Nous allons introduire quelques espaces de fonctions holdériennes sur U (voir Friedman [4]).

On pose pour $x \in U$, $d_x = \mathrm{dist}(x,\partial U)$, $d_{x,y} = \inf(dx,dy)$.

$$|g|_\infty = \sup_{x\in U} |g(x)| ,$$

$$|g|_\alpha = |g|_\infty + \sup_{x,y\in U} \frac{|g(x)-g(y)|}{|x-y|^\alpha} ,$$

$$|g|_{2+\alpha} = |g|_\alpha + \Sigma|D_i g|_\alpha + \Sigma|D_{i,j}g|_\alpha , \text{ et pour } m \geq 1 ,$$

$$|g|_{m,\alpha} = |d^m.g|_\infty + \sup_{x,y\in U} d_{x,y}^{m+\alpha} \frac{|g(x)-g(y)|}{|x-y|^\alpha} ,$$

$$|g|_{0,2+\alpha} = |g|_\alpha + \Sigma|D_i g|_{1,\alpha} + \Sigma|D_{i,j}g|_{2,\alpha} .$$

On désigne par $C^\alpha(U)$, $C^{2+\alpha}(U)$, $C^{m,\alpha}(U)$, $C^{0,2+\alpha}(U)$ les espaces de fonctions pour lesquelles les sommes $|\ |_\alpha$, $|\ |_{2+\alpha}$, $|\ |_{m,\alpha}$, $|\ |_{0,2+\alpha}$ sont finies ; munis de ces normes, ce sont des espaces de Banach.

On va faire sur $W = P + S$ les hypothèses suivantes :

(P1) a_{ij} , b_i , c sont de classe C^α ; (a_{ij}) est strictement elliptique. On suppose une fois pour toute que $s(x,dy)$ a une densité et on pose :

(3) $$S_U u(x) = \int_U \{u(y)-\Psi(|x-y|)(u(x) + < y-x \, , \nabla u(x) >\} s(x,y)dy)$$

et pour f borélienne à support compact ,

(4) $$Tf(x) = \int f(y)|x-y|^2 s(x,y)dy$$

(5) $$T^{i,j}f(x) = \int f(y)(y_i-x_i)(y_j-x_j)s(x,y)dy \, .$$

Pour tout compact K on note $L^p(K)$ - $1 \leq p \leq +\infty$ - l'espace des fonctions de L^p à support inclus dans K .

On suppose :

(S1) Pour tout compact K l'opérateur T est continu de $L^\infty(K)$ dans C^α_{loc} .

(S2) Pour tout ouvert U régulier, l'opérateur S_U est compact de $C^{0,2+\alpha}(U) \cap C(\overline{U})$ dans $C^{2,\alpha}(U)$.

Le reste de ce paragraphe est consacré à l'indication de conditions suffisantes pour avoir (S1) - (S2) . Soient,

(S'1) Il existe p , $0 \leq p < +\infty$, tel que pour tout compact K , T est continu de $L^p(K)$ dans C^α_{loc} .

(S'2) Pour tout ouvert U régulier, S_U est continu de $C^2(\overline{U})$ dans $C(\overline{U})$ et envoie, pour un $\beta > \alpha$, $C^{2+\beta}(U)$ dans $C^\beta(U)$.

(S"1) Il existe p , $0 \leq p < +\infty$ tel que pour tout compact K , et pour tout i,j , $T^{i,j}$ est continu de $L^p(K)$ dans C^α_{loc} .

On a alors,

PROPOSITION 1. - Les conditions (S'1) et (S'2) impliquent (S1) , (S2) .

L'idée de la démonstration est la suivante. L'hypothèse (S'2) et les techniques d'interpolation développées dans [1] montrent que S_U est compact de $C^{2+\alpha}(U)$ dans $C^\alpha(U)$. Notant φ_n une suite de fonctions

C^∞ à support compact dans U telle que $\varphi_n \uparrow 1_U$; on définit

$$S_U^n u(x) = S_U(\varphi_n u)(x) ;$$

on a alors facilement que S_U^n est compact de $C^{0,2+\alpha}(U) \cap C(\overline{U})$ dans $C^{2,\alpha}(U)$. Enfin l'hypothèse (S'1) permet de montrer que, lorsque $n \to +\infty$, les S^n convergent vers S en norme d'opérateur, ce qui entraîne le résultat.

PROPOSITION 2. - La condition (S"1) implique (S1) et (S2).

Il suffit pour cela d'appliquer la formule de Taylor avec reste intégral dans (3) et d'un peu de calculs.

3. Donnons un exemple de noyau vérifiant (S"2).

Soit $N(x,y)$ une fonction borélienne positive sur $R^n \times R^n$, sommable en y pour chaque y, localement bornée, et supposons,

(N1) Quels que soient les compacts H, K, on a pour $y \in H$, x, $x' \in K$,

$$|N(x,y) - N(x',y)| \leq C(H,K)|x-x'|^\gamma ;$$

alors $s(x,y) = \dfrac{N(x,y)}{|x-y|^{n+2-\mu}}$, $- 0<\mu<n -$ vérifie (S"2) pour tout $\alpha < \inf(\gamma, \frac{\mu}{2})$ et $p > \dfrac{n}{\mu-2\alpha}$.

Soient donc H et K des compacts et f une fonction à support dans K, il s'agit de montrer :

(6) $$|T^{i,j}f(x)| \leq C_1(K)\|f\|_{p,K} \quad \text{pour tout } x \in H ;$$

(7) $$|T^{i,j}f(x) - T^{i,j}f(x')| \leq C_2(H,K)\|f\|_{p,K}|x-x'|^\alpha , \text{ pour tout } x,x' \in H .$$

D'une part,

$$|T^{i,j}f(x)| = |\int N(x,y)(y_i-x_i)(y_j-x_j)|x-y|^{-n-2+\mu}f(y)dy|$$

$$\leq C_1'(K)|\int_K |x,y|^{-n+\mu}f(y)dy|$$

$$\leq C_1'(K)\|f\|_{p,K}\{\int_K |x-y|^{(-n+\mu)q}dy\}^{1/q}$$

où $\frac{1}{q} = 1 - \frac{1}{p}$ et on a le résultat cherché si $(n-\mu)q < n$ i.e. $\frac{1}{q} > 1 - \frac{\mu}{n}$ ce qui est le cas si $\frac{1}{p} < \frac{\mu}{n} - \frac{2\alpha}{n}$.

D'autre part, si on pose,

$$N'(x,y) = N(x,y)(y_i - x_i)(y_j - x_j)|y-x|^{2-\alpha},$$

on a, compte tenu de $\alpha < \gamma$ et de (N-1),

$$N'(x,y) \leq C_3(H,K) \ , \ x \in H \ , \ y \in K \ ,$$

$$|N'(x,y) - N'(x',y)| \leq C_4(H,K)|x-x'|^{\alpha} \ , \ x,x' \in H \ , \ y \in K \ ,$$

on a alors pour $x,x' \in H$,

$$|T^{i,j}f(x) - T^{i,j}f(x')| = |\int (N'(x,y)|x-y|^{-n+\mu-\alpha} - N'(x',y)|x'-y|^{-n+\mu-\alpha})f(y)dy|$$

$$\leq D_1 + D_2 \quad \text{où}$$

$$D_1 \leq \int_K |N'(x,y) - N'(x',y)| . |x-y|^{-n+\mu-\alpha} . f(y)dy$$

$$\leq C_4(H,K)|x-x'|^{\alpha} \int_K |x-y|^{-n+\mu-\alpha} f(y)dy \ ,$$

$$\leq C_4(H,K)|x-x'|^{\alpha}\|f\|_{p,K}\{\int_K |x-y|^{(-n+\mu-\alpha)q}dy\}^{1/q}$$

$$\leq C_4'(H,K)|x-x'|^{\alpha}\|f\|_{p,K}$$

car $p > \frac{n}{\mu - 2\alpha} > \frac{n}{\mu - \alpha}$ implique $(n-\mu+\alpha)q < n$.

$$D_2 = |\int_K N'(x',y)(|y-x|^{-n+\mu-\alpha} - |y-x'|^{-n+\mu-\alpha})f(y)dy|$$

et compte tenu de l'inégalité, $x,x' \in H$, $y \in K$

$$||y-x|^{-n+\mu-\alpha} - |y-x'|^{-n+\mu-\alpha}| \leq C_5(H,K)|x-x'|^{\alpha}\{\inf(|y-x|,|y-x'|)\}^{-n+\mu-2\alpha}$$

$$D_2 \leq C_6(H,K)|x-x'|^{\alpha}\|f\|_{p,K}\{\int_K [\inf(|y-x|,|y-x'|)]^{(-n+\mu-2\alpha)q}dy\}^{1/q}$$

$$\leq C_6'(H,K)|x-x'|^{\alpha}\|f\|_{p,K}$$

car $p > \frac{n}{\mu-2\alpha}$ implique que $(-n-\mu+2\alpha)q < n$.

Ceci montre les inégalités (6) et (7) .

Remarque : On peut également montrer directement que si $s(x,y)$ est associé comme ci-dessus à un noyau $N(x,y)$ vérifiant (N1) alors les hypothèses (S1) et (S2) sont satisfaites sans utiliser les propositions 1 et 2 .

5. Dans ce paragraphe, on fixe un ouvert U régulier (i.e. borné, connexe, de classe C^3) et on suppose vérifiées (P1) , (S1) et (S2) . D'abord, un résultat qui nous sera utile à plusieurs reprises.

PROPOSITION 3. - Si $f \in L^\infty(K)$ - K compact - $h(x) = \int_{U^c} s(x,z)f(z)dz$ appartient à $C^{2,\alpha}(U)$ et $|h|_{2,\alpha} \le C_K|f|_\infty$.

Démonstration : Il faut montrer :

(8) $$\text{quel que soit } x \in U , \ |d_x^2 h(x)| \le C.|f|_\infty$$

(9) $$\text{quels que soient } x,y \in U , \ d_{x,y}^{2+\alpha}|h(x)-h(y)| \le C|x-y|^\alpha |f|_\infty .$$

Pour (8) il suffit de remarquer que si $x \in U$, $z \in U^c$, $d_x \le |x-y|$ d'où $|h(x)| = |\int_{U^c} s(x,z)|x-z|^2 \frac{f(z)}{|x-z|^2}| \le d_x^{-2} \int_{U^c} s(x,z)|x-z|^2|f(z)|$

$$\le d_x^{-2} . C.|f|_\infty \text{ d'après (S.1) .}$$

La démonstration de (9) est un peu plus délicate mais se fait par le même principe.

On va définir à partir de W un nouvel opérateur de $C^2(U)$ dans U par

(10) $$W_U f(x) = P_U f(x) + S_U f(x) , \ f \in C^2(U) , \ x \in U ;$$

où S_U est défini par (3) et où

(11) $$P_U f(x) = \Sigma a_{ij}(x) D_{i,j} f(x) + \Sigma b_i^U(x) D_i f(x) + c^U(x) f(x)$$

avec

(12) $$b_i^U(x) = b_i(x) - \int_{U^c} \Psi(|x-z|)(z_i - x_i) s(x,z)\,dz$$

(13) $$c_i^U(x) = c(x) - \int_{U^c} \Psi(|x-z|) s(x,z)\,dz .$$

Par une démonstration analogue à celle de la proposition 3 , on établit facilement la

PROPOSITION 4. - On a $b_i^U \in C^{1,\alpha}(U)$, $c \in C^{2,\alpha}(U)$.

Si $u \in C(\overline{U})$, on note $\gamma^\circ u$ la restriction de u à ∂U ; d'après des résultats de Douglis-Niremberg [3] (voir également Friedman [4]), on a le théorème suivant :

THEOREME 5. - Si $a_{ij} \in C^\alpha(U)$, $b_i^U \in C^{1,\alpha}(U)$, $c \in C^{2,\alpha}(U)$ alors l'application $u \to (P_U u, \gamma^\circ u)$ est un isomorphisme de $C^{0,2+\alpha}(U) \cap C(\overline{U})$ sur $C^{2,\alpha}(U) \times C(\partial U)$.

Considérons maintenant l'application de $C^{0,2+\alpha}(U) \cap C(\overline{U})$ dans $C^{2,\alpha}(U) \times C(\partial U)$, $u \to (W_U u, \gamma^\circ u) = (P_U u, \gamma^\circ u) + (S_U u, 0)$; c'est la somme d'une application d'indice zéro d'après le théorème 5 et d'une application compacte d'après (S2) ; elle est donc d'indice 0 . Pour montrer que c'est un isomorphisme des espaces considérés, il suffit de montrer qu'elle est injective. Ceci est une conséquence du principe du maximum de W_U et plus précisément des lemmes suivants (rappelons qu'on a supposé U connexe).

LEMME 1. - Si $u \in C^2(U) \cap C(\overline{U})$ et si $W_U u(x) \geq 0$ pour $x \in U$, alors si u atteint un maximum ≥ 0 en $x_0 \in U$, u est constante.

La démonstration de ce lemme est assez longue mais à peu près semblable (sous des hypothèses cependant un peu différentes) à celle du théorème VII, chapitre I de [1] .

Du lemme 1, on déduit de façon classique le

LEMME 2. - <u>Soit</u> $u \in C^2 \cap C(\overline{U})$ <u>telle que</u> $W_u(x) \geq 0$ <u>pour</u> $x \in U$ <u>et</u> $\overset{\circ}{\gamma} u \leq 0$ <u>alors</u> $u \leq 0$.

On peut donc énoncer, $W_U - \lambda$ ayant les mêmes propriétés que W_U ,

THEOREME 6. - <u>Pour tout</u> $\lambda \geq 0$, <u>l'application</u> $u \to ((W_U - \lambda)u, \overset{\circ}{\gamma} u)$ - W_U <u>défini par</u> (10) - <u>est un isomorphisme de</u> $C^{0,2+\alpha}(U) \cap C(\overline{U})$ <u>sur</u> $C^{2,\alpha}(U) \times C(\partial U)$.

6. On fixe toujours un ouvert U régulier et on considère l'opérateur $\hat{W}_U$ défini par $\hat{W}_U u(x) = Wu(x).1_U(x)$, $u \in C_k^2$.

En particulier,

$$\hat{W}u(x) = \begin{cases} W_U u(x) + \int_{U^c} u(y)s(x,y)dy \ , & x \in U \\ 0 & , x \notin U \ . \end{cases}$$

On va montrer que la fermeture de $(C_k^2, \hat{W}_U)$ est le générateur infinitésimal d'un semi-groupe de Feller sur $C_0(R^n)$. Cela repose sur le

LEMME. - <u>Soit</u> $f \in C_k(R^n)$ <u>telle que</u> $f|_U \in C^{2,\alpha}(U)$, <u>pour tout</u> $\lambda > 0$, <u>il existe</u> u <u>unique</u>, $u \in C_k(R^n)$ <u>avec</u> $u|_U \in C^{0,2+\alpha}(U)$, <u>telle que</u> $(\lambda - \hat{W}_U)u = f$.

En effet, $(\lambda - \hat{W}_U)u = f$ équivaut à :

(14) $(\lambda - W_U)u(x) - \int_{U^c} u(y)s(x,y)dy = f(x)$, $x \in U$; $\lambda u(x) = f(x)$, $x \notin U$.

Soit encore

(15) $(\lambda - W_U)u(x) = f(x) + \frac{1}{\lambda}\int_{U^c} f(y)s(x,y)dy$, $x \in U$; $u(x) = \frac{f(x)}{\lambda}$, $x \in \partial U$.

D'après la proposition 3, n° 5, $\int_{U^c} f(y)s(x,y)dy \in C^{2,\alpha}(U)$, d'où il existe une et seule solution à (15) d'après le théorème 6, n° 5.

Soit $\mathcal{D}_U = \{u \ ; \ u \in C_k(R^n) \ , \ u|_U \in C^{0,2+\alpha}(U)\}$, alors on a le

THEOREME 7. - <u>Il existe un unique semi-groupe de Feller sur</u> $C_0(R^n)$ <u>dont le générateur infinitésimal prolonge</u> $(\mathcal{D}_U, \hat{W}_U)$.

C'est le théorème de Hille-Yosida-Ray car $\mathcal{D}_U \supset C_k^3$ est dense dans C_0 , $\hat{W}_U$ a le principe du maximum (Lemme 2, n° 5) et $(\lambda - \hat{W}_U)\mathcal{D}_U \supset C_k^3$ - Lemme ci-dessus - donc $(\lambda - \hat{W}_U)\mathcal{D}_U$ est dense dans C_0 .

<u>Notations</u> : On note P_t^U ce semi-groupe, G_λ^U sa résolvante, $X^U = (\Omega, X_t, P_x^U)$ le processus de Markov canonique associé, Ω est l'ensemble des applications c.a.d.l.à.g. de R_+ dans $R^n \cup \{\partial\}$ absorbées en $\{\partial\}$; alors

$$G_\lambda^U f(x) = E_x^U\left(\int_0^{+\infty} e^{-\lambda t} f(X_t)\,dt\right) .$$

On a également (formule de Dynkin), pour tout temps d'arrêt τ :

$$E_x^U(e^{-\lambda\tau}u(X_\tau)) - u(x) = E_x\left(\int_0^\tau e^{-\lambda s}(\hat{W}_U - \lambda)u(X_s)\,ds\right) , \quad u \in \mathcal{D}_U . \tag{16}$$

7. Soient U et V deux ouverts réguliers tels que $\overline{V} \subset U$.

Considérons le processus X^U et soit $\sigma_V = \inf(t \geq 0 \text{ , } X_t \notin V)$; on peut considérer le processus $\overline{X} = (\overline{X^U})^V$ "stoppé" de X^U au temps σ_V : $\overline{X}_t = X^U_{t\wedge\sigma_V}$. Sa résolvante $\overline{G}_\lambda = (\overline{G^U})^V_\lambda$ est donnée par

$$\overline{G}_\lambda f(x) = E_x^U \int_0^{\sigma_V} e^{-\lambda t} f(X_t)\,dt + \frac{1}{\lambda} E_x^U(e^{-\lambda\sigma_V} f(X_{\sigma_V})) . \tag{17}$$

Le problème est de montrer l'équivalence des processus $\overline{X}$ et X^V . Cela repose sur le

LEMME. - <u>On a pour</u> $x \in V$ <u>et</u> $u \in \mathcal{D}_V$, <u>la formule</u>

$$E_x^U(e^{-\lambda\sigma_V}u(X_{\sigma_V})) - u(x) = E_x^U\left(\int_0^{\sigma_V} e^{-\lambda t}(W-\lambda)u(X_s)\,ds\right) . \tag{18}$$

Cette formule se réduit à (16) si $u \in \mathcal{D}_U$; il faut la prolonger à $\mathcal{D}_V$; ceci se fait en approximant une fonction $u \in \mathcal{D}_V$ par des éléments $u_n \in \mathcal{D}_U$ et un peu de calcul.

Ce lemme montré, soit $f \in (\lambda - \hat{W}_V)\mathcal{D}_V$, $f = (\lambda - \hat{W}_V)u$, $u \in \mathcal{D}_V$ et $G_\lambda^V f(x) = u(x)$; de plus si $x \notin V$, $f(x) = \lambda u(x)$.

Si $x \in V$,

$$(\overline{G}_\lambda)f(x) = E_x^U \int_0^{\sigma_V} e^{-\lambda t} f(X_t)dt + \frac{1}{\lambda} E_x^U(e^{-\lambda\sigma_V} f(X_{\sigma_V})) \text{ - d'après (17) - ,}$$

$$= E_x^U \int_0^{\sigma_V} e^{-\lambda t}(\lambda - W)u(X_t)dt + E_x^U(e^{-\lambda\sigma_V}.u(X_{\sigma_V})) ,$$

$$= u(x) \qquad \text{- d'après (18) - ,}$$

$$= G_\lambda^V f(x) .$$

Si $x \notin V$,

$$\overline{G}_\lambda f(x) = \frac{1}{\lambda} f(x) = u(x) = G_\lambda^V f(x) .$$

Comme $(\lambda - \hat{W}_V)\mathcal{D}_V$ est dense dans $C_0(R^n)$ - Lemme n° 6 - $\overline{G}_\lambda = G_\lambda^V$ et on a montré le

THEOREME 8. - <u>Soient</u> U <u>et</u> V <u>deux ouverts réguliers tels que</u> $\overline{V} \subset U$, <u>alors le processus</u> X^U <u>stoppé au temps de sortie de</u> V <u>est équivalent au processus</u> X^V.

8. Prenons pour U_n la boule de centre 0 , de rayon n , il résulte du théorème de recollement ([2], p. 344) qu'il existe un unique processus standard $X = (\Omega, X_t, P_x)$ - Ω espace canonique - dont le processus stoppé au temps de sortie de U_n est X^{U_n} . Plus généralement, si U est un ouvert régulier, le stoppé de X à σ_U est X^U , ce qui signifie que l'on a les relations, pour $\lambda > 0$ et $f \in C_0(R^n)$,

$$G_\lambda^U f(x) = E_x(\int_0^{\sigma_U} e^{-\lambda t} f(X_t)dt) + \frac{1}{\lambda} E_x(e^{-\lambda\sigma_U}.f(X_{\sigma_U})) . \tag{19}$$

(20) $$P_t^U f(x) = E_x(f(X_{t\wedge\sigma_U})) .$$

Si on choisit $f \in C_k^2$ et U un ouvert régulier contenant $\operatorname{supp}(f)$, on a, grâce à (20),

$$E_x(f(X_{t\wedge\sigma_U})) - f(x) = E_x \int_0^t \hat{W}^U f(X_{s\wedge\sigma_U})ds$$

$$= E_x \int_0^{t\wedge\sigma_U} Wf(X_s)ds .$$

Mais comme $f(X_{\sigma_U}) = 0$, on a aussi

$$E_x(f(X_t)1_{[t<\sigma_U]}) - f(x) = E_x \int_0^{t\wedge\sigma_U} Wf(X_s)ds ;$$

si maintenant on fait croître U vers R^n, σ_U croît vers la durée de vie ζ de X (le processus est standard) et compte tenu des conventions usuelles, on obtient

(21) $$E_x(f(X_t)) - f(x) = E_x \int_0^t Wf(X_s)ds .$$

Considérons maintenant un processus de Markov standard $\tilde{X} = (\Omega, X_t, \tilde{P}_x)$ vérifiant

(21) $$\tilde{E}_x u(X_t) - u(x) = \tilde{E}_x \int_0^t Wu(X_s)ds \text{ , quelle que soit } u \in C_k^2 .$$

On notera R_λ^U la résolvante de $\tilde{X}^U$ processus stoppé de $\tilde{X}$ au temps σ_U.

De (21), on déduit de façon usuelle, pour $\lambda > 0$, $u \in C_k^2$,

(22) $$\tilde{E}_x(e^{-\lambda t}u(X_t)) - u(x) = \tilde{E}_x \int_0^t e^{-\lambda s}(W-\lambda)u(X_s)ds ,$$

(23) $$\tilde{E}_x(e^{-\lambda\sigma_U}u(X_{\sigma_U})) - u(x) = \tilde{E}_x \int_0^{\sigma_U} e^{-\lambda s}(W-\lambda)u(X_s)ds .$$

Cette dernière relation s'étend à $u \in \mathcal{D}_U$ et on a donc, pour U ouvert régulier et $u \in \mathcal{D}_U$,

(24) $$u(x) = \tilde{E}_x \int_0^{\sigma_U} e^{-\lambda s}(\lambda - W)u(X_s)ds + \tilde{E}_x(e^{-\lambda\sigma_U}u(X_{\sigma_U}))$$

soit encore puisque $W = \hat{W}^U$ sur U, $\hat{W}^U = 0$ sur U^c,

(25) $$u(x) = R_\lambda^U[(\lambda - \hat{W}^U)u](x)$$

$$= G_\lambda^U[(\lambda - \hat{W}^U)u](x)$$

d'où comme $(\lambda - \hat{W}^U)\mathcal{D}_U$ est dense dans $C_0(R^n)$, $R_\lambda^U = G_\lambda^U$ puis, d'après l'unicité du recollement, $X = \tilde{X}$.

On peut énoncer le

THEOREME 9. - Soit W un opérateur de la forme (1), vérifiant les hypothèses (P1), (S1), (S2) ; il existe un et un seul processus de Markov standard sur R^n, $X = (\Omega, X_t, P_x)$ tel que,

$$E_x u(X_t) - u(x) = E_x \int_0^t Wu(X_s)ds \text{ , quelle que soit } u \in C_k^2 .$$

9. Nous terminons par deux remarques.

D'abord, U étant un ouvert régulier et f une fonction donnée sur U^c, continue nulle en dehors d'un compact, il résulte de ce qui précède que $u(x) = E_x(f(X_{\sigma_U}))$ est l'unique solution du problème de Dirichlet $Wu(x) = 0$, $x \in U$; $u(x) = f(x)$, $x \in U^c$ et que cette solution est telle que $u \in C_k(R^n)$, $u|_U \in C^{0,2+\alpha}(U)$.

Enfin, on peut donner des conditions sur les coefficients de P et sur le noyau $s(x,y)$ pour que le processus X soit conservatif ou de Feller.

R E F E R E N C E S

[1] BONY - COURREGE - PRIOURET — Semi-groupes de Feller sur une variété à bord compacte... Ann. Inst. Fourier, 18.2 (1969), p. 369.

[2] COURREGE - PRIOURET — Recollements de processus de Markov. Publ.Math.Stat.Univ., Paris 14 (1965), p. 275.

[3] DOUGLIS - NIREMBERG — Interior estimates for elliptic systems of partial differential equations. Comm.Pure Appl.Math., 8 (1955), p. 503.

[4] FRIEDMAN — Partial differential equations of parabolic Type. Prentice-Hall.

[5] MAIZENBERG — The Dirichlet problem for certain integro-differential equations. Math. URSS, Izvestija, Vol. 3 (1969), n° 3.

[6] MAIZENBERG — The Cauchy problem for some integro-differential equations. Izv.Vyss.Uceb.Zaved Matematica, (1969), n° 8.

[7] SKOROHOD — Studies in the theory of random processes. Addison-Wesley (1965).

REMARKS ON THE HYPOTHESES OF DUALITY

R. T. Smythe

Dept. of Mathematics, University of Washington
Seattle, Wa. 98115

Let E be a locally compact topological space with a countable base and let $X = (\Omega, \mathcal{F}, \mathcal{F}_t, X_t, \theta_t, P^x)$ be a strong Markov process on E, right continuous with left limits. Let $\{U^p(x,.)\}_{p \geq 0}$ be the resolvent operator of X; we shall assume X is transient in the sense that $U^0(x,.)$ is a Radon measure for each x in E. (If this is not the case we will work instead with the α-process formed by exponential killing with parameter α.)

It was shown in [1] that if X satisfies hypothesis (L), then X has a left continuous moderate Markov dual process $\hat{X}$,* i.e., the resolvent $\{\hat{U}^p(x,.)\}$ of $\hat{X}$ is in duality with $\{U^p(x,.)\}$ in the sense of [2], p. 253. Thus although we are not necessarily operating in the classic context of duality--there need not exist a cofine topology--we do have an excessive reference measure ξ and a function $u^\alpha(x,y)$ defined on ExE for each $\alpha \geq 0$, with the properties that

(i) $x \mapsto u^\alpha(x,y)$ is α-excessive for the resolvent $\{U^p\}$, $\forall y \in E$ and $\forall \alpha$;

(ii) $y \mapsto u^\alpha(x,y)$ is α-excessive for the resolvent $\{\hat{U}^p\}$, $\forall x \in E$ and $\forall \alpha$;

(iii) $U^\alpha f(x) = \int u^\alpha(x,y) f(y)\, \xi(dy)$ and $\hat{U}^\alpha f(y) = \int u^\alpha(x,y) f(x)\, \xi(dx)$ for all $\alpha \geq 0$, $f \in b\mathcal{E}^*$ (the bounded, universally measurable functions).

The purpose of this note is to point out that several results which are well-known under classical duality hypotheses remain valid (sometimes with minor changes) under weaker hypotheses, in some cases hypothesis (L) alone. During the preparation of this note we have become aware of two other papers, [1] and [4], which treat (among other problems) some of the topics discussed here. The present work is in much the same spirit

(*) $\hat{X}$ need not be left continuous at ζ, but we will consistently abuse the language by calling such a process left continuous.

as [4], although we make no appeal to the theory of Ray compactification; the results here follow rather easily from those of [11], and our presentation should thus be regarded as a natural extension of [11]. The results of our §1 also overlap, while remaining less interesting than, the results of §III of [1]. We plead guilty to Azéma's charge of having sought to "generalize abusively" the two characterization theorems of Meyer to the non-duality case, offering in defense only the remark that, to a certain extent anyway, it seems to work.

1. Potentials of Additive Functionals

Let A be an additive functional of X which is a.s. finite; here "additive functional" means that A charges neither 0 nor the lifetime ζ. Following Revuz ([8]) we associate with A the measure ν_A, where

$$\nu_A(f) = \lim_{t\downarrow 0} 1/t\ E^{\xi}\left\{\int_0^t f(X_s)\,dA_s\right\}$$

for $f \in b\mathcal{E}_+$ (the set of non-negative, bounded, measurable--in the Borel sets of E--functions). Under the classical duality hypotheses, Revuz shows that if A is natural and σ-integrable (i.e., $E = \bigcup_n E_n$ with $E_n \in \mathcal{E}$, $\nu_A(1_{E_n})<\infty$) and if the α-potential of A is finite ξ-a.e., then

$$(1.1)\quad E^x \int_0^\infty e^{-\alpha t}\,dA_t = \int_E u^\alpha(x,y)\,\nu_A(dy)$$

From (1.1) one deduces easily that for $f \in \mathcal{E}_+$,

$$(1.2)\quad E^x \int_0^\infty e^{-\alpha t} f(X_t)\,dA_t = \int_E u^\alpha(x,y) f(y)\,\nu_A(dy)\,.$$

Our first observation is that (1.2) remains valid for <u>continuous</u> additive functionals under only hypothesis (L). (It may fail for natural additive functionals in the absence of a cofine topology).

<u>Lemma 1.1</u> Let X satisfy hypothesis (L). Then (1.2) is valid provided A is continuous.

<u>Proof</u>. The proof is essentially that of Revuz ([8], p. 517). The key observation here is that for $f \in b\mathcal{E}_+$, the function $s \to \hat{U}^\alpha f(\hat{X}_s)$ is left continuous with right limits on $(0,\zeta)$ a.s. $\hat{P}^\xi$ ([11], p. 139), which implies, using the reversal operator ([12], § 5) that a.s. P^ξ, $s \to \hat{U}^\alpha f(X_s)$ is right continuous with left limits on $(0,\zeta)$. Thus the function $[\hat{U}^\alpha f(X_s)]_-$, which is left continuous, differs, for almost all ω, from $\hat{U}^\alpha f(X_s)$ on a countable s-set, which is not charged by the continuous additive functional A. Applying the argument of Revuz ([8], p. 517) we have

$$(1.3)\quad \int \hat{U}^\alpha f(x)\,\nu_A(dx) = \lim_{\beta\uparrow\infty} \beta E^\xi \int_0^\infty e^{-\beta s}\left[\hat{U}^\alpha f(X_s)\right]_- dA_s$$

$$= \lim_{\beta\uparrow\infty} E^\xi \lim_{n\uparrow\infty}\left\{\sum_{k\geq 0}\beta\, e^{-\beta k/n}\left[\hat{U}^\alpha f(X_{k/n})\right]_-(A_{(k+1)/n} - A_{k/n})\right\}$$

The proof is completed as in [8] once it is verified that $P^\xi\left\{\hat{U}^\alpha f(X_s) \neq \left[\hat{U}^\alpha f(X_s)\right]_-\right\} = 0$ for any $s>0$. By Fubini, this probability is zero for a.e. (Lebesgue) s; let s_0 be such an s, and let $t>0$ be arbitrary. We then have

$$P^\xi\left\{\hat{U}^\alpha f(X_{s_0+t}) \neq \left[\hat{U}^\alpha f(X_{s_0+t})\right]_-\right\} = P^\xi\left\{\hat{U}^\alpha f(X_{s_0})\circ\theta_t \neq \left[\hat{U}^\alpha f(X_{s_0})\right]_-\circ\theta_t\right\}$$

$$\leq P^{\xi P_t}\left\{\hat{U}^\alpha f(X_{s_0}) \neq \left[\hat{U}^\alpha f(X_{s_0})\right]_-\right\} = 0$$

since ξ is excessive, Q.E.D.

At this point we introduce two exceptional sets which play a large role in what follows.

<u>Definition 1.1</u> $\hat{H} = \left\{y \in E:\ \hat{U}(y,E) = 0\right\}$

One verifies easily that $y \in \hat{H} \to u(x,y) = 0$ for all $x \in E$, and that H is polar for $\hat{X}$, and hence, by the reversal operator, for X.

<u>Definition 1.2</u> $\hat{B} = \left\{x \in E:\ \hat{P}_0(x,.) \neq \delta_x\right\}$, where $\hat{P}_0(x,.) = \lim_{t\downarrow 0} \hat{P}_t(x,.)$.

The argument of Prop. 4.2 of [11] shows that $\hat{B}$ is semipolar. Clearly $\hat{H}$

(the set of points which co-branch to Δ) is a subset of $\hat{B}$ (the co-branch points).

Lemma 1.2 Let μ_1 and μ_2 be measures such that $U\mu_1 = U\mu_2 < \infty$ a.e. ξ, and such that μ_1 does not charge $\hat{H}$ and μ_2 does not charge semipolars. Then $\mu_1 = \mu_2$.

Proof. The argument of [2], VI (1.15) adapted to our case shows, first, that $U\nu = 0 \rightarrow \nu = 0$ if ν does not charge $\hat{H}$, and, second, that $\mu_1\hat{P}_0 = \mu_2\hat{P}_0$, i.e., that $\mu_1|_{\hat{B}^c} = \mu_2|_{\hat{B}^c}$. Thus $U(\mu_1 1_{\hat{B}}) = U(\mu_2 1_{\hat{B}}) = 0$ (since μ_2 does not charge semipolars) and by the first property, $\mu_1 1_{\hat{B}} = 0$. Thus $\mu_1 = \mu_2$.

We come now to the main results of this section.

Theorem 1.1 Let X satisfy hypothesis (L), and let μ be a σ-finite measure. $U\mu$ is a regular potential if and only if

(i) $U\mu$ is everywhere finite, and

(ii) A semipolar $\rightarrow \mu(A \cap \hat{H}^c) = 0$.

Proof. If $U\mu$ is a regular potential then $U\mu$ is finite and there exists a continuous additive functional A of X such that $U\mu(x) = E^x(A_\infty)$; by Lemma 1.1 the latter expression equals $U\nu_A$. Since ν_A does not charge semipolars, it follows by Lemma 1.2 that, off $\hat{H}$, $\mu = \nu_A$ and hence that μ does not charge the intersection of any semipolar with $\hat{H}^c$.

Conversely, suppose that $U\mu < \infty$ and that the trace of μ on $\hat{H}^c$ does not charge semipolars. The result will then follow easily from the following analogue of Doob's classical theorem, which we state in a general form for use also in Theorem 1.2.

Proposition 1.1 Let $\hat{X}$ be a left continuous moderate Markov process in duality with a right continuous strong Markov process. Let $\{f_n\}$ be a series of $\hat{X}$-excessive functions decreasing to the supermedian function f, and let $\bar{f}$ be the excessive regularization of f.

Then $\{\bar{f} < f\}$ is semipolar. Further, if $f = 0$ except on a set of potential zero, then $f = 0$ except on a polar set.

<u>Proof</u>. Following [11], p. 147, we define

$$\tilde{f}(x) = \limsup_{\substack{y \to x \\ y \neq x}} f(y)$$

where the limit is taken in the essentially fine topology of X (the strong Markov dual). By [11], $\{f(x) \neq \tilde{f}(x)\}$ is of potential zero, and $\{f(x) > \tilde{f}(x)\}$ is $\hat{X}$-polar, and thus by reversal X-polar. (It is here that the hypothesis $f_n \downarrow f$ intervenes; the result quoted from [11] concerns an excessive, not simply supermedian, f, and since we have not shown any continuity properties of the function $s \to f(\hat{X}_s)$, the hypothesis $f_n \downarrow f$ is needed to guarantee $\hat{P}_T f \leq f$ for a stopping time T.)

Thus if $f = 0$ except on a set of potential zero, we have $0 = \bar{f} \leq f \leq \tilde{f}$ off a polar set. But $t \to \tilde{f}(X_t)$ is right continuous P^ζ-a.s. on $(0, \zeta)$, and by the hypothesis on f and Fubini's theorem, $t \to \tilde{f}(X_t)$ is P^ζ-a.s. equal to zero on a t-set of full Lebesgue measure; hence $\{\tilde{f} > 0\}$ is polar, which implies $\{f > 0\}$ is polar, proving the second claim of the proposition.

To prove the first assertion, note first that if $\{T_n\}$ is a sequence of stopping times with values in the dyadic rationals and such that $T_n \uparrow\uparrow T$, we have that $\lim_n \hat{E}^x \left[\bar{f}(\hat{X}_{T_n})\right]$ exists for all x such that $\hat{E}^x\{\bar{f}(\hat{X}_0)\} < \infty$ (this is because $\bar{f}(\hat{X}_t)$ is a supermartingale). A modification of the argument of Proposition 6(b) of [7] then applies, since $\hat{X}$ is predictable, to give that

$s \to \bar{f}(\hat{X}_s)$ has left limits. Hence

(1.4) $\hat{P}^{\xi}\{[t: \bar{f}(\hat{X}_t) \neq [\bar{f}(\hat{X}_t)]_-] \text{ is countable}\} = 1.$

But by Lemma C.1 of [11], and the fact that $\{\bar{f} < f\}$ is of potential zero, it follows that

(1.5) $\hat{P}^{\xi}\{ [t: \bar{f}(\hat{X}_t) \neq \tilde{f}(\hat{X}_t)] \text{ is of Lebesgue measure zero}\} = 1.$

Since $t \to \tilde{f}(\hat{X}_t)$ and $t \to [\bar{f}(\hat{X}_t)]_-$ are both left continuous it follows that

(1.6) $\hat{P}^{\xi}\{ \exists t: [\bar{f}(\hat{X}_t)]_- \neq \tilde{f}(\hat{X}_t)\} = 0$;

by (1.4) and (1.5) we then have

(1.7) $\hat{P}^{\xi}\{ [t: \bar{f}(\hat{X}_t) \neq \tilde{f}(\hat{X}_t)] \text{ is countable}\} = 1.$

But since $\bar{f} \le f \le \tilde{f}$ off a polar this implies that $\{\bar{f} < f\}$ is semipolar, proving the proposition.

Returning now to the proof of Theorem 1.1, let $\{T_n\}$ be a sequence of stopping times increasing to T a.s. P^x. Since $z \to u(z,y)$ is excessive, it follows that for each fixed y and z, $P_{T_n} u(z,y)$ decreases with n. If $f \in b\mathcal{E}^*_+$ is of compact support, then $P_T Uf(x) - P_{T_n} Uf(x) = E^x \int_{T_n}^{T} f(X_t)\, dt \to 0$ when $n \uparrow \infty$. Thus $P_{T_n} u(x,.) \downarrow P_T u(x,.)$ a.e. Let $g^x(.) = \lim_n P_{T_n} u(x,.)$; then $g^x(.) = P_T u(x,.)$ a.e. and thus $\bar{g}^x(.) = P_T u(x,.)$ a.e. and hence identically since both are coexcessive. Since $\{\bar{g}^x < g^x\}$ is semipolar by Prop. 1.1, μ does not charge $\hat{H}^c \cap \{\bar{g}^x < g^x\}$ by hypothesis; but $u(.,y) = 0$ for $y \notin \hat{H}$, so that $P_{T_n} U\mu(x) = \int P_{T_n} u(x,y)\, \mu(dy) \to \int P_T u(x,y)\, \mu(dy) = P_T U\mu(x)$ for each x, i.e., $U\mu$ is a regular potential.

<u>Corollary 1.1</u> There is a 1-1 correspondence between the continuous additive functionals A of X with finite potential and the measures μ such that $U\mu < \infty$ and the trace of μ on $\hat{H}^c$ does not charge semipolars. In fact, any such μ is of the form ν_A for a continuous additive functional A.

The companion theorem to Theorem 1.1 concerns "natural" additive functionals, except that for processes not necessarily standard the notion of natural additive functional should be replaced by that of additive functionals not charging any totally inaccessible stopping time.

Theorem 1.2 Let X be quasi-left continuous and satisfy hypothesis (1), and let μ be a σ-finite measure. $U\mu$ is a natural potential if and only if

(i) $U\mu < \infty$; and

(ii) if A is polar, then $\mu(A \cap \hat{B}^c) = 0$.

Proof. If $U\mu$ is a natural potential then $U\mu$ is finite by definition. If the trace of μ on $\hat{B}^c$ charges a polar set A, then it must charge a compact polar subset K of B^c; let ν be the restriction of μ to K. Then $U\nu \le U\mu$ and $U\nu$ is a natural potential.

Let $x \notin K$ and let $\{G_n\}$ be a sequence of open sets containing K such that $\lim_n T_{G_n} \geq \zeta$ P^x-a.s. (It is only for this choice of G_n that we require quasi-left continuity.)

Lemma 1.3 $P_{G_n} U\nu(x) = U\nu(x)$.

Admitting for the moment the truth of Lemma 1.3, the first half of the proof of Theorem 1.2 is easily finished. By the definition of natural potential, $P_{G_n} U\nu(x) \to 0$ as $n \uparrow \infty$. Thus $U\nu = 0$ off the polar set K, so $U\nu$ is identically zero; by Lemma 1.2 ν vanishes off H, and in particular $\mu(A \cap \hat{B}^c) = 0$.

Proof of Lemma 1.3. The proof in the case of two strong Markov processes in duality is immediate from Hunt's "switching formula" ([2], VI, 1.16). Although this formula is not valid in the absence of a cofine topology, a weaker form of it will suffice for our purposes.

Let $\hat{T}_{G_n}$ be the first hitting time of G_n by the process $\hat{X}$; it is verified without difficulty that T_{G_n} and $\hat{T}_{G_n}$ are dual terminal times in the sense of [12]. It then follows from (4.12) of [12] that for $f,g \in b\mathcal{E}_+$

$$(1.8) \qquad \langle g, E^{\cdot}\int_0^{T_{G_n}} f(X_t)\, dt\rangle_\xi = \langle f, \hat{E}^{\cdot}\int_0^{\hat{T}_{G_n}} g(\hat{X}_t)\, dt\rangle_\xi$$

But the fundamental duality formula for X and $\hat{X}$, in conjunction with (1.8), gives

$$(1.9) \qquad \langle g, P_{G_n} Uf\rangle_\xi = \langle f, \hat{E}^{\cdot}\int_{\hat{T}_{G_n}}^{\infty} g(\hat{X}_t)\, dt\rangle_\xi$$

This being true for all $f \in b\mathcal{E}_+$, we have then

$$(1.10) \qquad \iint P_{G_n}(x,dy)u(y,w)g(x)\,\xi(dx) = \hat{E}^w \int_{\hat{T}_{G_n}}^{\infty} g(\hat{X}_t)dt \quad \xi\text{-a.e.}$$

and therefore identically since both sides are coexcessive. But for $w \in G_n$, $\hat{P}^w(\hat{T}_{G_n} = 0) = 1$ if $w \in \hat{B}^c$; since ν lives on $\hat{B}^c$ we therefore have $P_{G_n} U\nu(x) = U\nu(x)$, Q.E.D.

To prove the other half of Theorem 1.2, suppose that μ is a measure the trace of which on $\hat{B}^c$ does not charge polars, and such that $U\mu < \infty$. If $\{T_n\}$ is an increasing sequence of stopping times with $\lim_n T_n \geq \zeta$, the argument used in the proof of Theorem 1.1 shows that $P_{T_n} u(x,.)$ decreases a.e. to zero. Let $f^x(.) = \lim_n P_{T_n} u(x,.)$ for x fixed. Now consider the measure $\mu\hat{P}_0$; it is easily seen (from p. 131 of [11], for example) that $\hat{P}_0(x,\hat{B}) = 0$ for all $x \in E$. Also, $\mu\hat{P}_0$ and μ agree on $\hat{B}^c$. Since $\mu\hat{P}_0$ does not charge $\hat{B}$, and $f^x(.) = 0$ off a polar set (Prop. 1.1), it follows that

$$(1.11) \qquad \int f^x\, d(\mu\hat{P}_0) = \int_{\hat{B}^c} f^x\, d\mu = 0.$$

But by the argument of Lemma 1.2, $\int g\, d\mu = \int g\, d(\mu\hat{P}_0)$ for all coexcessive g; since f is the decreasing limit of coexcessive functions it follows that $\int f\, d\mu = \int f\, d(\mu\hat{P}_0) = 0$. Hence $\lim_n P_{T_n} U\mu = 0$ and $U\mu$ is a natural potential.

Remark 1. Note that the quasi-left continuity of X was not used in the proof of the second half of the theorem.

Remark 2. In the absence of a cofine topology it is of course possible that two non-equivalent natural additive functionals could give rise to the same measure ν_A (though we suspect that this is not possible if $\nu_A(\hat{B}) = 0$). Thus we cannot hope to set up a 1-1 correspondence as in Corollary 1.

To complete this section we will consider the case of a measure μ for which $U\mu$ is not necessarily finite. We will say that a point $x \in E$ is coregular for a nearly Borel set A if $\hat{P}^x(\hat{T}_A = 0) = 1$. (This is of course the usual definition, except that in our case we cannot assert that the probability in question takes only the values zero and one.) Let ${}^rA$ denote the set of points coregular for A.

Lemma 1.4 $A - {}^rA$ is semipolar.

Proof. Using the construction outlined in [2], p. 55-57, there exists a decreasing sequence of open sets $\{G_n\}$ containing A such that $\hat{D}_{G_n} \uparrow \hat{D}_A$ $\hat{P}^\xi$-a.s. on $\{\hat{D}_A < \infty\}$, where $\hat{D}_B = \inf\{t \geq 0: \hat{X}_t \in B\}$. Let $f_n(x) = \hat{E}^x(e^{-\hat{D}_{G_n}}; \hat{D}_{G_n} < \hat{\zeta})$. Then $f_n(x) \downarrow f(x)$, and by the above,

$$f(x) = \hat{E}^x(e^{-\hat{D}_A}; \hat{D}_A < \hat{\zeta}) \quad \xi\text{-a.e.} \tag{1.12}$$

Let $g(x) = \hat{E}^x(e^{-\hat{D}_A}; \hat{D}_A < \hat{\zeta})$. Then the excessive regularization $\bar{g}(x)$ of g(x) is clearly equal to $\hat{E}^x(e^{-\hat{T}_A}; \hat{T}_A < \hat{\zeta})$ and equals g(x) ξ-a.e.; denoting by $\bar{f}$ the excessive regularization of f, it follows that $\bar{f} = \bar{g}$ ξ-a.e. and hence everywhere since both are 1-coexcessive. But $f_n(x) = 1$ on A for each n (except possibly on the semipolar set $\hat{B}$) so that $f(x) = 1$ on $A \cap \hat{B}^c$. But $\{\bar{f} < f\}$ is semipolar by Prop. 1.1, so that $\{\bar{f} < 1\}$ is semipolar, Q.E.D.

Corollary 1.2 If μ does not charge semipolar sets and B is a nearly Borel set carrying μ, then $P_B U\mu = U\mu$.

Proof. This follows from Lemma 1.4 and the proof of Lemma 1.3. (A different proof of this result is given in [4].)

Corollary 1.3 If μ has support in a compact set K and does not charge semipolars, then $\sup\{U^{\alpha}\mu(x): x \in E\} = \sup\{U^{\alpha}\mu(x): x \in K\}$.

Proof. By Corollary 1.2 we have $P^{\alpha}_K U^{\alpha}\mu = U^{\alpha}\mu$ and the result follows since for each x the measure $P^{\alpha}_K(x,.)$ lives on K.

We then have, as in [4] or [10],

Proposition 1.2 Let λ be a σ-finite measure which does not charge semipolars. There exists an equivalent finite measure μ with a bounded 1-potential.

Constructing the additive functional which corresponds to μ in Prop. 1.2, we can extend Theorem 1.1 to say that a σ-finite measure which does not charge semipolars corresponds to a continuous additive functional with a bounded 1-potential.

2. Two Applications

Our first application is a simple consequence of Lemma 1.1. Let X be a process such that each point x is regular for itself and such that the local time $L^x_t(\omega)$ at x has the property that $(t,x) \longrightarrow L^x_t(\omega)$ is a.s. continuous (some conditions guaranteeing this will be found in [6]). Then we have the following generalization of a result well-known under duality hypotheses ([2], p. 294):

Proposition 2.1 Let X satisfy hypothesis (L). Let $h(x) = u^1(x,x)$, and suppose that L^x_t is normalized for each x to make $U^1_{L^x} 1_E(x) = 1$. If A is a continuous additive functional of X, there exists a measure ν such that

$$A_t = \int L^x_t \, \nu(dx) \qquad \text{for all t a.s.}$$

<u>Proof</u>. Suppose first that A has finite 1-potential. Let $\nu = h\,\nu_A$, where ν_A is the Revuz measure associated with A. Let $B_t = \int L_t^x\, \nu(dx)$; clearly B is a continuous additive functional. We have

$$E^x \int_0^\infty e^{-t}\, dB_t = E^x \int_0^\infty e^{-t}\, d\left[\int L_t^y\, \nu(dy)\right] = E^x\left\{\int_E h(y)\, \nu_A(dy) \int_0^\infty e^{-t}\, dL_t^y\right\}$$

$$= \int_E h(y)\left[u^1(x,y)/u^1(y,y)\right] \nu_A(dy) = \int_E u^1(x,y)\, \nu_A(dy)\,.$$

But by Lemma 1.1, the 1-potential of A_t is also equal to $\int_E u^1(x,y)\, \nu_A(dy)$; thus A and B are indistinguishable. The passage to general A is completed by the observation ([5]) that A can be represented as a sum of continuous additive functionals with finite 1-potential.

<u>Corollary 2.1</u> For any Borel set D, $\int_D u^1(x,x)\, L_t^x\, \xi(dx)$

$$= \int_0^t 1_D(X_s)\,ds \quad \text{for all } t \text{ a.s.}$$

Our second application concerns the <u>bounded</u> <u>maximum</u> <u>principle</u> (see [3], and [9] for some later comments). Let μ be a σ-finite measure. Following [3] we say that a process satisfies the <u>bounded</u> <u>maximum</u> <u>principle</u> if:

(2.1) Whenever μ has compact support K,

$$U^\alpha\mu \text{ bounded} \longrightarrow \sup_{x\in E} U^\alpha\mu(x) = \sup_{x\in K} U^\alpha\mu(x).$$

In [3] it is proved under strong hypotheses (including duality) that (2.1) is equivalent to

(2.2) All semipolar sets are polar.

These hypotheses were weakened slightly in [9] but even there it was necessary to assume, in addition to duality, that the function $U^\alpha(\cdot,E)$ was lower semicontinuous for some $\alpha > 0$. We shall prove a version of this theorem here requiring only that X be special standard and satisfy hypothesis (L) as well as hypothesis (B), given below:

(B) Let A and C be Borel sets with A a neighborhood of C. Then

$$T_C \circ \theta_{T_A} = 0 \text{ a.s. on } \{T_A = T_C < \infty\}.$$

(It is known from [1] that hypothesis (B) is equivalent to the quasi-left continuity of the right-continuous version of $\hat{X}$).

As remarked in [9], the critical step in establishing the equivalence of (2.1) and (2.2) is (in our context) this result:

<u>Proposition 2.2</u> Let X be special standard and satisfy hypothesis (L). If $U^\alpha\mu$ is bounded, the trace of μ on $\hat{B}^c$ does not charge polars.

<u>Proof.</u> Tracing through the proof of this result in [9], we see that the essential point is the proof that $E^x(Z\, 1_{(\zeta = \zeta_A)}) = 0$, where $Z(\omega) = \lim_{t\uparrow\zeta} U\mu(X_t(\omega))$ and ζ_A is the accessible part of ζ. Letting $D_n = \{x: \alpha U^\alpha(x,E) \leq 1/n\}$, then $\lim_n P_{D_n} U\mu(x) = E^x(Z\, 1_{(\zeta = \zeta_A)})$ and $T_{D_n} \uparrow \zeta$ a.s.; letting $\hat{T}_{D_n}$ be the terminal time dual to T_{D_n} ([12], § 4) we easily verify that $\hat{T}_{D_n}$ is an increasing sequence. Calling $\hat{T}$ the limit, we have $\hat{P}^\xi\{\hat{T} < \hat{\zeta}\} = P^\xi\{\lim_n T_{D_n} < \zeta\} = 0$ so that $\hat{T} \geq \hat{\zeta}$ a.s. (the lower semicontinuity was invoked in [9] only to establish this point). We then have, for h integrable,

$$\infty > \langle h, P_{D_n} U\mu \rangle_\xi = \hat{E}^\mu \int_{\hat{T}_{D_n}}^{\hat{\zeta}} h(\hat{X}_t)\, dt$$

where the equality results from the argument used in Lemma 1.3. Hence $P_{D_n} U\mu \longrightarrow 0$ a.e. ξ, therefore everywhere since $U\mu$ is bounded, and we have that $E^x(Z\, 1_{(\zeta = \zeta_A)}) = 0$. As in [9] this implies that $U\mu$ is a natural potential; Theorem 1.2 then says that μ does not charge $A \cap \hat{B}^c$ if A is polar.

Here finally is the theorem alluded to above; not surprisingly, the statement is modified somewhat to account for the presence of cobranch points. The appropriate analogues of (2.1) and (2.2) for our purposes are

(2.3) For all μ with compact support $K \subset \hat{B}^c$,

$$U^\alpha\mu \text{ bounded} \longmapsto \sup_{x \in E} U^\alpha\mu(x) = \sup_{x \in K} U^\alpha\mu(x)$$

(2.4) All semipolar sets contained in $\hat{B}^c$ are polar.

<u>Theorem 2.1</u> Let X be special standard and satisfy hypotheses (L) and (B). Then $\forall \alpha > 0$, (2.3) and (2.4) are equivalent.

<u>Proof.</u> First assume (2.4) is true. Let μ be a measure with compact support $K \subset \hat{B}^c$ and such that $U^\alpha\mu$ is bounded. According to Prop. 2.2, μ does not charge the intersection of any polar set with $\hat{B}^c$. Thus by (2.4) μ does not charge any semipolar set; by Corollary 1.3, $\sup_{x \in E} U^\alpha\mu(x) = \sup_{x \in K} U^\alpha\mu(x)$.

Now assume that (2.3) holds. An examination of the proof of the corresponding result in [3] (Theorem 5.3) reveals that the duality hypotheses intervene only in the establishment of hypothesis (B), which we have assumed, and in Lemma 5.6, which for our purposes can be weakened as follows:

<u>Lemma 2.1</u> Assume (2.3) If $K \subset \hat{B}^c$ is compact and thin, then

$$\sup_{x \in E} E^x(e^{-\alpha T_K}) = \sup_{x \in K} E^x(e^{-\alpha T_K})$$

<u>Proof.</u> Let $\{h_n\}$ be a sequence of bounded nonnegative functions such that $U^\alpha h_n \uparrow 1$; and let $\mu_n = h_n \xi$. Then (letting $\phi_K^\alpha = E^\cdot(e^{-\alpha T_K})$)

$$\phi_K^\alpha = P_K^\alpha 1 \geqslant P_K^\alpha U^\alpha \mu_n$$

Now by formula (1.9), we have

(2.5) $\langle g, P_K^\alpha U^\alpha h_n \rangle_\xi \qquad \langle h_n, \hat{E}^\cdot \int_{\hat{T}_K}^\infty e^{-\alpha t} g(\hat{X}_t) dt \rangle_\xi$

If we can show that $\{(t,\omega): \hat{X}_t(\omega) \in K\}$ is closed from the right a.s., it will follow, since $\hat{X}$ is predictable, that $\hat{T}_K$ is a predictable stopping time, and we can take advantage of the moderate Markov property of $\hat{X}$. But since X is quasi-left continuous, it follows ([11], Prop. 5.5) that

$$P^{\xi}\left\{ \exists\, t<\zeta : X_{t-} \in K \text{ and } X_{t-} \neq X_t \right\} = 0.$$

By reversal we then have

$$\hat{P}^{\xi}\left\{ \exists\, t<\zeta : \hat{X}_{t+} \in K \text{ and } \hat{X}_t \neq \hat{X}_{t+} \right\} = 0,$$

so that $\hat{T}_K$ is predictable. Thus (2.5) becomes

$$(2.6) \qquad \langle g, P_K^{\alpha} U^{\alpha} h_n \rangle_{\xi} = \langle \hat{P}_K^{\alpha} U^{\alpha} g, h_n \rangle_{\xi}$$

and we thus have

$$(2.7) \qquad P_K^{\alpha} U^{\alpha} \mu_n = U(\mu_n \hat{P}_K^{\alpha})$$

The proof is then completed as in [3]. Let $M = \sup_{x \in K} \Phi_K^{\alpha}(x)$. $\mu_n \hat{P}_K^{\alpha}$ is carried by K and $U^{\alpha}(\mu_n \hat{P}_K^{\alpha}) \leq \Phi_K^{\alpha}$. Since $\Phi_K^{\alpha} \leq M$ on K, (2.3) implies that $P_K^{\alpha} U^{\alpha} \mu_n = U^{\alpha}(\mu_n \hat{P}_K^{\alpha}) \leq M$. But $P_K^{\alpha} U^{\alpha} \mu_n \uparrow \Phi_K^{\alpha}$ and so $\sup_{x \in E} \Phi_K^{\alpha} \leq M$, proving the lemma.

The proof of Theorem 2.1 is then completed exactly as in [3], except for the restriction to $\hat{B}^c$.

In closing, we remark that there are undoubtedly many other results in probabilistic potential theory, known under strong duality hypotheses, which remain "moralement" valid in the kind of greater generality contemplated here (for example, Proposition 7.3 of [3] can be proved using hypotheses (L) and (B) and the lower semicontinuity of excessive functions). There is, however, a class of "deeper" results where the cofine topology seems to be indispensable (VI, 2.11 of [2], the "Riesz decomposition theorem", is of this type) -- these are the true "duality theorems" of probabilistic potential theory.

BIBLIOGRAPHY

1. Azéma, J., Quelques applications de la théorie générale des processus II (to appear).

2. Blumenthal, R. M., and Getoor, R. K., Markov processes and potential theory, Academic Press (1968).

3. Blumenthal, R. M. and Getoor, R. K., Dual processes and potential theory, Proc. 12th Biennial Seminar of the Canadian Math. Congress, Canadian Math. Soc. (1970).

4. Garcia Alvarez, M. A., and Meyer, P. A., Une théorie de la dualité à ensemble polaire près I, Annals of Probability 1, 207-222 (1973).

5. Getoor, R. K., Approximation of continuous additive functionals, Proc. 6th Berkeley Symposium of Probability and Math. Stat., U. of California Press, Vol. III, 213-224 (1972).

6. Getoor, R. K., and Kesten, H., Continuity of Local Times, Compositio Math. 24 (1972).

7. Meyer, P. A., Le retournement du temps d'après Chung et Walsh, Sém. de Prob. V, Springer Verlag Lecture Notes in Mathematics 191 (1971).

8. Revuz, D., Mesures associeés aux fonctionnelles additives de Markov I, Trans. Am. Math. Soc. 148, 501-531 (1970).

9. Revuz, D., Rémarque sur les potentials de mesure, Sém. de Prob. V, Springer Verlag Lecture Notes in Mathematics 191, 275-277 (1971).

10. Sharpe, M., Discontinuous additive functionals of dual processes, Zeit. Wahr. und verw. Geb. 21, 81-95 (1972).

11. Smythe, R. T., and Walsh, J. B., The existence of dual processes, Inventiones Math. 19, 113-148 (1973).

12. Walsh, J. B., Markov processes and their functionals in duality, Zeit. Wahr. und verw. Geb. 24, 229-246 (1972).

TAYLOR EXPANSION OF A POISSON MEASURE

Wilhelm von Waldenfels

Abstract. Denote by $\mathcal{Y}(\varrho)$ the Poisson measure associated to a posit
Radon measure ϱ on a locally compact space countable at infinity.
If ϱ is bounded, $\mathcal{Y}(\varrho)$ can be expressed as a power series in ϱ
If ϱ becomes non-bounded this expansion keeps its sense at least
some $\mathcal{Y}(\varrho)$-integrable functions (Theorem). These functions can be e
plicitly characterized (Additional Remark).

A Poisson measure is a generalization of the Poisson process on the real line to arbitrary locally compact spaces countable at infin A Poisson process on a finite interval $I \subset \mathbb{R}$ is given by its jumpi points $\tau_1, \dots \tau_N$ in I, where N is a random number. The proba bility that $N = n$ is equal to $c^n T^n e^{-cT}/n!$, where T is the leng of the interval and c is the parameter describing the Poisson proc i.e. the mean frequency of jumping points. Given that the number N jumping points is equal to n, the n jumping points are distribute independently and uniformly on the interval I. Be $\mathcal{f}(I)$ the topo-logical sum

$$\mathcal{f}(I) = I^0 \cup I^1 \cup I^2 \cup I^3 \cup$$

where $I^0 = \{e\}$, $I^1 = I$, $I^2 = I \times I$, ..., and e is an arbitrary ad tional point. Be $f \geq 0$ a function on $\mathcal{f}(I)$, whose components $f_n : I^n \to \mathbb{R}_+$ are Lebesgue-measurable, then $Ef(\tau_1, \dots, \tau_N)$ can b calculated and is equal to

$$E f(\tau_1, \dots, \tau_N) = \sum_{n=0}^{\infty} \mathrm{Prob}\{N = n\} \frac{1}{T^n} \int \cdots \int_{I^n} f_n(t_1, \dots, t_n) dt_1 \dots$$

or

$$E f(\tau_1, \dots, \tau_N) = e^{-cT} \Big(f(e) + \sum_{n=1}^{\infty} \frac{c^n}{n!} \int \cdots \int_{I^n} f_n(t_1, \dots, t_n) dt_1 \dots d$$

This formula can easily be extended to any compact space $\mathfrak{X}$ and to any positive measure ρ on $\mathfrak{X}$. Be $f \geq 0$ a function on $\mathfrak{f}(\mathfrak{X})$, with the property that $f_n : \mathfrak{X}^n \to \mathbb{R}_+$ is $\rho^{\otimes n}$ -measurable, then the application of the Poisson measure $p(\rho)$ on f is defined by

(1) $$\langle p(\rho), f \rangle = e^{-\rho(\mathfrak{X})} \sum_{n=0}^{\infty} \frac{1}{n!} \langle \rho^{\otimes n}, f_n \rangle$$

where $\rho^{\otimes 0} = \delta_e$, the Dirac measure in e the unique point of $\mathfrak{X}_0$.

Now $\mathfrak{f}(\mathfrak{X})$ can be interpreted as the free monoid generated by $\mathfrak{X}$ with neutral element e, the product being defined by juxtaposition. $\mathfrak{f}(\mathfrak{X})$ is locally compact containing $\mathfrak{X}$ as a compact open subset. The measure ρ on $\mathfrak{X}$ can be interpreted as a measure on $\mathfrak{f}(\mathfrak{X})$. The product in $\mathfrak{f}(\mathfrak{X})$ induces a convolution for measures. The n-th convolution power $\rho^{\star n}$ of ρ is exactly $\rho^{\otimes n}$ carried by $\mathfrak{X}^n \subset \mathfrak{f}(\mathfrak{X})$. So the probability measure $p(\rho)$ can be written

$$\langle p(\rho), f \rangle = e^{-\rho(\mathfrak{X})} \sum_{n=0}^{\infty} \frac{1}{n!} \langle \rho^{\star n}, f \rangle$$

or

$$p(\rho) = e^{-\rho(\mathfrak{X})} \exp_{\star} \rho$$

(2) $$p(\rho) = \exp_{\star} a(\rho)$$

with

(2') $$a(\rho) = \rho - \rho(\mathfrak{X}) \delta_e = \int \rho(dx) (\delta_x - \delta_e).$$

as δ_e is the unit element in the convolution algebra.

As $\rho^{\otimes n}(dx_1, \ldots, dx_n) = \rho(dx_1) \ldots \rho(dx_n)$ is symmetric in $x_1, \ldots, x_n$ only the symmetric part of f_n gives a contribution to the integral. So we can switch as well to $\mathfrak{f}_c(\mathfrak{X})$, the free commutative monoid generated by $\mathfrak{X}$. $p(\rho)$ can be defined by the same formula as a measure on $\mathfrak{f}_c(\mathfrak{X})$, formulae (2) and (3) hold as well. We denote by $\mathfrak{X}_c^k$ the compact open subspace of $\mathfrak{f}_c(\mathfrak{X})$ formed by the monomials of degree k.

Let $\mathcal{M}(\mathfrak{X})$ be the space of all positive measures on $\mathfrak{X}$ with the vague topology and let $\mathcal{M}_c(\mathfrak{X})$ be the subspace of positive counting measures, i.e. the space of all $\mu \in \mathcal{M}(\mathfrak{X})$ of the form

$$\mu = \sum_{j=1}^{n} \delta_{x_j}$$

$x_j \in \mathfrak{X}, j = 1, \dots, n$ and variable n. Of course $\mathcal{M}_c(\mathfrak{X})$ is a submonoid of the additive monoid $\mathcal{M}(\mathfrak{X})$. It can be proved that the application

$$(x_1, \dots, x_n) \in \mathfrak{f}_c(\mathfrak{X}) \longmapsto \delta_{x_1} + \dots + \delta_{x_n} \in \mathcal{M}_c(\mathfrak{X})$$

is a topological isomorphism. So $\rho(\rho)$ can be interpreted, as well as a measure on $\mathcal{M}_c(\mathfrak{X})$ denoted by $\mathcal{G}(\rho)$ and $\mathcal{G}(\varrho)$ is given by

$$(4) \quad \langle \mathcal{G}(\varrho), f \rangle = e^{-\varrho(\mathfrak{X})} \Big(f(0) + \sum_{n=1}^{\infty} \frac{1}{n!} \int \dots \int \varrho(dx_1) \dots \varrho(dx_n) f(\delta_{x_1} + \dots + \delta_{x_n}) \Big)$$

$$(5) \quad \mathcal{G}(\varrho) = exp_{*}\, \mathfrak{u}(\varrho)$$

$$(5') \quad \mathfrak{u}(\varrho) = \int \varrho(dx) (\vartheta_{\delta_x} - \vartheta_0)$$

There 0 is the zero-measure, ϑ_{δ_x} signifies the Dirac measure on $\mathcal{M}(\mathfrak{X})$ in the point $\delta_x \in \mathcal{M}(\mathfrak{X})$ and ϑ_0 the Dirac measure on $\mathcal{M}(\mathfrak{X})$ in the point 0.

As $\mathcal{M}_c(\mathfrak{X})$ is a part of the dual of $C(\mathfrak{X})$ the space of all continuous real-valued function on $\mathfrak{X}$, a Fourier transform for measures on $\mathcal{M}_c(\mathfrak{X})$ can be defined. Be $\varphi \in C(\mathfrak{X})$, then the Fourier transform of $\mathcal{G}(\rho)$ in the point φ is given by the $\mathcal{G}(\rho)$-integral of the function $\mu \in \mathcal{M}_c(\mathfrak{X}) \longmapsto e^{i\langle \mu, \varphi \rangle}$

So

$$(6) \qquad \varphi(\rho)^\wedge(\varphi) = \int \varphi(\rho)(d\mu)\, e^{i\langle \mu,\varphi\rangle} = \exp \mu(\rho)^\wedge(\varphi)$$

$$(6') \qquad \mu(\rho)^\wedge(\varphi) = \int \rho(dx)\,(e^{i\varphi(x)} - 1).$$

If $\mathfrak{X}$ becomes non-compact and ρ a non-bounded measure on $\mathfrak{X}$, then formulae (1) - (5) fail, but formula (6) keeps its sense. Consider the space $\mathcal{M}_c(\mathfrak{X})$ of all positive counting measures on $\mathfrak{X}$, i.e. the space of all measures of the form

$$\sum_{\iota\in I} \delta_{x_\iota}$$

where $(x_\iota)_{\iota\in I}$ is locally finite: only finitely many of the x_ι are contained in a compact subset of $\mathfrak{X}$. We assume the vague topology n $\mathcal{M}_c(\mathfrak{X})$. Then $\mathcal{M}_c(\mathfrak{X})$ can be considered as a part of the dual space of $C_0(\mathfrak{X})$, the space of all continuous real-valued functions on $\mathfrak{X}$ with compact support. If $\mathfrak{X}$ is countable at infinity and ρ a positive measure on $\mathfrak{X}$, then there exists a unique Radon measure $\varphi(\rho)$ on $\mathcal{M}_c(\mathfrak{X})$ with the Fourier transform (cf. [2], [3])

$$(7) \qquad \varphi(\rho)^\wedge(\varphi) = \exp \int \rho(dx)\,(e^{i\varphi(x)} - 1)$$

Further investigation shows that formula (2) may keep its sense as well. This can be seen by writing (2) in a more explicit way

$$\begin{aligned}\langle \varphi(\rho), f\rangle = {} & f(e) + \int \rho(dx)\,(f(x) - f(e)) \\ & + \frac{1}{2!}\iint \rho(dx_1)\rho(dx_2)\,(f(x_1,x_2) - f(x_1) - f(x_2) + f(e)) \\ & + \frac{1}{3!}\iiint \rho(dx_1)\rho(dx_2)\rho(dx_3)\,\big(f(x_1,x_2,x_3) - f(x_1,x_2) \\ & \qquad - f(x_1,x_3) - f(x_2,x_3) + f(x_1) + f(x_2) + f(x_3) - f(e)\big) \\ & + \cdots\end{aligned}$$

In fact, the following theorem holds.

Theorem: Assume $\mathfrak{X}$ to be a locally compact space countable at infinity and ρ a positive Radon measure on $\mathfrak{X}$. Let f be a function on $\mathcal{M}_c(\mathfrak{X})$ with the property: The functions

$$g_0(e) = f(0) \tag{8}$$

$$g_1(x) = f(\delta_x) - f(0)$$

$$g_2(x_1, x_2) = f(\delta_{x_1} + \delta_{x_2}) - f(\delta_{x_1}) - f(\delta_{x_2}) + f(0)$$

$$\vdots$$

$$g_n(x_1, \dots, x_n) = \sum_{I \subset \{1,2,\dots,n\}} (-1)^{n-|I|} f\left(\sum_{i \in I} \delta_{x_i}\right)$$

$$\vdots$$

are $\rho^{\otimes n}$-measurable on $\mathfrak{X}^n$ and

$$\sum_{n=0}^{\infty} \frac{1}{n!} \langle \rho^{\otimes n}, |g_n| \rangle < \infty \tag{9}$$

Denote by μ_K the restriction of $\mu \in \mathcal{M}_c(K)$ to a compact subspace $K \subset \mathfrak{X}$ and suppose that $f(\mu_K) \to f(\mu)$ in $\varphi(\rho)$-measure for $K \uparrow \mathfrak{X}$ (that is the case if e.g. f is vaguely continuous). Then f is $\varphi(\rho)$-integrable and

$$\langle \varphi(\rho), f \rangle = \sum_{n=0}^{\infty} \frac{1}{n!} \langle \rho^{\otimes n}, g_n \rangle \tag{10}$$

In order to understand the theorem let us investigate the connection between f and the function $g_n, n = 0, 1, 2, \dots$

One finds

$$f(0) = g_0(e)$$

$$f(\delta_x) = g_0(e) + g_1(x)$$

$$f(\delta_{x_1} + \delta_{x_2}) = g_0(e) + g_1(x_1) + g_1(x_2) + g_2(x_1, x_2$$

$$\vdots$$

$$f(\delta_{x_1} + \dots + \delta_{x_n}) = \sum_{k=0}^{n} \sum_{i_1 < i_2 < \dots < i_k} g_k(x_{i_1}, \dots, x_{i_k}$$

Taking into account that the functions $g_k(x_1,\dots,x_k)$ are symmetric in their arguments $x_1,\dots,x_k$ observe

$$\sum g_1(x_i) = \langle \mu, g \rangle$$

$$\sum_{i<j} g_2(x_i,x_j) = \frac{1}{2}\iint \mu(d\xi_1)\mu(d\xi_2)\, g_2(\xi_1,\xi_2) - \frac{1}{2}\int \mu(d\xi)\, g(\xi,\xi)$$

$$\sum_{i<j<k} g_3(x_i,x_j,x_k) = \frac{1}{6}\iiint \mu(d\xi_1)\mu(d\xi_2)\mu(d\xi_3)\, g_3(\xi_1,\xi_2,\xi_3) - \frac{1}{2}\iint \mu(d\xi_1)\mu(d\xi_2)\, g_3(\xi_1,\xi_1,\xi_2) + \frac{1}{3}\int \mu(d\xi)\, g_3(\xi,\xi,\xi),$$

for $\mu = \delta_{x_1} + \dots + \delta_{x_n}$.

This leads to the assumption that any such sum can be expressed by μ.

We begin with a well-known lemma from elementary algebra.

Lemma 1 (Newton). Let $\mathcal{R}[x_1,\dots,x_n]$ be the ring of polynomials in n commutative indeterminates over the rational numbers. Then the symmetric functions

$$\sigma_k = \sum_{i_1<i_2<\dots<i_k} x_{i_1}\cdots x_{i_k}$$

can be expressed as polynomials with rational coefficients of the power sums

$$\Delta_k = \sum_{j=1}^{n} x_j^k$$

These polynomials are independent of the number n of indeterminates and are given by the formal power series

$$1 + \sigma_1\xi + \sigma_2\xi^2 + \sigma_3\xi^3 + \dots = \exp\left[\Delta_1\xi - \Delta_2\xi^2/2 + \Delta_3\xi^3/3 - + \right].$$

Proof. We give the proof as it is very short and not very known.

One has $(1+x_1\xi)(1+x_2\xi)\cdots(1+x_n\xi) = 1 + \sigma_1\xi + \sigma_2\xi^2 + \dots + \sigma_n\xi^n$

and $1 + x_i\xi = \exp \log(1+x_i\xi)$.

So

$$1+\sigma_1\xi+\sigma_2\xi^2+\cdots$$
$$=\exp \sum_{i=1}^{n} \log (1+x_i\xi)$$
$$=\exp \sum_{i=1}^{n} \sum_{k=1}^{\infty} (-1)^k \xi^k x_i^k/k$$
$$=\exp \sum_{k=1}^{\infty} (-1)^k \xi^k \Delta_k/k.$$

We recall the definition of $\mathcal{F}_c(\mathfrak{X})=\sum_{k=0}^{\infty}\mathfrak{X}_c^k$ the free commutat monoid generated by $\mathfrak{X}$. If $\mathfrak{X}$ is locally compact, $\mathcal{F}_c(\mathfrak{X})$ is loc compact, too. Any measure μ on $\mathfrak{X}$ can be considered as a measur on $\mathcal{F}_c(\mathfrak{X})$. The convolution powers $\mu^{*n}=\mu^n$ of μ are measur on $\mathfrak{X}_c^n$.

Denote the restriction to $\mathfrak{X}_c^n$ of a function g on $\mathcal{F}_c(\mathfrak{X})$ by g_n, then

$$\langle\mu^n,g\rangle=\int\cdots\int\mu(dx_1)\cdots\mu(dx_n)\,g_n(x_1,\ldots,x_n)$$

Another measure on $\mathcal{F}_c(\mathfrak{X})$ carried by $\mathfrak{X}_c^n$ and related to μ i

$$\Delta_n(\mu):\ \langle\Delta_n(\mu),g\rangle=\int\mu(dx)\,g_n(x,\ldots,x).$$

We define now a third measure $\mu^{(n)}$ on $\mathcal{F}_c(\mathfrak{X})$ carried by $\mathfrak{X}$ by the formal power series

$$1+\mu^{(1)}\xi+\mu^{(2)}\xi^2+\cdots=\exp_*\left(\Delta_1(\mu)\xi-\Delta_2(\mu)\xi^2/2+\Delta_3(\mu)\xi\right.$$

<u>Lemma 2.</u> If $\mu=\delta_{x_1}+\cdots+\delta_{x_n}$ and if g is a function on then

$$\langle\mu^{(k)},g\rangle=\sum_{1\le i_1<i_2<\cdots<i_k\le n} g(x_{i_1},\ldots,x_{i_k}).$$

<u>Proof.</u> Let $x_1,\ldots,x_n\in\mathfrak{X}$. The application $x_i\longmapsto\delta_{x_i}$ can be extended to a homomorphism from $\mathcal{R}[x_1,\ldots,x_n]$ into the convolution algebra of measures on $\mathcal{F}_c(\mathfrak{X})$. The image of $x_1+\cdots+x$

is μ and the image of $\Delta_k = \sum x_i^k$ is $\sum (\delta_{x_i})^k = \Delta_k(\mu)$

as

$$\langle \sum (\delta_{x_i})^k, g \rangle = \sum_{i=1}^{n} g(x_i, .., x_i) = \langle \Delta_k(\mu), g \rangle$$

By lemma 1 the image of $\sum_{i_1 < i_2 < \cdots < i_k} x_{i_1} \cdots x_{i_k}$ is $\mu^{(k)}$. This proves lemma 2.

Lemma 3. If μ is a counting measure, then $\mu^{(k)}$ is a positive measure on $\mathfrak{X}$.

Proof. If $g \geq 0$ of compact support, then $\langle \mu^{(k)}, g \rangle = \langle \mu_K^{(k)}, g \rangle$, if K is compact and contains the support of g. As μ_K is a finite counting measure, lemma 2 applies.

An immediate consequence of lemma 2 is

Lemma 4. On the assumptions of the theorem if μ is a finite counting measure

$$f(\mu) = g_0(e) + \langle \mu^{(1)}, g \rangle + \langle \mu^{(2)}, g \rangle + \cdots$$

If ρ is a bounded measure on $\mathfrak{X}$, then $\varphi(\rho)$ can be defined as in (5) and (5'). If $K \subset \mathfrak{X}$ is compact and μ a positive measure on $\mathfrak{X}$, its restriction to K will be denoted by μ_K. The measure can be considered as a bounded measure on $\mathfrak{X}$.

Lemma 5. For any compact $K \subset \mathfrak{X}$ the mapping $\mu \mapsto \mu_K$ is $\varphi(\rho)$ -measurable and the image of $\varphi(\rho)$ is equal to $\varphi(\rho_K)$.

Proof. We show at first that the mapping is measurable. Let $\mathcal{U}$ be an open neighborhood of K and let ψ be a continuous function $\mathfrak{X} \to [0,1]$ with compact support in $\mathcal{U}$ such that $\psi = 1$ on K. Then $\mu \mapsto \mu\psi$ is continuous and $\mu\psi = \mu_K$ if $\mu(\mathcal{U} - K) = 0$. But $\varphi(\rho)\{\mu : \mu(\mathcal{U} - K) = 0\} = \exp(-\rho(\mathcal{U} - K))$.
So $\mu \mapsto \mu_K$ is continuous on the closed subset of all μ with $\mu(\mathcal{U} - K) = 0$, whose $\varphi(\rho)$ -measure approximates 1 if $\rho(\mathcal{U} - K)$ goes to zero.

The Fourier transform of the image is

$$\int \mathcal{Y}(\rho)(d\mu)\, e^{i\langle \mu_K, \varphi\rangle} = \int \mathcal{Y}(\rho)(d\mu)\, e^{i\langle \mu, \varphi_K\rangle}$$

$$= \exp \langle \rho, e^{i\varphi_K} - 1\rangle = \exp \langle \rho_K, e^{i\varphi} - 1\rangle$$

$$= \mathcal{Y}(\rho_K)^\wedge(\varphi).$$

This proves the lemma.

Lemma 6. If g is a ρ^k -integrable function on $\mathfrak{X}_c^k$, then for $\mathcal{Y}(\rho)$ -almost every μ the function g is $\mu^{(k)}$ -integrabl The function $\mu \mapsto \langle \mu^{(k)}, g\rangle$ is $\mathcal{Y}(\rho)$-integrable and

$$\int \mathcal{Y}(\rho)(d\mu)\, \langle \mu^{(k)}, g\rangle = \frac{1}{k!} \langle \rho^k, g\rangle.$$

Proof. Assume a continuous function $\varphi \geq 0$ on $\mathfrak{X}_c^k$ whose suppo is contained in K_c^k where $K \subset \mathfrak{X}$ compact. Then $\mu \in \mathcal{M}_c(\mathfrak{X}) \mapsto$ $\langle \mu^{(k)}, \varphi\rangle$ ist continuous and ≥ 0,

$$\int \mathcal{Y}(\rho)(d\mu)\, \langle \mu^{(k)}, \varphi\rangle = \int \mathcal{Y}(\rho)(d\mu)\, \langle \mu_K^{(k)}, \varphi\rangle$$

$$= e^{-\rho(K)} \sum_{n \geq k} \frac{1}{n!} \int \cdots \int \rho(dx_1) \cdots \rho(dx_n) \sum_{i_1 < i_2 < \cdots i_k} \varphi(x_{i_1}, \ldots,$$

$$= \frac{1}{k!} \langle \rho^{(k)}, \varphi\rangle.$$

This formula extends to any continuous φ of compact support.

If $\varphi \geq 0$ is lower semi-continuous, there exists a net $\varphi_\iota \in C_0(\mathfrak{X})$, $\varphi_\iota \uparrow \varphi$.

So

$$0 \leq \langle \mu^{(k)}, \varphi_\iota\rangle \uparrow \langle \mu^{(k)}, \varphi\rangle$$

$$\int \mathcal{Y}(\rho)(d\mu)\, \langle \mu^{(k)}, \varphi_\iota\rangle \uparrow \int \mathcal{Y}(\rho)(d\mu)\, \langle \mu^{(k)}, \varphi$$

$$\langle \rho^k, \varphi_\iota\rangle \uparrow \langle \rho^k, \varphi\rangle.$$

So $\mu \mapsto \langle \mu^{(k)}, \varphi \rangle$ is lower semi-continuous, its $\mathcal{G}(\rho)$ -integral is $1/k!\ \langle \rho^k, \varphi \rangle$ and φ is $\mu^{(k)}$ -integrable $\mathcal{G}(\rho)$ -a.e. if $\langle \rho^k, \varphi \rangle < \infty$.

Assume now that $\varphi \geq 0$ is a ρ -null function. Then there exists a sequence of lower semi-continuous functions $\varphi_n \downarrow \tilde{\varphi} \geq \varphi$ such that $\langle \rho^k, \varphi_n \rangle \downarrow 0$. For $\mathcal{G}(\rho)$ -almost every μ the functions $\varphi_1, \varphi_2, \dots$ are $\mu^{(k)}$ -integrable and $\langle \mu^{(k)}, \varphi_n \rangle \downarrow \langle \mu^{(k)}, \tilde{\varphi} \rangle$. Therefore $\int \mathcal{G}(\rho)(d\mu) \langle \mu^{(k)}, \varphi_n \rangle \downarrow \int \mathcal{G}(\rho)(d\mu) \langle \mu^{(k)}, \tilde{\varphi} \rangle$ and $\tilde{\varphi}$ and φ are $\mu^{(k)}$ -null functions for a.e. μ.

Assume finally $\varphi \in L^1(\rho^k)$. Then there exists a sequence $\varphi_n \in C_0(\mathfrak{X}), \varphi_n \to \varphi$ ρ^k - a.e. and $|\varphi_n| \leq \psi$ where ψ is lower semi-continuous and integrable. Then φ_n converges to φ $\mu^{(k)}$-a.e. for almost all μ. As $|\varphi_n| \leq \psi$ and ψ is $\mu^{(k)}$-integrable a.e., the function φ is $\mu^{(k)}$ -integrable a.e. and $\langle \mu^{(k)}, \varphi_n \rangle \to \langle \mu^{(k)}, \varphi \rangle$ a.e.. The theorem of Lebesgue yields the end of the proof.

<u>Proposition.</u> Assume a sequence g_k, $k = 0, 1, 2, ..$ of ρ^k -integrable functions on $\mathfrak{X}^k_c$ such that

$$\sum_{k=0}^{\infty} \frac{1}{k!} \langle \rho^k, |g_k| \rangle < \infty .$$

Then the function

$$f(\mu) = \sum_{k=0}^{\infty} \langle \mu^{(k)}, g_k \rangle$$

is $\mathcal{G}(\rho)$ -almost everywhere defined and

$$\int \mathcal{G}(\rho)(d\mu)\, f(\mu) = \sum_{k=0}^{\infty} \frac{1}{k!} \langle \rho^k, g_k \rangle . \tag{11}$$

<u>Proof.</u> Immediate.

Proof of the theorem. By the assumption of the theorem and the proposition

$$\tilde{f}(\mu) = \sum_{k=0}^{\infty} \langle \mu^{(k)}, g_k \rangle$$

is $\varphi(\rho)$ -integrable and its integral is given by (11). By lemma 4 one has for any compact $K \subset \mathfrak{X}$

$$f(\mu_K) = \tilde{f}(\mu_K)$$

If $K \uparrow \mathfrak{X}$ which can be done by a sequence as $\mathfrak{X}$ is countable at infinity, $f(\mu_K) \to f(\mu)$ i. m. by assumption and $\tilde{f}(\mu_K) \to \tilde{f}(\mu)$ $\varphi(\rho)$ -almost everywhere. Hence $f(\mu) = \tilde{f}(\mu)$ $\varphi(\rho)$ -a.e. This proves the theorem.

Additional remark to the theorem. The function $f(\mu)$ is $\varphi(\rho$ a.e. equal to the function

$$\sum_{k=0}^{\infty} \langle \mu^{(k)}, g_k \rangle$$

and $f(\mu_K)$ converges to $f(\mu)$ $\varphi(\rho)$ -almost everywhere.

L i t e r a t u r e

[1] Waldenfels, W. von
Zur mathematischen Theorie der Druckverbreiterung von Spektrallinien. Z. Wahrscheinlichkeitstheorie verw. Geb. 6, 65-112 (196

[2] Waldenfels, W. von
Zur mathematischen Theorie der Druckverbreiterung von Spektrallinien. II. Z. Wahrscheinlichkeitstheorie verw. Geb. 13, 39-59 (1969).

[3] Waldenfels, W. von
Charakteristische Funktionale zufälliger Maße. Z. Wahrscheinlic keitstheorie verw. Geb. 10, 279-283 (1968).

Universität Heidelberg
Institut für Angewandte Mathemati
69 Heidelberg / BRD
Im Neuenheimer Feld 5

l. 215: P. Antonelli, D. Burghelea and P. J. Kahn, The Concordance-motopy Groups of Geometric Automorphism Groups. X, 140 pages. 1971. DM 16,–

l. 216: H. Maaß, Siegel's Modular Forms and Dirichlet Series. , 328 pages. 1971. DM 20,–

l. 217: T. J. Jech, Lectures in Set Theory with Particular Emphasis on Method of Forcing. V, 137 pages. 1971. DM 16,–

l. 218: C. P. Schnorr, Zufälligkeit und Wahrscheinlichkeit. IV, 212 iten. 1971. DM 20,–

l. 219: N. L. Alling and N. Greenleaf, Foundations of the Theory of ein Surfaces. IX, 117 pages. 1971. DM 16,–

l. 220: W. A. Coppel, Disconjugacy. V, 148 pages. 1971. DM 16,–

l. 221: P. Gabriel und F. Ulmer, Lokal präsentierbare Kategorien. 200 Seiten. 1971. DM 18,–

l. 222: C. Meghea, Compactification des Espaces Harmoniques. 108 pages. 1971. DM 16,–

. 223: U. Felgner, Models of ZF-Set Theory. VI, 173 pages. 1971. 16,–

. 224: Revètements Etales et Groupe Fondamental. (SGA 1). Dirigé A. Grothendieck XXII, 447 pages. 1971. DM 30,–

. 225: Théorie des Intersections et Théorème de Riemann-Roch. GA 6). Dirigé par P. Berthelot, A. Grothendieck et L. Illusie. XII, 0 pages. 1971. DM 40,–

. 226: Seminar on Potential Theory, II. Edited by H. Bauer. IV, 0 pages. 1971. DM 18,–

227: H. L. Montgomery, Topics in Multiplicative Number Theory. 178 pages. 1971. DM 18,–

228: Conference on Applications of Numerical Analysis. Edited . Ll. Morris. X, 358 pages. 1971. DM 26,–

229: J. Väisälä, Lectures on n-Dimensional Quasiconformal Mappings. XIV, 144 pages. 1971. DM 16,–

230: L. Waelbroeck, Topological Vector Spaces and Algebras. 158 pages. 1971. DM 16,–

231: H. Reiter, L^1-Algebras and Segal Algebras. XI, 113 pages. 71. DM 16,–

232: T. H. Ganelius, Tauberian Remainder Theorems. VI, 75 es. 1971. DM 16,–

233: C. P. Tsokos and W. J. Padgett. Random Integral Equations h Applications to stochastic Systems. VII, 174 pages. 1971. DM –

234: A. Andreotti and W. Stoll. Analytic and Algebraic Dependence of Meromorphic Functions. III, 390 pages. 1971. DM 26,–

235: Global Differentiable Dynamics. Edited by O. Hájek, A. J. water, and R. McCann. X, 140 pages. 1971. DM 16,–

236: M. Barr, P. A. Grillet, and D. H. van Osdol. Exact Cates and Categories of Sheaves. VII, 239 pages. 1971. DM 20,–

237: B. Stenström, Rings and Modules of Quotients. VII, 136 es. 1971. DM 16,–

238: Der kanonische Modul eines Cohen-Macaulay-Rings. Hergegeben von Jürgen Herzog und Ernst Kunz. VI, 103 Seiten. 1971. 16,–

239: L. Illusie, Complexe Cotangent et Déformations I. XV, 355 es. 1971. DM 26,–

240: A. Kerber, Representations of Permutation Groups I. VII, pages. 1971. DM 18,–

241: S. Kaneyuki, Homogeneous Bounded Domains and Siegel mains. V, 89 pages. 1971. DM 16,–

242: R. R. Coifman et G. Weiss, Analyse Harmonique Nonmutative sur Certains Espaces. V, 160 pages. 1971. DM 16,–

243: Japan-United States Seminar on Ordinary Differential and ctional Equations. Edited by M. Urabe. VIII, 332 pages. 1971. 26,–

244: Séminaire Bourbaki – vol. 1970/71. Exposés 382–399. 56 pages. 1971. DM 26,–

245: D. E. Cohen, Groups of Cohomological Dimension One. V, ages. 1972. DM 16,–

246: Lectures on Rings and Modules. Tulane University Ring Operator Theory Year, 1970–1971. Volume I. X, 661 pages. 2. DM 40,–

Vol. 247: Lectures on Operator Algebras. Tulane University Ring and Operator Theory Year, 1970–1971. Volume II. XI, 786 pages. 1972. DM 40,–

Vol. 248: Lectures on the Applications of Sheaves to Ring Theory. Tulane University Ring and Operator Theory Year, 1970–1971. Volume III. VIII, 315 pages. 1971. DM 26,–

Vol. 249: Symposium on Algebraic Topology. Edited by P. J. Hilton. VII, 111 pages. 1971. DM 16,–

Vol. 250: B. Jónsson, Topics in Universal Algebra. VI, 220 pages. 1972. DM 20,–

Vol. 251: The Theory of Arithmetic Functions. Edited by A. A. Gioia and D. L. Goldsmith VI, 287 pages. 1972. DM 24,–

Vol. 252: D. A. Stone, Stratified Polyhedra. IX, 193 pages. 1972. DM 18,–

Vol. 253: V. Komkov, Optimal Control Theory for the Damping of Vibrations of Simple Elastic Systems. V, 240 pages. 1972. DM 20,–

Vol. 254: C. U. Jensen, Les Foncteurs Dérivés de $\varprojlim$ et leurs Applications en Théorie des Modules. V, 103 pages. 1972. DM 16,–

Vol. 255: Conference in Mathematical Logic – London '70. Edited by W. Hodges. VIII, 351 pages. 1972. DM 26,–

Vol. 256: C. A. Berenstein and M. A. Dostal, Analytically Uniform Spaces and their Applications to Convolution Equations. VII, 130 pages. 1972. DM 16,–

Vol. 257: R. B. Holmes, A Course on Optimization and Best Approximation. VIII, 233 pages. 1972. DM 20,–

Vol. 258: Séminaire de Probabilités VI. Edited by P. A. Meyer. VI, 253 pages. 1972. DM 22,–

Vol. 259: N. Moulis, Structures de Fredholm sur les Variétés Hilbertiennes. V, 123 pages. 1972. DM 16,–

Vol. 260: R. Godement and H. Jacquet, Zeta Functions of Simple Algebras. IX, 188 pages. 1972. DM 18,–

Vol. 261: A. Guichardet, Symmetric Hilbert Spaces and Related Topics. V, 197 pages. 1972. DM 18,–

Vol. 262: H. G. Zimmer, Computational Problems, Methods, and Results in Algebraic Number Theory. V, 103 pages. 1972. DM 16,–

Vol. 263: T. Parthasarathy, Selection Theorems and their Applications. VII, 101 pages. 1972. DM 16,–

Vol. 264: W. Messing, The Crystals Associated to Barsotti-Tate Groups: With Applications to Abelian Schemes. III, 190 pages. 1972. DM 18,–

Vol. 265: N. Saavedra Rivano, Catégories Tannakiennes. II, 418 pages. 1972. DM 26,–

Vol. 266: Conference on Harmonic Analysis. Edited by D. Gulick and R. L. Lipsman. VI, 323 pages. 1972. DM 24,–

Vol. 267: Numerische Lösung nichtlinearer partieller Differential- und Integro-Differentialgleichungen. Herausgegeben von R. Ansorge und W. Törnig, VI, 339 Seiten. 1972. DM 26,–

Vol. 268: C. G. Simader, On Dirichlet's Boundary Value Problem. IV, 238 pages. 1972. DM 20,–

Vol. 269: Théorie des Topos et Cohomologie Etale des Schémas. (SGA 4). Dirigé par M. Artin, A. Grothendieck et J. L. Verdier. XIX, 525 pages. 1972. DM 50,–

Vol. 270: Théorie des Topos et Cohomologie Etale des Schémas. Tome 2. (SGA 4). Dirigé par M. Artin, A. Grothendieck et J. L. Verdier. V, 418 pages. 1972. DM 50,–

Vol. 271: J. P. May, The Geometry of Iterated Loop Spaces. IX, 175 pages. 1972. DM 18,–

Vol. 272: K. R. Parthasarathy and K. Schmidt, Positive Definite Kernels, Continuous Tensor Products, and Central Limit Theorems of Probability Theory. VI, 107 pages. 1972. DM 16,–

Vol. 273: U. Seip, Kompakt erzeugte Vektorräume und Analysis. IX, 119 Seiten. 1972. DM 16,–

Vol. 274: Toposes, Algebraic Geometry and Logic. Edited by. F. W. Lawvere. VI, 189 pages. 1972. DM 18,–

Vol. 275: Séminaire Pierre Lelong (Analyse) Année 1970–1971. VI, 181 pages. 1972. DM 18,–

Vol. 276: A. Borel, Représentations de Groupes Localement Compacts. V, 98 pages. 1972. DM 16,–

Vol. 277: Séminaire Banach. Edité par C. Houzel. VII, 229 pages. 1972. DM 20,–

Vol. 278: H. Jacquet, Automorphic Forms on GL(2). Part II. XIII, 142 pages. 1972. DM 16,–

Vol. 279: R. Bott, S. Gitler and I. M. James, Lectures on Algebraic and Differential Topology. V, 174 pages. 1972. DM 18,–

Vol. 280: Conference on the Theory of Ordinary and Partial Differential Equations. Edited by W. N. Everitt and B. D. Sleeman. XV, 367 pages. 1972. DM 26,–

Vol. 281: Coherence in Categories. Edited by S. Mac Lane. VII, 235 pages. 1972. DM 20,–

Vol. 282: W. Klingenberg und P. Flaschel, Riemannsche Hilbertmannigfaltigkeiten. Periodische Geodätische. VII, 211 Seiten. 1972. DM 20,–

Vol. 283: L. Illusie, Complexe Cotangent et Déformations II. VII, 304 pages. 1972. DM 24,–

Vol. 284: P. A. Meyer, Martingales and Stochastic Integrals I. VI, 89 pages. 1972. DM 16,–

Vol. 285: P. de la Harpe, Classical Banach-Lie Algebras and Banach-Lie Groups of Operators in Hilbert Space. III, 160 pages. 1972. DM 16,–

Vol. 286: S. Murakami, On Automorphisms of Siegel Domains. V, 95 pages. 1972. DM 16,–

Vol. 287: Hyperfunctions and Pseudo-Differential Equations. Edited by H. Komatsu. VII, 529 pages. 1973. DM 36,–

Vol. 288: Groupes de Monodromie en Géométrie Algébrique. (SGA 7 I). Dirigé par A. Grothendieck. IX, 523 pages. 1972. DM 50,–

Vol. 289: B. Fuglede, Finely Harmonic Functions. III, 188. 1972. DM 18,–

Vol. 290: D. B. Zagier, Equivariant Pontrjagin Classes and Applications to Orbit Spaces. IX, 130 pages. 1972. DM 16,–

Vol. 291: P. Orlik, Seifert Manifolds. VIII, 155 pages. 1972. DM 16,–

Vol. 292: W. D. Wallis, A. P. Street and J. S. Wallis, Combinatorics: Room Squares, Sum-Free Sets, Hadamard Matrices. V, 508 pages. 1972. DM 50,–

Vol. 293: R. A. DeVore, The Approximation of Continuous Functions by Positive Linear Operators. VIII, 289 pages. 1972. DM 24,–

Vol. 294: Stability of Stochastic Dynamical Systems. Edited by R. F. Curtain. IX, 332 pages. 1972. DM 26,–

Vol. 295: C. Dellacherie, Ensembles Analytiques, Capacités, Mesures de Hausdorff. XII, 123 pages. 1972. DM 16,–

Vol. 296: Probability and Information Theory II. Edited by M. Behara, K. Krickeberg and J. Wolfowitz. V, 223 pages. 1973. DM 20,–

Vol. 297: J. Garnett, Analytic Capacity and Measure. IV, 138 pages. 1972. DM 16,–

Vol. 298: Proceedings of the Second Conference on Compact Transformation Groups. Part 1. XIII, 453 pages. 1972. DM 32,–

Vol. 299: Proceedings of the Second Conference on Compact Transformation Groups. Part 2. XIV, 327 pages. 1972. DM 26,–

Vol. 300: P. Eymard, Moyennes Invariantes et Représentations Unitaires. II. 113 pages. 1972. DM 16,–

Vol. 301: F. Pittnauer, Vorlesungen über asymptotische Reihen. VI, 186 Seiten. 1972. DM 18,–

Vol. 302: M. Demazure, Lectures on p-Divisible Groups. V, 98 pages. 1972. DM 16,–

Vol. 303: Graph Theory and Applications. Edited by Y. Alavi, D. R. Lick and A. T. White. IX, 329 pages. 1972. DM 26,–

Vol. 304: A. K. Bousfield and D. M. Kan, Homotopy Limits, Completions and Localizations. V, 348 pages. 1972. DM 26,–

Vol. 305: Théorie des Topos et Cohomologie Etale des Schémas. Tome 3. (SGA 4). Dirigé par M. Artin, A. Grothendieck et J. L. Verdier. VI, 640 pages. 1973. DM 50,–

Vol. 306: H. Luckhardt, Extensional Gödel Functional Interpretation. VI, 161 pages. 1973. DM 18,–

Vol. 307: J. L. Bretagnolle, S. D. Chatterji et P.-A. Meyer, Ecole d'été de Probabilités: Processus Stochastiques. VI, 198 pages. 1973. DM 20,–

Vol. 308: D. Knutson, λ-Rings and the Representation Theory of the Symmetric Group. IV, 203 pages. 1973. DM 20,–

Vol. 309: D. H. Sattinger, Topics in Stability and Bifurcation Theory. VI, 190 pages. 1973. DM 18,–

Vol. 310: B. Iversen, Generic Local Structure of the Morphism Commutative Algebra. IV, 108 pages. 1973. DM 16,–

Vol. 311: Conference on Commutative Algebra. Edited by J. W. Bre and E. A. Rutter. VII, 251 pages. 1973. DM 22,–

Vol. 312: Symposium on Ordinary Differential Equations. Edite W. A. Harris, Jr. and Y. Sibuya. VIII, 204 pages. 1973. DM 2

Vol. 313: K. Jörgens and J. Weidmann, Spectral Properties of Ha tonian Operators. III, 140 pages. 1973. DM 16,–

Vol. 314: M. Deuring, Lectures on the Theory of Algebraic Functi of One Variable. VI, 151 pages. 1973. DM 16,–

Vol. 315: K. Bichteler, Integration Theory (with Special Attentio Vector Measures). VI, 357 pages. 1973. DM 26,–

Vol. 316: Symposium on Non-Well-Posed Problems and Logarith Convexity. Edited by R. J. Knops. V, 176 pages. 1973. DM 1

Vol. 317: Séminaire Bourbaki – vol. 1971/72. Exposés 400–417 361 pages. 1973. DM 26,–

Vol. 318: Recent Advances in Topological Dynamics. Edited b Beck, VIII, 285 pages. 1973. DM 24,–

Vol. 319: Conference on Group Theory. Edited by R. W. Gatter and K. W. Weston. V, 188 pages. 1973. DM 18,–

Vol. 320: Modular Functions of One Variable I. Edited by W. Kuy 195 pages. 1973. DM 18,–

Vol. 321: Séminaire de Probabilités VII. Edité par P. A. Meyer. VI, pages. 1973. DM 26,–

Vol. 322: Nonlinear Problems in the Physical Sciences and Biol Edited by I. Stakgold, D. D. Joseph and D. H. Sattinger. VIII, pages. 1973. DM 26,–

Vol. 323: J. L. Lions, Perturbations Singulières dans les Problè aux Limites et en Contrôle Optimal. XII, 645 pages. 1973. DM 4

Vol. 324: K. Kreith, Oscillation Theory. VI, 109 pages. 1973. DM 1

Vol. 325: Ch.-Ch. Chou, La Transformation de Fourier Complex L'Equation de Convolution. IX, 137 pages. 1973. DM 16,–

Vol. 326: A. Robert, Elliptic Curves. VIII, 264 pages. 1973. DM

Vol. 327: E. Matlis, 1-Dimensional Cohen-Macaulay Rings. XII, pages. 1973. DM 18,–

Vol. 328: J. R. Büchi and D. Siefkes, The Monadic Second O Theory of All Countable Ordinals. VI, 217 pages. 1973. DM

Vol. 329: W. Trebels, Multipliers for (C, α)-Bounded Fourier Ex sions in Banach Spaces and Approximation Theory. VII, 103 pa 1973. DM 16,–

Vol. 330: Proceedings of the Second Japan-USSR Symposium Probability Theory. Edited by G. Maruyama and Yu. V. Prokho VI, 550 pages. 1973. DM 36,–

Vol. 331: Summer School on Topological Vector Spaces. Edite L. Waelbroeck. VI, 226 pages. 1973. DM 20,–

Vol. 332: Séminaire Pierre Lelong (Analyse) Année 1971-1972. V, pages. 1973. DM 16,–

Vol. 333: Numerische, insbesondere approximationstheoretische handlung von Funktionalgleichungen. Herausgegeben von R. sorge und W. Törnig. VI, 296 Seiten. 1973. DM 24,–

Vol. 334: F. Schweiger, The Metrical Theory of Jacobi-Perron A rithm. V, 111 pages. 1973. DM 16,–

Vol. 335: H. Huck, R. Roitzsch, U. Simon, W. Vortisch, R. Walde Wegner und W. Wendland, Beweismethoden der Differentialgeo trie im Großen. IX, 159 Seiten. 1973. DM 18,–

Vol. 336: L'Analyse Harmonique dans le Domaine Complexe. E par E. J. Akutowicz. VIII, 169 pages. 1973. DM 18,–

Vol. 337: Cambridge Summer School in Mathematical Logic. Ed by A. R. D. Mathias and H. Rogers. IX, 660 pages. 1973. DM

Vol. 338: J. Lindenstrauss and L. Tzafriri, Classical Banach Spa IX, 243 pages. 1973. DM 22,–

Vol. 339: G. Kempf, F. Knudsen, D. Mumford and B. Saint-Do Toroidal Embeddings I. VIII, 209 pages. 1973. DM 20,–

Vol. 340: Groupes de Monodromie en Géométrie Algébri (SGA 7 II). Par P. Deligne et N. Katz. X, 438 pages. 1973. DM

Vol. 341: Algebraic K-Theory I, Higher K-Theories. Edited H. Bass. XV, 335 pages. 1973. DM 26,–

Vol. 342: Algebraic K-Theory II, "Classical" Algebraic K-The and Connections with Arithmetic. Edited by H. Bass. XV, pages. 1973. DM 36,–